建筑设备安装工程施工工艺丛书

采暖卫生与燃气工程

刘庆山　主编
唐　莉　段成君　编

中国建筑工业出版社

图书在版编目(CIP)数据

采暖卫生与燃气工程/刘庆山主编．—北京：中国建筑工业出版社，2006
（建筑设备安装工程施工工艺丛书）
ISBN 7-112-08225-0

Ⅰ. 采… Ⅱ. 刘… Ⅲ. ①房屋建筑设备：采暖设备—设备安装②房屋建筑设备：卫生设备—设备安装③房屋建筑设备：燃气设备—设备安装 Ⅳ. TU8

中国版本图书馆 CIP 数据核字(2006)第 024849 号

建筑设备安装工程施工工艺丛书
采暖卫生与燃气工程
刘庆山　主编
唐　莉　段成君　编

*

中国建筑工业出版社出版、发行(北京西郊百万庄)
新　华　书　店　经　销
北京天成排版公司制版
北京市兴顺印刷厂印刷

*

开本：850×1168 毫米　1/32　印张：13　字数：360 千字
2006 年 5 月第一版　　2006 年 5 月第一次印刷
印数：1—3500 册　　定价：**35.00** 元
ISBN 7-112-08225-0
(14179)

（邮政编码　100037）
本社网址：http：//www.cabp.com.cn
网上书店：http：//www.china-building.com.cn

本书是“建筑设备安装工程施工工艺丛书”之一，主要内容有：采暖系统安装、现代建筑卫生洁具安装、燃气系统安装、常用设备安装、管道与设备的防腐与保温等。本书内容详尽，实用性强，是建筑设备安装工程技术人员的最新工具书。

*　　*　　*

责任编辑　周世明
责任设计　赵明霞
责任校对　张树梅　王金珠

前　言

改革开放以来，随着人民生活水平的提高，居住条件、工作环境得以改善。采暖、卫生、燃气工程已遍布厂矿企业、机关学校、宾馆饭店、商场影院，并进入了千家万户，其市场份额越来越大，施工队伍也不断扩大，许多新的企业和人员加入这一施工领域，他们迫切需要学习、了解采暖、卫生、燃气工程的基本知识和基本施工工艺。

采暖、卫生、燃气工程中出现了许多新技术、新材料、新设备、新工艺，国家也发布了新的施工规范和质量验收标准。图书市场现有采暖、卫生、燃气工程施工工艺书籍不多，对此难以反映。为此，我们编写了《建筑设备安装工程施工工艺丛书——采暖卫生与燃气工程》。

本书主要介绍采暖、卫生、燃气工程基本知识，施工基本操作技术、工艺流程、质量标准。对于常用工机具也做了适量的介绍。

本书以国家规范、标准为依据，广泛反映新技术、新材料、新设备、新工艺，以体现其法规性和先进性。本书技术性和资料性相结合，希望不但能给读者以技术指导，同时也可为读者提供实用的技术资料。

本书由刘庆山主编，唐莉编写第 2、4、5、7 章和第 1 章 1.1、1.2 两节，段成君编写第 3、6 章和第 1 章 1.3 节，刘庆山对书稿进行了审阅。本书在编写过程中参考了许多老师、同行的著作，特在此致谢意。另外，本书在编写过程中，得到了第二炮兵指挥学院安装教研室的领导和同志们的热情帮助，也在此表示感谢。

水平所限，书中疏漏在所难免，望读者批评指正。

编者

目　　录

第1章 基础知识

1.1 常用工机具

1.1.1 手工工具

1.1.1.1 手锤

手锤由锤头和木柄组成，常用于管道调直、錾打墙洞（楼板洞）、金属錾割、管道拆卸等。给排水、采暖及燃气施工中常用的手锤有钳工锤和八角锤两种，如图1-1所示。

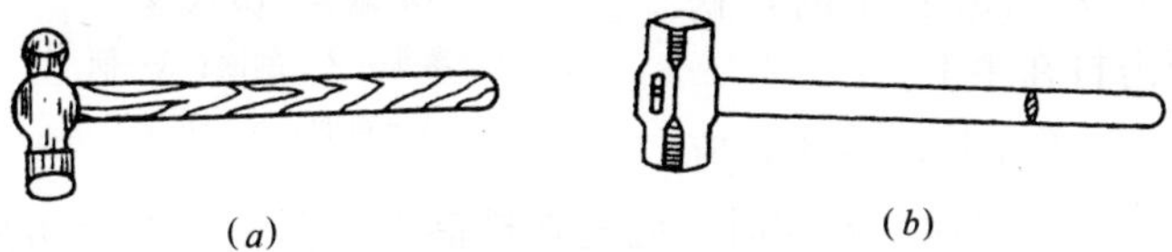

图1-1 手锤

(a)钳工锤；(b)八角锤

手锤操作要点如下：

(1) 手锤平面应平整，有裂痕或缺口的手锤不能使用。

(2) 锤柄安装要牢固可靠。为防止锤头脱落，必须在端部打入楔子，将锤头锁紧，如图1-2所示。

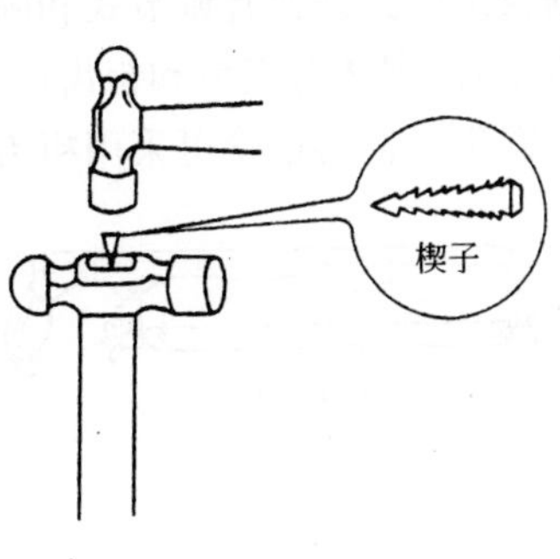

图1-2 锤柄安装

(3) 锤柄不得当撬棍，以免锤柄折断或受损伤。

(4) 使用手锤时，手柄和锤

头面上不应沾有油脂，握手锤的手不准戴手套，手掌上有汗应及时擦掉。

1.1.1.2　錾子

常用的錾子分扁錾和尖錾两种，如图 1-3 所示。扁錾主要用来錾切平面、分割材料和去除毛刺等；尖錾用于錾切各种槽、分割曲线形板料等。

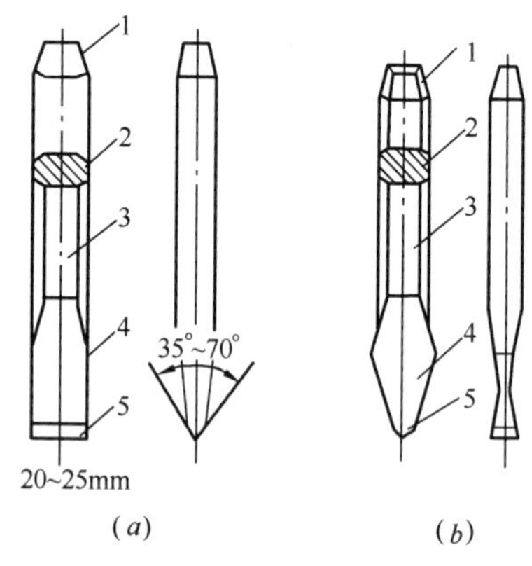

图 1-3　錾子

(a)扁錾；(b)尖錾

1—錾头；2—剖面；3—柄；4—斜面；5—锋口

錾子操作要点如下：

(1) 錾子头部不能有油脂，否则锤击时易使锤面滑离錾头。

(2) 錾子不可握得太松，以免锤击錾子时，松动而击打在手上。

(3) 卷了边的錾头，应及时修理或更换。修理时，应先在铁砧上将蘑菇状的卷边敲掉，再在砂轮机上修磨。刃口钝了的錾头，可在砂轮机上磨锐。

1.1.1.3　钢锯

钢锯用于钢管、有色金属管和塑料管的手工切割，由锯架和锯条组成。锯架有调节式和固定式两种，如图 1-4 所示，规格见表 1-1。锯条有细齿和粗齿两种，薄壁管子及塑料管锯切采用细齿锯条，普通钢管可采用粗齿锯条。使用细齿锯条较省力，但切

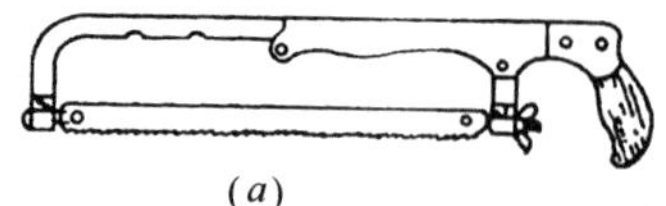

(a)

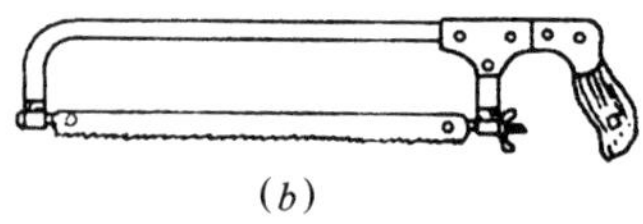

(b)

图 1-4　钢锯

(a)调节式；(b)固定式

割速度慢，适用于切割管径 40mm 以下的薄壁管子和塑料管；使用粗齿锯条较费力，但切割速度快，适用于切割管径 50～200mm 的管材。安装锯条时将锯齿朝前，将锯条上直后拧紧。

钢锯规格 **表 1-1**

种　类	调 节 式	固 定 式
可装锯条长度(mm)	200、250、300	300

钢锯操作要点如下：

(1) 将管子固定在管子台虎钳上或其他夹具中，切割铜管时，应在其两侧用木板作衬垫夹持铜管，以免夹伤管壁。

(2) 用整齐的厚纸边箍在管子切口处，用石笔或划针沿着厚纸边缘划一圈作为切割线。

(3) 锯割时，锯条应保持与管子轴线垂直，用力要均匀，锯条向前推动时加适当压力，往回拉时不宜加力。锯条往复运动应尽量拉开距离，不能只用中间一段锯齿。锯口锯到全断方可停止，不能用手掰。

(4) 切断后，用砂纸或砂轮打磨端口。

1.1.1.4 管子台虎钳

管子台虎钳又名龙门管压钳或龙门钳，用以夹持管子，以便对其进行锯割、套丝或调直工作，如图 1-5 所示，其规格见表 1-2。

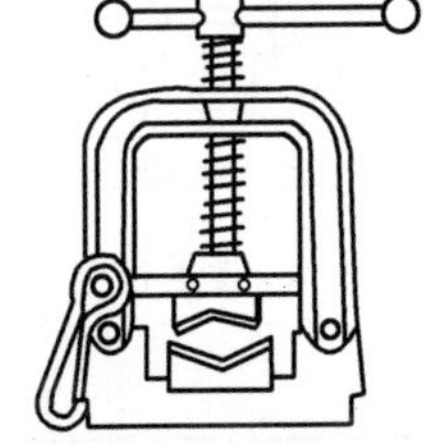

图 1-5 管子台虎钳

管子台虎钳规格 **表 1-2**

号　数	2	3	4	5	6
适用管径(mm)	15～50	25～75	50～100	75～125	100～150

管子台虎钳的操作要点如下：

(1) 管子台虎钳下钳口安装应牢固可靠，上钳口在滑道内能自由移动，压紧螺杆和滑道应经常加油。

（2）管子台虎钳的规格必须与所夹管道的规格匹配，不得将不适合钳口尺寸的工件上钳；对过长的工件，应在其伸出工作台面部分设置支架使其稳固，夹持较脆软的工件时，应用布包裹，避免压坏。

（3）操作时，将管子放入管子台虎钳钳口中，旋转把手卡紧管子，如图1-6所示。

（4）装夹管子或管件时，必须穿上保险销，压紧螺杆。旋转螺杆时应用力适当，严禁用锤击或加装套管的方法扳手柄。

1.1.1.5　管钳

管钳又名管子扳手，用来扳动金属、管子附件或其他圆柱形工件，如图1-7所示。管钳的规格是按手柄的长度来分的，其规格和适用范围见表1-3。

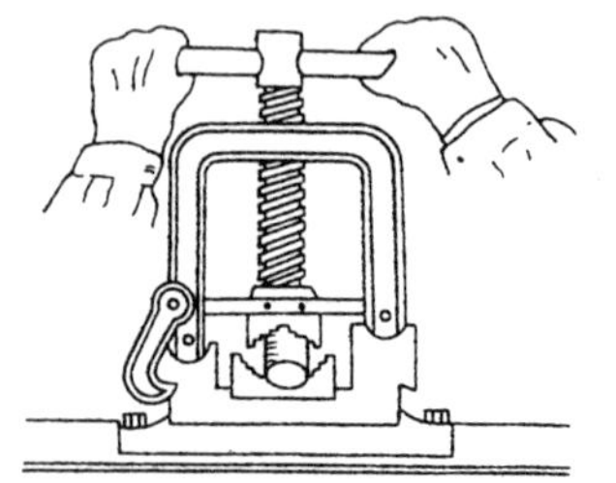

图1-6　管子台虎钳使用

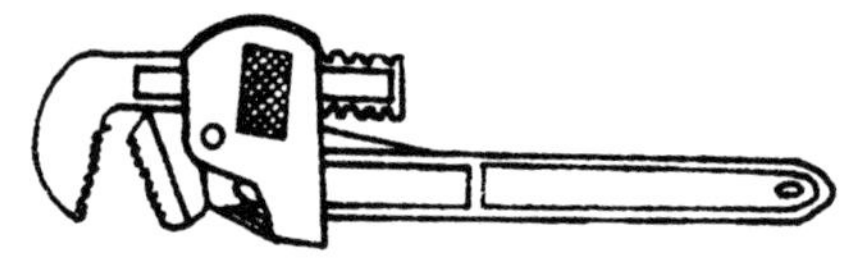

图1-7　管钳

管钳规格表　　表1-3

公　制(mm)	150	200	250	300	350	450	600	900	1200
英　寸(in)	6	8	10	12	14	18	24	36	48
夹持管子最大外径(mm)	20	25	30	40	45	60	75	85	110

管钳操作要点如下：

（1）操作管钳时，用钳口卡住管子，通过向钳把施加压力，迫使管子转动。为了防止钳口脱落而伤及手指，一般左手轻压活动钳口上部，右手握钳，两手动作协调，如图1-8所示。

(2) 扳动管钳手柄不可用力过猛或在手柄上加套管，当手柄尾端高出操作人员头部时，不得采用正面攀吊的方式扳动手柄。

(3) 管钳钳口不得沾油，以防打滑。

(4) 严禁用管钳拧紧六角螺栓等带棱工件。不得将管钳当作撬杠或手锤使用。

图 1-8 管钳操作

1.1.1.6 链钳

链钳用以卡固管子，一般用作临时固定、安装或拆卸直径较大的管道。若因场地限制，管钳手柄旋转不开时，也可用链钳代替管钳。链钳外形如图 1-9 所示，其规格以链长表示，见表 1-4。

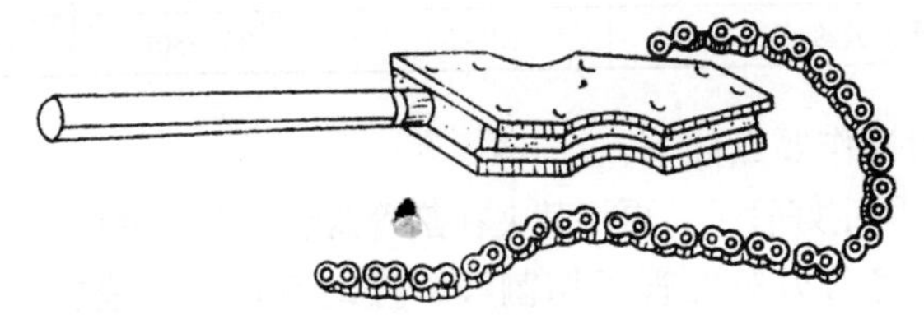

图 1-9 链钳

链钳规格 **表 1-4**

公 制(mm)	350	450	600	900	1200
英 寸(in)	14	18	24	36	48
夹持管子最大外径(mm)	25～40	32～50	50～80	80～125	100～200

链钳操作要点如下：

(1) 安装时要逐渐卡紧链条，卡紧时不可用力过猛，防止打滑。

(2) 链条上不得沾油，使用后应妥善保管。长期停用应涂油保护，重新启用时，应将防护油擦拭干净。

1.1.1.7 割刀

割刀(割管器、滚刀)是一种切割小型管子的专用工具，按管子的材质划分，有普通钢管割刀、铝塑复合管割刀、塑料管割刀、有色金属管割刀等多种类型。常用钢管割刀如图1-10所示，其规格见表1-5。

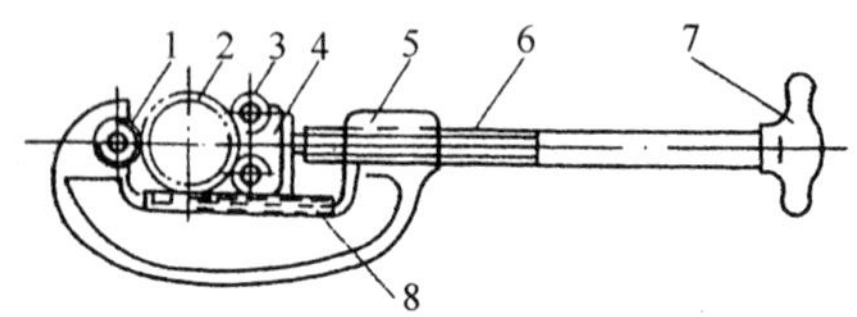

图1-10 管子割刀

1—刀片；2—被割管子；3—托滚；4—滑动支座；5—螺母；6—螺杆；7—手把；8—滑道

管子割刀规格 **表1-5**

割刀型号	2号	3号	4号
被切割管子公称直径(mm)	12～50	25～80	50～100

割刀操作要点如下：

(1) 固定好管子，再将其夹在割管器的两个滚轮和一个滚刀间。

(2) 将刀刃对准管子切割线，拧动手把，使滚轮夹紧管子，转动螺杆，滚刀沿管壁切入，不得偏斜。边转螺杆边拧动手把，滚刀不断切入管壁，直至切断为止。每次进刀量不可过大，以免管口受挤压使管径变小，并应对切口处加油。

(3) 管子切断后，将铰刀插入管口，铰去管口缩小部分。

1.1.1.8 绞板

绞板也可称为代丝，用于手工加工管螺纹。其结构如图1-11所示，规格见表1-6。

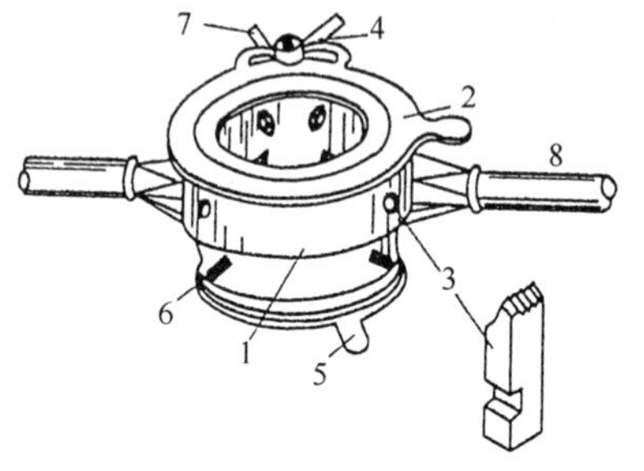

图1-11 绞板

1—本体；2—前卡盘；3—板牙；4—前卡盘压紧栓钮；5—后卡盘；6—卡爪；7—板牙松开搬钮；8—手柄

管子绞板规格 表 1-6

型 号	绞制管螺纹的公称直径(mm)	每套配带板牙规格(in)
114(1号)	15～50	$\frac{1}{2}$～$\frac{3}{4}$、1～1$\frac{1}{4}$、1$\frac{1}{2}$～2
117(2号)	65～100	2$\frac{1}{2}$～3、3$\frac{1}{2}$～4

绞板操作要点如下：

(1) 将“板机”松开，按板牙上标记的 1、2、3、4 号四块板牙装入与套丝板所标记的相对应的四个孔穴内。装入板牙时，可先装任意一块板牙，装入后用手推拉扳机，检查板牙是否入槽，如果已经入槽，再按上述方法依次装完其余三块板牙，并将所套规格对准与套丝板的相应刻度，拧紧扳机。

(2) 将要加工的管子固定在台虎钳上，加工的一端应伸出钳口外 150mm 左右。把绞板装置放到底，并把活动盘标盘对准固定标盘与管子相应的刻度上。上紧标盘固定把，然后将后套推入管子至与管牙平齐，关紧后套(不能过紧，能使绞板转动为宜)。人站在管段前方，一手扶住机身向前推进，另一手顺时针方向转动绞板把手。当板牙进入管子两扣时，在切削端加上机油润滑并冷却板牙，然后站在右侧继续用力旋转板把，徐徐而进。

(3) 为连接紧密，螺纹加工成锥形。螺纹的锥度是利用套丝过程中逐渐松开管子绞板形成的。当螺纹加工到规定长度时，边旋转扳把，边松开扣柄，切削出 2～3 扣后，才能完全松完。大管径(DN50～100)的管子套丝时，可由 2～4 人完成。

(4) 为了操作省力及防止板牙过度磨损，不同管径有不同的套丝次数。一般 DN32 以下的管子宜 2 次套成；DN32mm～50mm 可 2～3 次套成；DN50mm 以上者必须 3 次以上。分次套丝时，第一次或第二次绞板的活动标盘对准固定标盘刻度时，要略大于相应的刻度。第一次套完后，松开板牙，再调整其距离比第一次稍小一点，用同样方法再套，要防止乱丝。套丝时，应避免出现螺纹不正、偏扣螺纹、螺纹不光或断丝缺扣等缺陷。

(5) 套丝完成后，将管子端面毛刺清除掉，使管口保持干净、光滑。

1.1.1.9　手动弯管器

手动弯管器是施工现场常用的小型弯管工具，可弯制 *DN*15、*DN*20 管子，其结构如图 1-12 所示，规格性能见表 1-7。

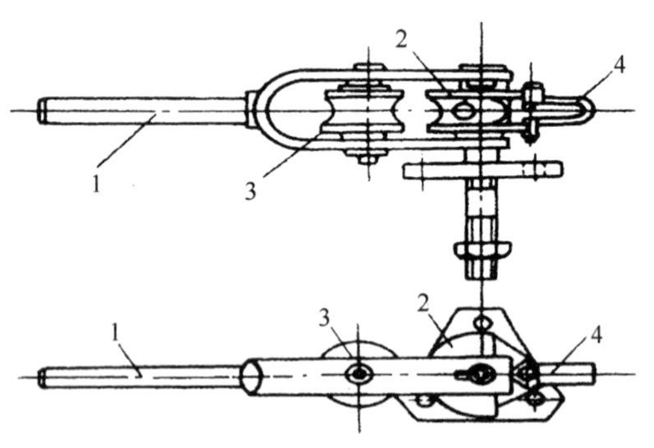

图 1-12　手动弯管器

1—撼杆；2—定胎轮；3—动胎轮；4—管子夹持器

手动弯管器规格性能　　表 1-7

指　　标	数　　据		
弯管直径(mm)	15	20	25
弯曲半径(mm)	50	63	85
外形尺寸(mm)	500×152×292	640×162×292	722×230×271
重　　量(kg)	11	14	47

手动弯管器操作要点如下：

(1) 将需加工的管子插入定胎轮和动胎轮之间，一端由夹持器固定。

(2) 推动撼杆，围绕定胎轮转动，直至所需角度。

(3) 每一对胎轮(胎具)只能撼一种管径的弯管。

除上述常用工具外，还有螺钉旋具(螺丝刀)、灰凿子、刮刀、管剪、整圆器等工具。

1.1.2 常用机具

1.1.2.1 手电钻

手电钻适用于因场地、工件形状、加工部位等限制不能用钻床进行钻孔的金属、木材和塑料的钻孔。由于其体积小，重量轻、携带方便，已广泛应用于现场加工。

手电钻分手提式和手枪式两种，如图 1-13 所示。手提电钻使用时用肩部加力，最大的钻孔直径可达 49.5mm，规格性能见表1-8。手枪电钻小巧灵便，最大钻孔直径为 13mm，规格性能见表 1-9。

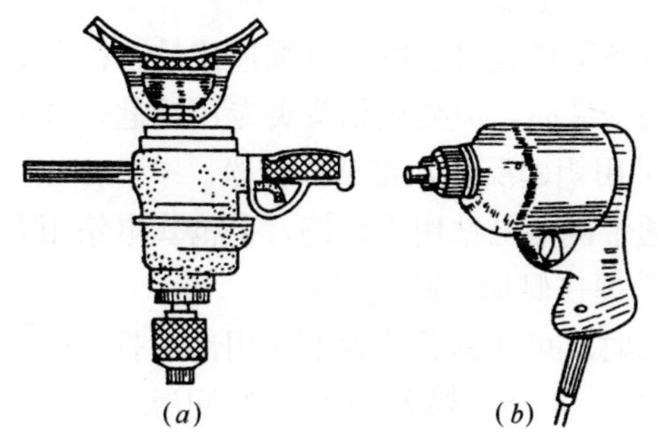

图 1-13 手电钻

(*a*)手提式；(*b*)手枪式

手提电钻规格性能 **表 1-8**

型　号	钻削最大孔径(mm)	额定转速(r/min)	额定转矩(N·m)
JZZ2 型（单相）	4	≥2200	0.4
	6	≥1200	0.9
	10	≥700	2.5
	13	≥500	4.5
	16	≥400	7.5
	19	≥330	12
	23	≥250	17
J3Z 型（三相）	23.5	225	21.6
	32.5	190	46
	38.5	145	74
	49.5	120	113

手枪电钻规格性能 表1-9

型号	回J/Z-6	回J/Z-10	回J/Z-13
钻头直径(mm)	0.5～6	0.8～10	1～13
额定电压(V)	220	220	220
额定功率(W)	150	210	250
额定转速(r/min)	1300	700	500
重量(kg)	1.4	2.3	2.5

手电钻操作要点如下：

(1) 检查各部件连接、电源电缆连接是否符合要求。

(2) 钻头安装时，应使用钻头夹专用钥匙，顺时针旋紧。取下钻头时，可用钥匙反转，将钻头拧松。

(3) 普通带侧柄电钻用手握持，手枪式电钻用右手握住形状把手、而左手握住侧柄或减速器壳。

(4) 钻孔时，可在钻孔位置上先用冲子打一个定位小洞，钻金属深孔时(30～40mm以上)，可加些润滑油。

(5) 钻孔时，不必过分用力压。过分用力并不能加快钻孔速度，但会影响到电钻的性能。

(6) 在快要钻穿金属工件时，钻头上将产生瞬时极大应力，须抓紧电钻握柄，以免突然失去平衡。

(7) 在薄板材上钻孔时，尤其是快要钻通时，需要减小压力。否则可能发生折断钻头等事故。

1.1.2.2 冲击电钻

冲击电钻是一种既旋转又冲击的特殊电钻，如图1-14所示。常用的Z1J-10型冲击电钻的规格性能见表1-10。

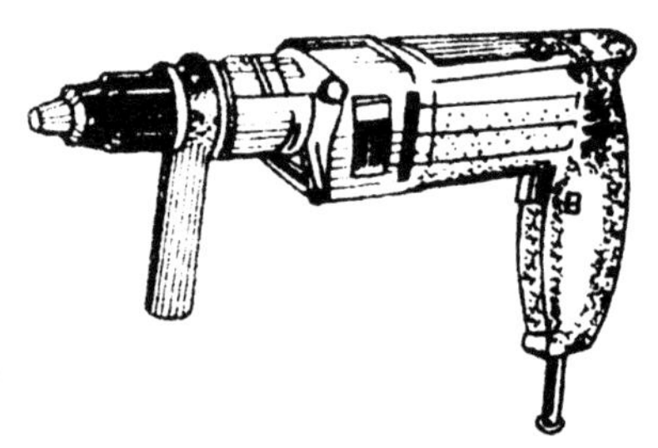

图1-14 冲击电钻

冲击电钻操作要点如下：

(1) 当冲击电钻的调节环在旋转无冲击位置时，装上普通麻花钻头能在金属、木材和塑料上钻孔；当调节环在旋转带冲击位置时，装上镶有硬质合金的钻头，能在砖石、混凝土等脆性材料上钻孔。

冲击电钻规格性能 表 1-10

型号	钻孔直径(mm)		额定功率(kW)	额定转速(r/min)
	钢	混凝土		
Z1J-10		10	0.24	1200
	6	10	0.29	880
	6	10	0.40	1200
Z1J-12	8	12	0.33～0.42	700～1200
Z1J-16	10	16	0.38～0.47	00～850
Z1J-20	10	16	0.45	1450
	12	20	0.43～0.68	480～700
	12	20	0.68	890

(2) 钻孔的深度可通过调节深度尺加以限制。方法是把深度尺的夹子往上推(有的是放松辅助把手)，移动深度尺至所需的位置，再把夹子放下锁紧(或旋紧辅助把手)即可。

(3) 使用冲击电钻时不宜过分重压机体，只要钻头安装正确，便可自动导入孔内。

1.1.2.3 电锤

电锤主要用于砖石、混凝土等硬质建筑结构上开孔打洞，如图 1-15 所示。常用电锤规格性能见表 1-11。

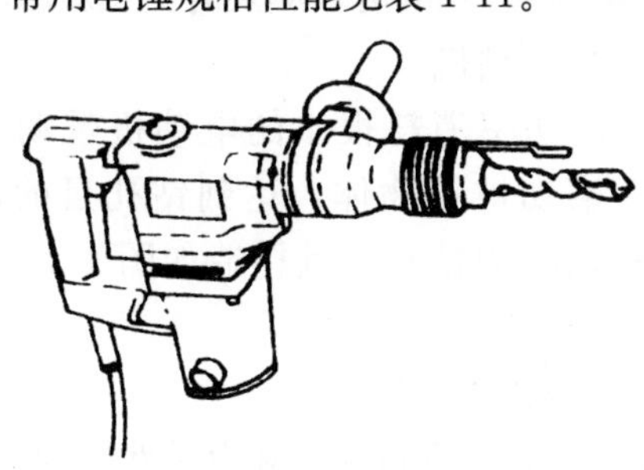

图 1-15 电锤

电锤规格性能　表1-11

型　号	钻孔直径(mm)	额定功率(kW)	额定转速(r/min)	冲击次数(次/min)
Z1C-16	16	0.44～0.48	450～1000	2800～3800
Z1C-18	18	0.47	800	3680
Z1C-22	22	0.52	300～510	2260～3150
Z1C-26	26	0.56～0.61	300～360	3000
Z1C-27	27	0.75	260	2700
Z1C-32	32	0.70	350	3000
Z1C-38	38	0.78	330	3200

电锤操作要点如下：

(1) 作业前全面检查电锤的电气和力学性能，合格后方可使用。

(2) 电锤实现不同的运动是靠更换各种刀头的尾部结构来实现的，所以在选用刀头附件时，一定要与主机配套。

(3) 使用电锤钻孔时不宜用力推进，尽量做到平稳操作，用力适度。

(4) 当钻头卡住时，安全离合器会自动打滑，若打滑过于频繁，可适当调整旋转螺母。

(5) 当电刷磨损到5mm时，应及时更换新的电刷。

1.1.2.4　金刚石钻机

金刚石钻机由功率消耗很小的电动机带动一个金刚石钻头作高速旋转，磨切被钻物体，达到钻孔目的，用于钢筋混凝土、岩石和砖墙上的钻孔，其构造如图1-16所示，规格性能见表1-12。

金刚石钻机的操作要点如下：

(1) 作业前应对钻机进行电气和力学性能的全面检查，合格后方可使用。

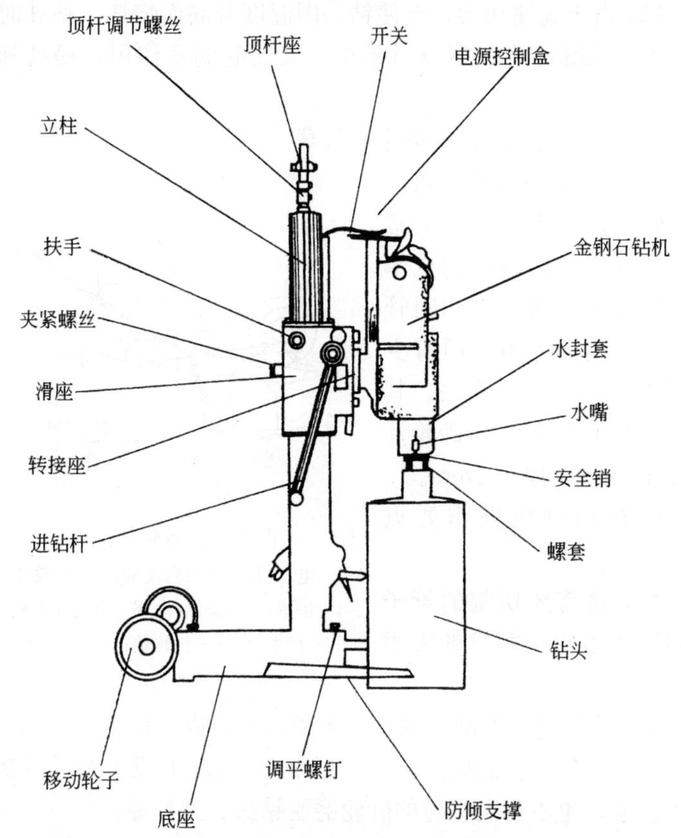

图 1-16 ZIZ-200 金刚石钻机

金刚石钻机规格性能 **表 1-12**

型 号	额定钻孔直径 (mm)	输出转矩 (N·m)	平均进钻速度 (r/min)	质量 (kg)
Z1Z-50	φ14～56 (可扩展至 φ76)	≥5	90	9.5
Z1Z-100	φ36～108 (可扩展至 φ120)	≥12	60	9.5
Z1ZS-200	φ36～200 (可扩展至 φ250)	≥18(高速档) ≥36(低速档)	20	12.5

注：1. 平均进钻速度是指在 C35 混凝土上钻孔的平均速度。
2. 钻机重量不含钻头重量。

(2) 由于高速切磨，会使钻头因温度升高而烧坏，钻孔时必须注水。水既可将钻屑及时带出，又能起润滑作用，提高施工效率。

(3) 使用完毕后，应擦净后收藏。

1.1.2.5 砂轮机割机

砂轮切割机是工地上常用的切割机具，由电动机带动砂轮片高速旋转来切断管子。管子断面光滑，但有少数飞边，需用锉刀除去。其结构如图 1-17 所示，砂轮片直径 400mm，厚度 3mm。

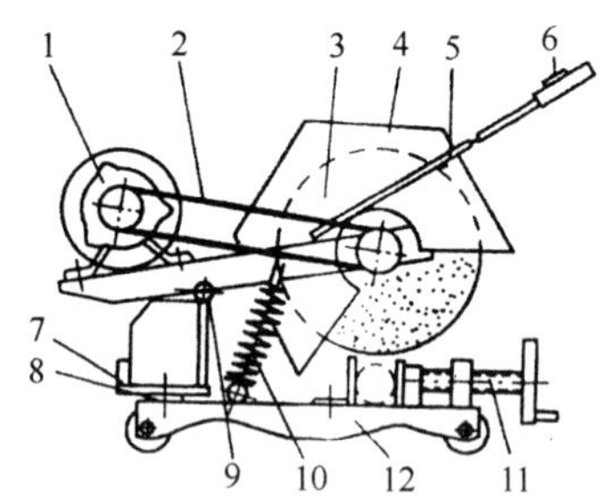

图 1-17 砂轮切割机

1—电动机；2—三角皮带；3—砂轮片；4—护罩；5—操纵杆；6—带开关手柄；7—配电盒；8—扭转轴；9—中心轴；10—弹簧；11—夹钳；12—四轮底座

砂轮切割机操作要点如下：

(1) 将需要切割的管子或型钢用砂轮切割机的夹钳夹紧。

(2) 将砂轮片对准切割线，接通电源，进行切割。切割时要注意用力均匀和控制好方向，不可用力过猛，以防止砂轮片折断飞出伤人，更不可用飞转的砂轮磨制钻头、刀片等。

(3) 用砂轮轻磨或锉刀除去飞边。

1.1.2.6 套丝切管机

套丝切管机用于管子的切断、内口倒角、管子和圆钢的套丝，其结构如图 1-18 所示。常用的套丝切管机最大套丝直径为 80mm，切断管子的最大直径为 *DN*80，倒内口最大角度为 3°。

用套丝切管机进行管子切割的操作参见 1.1.1.7。

套丝操作要点如下：

(1) 首先进行空负荷试车，确认运行正常可靠后方可进行套丝。套丝机一般以低速工作，如有变速箱，要根据套出螺纹的质量情况选择一定的速度，不得逐级加速，以防“爆牙”或管端变形。

(2) 取下底盘上铁屑筛的盖子，灌入润滑油；再插上电源。通电后，应看见油在流淌。

图 1-18 套丝切管机
1—割管器；2—去毛刺器；3—碎屑盘；4—后夹盘；5—前夹盘；6—套丝板

(3) 先在套丝板上装好板牙，再拉开套丝架，插进管子，使管子前后抱紧。待管子挑出一头，用台虎钳予以支撑。放下板牙架子，放下出油管，润滑油将从油管内喷出。将油管调在适当位置，合上开关，扳动进管把手，使板牙对准管端；稍加一点力，开始套丝。

(4) 螺纹套成后，要将进刀把的管子夹头松开，再将管子缓缓退出，防止碰伤螺纹。*DN*25 以上的管子，套丝时应分两次进行，以免损坏板牙或产生“硌牙”。在套丝过程中，要经常加机油润滑和冷却。

(5) 用去毛刺器除去管口毛刺，并修整管口。

1.1.2.7 手持电动套丝机

手持电动套丝机是一种轻便、低能耗的管道套丝机具，其构造如图 1-19 所示。配有主机、板牙头(标准配制为 1/2″，3/4″，1″，1.1/2″，2″等 5 种规格)、支架和工具箱，能在墙角、紧贴墙壁处以及天花板上等狭小的空间内进行操作。

图 1-19 手持电动套丝机

手持电动套丝机操作要点如下：

(1) 根据需加工管子的管径选用相应规格的板牙头，安装在主机上。

(2) 装好管支架，将套丝机的板牙头置于被加工的管子上，通电，开始套丝。

(3) 套丝完成后，除去管口毛刺。

1.1.2.8　管道开孔机

管道开孔机是近年来发展起来的新型管道安装机具，能在80～300mm的管道上钻出25～125mm的孔，其结构如图1-20所示。具有重量轻，操作简便，加工效率高等特点。使用时将开孔机固定于主管上，启动电源开关，通过环形钻锯在主管上开出所需要的孔。

图1-20　管道开孔机

管道开孔机操作要点如下：

(1) 插好电源，打开电机开关，检查设备空运转情况，确认运转正常后，关机。

(2) 根据开孔孔径，选择并安装刀具。通电，打开开孔机的开关，观察开孔刀的旋转是否同心或摆动；如不同心或摆动，应调整到满意为止。

(3) 将开孔机的链条缠绕在钢管上，用插销定位，调整链条的长度，然后拧紧链条另一端的螺母以绷紧缠绕钢管的链条，使开孔机牢固固定在管道上。开孔刀具的中心应与钢管的中心对正。在焊接镀锌管上开孔应避开焊缝。

(4) 启动电机，再次确认开孔机运转正常。

(5) 扳动(压下)手柄，使开孔器徐徐向下，接近管子时，察看开孔位置是否正确；反之，应关机并重新调整位置。

(6) 开孔时，用力使钻具均匀下移，刀具有一定的吃刀量，并不断地在开孔刀加工处浇水，进行降温冷却，以保证开孔的质量和刀具的寿命。

(7) 开孔结束后，关闭电机，卸下机器。小心轻放，不得在地上拖动机器。

1.1.2.9 滚槽机

滚槽机是在使用沟槽接头作为管道连接时，对管子进行预处理的专用工具，其构造如图 1-21 所示。工作时，利用滚槽机上的驱动轮，带动钢管旋转，给上压轮施加压力，根据上压轮和驱动轮的凹凸结构，从而在钢管端部的固定位置，滚压出所需要的沟槽。

图 1-21 滚槽机

滚槽机操作要点如下：

(1) 将滚槽机放置于宽敞平整的地方，避免机器在滚槽时振动而影响压槽质量，如机器不水平，则可通过调节支脚螺丝进行调整，直到机器水平为止。

(2) 启动电机，检查滚槽机空运转时是否良好，发现异常情况，应及时处理。

(3) 钢管长度超过 0.5m 时，要有能调整高度的支撑尾架。操作时应将支撑尾架固定好，防止摆动，使钢管和滚槽机平台保持水平；也可用水平仪调整滚槽机支撑尾架钢管使之水平，管子转动部位要安装轴承。

(4) 检查钢管断面与钢管轴线是否垂直，最大误差不超过 2mm，而且钢管无裂缝、无轴向皱纹、无毛刺。对于有缝钢管，管端内径压槽部分焊缝突起要磨平。

(5) 参照表 1-13 所列的沟槽尺寸，旋转定位螺母，调整好压轮行程，确定沟槽深度、宽度和沟槽直径。

(6) 启动滚槽机电机，缓慢压下千斤顶，使上压轮均匀滚压钢管，至预定沟槽深度即停机。

沟槽加工尺寸(mm) 表1-13

管径		沟槽至管端尺寸			沟槽外径		沟槽深	沟槽宽度		
公称直径	管外径	标准	最大	最小	最大	最小		标准	最大	最小
50	60.3	15.9	16.6	15.1	57.10	56.72	1.60	8.74	9.53	8.01
65	76.1	15.9	16.6	15.1	72.14	71.68	1.98			
80	88.9	15.9	16.6	15.1	84.94	84.48	1.98			
100	108	15.9	16.6	15.1	103.78	103.25	2.11			
	114.3	15.9	16.6	15.1	110.08	109.55	2.11			
125	133	15.9	16.6	15.1	128.78	128.27	2.11			
	139.7	15.9	16.6	15.1	135.48	134.97	2.11			
150	159	15.9	16.6	15.1	154.68	154.12	2.16			
	165.1	15.9	16.6	15.1	160.78	160.22	2.16			
200	219	19.1	19.8	18.3	214.42	213.78	2.34	11.91	12.7	11.18
250	273	19.1	19.8	18.3	268.22	267.58	2.39			
300	324	19.1	19.8	18.3	318.36	317.60	2.77			

(7) 用游标卡尺检查沟槽的深度和宽度，确认是否符合要求。

(8) 千斤顶卸荷，从滚槽机上取下钢管。

1.1.2.10 热熔对接焊机

热熔对接焊机是用于塑料管熔融对接的设备，如图1-22所示，有简易式和标准式等。

不同形式的对接焊机其构成不尽相同，但均配有夹具、铣刀、加热板和一些配套装置。每台对接焊机至少配有两副夹具，一副固定、一副可移动，在熔接过程中将管材定位。铣刀为双面铣削，通过手动、液压或电动等方式将管材或管件的端面铣削成垂直于管材轴线的清洁、平整和平行的加工面。加热板由导热性能良好的材料制作，用于加热熔融熔接端面。辅助装置有具有隔热和保护作用的加热挡板和支撑架，保护表面清洁并防止烫伤人

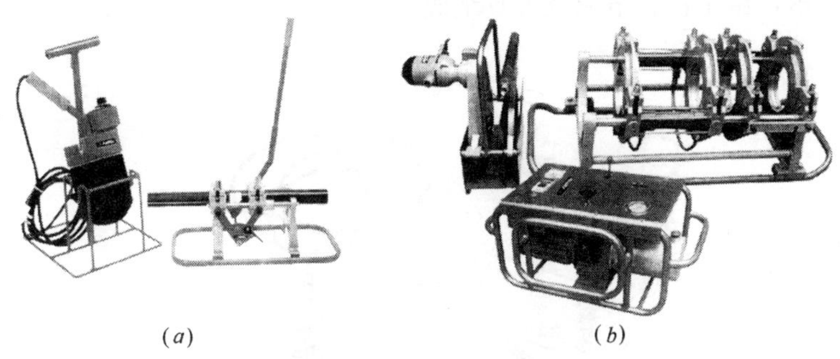
(a) (b)

图 1-22 热熔对接焊机
(a)简易式；(b)标准式

或设备。操作时，先用铣刀切削管材端面，再用加热板加热两对接端面，最后将管材两端面对接熔接，操作详见 1.2.5.6。

1.1.2.11 热熔承插焊机

热熔承插焊机是用于塑料管承插熔接的设备，如图 1-23 所示。由加热元件和芯模组成。芯模有凹模和凸模两类，分别加热管材或管件的内、外表面。通过更换芯模，使各种规格的塑料管材和管件承插焊接在一起。

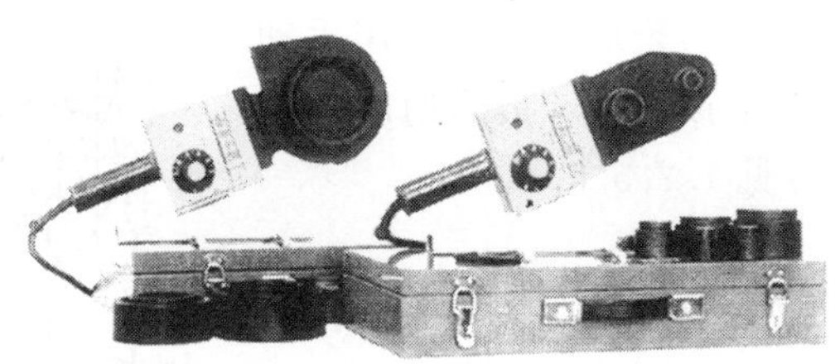

图 1-23 热熔承插焊机

操作时将管材外表面和管件的内表面同时加热至材料的熔融温度，然后撤去加热工具，将热熔管材的插口插入熔融的管件承插口保压，冷却至环境温度，操作详见 1.2.5.6。

1.1.2.12 电熔焊机

电熔焊机是用于塑料管电熔连接的设备，其构造如图 1-24

所示，由主机、电源及夹具组成。

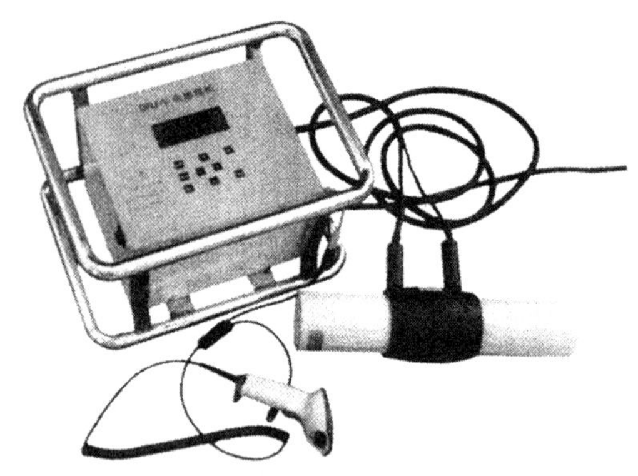

图 1-24 电熔焊机

电熔连接需借助特殊管件才能完成，该管件内表层预先缠有电阻丝，通电加热电阻丝，使管件内表面和管道外表面同时熔融，实现连接。操作时先将管材在电熔管件中承插就位，再将电源与管件外露的接线柱插接，然后利用光电笔、红外扫描器识读标有熔接电压、电流和时间参数的条形码，也可用手动的方式输入电熔接参数，最后通电完成熔接。操作详见 1.2.5.6。

1.1.3 起重机具

1.1.3.1 链条葫芦

链条葫芦又称倒链，如图 1-25 所示。由主链轮、手链轮、传动减速机构、起重链及上下吊钩等组成，起重量为 0.5～30t，使用和搬运较方便，用来起吊大直径的管子、阀门及小型设备等。使用前，应检查吊钩、主链是否有变形、裂纹等现象，传动部分是否灵活。

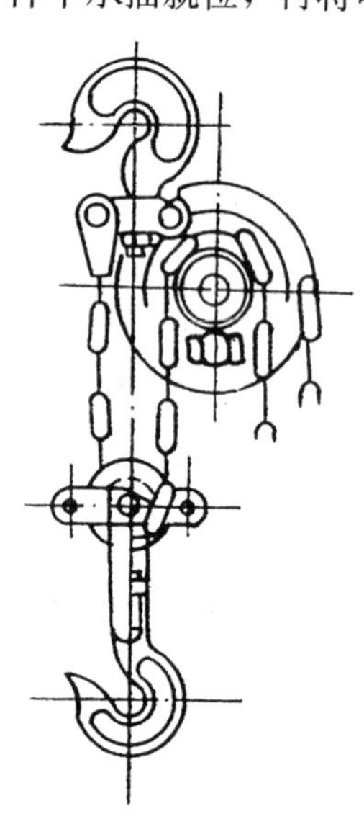

图 1-25 链条葫芦

使用链条葫芦应注意以下几点：

(1) 在起吊重物时，手拉链不许两人同时拉。因为在设计链条葫芦时，是以一个人的拉力为准进行计算的，越过允许拉力，就等于链条葫芦超载。

(2) 重物吊起后，如暂时不需放下，应将手拉链拴在固定物上或手链上，以防制动机构失灵，发生滑链事故。

(3) 转动部位应定期加润滑油，但严防油渗进摩擦片内而失去自锁作用。

1.1.3.2 滑轮

滑轮是一种结构简单、使用方便的起重工具，其构造如图 1-26 所示。它既可独立工作也可配合其他起重机械进行吊装和运输作业，起着承受荷载、导向、平衡钢丝绳分支拉力、增速、省力等重要作用。

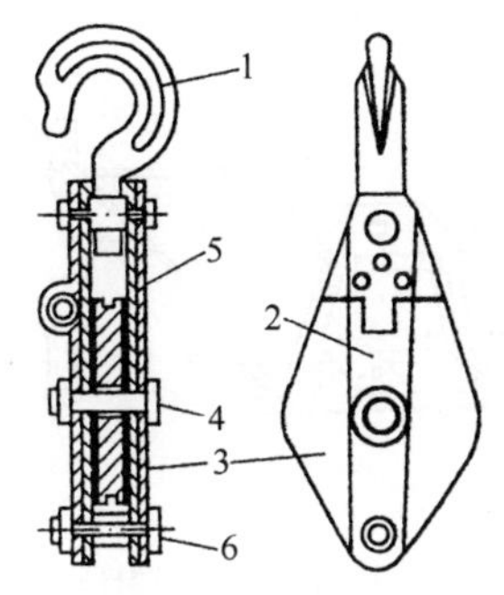

图 1-26 滑轮的构造

1—吊钩；2—拉杆；3—夹板；4—中央枢轴；5—滑轮；6—横拉杆

根据滑轮的作用将其分为定滑轮、动滑轮、导向轮、平衡轮、滑轮组等，如图 1-27 所示。其中，定滑轮能改变力的方向，但不省力；导向轮的作用类似于定滑轮，既不省力也不能改变运动速度，只能改变力的方向和牵引方向；动滑轮能省力，但不能改变力的方向，所以在实践中，很少采用单个滑轮进行工作，一般都采用滑轮组。

1.1.3.3 绞磨

绞磨又称绞盘，是一种结构简单的人工卷扬机具，适用于起重量不大，起重速度不高的场合。由磨架、磨杆、磨轴、卷筒和反转制动器等组成，如图 1-28 所示。

使用绞磨应注意以下几点：

(1) 绞磨应安装在平整且无障碍的地方，并用地锚固定，以

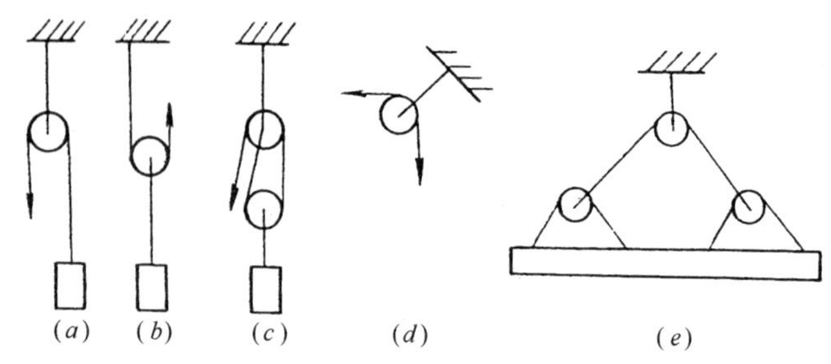

图 1-27 滑轮的形式

(a)定滑轮；(b)动滑轮；(c)滑轮组；(d)导向轮；(e)平衡轮

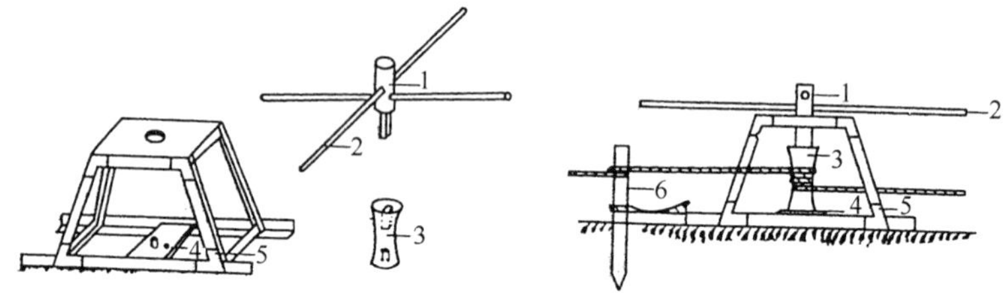

图 1-28 绞磨

1—磨轴；2—磨杆；3—卷筒；4—制动器；5—磨架；6—地锚

防磨架移动或歪斜。

(2) 起吊时，如有夹绳现象，应停止操作，待故障排除后，方可继续工作。

(3) 绞磨由多人操作时，应由专人指挥推磨，步调统一。

(4) 负责拉绳的人，应随时将钢丝绳拉紧，并将钢丝绳盘好；停止工作时，应将钢丝绳固定在地锚上；为确保安全，应将钢丝绳在地锚上绕一圈后再由人力拉紧。

1.1.3.4 卷扬机

卷扬机又称绞车，是起重吊装的主要设备。分为手动卷扬机(见图 1-29)和电动卷扬机(见图 1-30)两类。绞车与滑轮组配合使用可完成各种起重作业。

在施工场地上装置绞车时应注意以下几点：

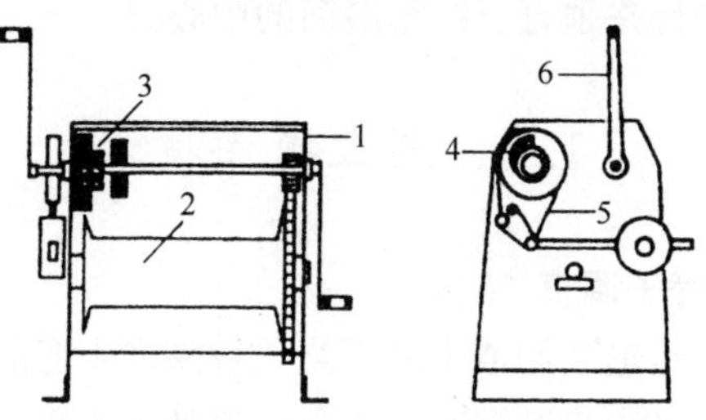

图 1-29 手动卷扬机

1—机架；2—卷筒；3—传动齿轮；
4—棘轮装置；5—摩擦制动器；6—手摇柄

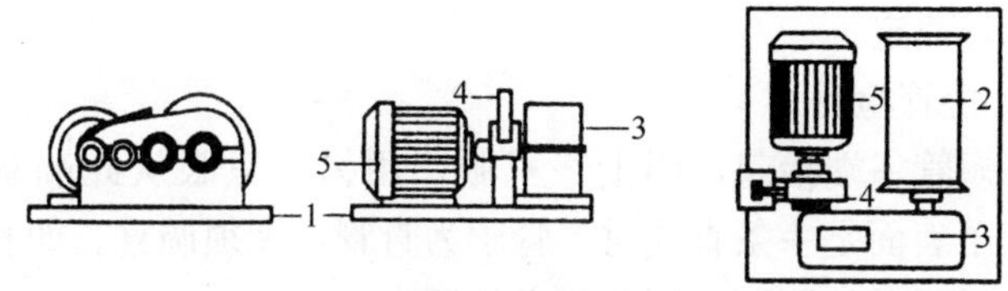

图 1-30 电动卷扬机

1—机座；2—卷筒；3—减速器；4—制动器；5—电动机

(1) 绞车的固定，必须保证绞车固定锚点有足够的强度，图1-31所示为常见的几种固定绞车的方法。

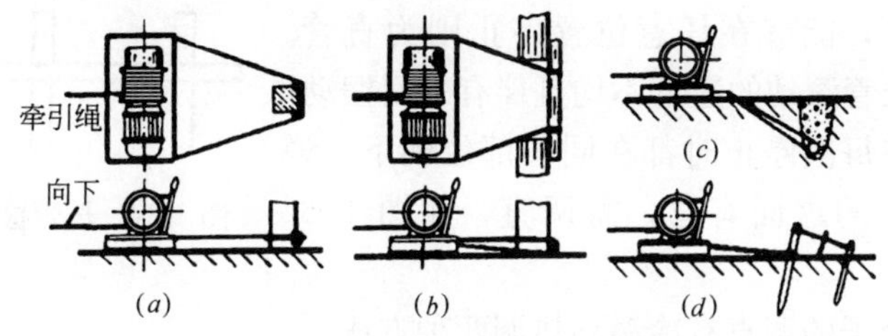

图 1-31 固定绞车的方法

(*a*)利用柱梁固定；(*b*)利用建筑物固定；(*c*)地锚固定；(*d*)打桩固定

(2) 绞车应装设在滑轮组作用区域之外，并能清楚地看到物件起吊的地点。

(3) 绞车及绳索不得妨碍设备的起吊与拖运。绞车的牵引绳索应和地面平行并垂直于绞车滚筒的中心。

1.2　基本操作技术

1.2.1　管子调直

管子由于运输装卸或堆放不当，容易产生弯曲和变形。在加工和安装前，必须将其调直，以免管道外观不直，影响美观，或因管子弯曲超标，强行连接管件或阀门，而造成管路漏水。

1.2.1.1　弯曲部位和弯曲度检查

调直前，先检查和确定管子的弯曲部位及弯曲程度。检查方法视管长而定。

1. 短管检查

将短管一端抬起，闭上一只眼，用另一只眼从此端看另一端，管子表面是一条直线时，管子为直管，无须调直。如有一面凸起，反面必然凹下，则此管必须调直。

2. 长管检查

长管检查采用滚动法进行。将长管对称横放在两根平行的角钢(或其他型钢和直管)上轻轻滚动，当管子以均匀速度滚动而不颠摆，能够在任意位置停止则为直管。如果长管滚动的速度不均且伴有来回摆动，并且在每次停止时都在同一部位朝下，说明向下的这面有弯，需调直，如图1-32所示。

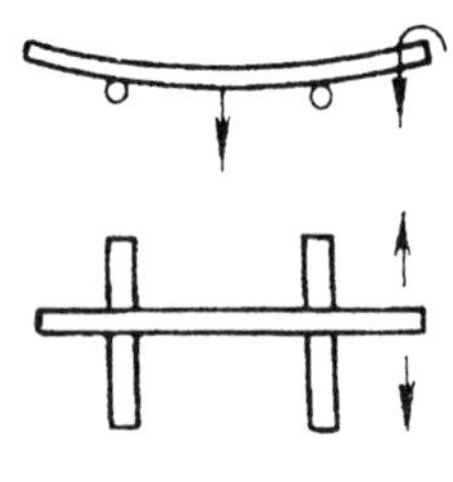
图1-32　长管检查

管子的调直有冷调和热调两种方法。

1.2.1.2　冷调

指在常温下调直管子的方法。适用于管径在50mm以下且弯曲度不大的管子。根据操作方法不同，分为杠杆调直法、锤击调直法、平台法及调直器法等。

1. 杠杆(扳别)调直法

以管子弯曲部位作支点，用手加力于施力点。不断变动支点部位，使弯曲管均匀调直而不变形损坏。

2. 锤击调直法

用于小直径长管的调直，如图 1-33 所示。将管子放在两根相距一定距离的平行粗管或方木上，依靠两把手锤进行。一把顶在管子凹面的起弯点作支点，另一把则用力敲打凸面高点。两把手锤间应有一定间距，使两力产生一个弯矩，敲击的力量要适度，直到管子平直为止。对于因管件螺纹不正而引起的节点弯曲，只能用手锤击打靠近管件的管子，严禁锤击管件。

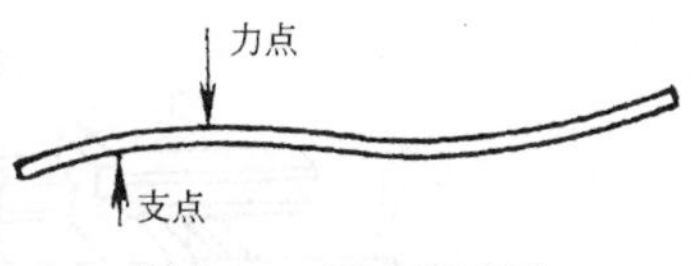

图 1-33 锤击调直法

3. 平台法

用于管径在 25mm 以内的长管的调直，在如图 1-34 所示的平台上进行。操作时一人站在管子的一端指挥，另一人用木锤敲打凸出部位，注意不能用手锤锤打，以防锤击时变形。

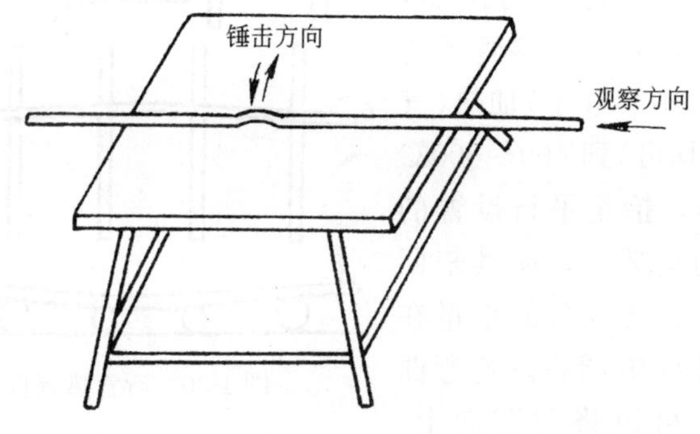

图 1-34 调直平台

4. 调直器法

该法调直效果较好，且可减轻劳动强度。如图 1-35 所示，将管子的弯曲部位放在调直器丝杆两边的凹槽中，管子的突出部位朝上。固定后，用力旋转丝杆，使丝杆的压块下压，迫使管子突出部位变直。

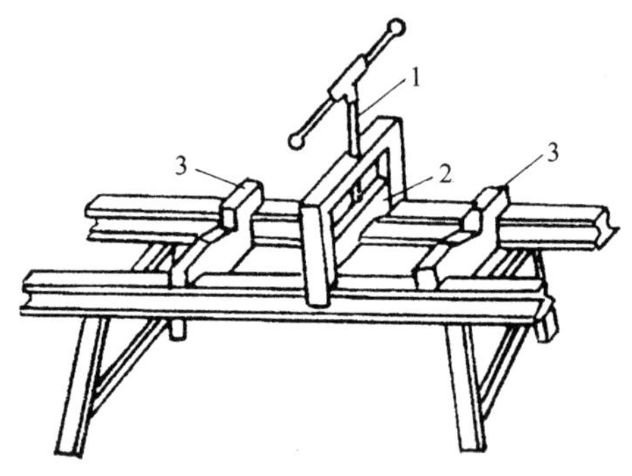

图1-35　调直器
1—丝杆；2—压块；3—支块

1.2.1.3　热调

热调指在加热状态下调直管子的方法。适用于管径为50～100mm管子的调直，如图1-36所示。先将管子的弯曲部位(不装砂子)加热(气焊或烘炉均可)到600～800℃(火红色)，抬至平行设置的水平滚动支架上，使其来回滚动。依靠其自身的重量在滚动的过程中调直。若弯曲较大时，可以将弯背向上，轻轻下压再滚。为加速冷却可用废机油均匀涂在火口上。

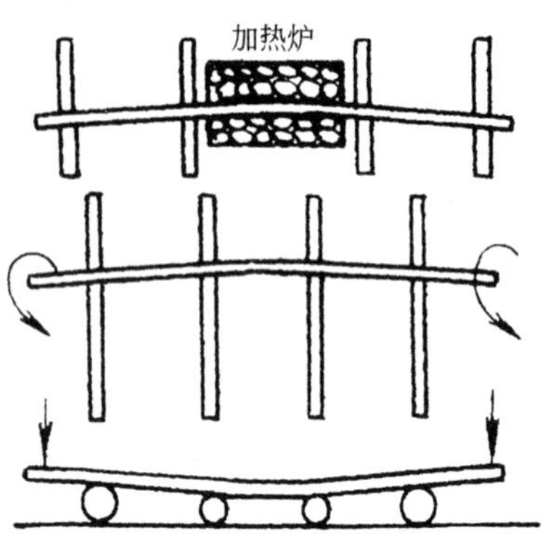

图1-36　弯管热调直

对于弯曲较大的大管(管径在100mm以上)，一般不予调直，可将其割去另作他用。

1.2.2　管子校圆

管子的不圆变形，多发生于管口处，影响管道连接。管子校圆方法有锤击校圆、外圆对口器校圆和内圆校圆器校圆等。

1.2.2.1 锤击校圆

锤击校圆如图 1-37 所示。操作时，用锤子均匀敲击椭圆的长轴两端附近范围，边敲击边用圆弧样板校验。

1.2.2.2 外圆对口器校圆

对于口径较大（ϕ426 以上）且椭圆度较轻的管口，采用图 1-38所示的外圆对口器校圆。

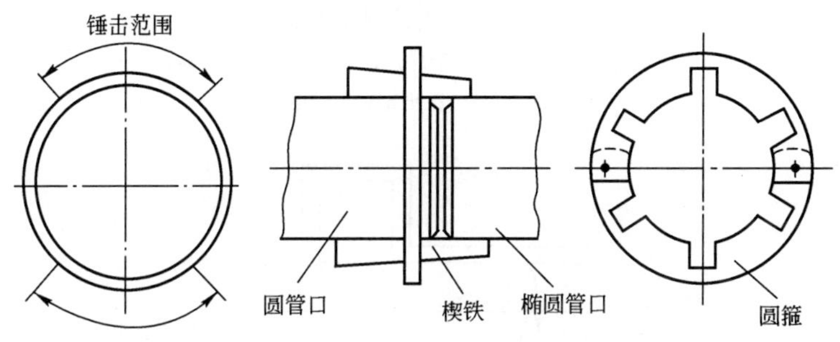

图 1-37 锤击校圆法

图 1-38 外圆对口器校圆

操作时，将圆箍（内径与外径相同，制成两个半圆易于拆装）套在圆管管口端部，并使管口探出约 30mm，使之与椭圆的管口相对。在圆箍的缺口打入锲铁，通过锲铁的挤压将管口挤圆，然后拆除圆箍。

1.2.2.3 内圆校圆器校圆

对于大口径管子，若管子变形较大或有瘪口现象时，采用如图 1-39 所示的内圆校圆器校圆。

1.2.3 管子切断

在管道安装过程中，为了得到所需的尺寸，需要对管子进行切断加工。切断时对切口的质量要求是：管子切口要平正，切口平面偏差不应大于管子外径的 1%，且不得超过 3mm，可用如图 1-40 所示的法兰靠尺检查；切口表面应平整，无裂纹、重皮、毛刺、凸凹、缩口、熔渣、氧化物和铁屑等。

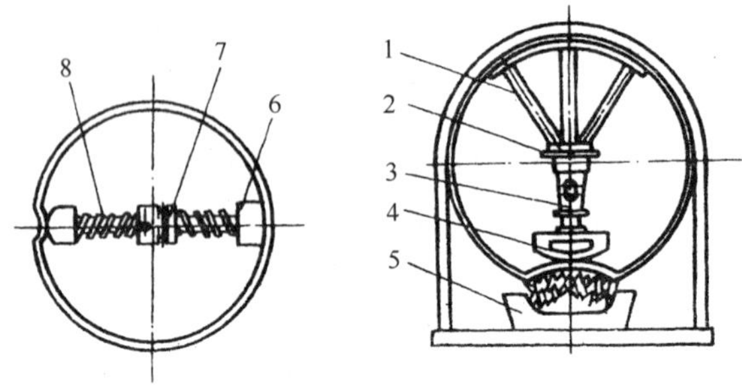

图1-39　内圆校圆器校圆

1—支柱；2—垫板；3—千斤顶；4—压块；5—火盆；
6—螺母；7—扳把轴；8—螺纹

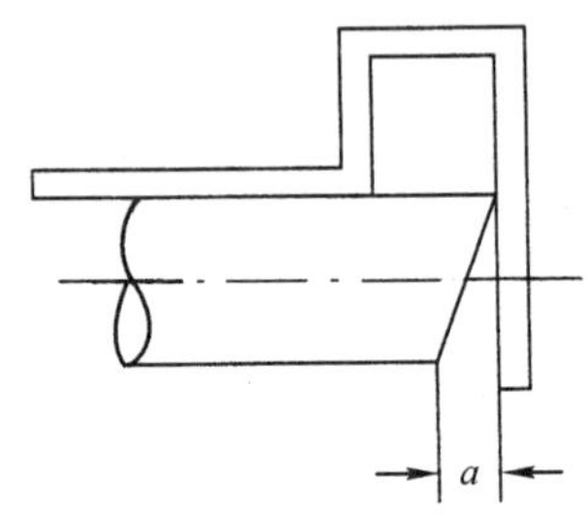

图1-40　用法兰靠尺检查切口偏差

管子切断方法有锯割、刀割、磨割、气割、錾切、等离子切割等。

1.2.3.1　锯割

锯割采用钢锯或木工刀锯切断管子，其操作参见1.1.1.3。

1.2.3.2　刀割

刀割采用割管器上的滚刀进行切割的方法。适用于小口径钢管、铜管、不锈钢管、铝塑复合管及塑料管的切割，具有操作简便、速度快、切口断面平整的优点，在施工中普遍使用，其操作参见1.1.1.7。

1.2.3.3　磨割

磨割又称无齿锯切割，是指利用高速旋转的砂轮片进行切割的方法。适用于厚壁铜管、钢管、铸铁管和型钢的割断。具有速度快、效率高、切口断面光滑的特点，其操作参见 1.1.2.5。

1.2.3.4 气割

气割又称火焰切割，指利用氧—乙炔焰燃烧时产生的热能，使切割的金属在高温下熔化，产生氧化铁熔渣，再利用高压氧气流将熔渣吹离金属而切断管子。适用于大口径钢管和厚壁铜管的切断，严禁用于不锈钢管、薄壁铜管和铝管的切断。该法效率高，切口也比较整齐，但切口表面将附有一层氧化薄膜，需在焊前除去。

气割采用割炬进行，常用的射吸式割炬的构造如图 1-41 所示。操作时，先点燃割炬，调整好火焰，开始预热切割处，待出现略红时，同时慢慢打开切割氧气阀，预热红点在氧气流中被吹掉，当氧化铁随氧气流(风线)穿出时，说明已切割透。移动割炬逐渐向前切割。切割结束时，嘴头应向切割前进的反方向倾斜，使收尾的割缝整齐。当达到终点时，依氧气切割阀、乙炔阀门和氧气预热阀的顺序关闭阀门。

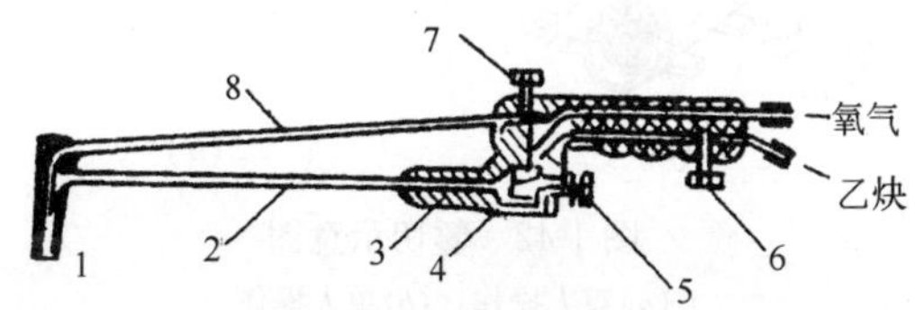

图 1-41 射吸式割炬构造

1—割嘴；2—混合气管；3—射吸管；4—喷嘴；5—预热氧气阀；6—乙炔阀；7—切割氧气阀；8—切割氧气管

气割时易出现回火现象，有时因嘴头过热或氧化铁渣的飞溅，使切割嘴头堵住或乙炔供应不及，嘴头产生鸣爆并发生回火现象。可迅速关闭预热氧气和切割氧气阀门，阻止氧气倒流入乙炔管内，使回火熄灭。如割炬内还在发出嘶嘶响声，说明割炬内回火尚未熄灭，应迅速将乙炔阀门关闭或拔下割炬上的乙炔软管，使回火气体排出。处理完后须先检查射吸能力后才能重新点燃割炬。

1.2.3.5 錾切

錾切是利用錾子和手锤等工具进行切割的方法。适用于铸铁管、陶土管及混凝土管的切断。具体操作步骤如下：

（1）管子固定 在管子切断部位下面和两侧垫上厚木板。

（2）錾刻线沟 转动管子用錾子沿切断线錾切1～2圈，刻出线沟。

（3）錾切 操作者站在管子侧面，用锤子沿线沟用力敲打，同时不断转动管子，连续敲打直至管子折断为止。如图1-42所示，有双人操作和单人操作两种方式。其中大口径管子由两人操作。一人打大锤，一人掌握剁子。剁子要握紧、要端正，防止偏斜，以免打坏斧刃。管子两端不应站人，以免铁屑伤人。

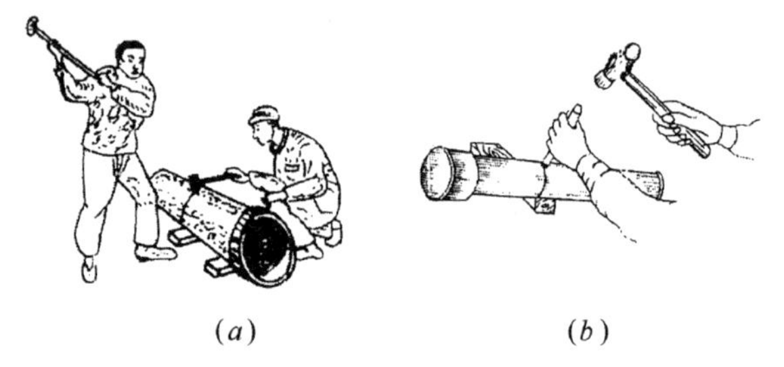

(a) (b)

图1-42 錾切示意图

(a)双人操作；(b)单人操作

1.2.3.6 挤压式切割

利用液压割管机切割，主要用于铸铁管的切断。工作时，通过液压缸、手压油泵的作用，对管子进行局部挤压，刀刃挤入管壁，截断管子。图1-43为正在使用的液压割管机，使用时刀框必须与管轴心线垂直，割断后

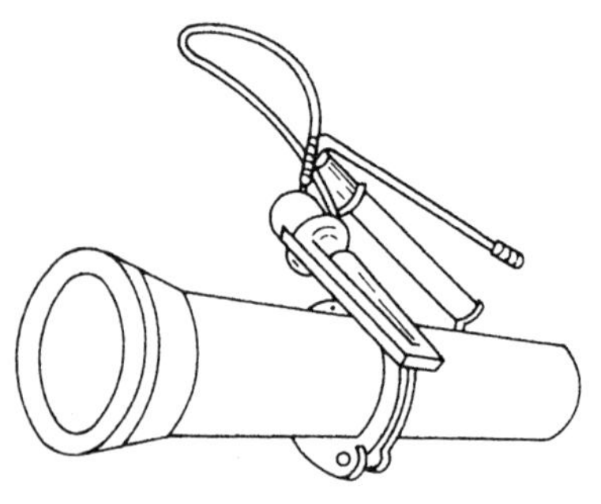

图1-43 挤压式切割

应检查管子有无裂缝。

1.2.3.7 等离子切割

等离子切割是指利用图 1-44 所示的等离子设备产生的高温(10000℃以上)等离子流切割金属的方法。等离子流是将电流和气体(如氩、氮)通过用水冷却的特种喷嘴内，造成强烈的压缩电弧而形成。该法适用于铸铁管、不锈钢管、铝管和铜管的切断。具有切口较窄、切割边质量好的特点。

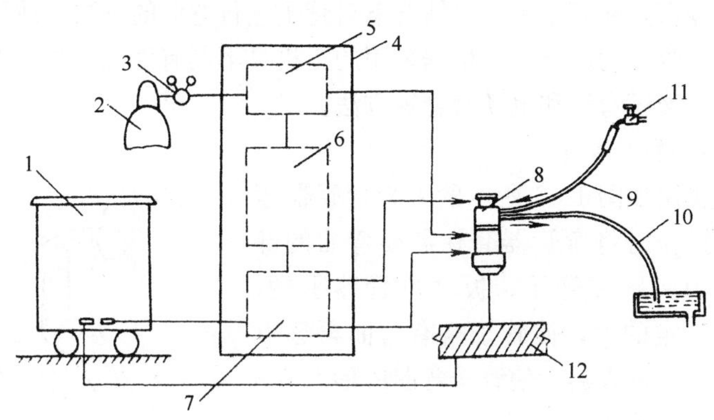

图 1-44 等离子切割设备组成示意图

1—电源；2—气源；3—调压表；4—控制箱；5—气路控制；6—程序控制；7—高频发生器；8—割炬；9—进水管；10—出水管；11—水源；12—工件

操作时，先固定好工件，再将工件或管子表面起切点清理干净，使其导电良好。对于较厚的大工件或表面不干净时用小电弧预热。

切割从工件的边缘开始，待工件边缘切割后再移动割炬，若不允许从边切起来，先在板上钻 ϕ15mm 孔，从小孔为起切点，否则熔渣溅出堵塞喷嘴孔，烧坏喷嘴。对于薄工件可不钻孔，只须后倾一个角度使熔渣容易排升，直至切割时再恢复正常的切割姿势和位置。

按要求控制切割速度、喷嘴到工件的距离(切割过程中保持恒距，在 3～10mm 内)和割炬的角度等参数。注意割炬与割缝平面应保持垂直，否则割缝发生偏斜，割口不光洁，在割口底面造成熔瘤。

1.2.4 管子弯曲

施工中常利用弯管来改变管子的走向。加工好的弯管不得有裂纹，不得存在过烧、分层等缺陷，不宜有皱纹等。有冷弯和热煨弯和冲压弯头等方法。

1.2.4.1 冷弯

冷弯是在管子不加热情况下对管子进行弯曲的方法，适用于煨制小管径的薄壁管。根据采用的工机具不同有手工弯管、滑轮弯管、液压弯管和电动弯管等方法。

1. 手工弯管

采用如图1-45所示的人力弯管器弯管。操作时将弯管器套在需要弯曲的部位，用脚踩住管子，扳动弯管器手柄，稍加一定的力，使管子略有弯曲再逐点向后移动弯管器，使管子弯曲成形。

图1-45 人力弯管器弯管

2. 滑轮弯管

可弯制管径50～100mm的管子。弯管器固定在工作台上，弯管时把管子插入定轮胎和动轮胎之间，一端由夹持器固定，然后扳动把手，带动滑轮，直至弯成所需角度，如图1-46和图1-47所示。

3. 液压弯管

可弯制管径15～40mm的管子，常用液压弯管器按弯管方式分为开式和闭式两类，如图1-48所示。以液压泵为动力，操作省力，适合现场使用。操作时先将管子置于靠模和压模之间，并固定好。再关闭液压阀门，用手动或电动方式加压，当管子弯曲到所需角度后，应保压3～5min，再打开液压阀门，泄压，取管。

4. 电动弯管

常用电动弯管机如图1-49所示。操作时，先将管子沿导板

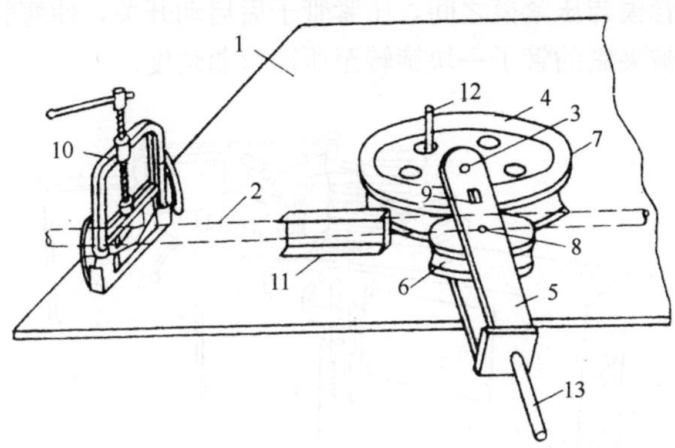

图 1-46 手工弯管台

1—管台；2—管子；3—台阶销轴；4—大轮；5—推架；6—小轮；7—刻度；8—活动销子；9—观察孔；10—压力；11—槽钢靠铁；12—固定销子；13—推棒

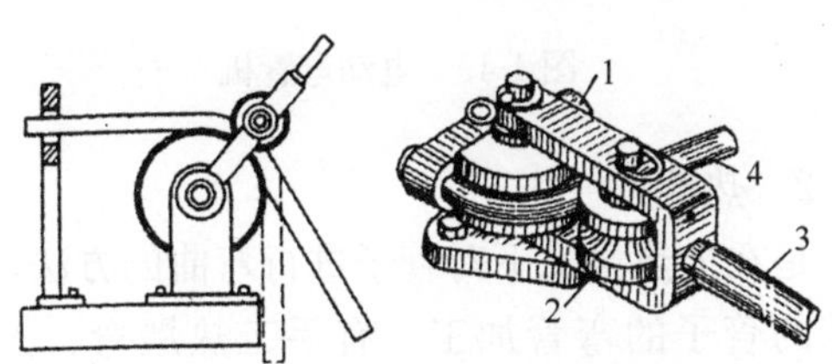

图 1-47 人力揻管架及揻管器

1—固定滚轮；2—动滚轮；3—管子；4—管子杠杆

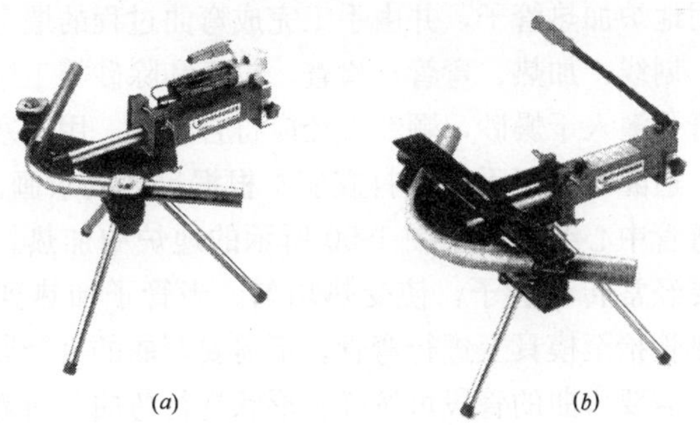

图 1-48 液压弯管机

(*a*)开式；(*b*)闭式

放在弯管模与压紧模之间，压紧管子后启动开关，使弯管模与压紧模与被夹紧的管子一块旋转至所需弯曲角度。

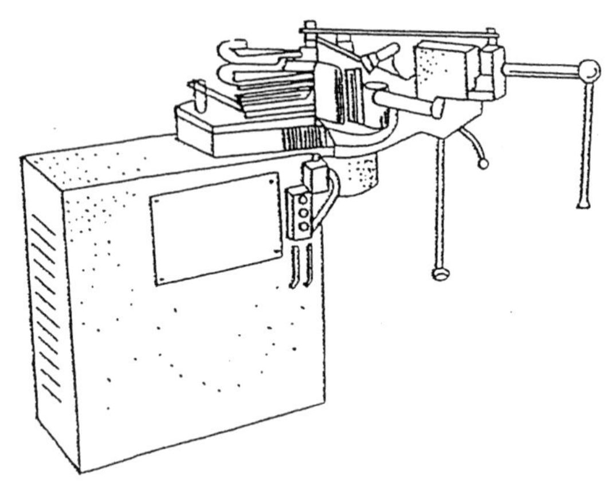

图 1-49 电动弯管机

1.2.4.2 热煨弯

热煨弯是在加热情况下对管子进行弯曲的方法，适用于大管径、厚管壁的管子的弯管加工。有手工热煨弯、火焰弯管机煨弯、中频弯管机煨弯和电烘箱煨弯等。

1. 手工热煨弯

利用地炉加热管子，并由手工完成弯曲过程的煨弯方法。包括充砂、划线、加热、弯管、检查、校正和除砂等工序。先在被煨制的管子灌入干燥砂，颗粒直径应符合规定，用木塞将管子两端堵严，边灌砂边用手锤敲打震实。根据尺寸要求画出起弯点、弧长和弯管中心线，置于图 1-50 所示的地炉中加热。在加热过程中，要经常转动管子，使受热均匀。当管子加热到所需温度后，将热管抬至模具上进行弯管。不需要弯曲的直管段，先用冷水冷却，需要弯曲的管段可按样板形状进行弯曲，所需的力由人力或卷扬机提供。管子中心线与施力的方向成 90°角，且在同一平面上，如图 1-51 所示。

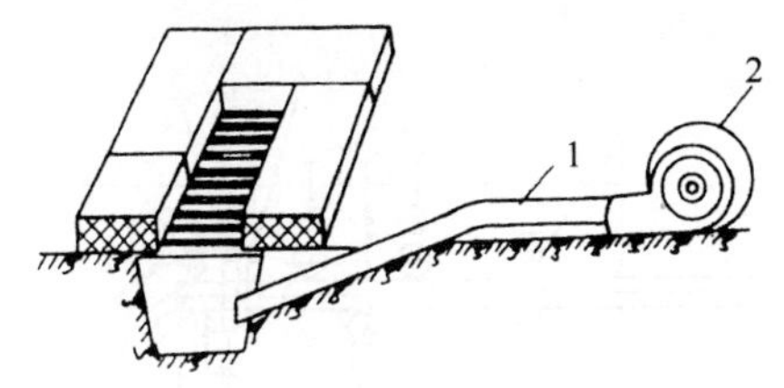

图 1-50 地炉

1—铁皮风管；2—鼓风机

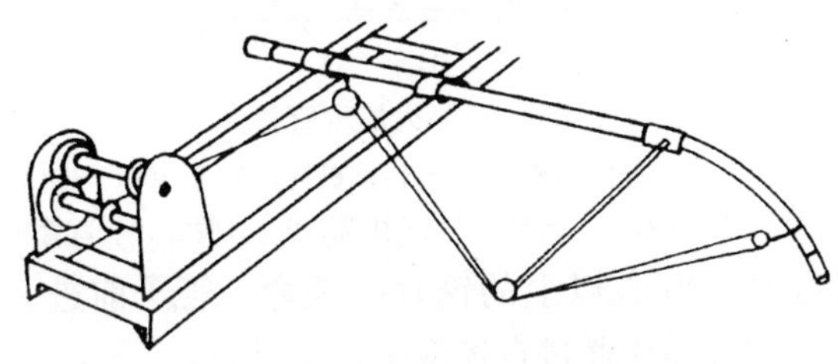

图 1-51 简易煨管示意图

在弯管过程中，用力要均匀，速度不宜过快，但操作要连续，不可间断。钢管煨弯时，若受热管表面呈暗红色时(700℃)应停止煨制，否则会造成金属结构破坏。若需再弯，应重新加热。

2. 火焰弯管机煨弯

火焰弯管机采取边加热、边煨弯、边冷却的方式，其构造如图 1-52 所示。弯管时，按要求调节力臂的弯曲半径和弯曲角度，将管子用滚轮固定好。选择合适的火焰炬套在管外，确定起弯点位置，然后调节火焰炬，点火加热管子。选定力臂的旋转速度，启动弯管机，打开通往水冷圈的水管阀门，弯曲力臂缓慢移动，管子弯曲成形。

3. 中频弯管机煨弯

中频弯管机采用感应线圈代替火焰炬加热。工作时，在感应线圈中通入交变电流，线圈对应处的管壁中产生相应感应涡流，电流交变频率越高，涡流电流越大。由于管材电阻较大，使电能转变为热能，在涡流电的热效应作用下，产生高温进行煨弯。主

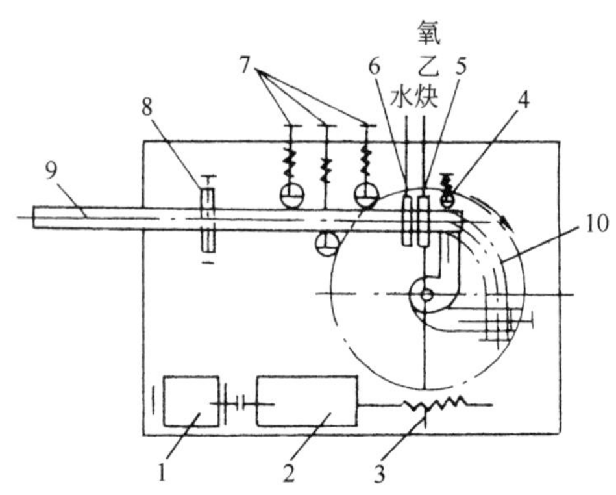

图1-52　火焰弯管机

1—电动机；2—减调速机构；3—传动机构；4—转臂；5—火焰炬；6—水冷圈；7—调节轮；8—托辊；9—直管；10—弯管

要用于管径在80mm以上的钢管的煨弯。管子前进、加热、煨弯和喷水冷却等操作通过自控系统连续进行。

操作时先在被煨制的管子内装上烘干的砂子，截取长度为管径1.5～2倍的木塞，将管子两端堵严，并将砂震实。然后在管子上划出加热长度，搁置烘炉上加热，并随时转管，当管子成蛇皮状，并呈现红亮光时停止加热。

将热管抬置中频弯管机上进行弯管，如图1-53所示。不需要弯曲的直管段，先用冷水冷却，需要弯曲的管段可按样板进行弯曲。弯管过程中，用力应当均匀，当管子弯到所需弯曲半径时，用冷水冷却。

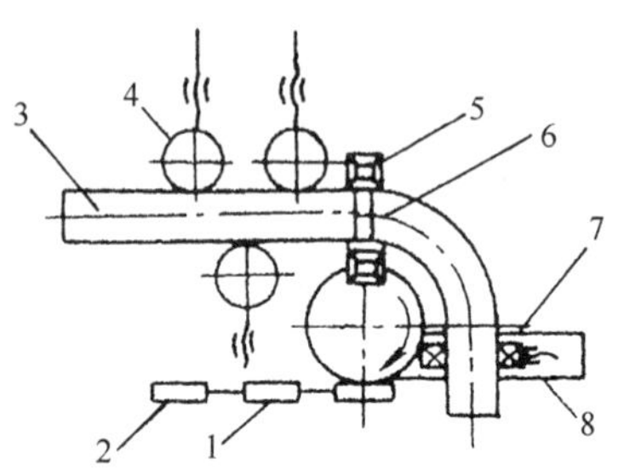

图1-53　中频弯管机

1—减速机；2—电动机；3—管子；4—支撑滚轮；5—感应圈；6—加热区；7—夹头；8—转臂

4. 电烘箱煨弯

电烘箱煨弯用于煨制塑料管。在管内充砂，用木锤轻击填充密实，用木塞塞紧管口，将煨管部分放入电烘箱，边加热边转动管子。若管子很长，一端站一人，二人同时转管，防止扭裂。管子变软时放在胎具上弯曲，角度与样板吻合后，用浸冷水的棉纱抹管外壁降温，定型后从胎具上取下，倒尽砂子。煨弯时严格控制其温度和时间，一般加热温度为140℃左右，环境温度不低于15℃，加热时间按管径大小和管壁厚度定。

1.2.4.3 冲压弯头、弯管

冲压弯头又称模压弯头，先根据规定的弯曲半径，用钢制成模具，然后将下好的管段或钢板放入加热炉中，加热至900℃左右，取出，放在模具中加压成形。用板材压制的为有缝弯头，用管段压制的称为无缝弯头。

1. 有缝弯头加工

有缝弯头加工如图1-54所示。首先按弯管展开原理，下料，(见图1-54*a*)；加热，再放入模具压制成瓦状(见图1-54*b*)；画线并切去多余部分，修理后将两瓦坡口、组对焊接成弯头(见图1-54*c*)。弯头管口不圆时需加热后修整。燃气管道使用的有缝钢管，焊缝必须探伤合格才能使用。这种弯管管壁均匀，耐压程度高，弯曲半径小，适合于加工大管径弯管。

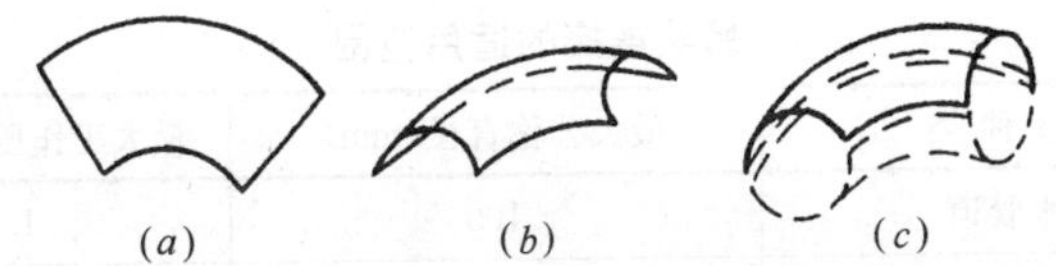

图1-54 有缝模压弯头

(*a*)下料；(*b*)压制成瓦状；(*c*)组对焊接

2. 无缝模压弯头加工

按图1-55所示的方法下料。弯管的长臂要比理论计算值增加15%，短臂应比理论计算值减小4%。下好料后，将切好的管段放入加热炉中，加热好后，取出放入模具中压制。

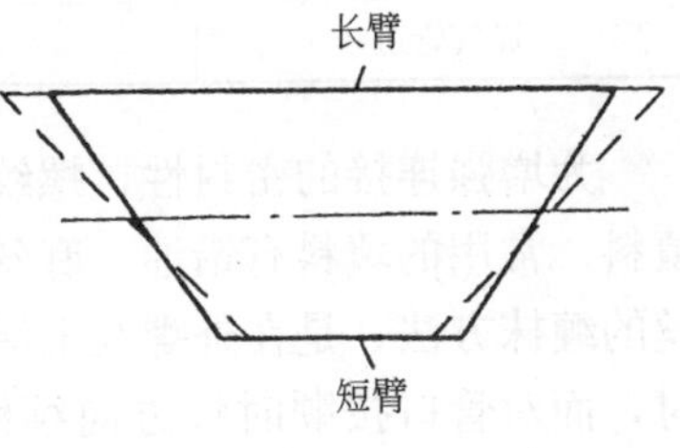

图1-55 无缝模压弯头下料

模具由上模、下模与芯子三部分组成。芯子放入管段中，用压力机压制成形。若弯头管口不圆时可加热整圆，切去毛边、坡口即成。

3. 模压弯管

模压弯管要有大量模具，用以加工各种角度、各种管径的弯管，适合批量生产，成本低。可购买定型产品，亦可委托加工。但应注明钢材要求，弯管内、外径与壁厚(应与管子相同)，弯曲半径、椭圆率、焊缝探伤要求和弯管角度等。

1.2.5 管道连接

管道的连接方法有螺纹连接、承插连接、法兰连接、焊接连接、沟槽连接、熔接等。

1.2.5.1 螺纹连接

螺纹连接又称丝扣连接，是通过内、外管螺纹的旋合将管子连接成一个整体的连接方式，其适用范围见表1-14。螺纹连接时，一般是在管子外部加工外螺纹，拧上带内螺纹的管件，然后与其他管段连接，构成管路系统。常用螺纹管件及具体用法如图1-56和图1-57所示。

螺纹连接的适用范围 **表1-14**

管道种类	最大公称直径(mm)	最大工作压力(MPa)
给水管道	100	1.0
排水管道	50	
热水管道	100	1.0
蒸汽管道	50	0.2
煤气管道	100	0.02

为增强连接的密封性，螺纹连接时需在外螺纹上缠抹适当的填料。常用的填料有铅油、麻丝和聚四氟乙烯生料带等。铅油麻丝的缠抹方法，是在外螺纹上涂一层铅油，然后缠绕麻丝。缠绕时，面对管口按顺时针方向缠绕(即逆螺纹方向)。当螺纹拧紧时，麻丝越旋越紧。缠绕时要保持管口洁净，以免拧紧后填料挤

入管腔中阻塞管路。填料只能一次性使用，若螺纹拆卸重新安装时应重新缠抹填料。螺纹连接所用填料选用见表 1-15。

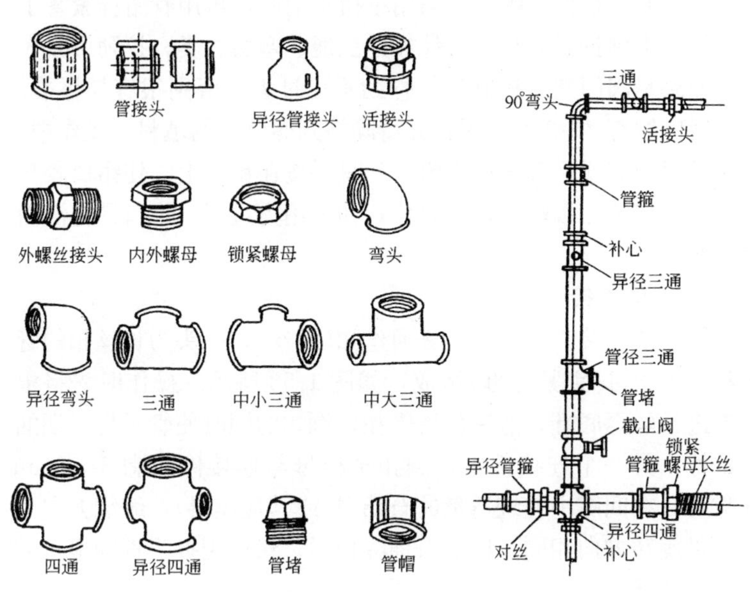

图 1-56 丝扣管件　　图 1-57 丝扣管件用法图示

螺纹连接所用填料的选用　　表 1-15

管道种类	选用填料			
	铅油麻丝	铅　油	聚四氟乙烯密封带	一氧化铅甘油调和剂
给水管道	√	√	√	
排水管道	√	√	√	
热水管道	√		√	
蒸汽管道		√		
煤气管道		√	√	√

螺纹连接有短丝连接、长丝连接、活接头连接和锁母连接等几种形式。

1. 短丝连接

属于固定连接。操作时将带有外螺纹的管端(或管件)、涂上铅油缠好麻丝或聚四氟乙密封带。用手拧入带内螺纹的管件两三扣左右，此过程称为戴扣，当用手扭不动时，再用管钳拧紧管子或管件，直到拧紧为止。管件如是三通、弯头之类，拧劲可以大些，如果是阀门类的控制件，拧劲不可过大，否则很容易撑裂。拧紧后应留有2～3圈螺尾，并清除挤到螺纹外的填料。操作中，应使管钳中部或后部牙口吃紧，一只手按在钳头上，使钳口咬牢管子不致打滑。扳转钳把时要稳，如果用力过猛，钳口易打滑而扳空伤人。

2. 长丝连接

属于活连接。由一头为普通丝扣(短丝)，一头为长丝扣的管子和一个根母(锁紧螺母)组成，如图1-58所示。操作时先将根母拧进长丝至底部，然后往后倒扣，倒扣的同时使管子另一端的短丝拧入另一个连接件中，倒扣至根母与连接件间剩3～5mm间隙时，在间隙中缠绕适量的石棉绳(或其他填料)，缠绕方向要与根母旋转方向相同，以防石棉绳松脱，然后用扳手拧动根母并压紧石棉绳。

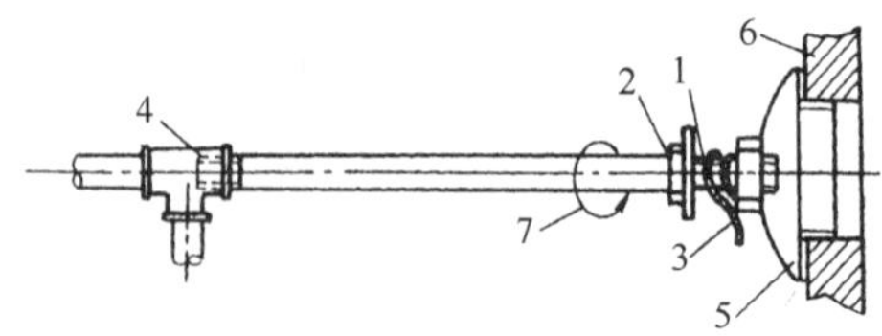

图1-58　长丝连接

1—长丝；2—根母；3—石棉绳；4—短丝；5—补芯；6—散热器；7—锁母装紧方向和石棉绳缠绕方向

3. 活接头连接

属于活连接，由公口、母口和套母组成(见图1-59)。操作时在公口上加垫，介质为蒸汽及高温水的管道上加石棉橡胶垫，燃气、温水和冷水管道上加胶皮垫或辫垫。套母置于公口一端，套母内丝一面向着母口，将公口与母口找平找正，不然容易出现渗漏现象。

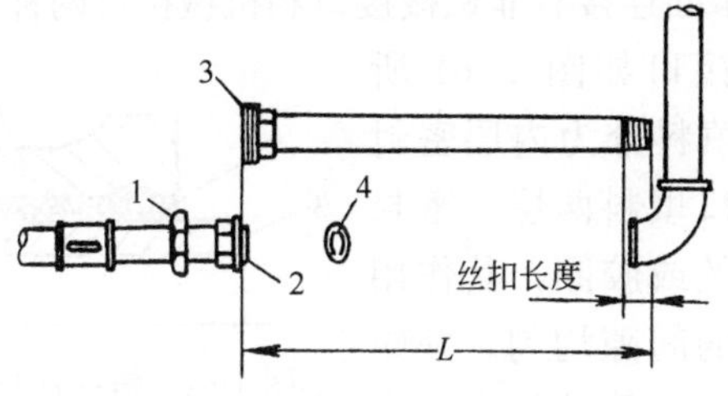

图 1-59 活接头连接

1—套母；2—公口；3—母口；4—垫

4. 锁母连接

也是活接中的一种，其连接的方式如图 1-60 所示。卫生设备如洗脸盆、浴盆、小便器等中的角型阀(又称八字门)、暖气中的角阀均属此种连接。锁母的一头有内丝，另一头有一个与小管外径相应的小孔。连接时，先将有小孔的一面从小管穿进去，再把小管插入要连接的配件中(如八字门或脸盆龙头，厕所水箱漂子门等)，在连接处加好填料(石棉绳或胶皮圈)，用扳手将锁母锁紧在连接件上即可。

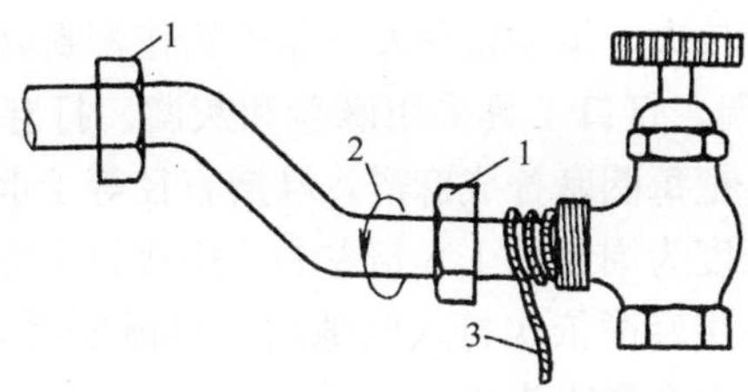

图 1-60 锁母连接

1—锁母；2—石棉绳缠绕方向；3—石棉绳

1.2.5.2 承插连接

承插连接是将管子或管件的插口插入承口内，然后在四周的间隙内加满填料打实打紧的连接方式，适用于铸铁管、混凝土管以及塑料管的连接。

1. 铸铁管的承插连接

铸铁管承插连接有非机械接口和机械接口两种。

非机械接口如图 1-61 所示，其接口填料分为内层密封圈和外层接口填料两层。密封圈采用油麻丝或胶圈，其作用是使承插口的间隙均匀，并防止外层填料落入管腔且有一定的密封作用；外层填料主要起密封和增强作用。

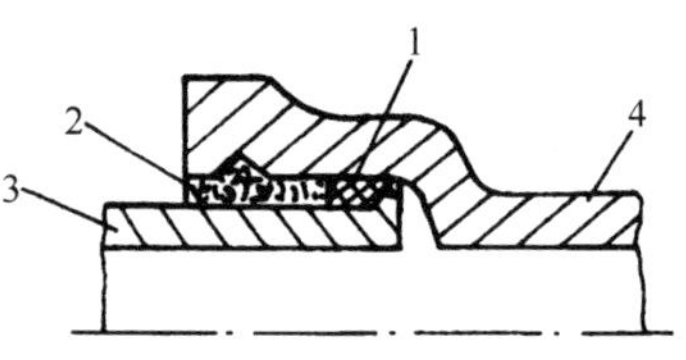

图 1-61 铸铁管非机械式接口
1—塞紧的油麻；2—铅或其他填充料；3—插口；4—承口

非机械式接口的施工步骤如下：

(1) 施工前检验 对铸铁管及管件的外观进行检查，查看有无裂纹、毛刺等。检查管内有无土、石等污物。

(2) 打密封圈 打密封圈前先清除承插口内的毛刺、黏砂及污物，当用水泥作填料时，为增加填料与管壁间的附着力，应将承口内部和插口外部的沥青除掉。一般是先用喷灯或气焊烧烤，再用钢丝刷清除，最后用破布擦净。

采用油麻作嵌缝材料时，若承插口缝隙较小，填充麻 1～2 圈，对于缝隙较大、承插较深及使用青铅作密封材料时，填充麻可增至 2～4 圈，打口工具采用麻凿和灰凿。打麻时，应先打油麻后打干麻。把每圈麻拧成麻辫，麻辫直径等于承插口环形间隙的 1.5 倍，长度为周长的 1.3 倍左右。由接口下方逐渐向上塞进缝隙内，然后用麻凿依次打入间隙内，打锤要用力，凿凿相压，一直到铁锤发出金属声为止。

采用橡胶圈作嵌缝材料时，可以减轻体力劳动强度，橡胶圈的弹性更能保证接口的严密性。橡胶圈的规格见表 1-16，使用前应经过严格检查，要求无粗细不均、裂纹和气泡。施工时，先把胶圈套入铸铁管插口，对正承口，将管子插入承口，胶圈同时进入，然后用麻凿均匀地打上插口小台，再在胶圈外面加石棉水泥堵塞料。胶圈安装时要深浅一致，不得有扭曲、裂纹，也不得使胶圈滚过插口小台进入管内。

橡胶圈的规格(mm) 表 1-16

公称直径	管外径	管外径周长	橡胶圈直径	橡胶圈周长	周长差
300	323	1014	19	870	144
400	426	1338	19	1150	188
500	528	1658	19	1400	258
600	631	1982	21	1700	282
700	733	2302	21	1950	502
800	836	2626	21	2200	426
900	939	2949	21	2400	549
1000	1041	3270	21	2700	470
1000	1041	3270	21	2800	470
1200	1246	3914	23	3300	614
1200	1246	3914	25	3350	564
1200	1246	3914	30	3400	514

(3) 接口连接 有青铅接口、石棉水泥接口、自应力水泥接口和橡胶圈接口等。

1) 青铅接口是以熔化的铅灌入承插口的间隙内，凝固后用捻凿将铅打紧而成。打完麻丝后，在承插口外用特制的密封卡圈将管口密封严密围住，在卡箍的上部留出灌铅口。卡箍可用帆布带制成，与管壁接触处用湿黏泥封好，以防漏铅。卡圈也可用浸过泥浆的麻绳或石棉绳代替，如图 1-62 所示，在靠承口的上方留出灌铅口，将熔化呈紫红色的铅(约 600℃)，用勺除去面上的杂质，再从管顶将熔铅一次灌入。待铅凝固后取下卡圈，用扁凿将浇口多余的铅去掉，用捻凿由下至上打实，直至表面平滑且凹进承口 2～3mm 为止。最

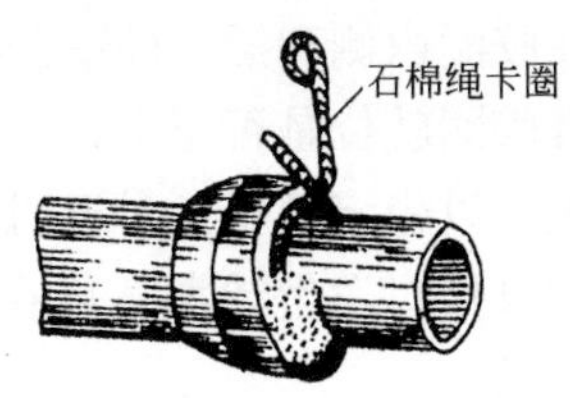

图 1-62 石棉绳卡圈

后有铅口外涂沥青防腐层。灌铅时，管口应干燥，以免铅液遇水放炮伤人。操作人员一定要戴好帆布手套，不能面对灌铅口，防止热铅灌入时，因空气溢出或遇水分放炮伤人。必要时在接口内灌入少量机油避免放炮。

2）石棉水泥接口是以石棉绒（Ⅳ级以上）和硅酸盐水泥按重量比为3：7均匀搅拌，加入总重量为10%～15%的水拌成混合物做填料进行连接。拌和后的石棉水泥，如用手捏成团，扔地即散为最佳干湿程度。施工时，将石棉水泥自下而上填入，并分层填打。对于公称直径不超过300mm时采用"三填六打"，即每填一层灰打实两遍，共填三次；管径大于350mm时，采用"四填八打"法。填打表面应平整严实，呈铁青色。接口完毕后，用湿草绳或涂泥做湿养护48小时（寒冷季节应有防冻措施）。

3）自应力水泥接口是以膨胀水泥和砂按砂：水泥：水＝1：1：0.28～0.32的重量比拌和而成。拌和应均匀，外观颜色一致，配制好的砂浆应在2小时内用完。施工时，将砂浆填入已塞好油麻承插间隙内，一般三填三捣，最后一次至表面捣出稀浆为止。然后抹光表面，用草袋或湿泥养护。

4）橡胶圈接口是将一定截面形状的密封橡胶圈放在管子的承口内定位，然后将插口插入的一种柔性接口方式，适用于给水工程和煤气工程管道的铸铁管连接。用作插口的管端带有约为1：5的锥度，便于插口插入。橡胶圈接口能承受由外力产生的一定位移和振动，具有补偿管道温度应力、施工不受季节影响、抗震性好、操作简单等优点。施工时，清除承口内壁和插口外壁的污物，然后将橡胶圈放到承口凹槽内，或将胶圈套在插口管上，在胶圈内侧和插口外壁上涂牛油、机油或肥皂水作为润滑剂。检查胶圈就位是否正常，间隙是否均匀，找正后可在管道上部分覆土，以稳定管子。对于明敷管道可在接口处安装支架予以固定。如果接口发生渗漏，可在橡胶圈外进行石棉水泥填料的捻口来补救。

机械接口如图1-63所示，是利用压兰与管端法兰来完成管道连接的一种新型方式。具有接口严密、柔性好、抵抗外界震动及挠动能力强、施工方便等特点。施工时，首先清除承口、插口及法兰压盖上的污物，其次在插口上划好插入深度标志线，在插口端套入法兰压盖，再套入橡胶圈，橡胶圈的边缘应与插口上的插入深度标志线齐平。最后将插口端推入承口内，紧固法兰压盖上的螺栓。

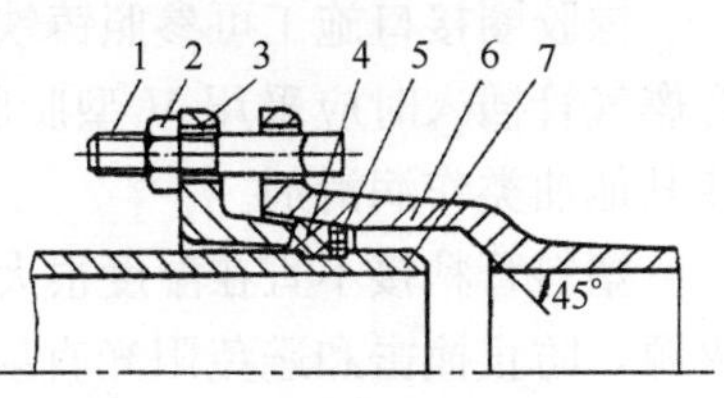

图 1-63 铸铁管机械接口

1—螺母；2—螺栓；3—压兰；4—胶圈；5—支承圈；6—承口；7—插口

2. 混凝土管的承插连接

混凝土排水管的承插连接如图 1-64 所示，常用水泥砂浆做接口材料。先填麻股两圈并捣实，再填砂浆捣实抹平，并在接口外围做成 45°坡角。养护同铸铁管水泥接口。

钢筋混凝土给水管的承插连接，若采用石棉水泥，其施工方法同铸铁管；当采用橡胶圈接口时，可只打入橡胶圈即可，如图 1-65 所示。

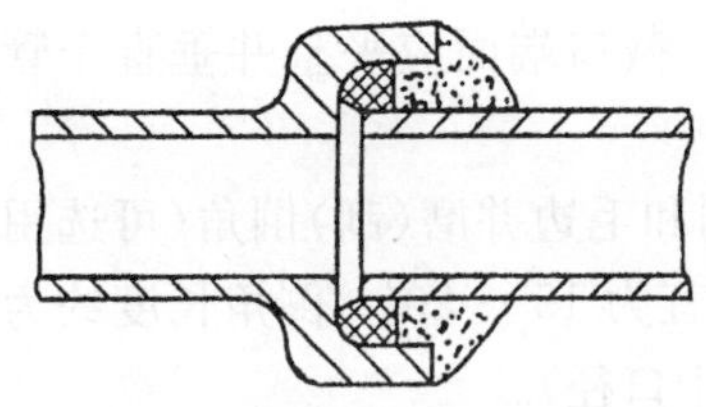
图 1-64 混凝土排水管承插连接

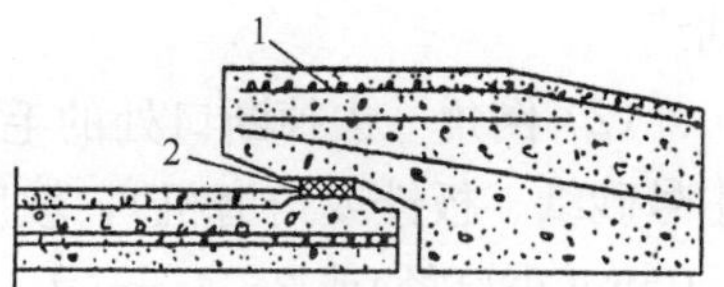

图 1-65 钢筋混凝土给水管橡胶圈接口

1—钢筋混凝土承插管口；2—橡胶圈

3. 硬聚氯乙烯管承插连接

硬聚氯乙烯管的承插连接通常有橡胶圈接口和粘接接口两种形式。橡胶圈接口适用于管外径为 63～315mm 的管道连接；粘接接口适用于外径小于 160mm 的管道。

橡胶圈接口施工可参照铸铁管橡胶圈接口方式进行，但应注意燃气管插入时应采用V型脂肪酸盐作润滑剂，禁止采用黄油或其他油类作润滑剂。

塑料管粘接不宜在湿度很大的环境下进行，操作场所应远离火源，防止撞击和避免阳光直射，在温度≤－5℃环境中不宜操作。不同材质的塑料管须分别选用其专用胶粘剂，不得混用。承插粘接施工步骤如图1-66所示。

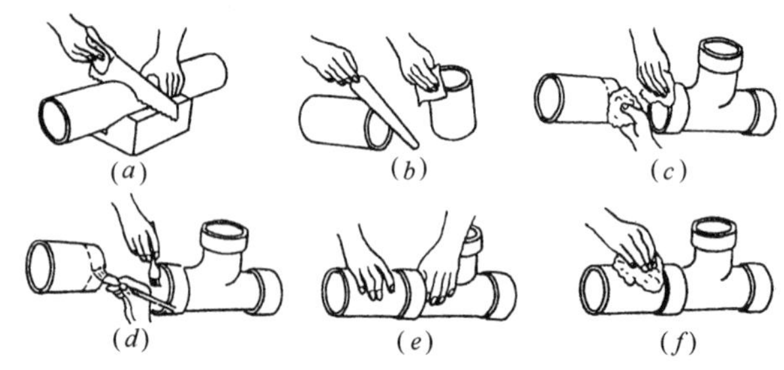

图1-66　塑料管粘接施工

(a)UPVC管切割；(b)去毛刺；(c)清理油污、尘埃；
(d)涂布粘接剂；(e)连接管道；(f)清理粘接剂

(1) 截管　沿管道圆周作垂直管轴标记，再用割刀、细齿锯或专用断管工具按划线标记切割，截口端面应平整并垂直于管轴线。

(2) 倒角　去掉断口处的毛刺和毛边并磨(刮)倒角(可选用中号砂纸、板锉或角磨机)，坡度宜为15°～20°，倒角长度约为1.0mm(小口径)或2～4mm(大、中口径)。

(3) 表面处理　管材和管件在粘合前应用棉纱或干布将承、插口处粘接表面擦拭干净，使其保持清洁，确保无尘砂与水迹；当表面沾有油污时须用棉纱或干布蘸丙酮等清洁剂将其擦净；棉纱或干布不得带有油腻及污垢；当表面粘附物难以擦净时，可用细砂纸打磨。

(4) 试插及标记　粘接前应进行试插以确保承插口配合情况符合表1-17所规定的深度，据管件实测承口深度，并在管端表面划出插入承口深度的标记。

管端最小插入深度 **表 1-17**

管子公称外径(mm)	20	32	40	50	75	90	110	125	160
管端插入深度(mm)	16.0	22.0	26.0	31.0	43.5	51.0	61.0	68.5	86.0

(5) 涂胶　胶粘剂宜用带盖的敞口容器盛装，随用随开。涂胶工具为鬃刷或尼龙刷(刷宽为管径的 1/3～1/2)。先涂承口，后涂插口(管径≥90mm 的管道承、插面应同时涂抹)；先环向再轴向，重复 2～3 次。涂刷承口时由里向外，插口则由管端涂至刻有插入深度标记处。胶粘剂涂抹应迅速、均匀、适量，粘接时保持粘接面湿润且软化。单个接口胶粘剂用量见表 1-18。涂胶时，操作人员应站于上风处，戴防护手套和防护眼睛，避免皮肤与胶粘剂直接接触。

胶粘剂标准用量 **表 1-18**

管子公称外径(mm)	20	32	40	50	75	90	110	125	160
胶粘剂用量(g/个)	0.40	0.88	1.31	1.94	4.10	5.73	8.43	10.75	17.28

注：1. 使用量是按表面积 $200g/m^2$ 计算的。
2. 表中数值为插口的承口两表面的用量。

(6) 连接及初步固化　承、插口涂抹胶粘剂后应立即找正方向将管端插入承口并用力挤压，使管端插入至预先划出的插入深度标记处(即插至承口底部)，并保证承、插接口的直度；同时须保持必要的施力时间(管径＜63mm 的约为 30～60s，管径≥63mm的约为 1～3min)以防止接口滑脱。当插至 1/2 承口再往里插时可稍加转动，进行调整，但不应超过 90°，不能插到底部后进行旋转。

(7) 承插口养护　承插接口粘接完毕后，迅速揩净接头处多余的胶粘剂，以免影响外壁美观。粘接后，不得立即对接合部强行加载，其静置固化时间不得低于表 1-19 的规定。

静置固化时间(min) 表1-19

公称外径 (mm)	管材表面温度		
	45～70℃	18～40℃	5～18℃
63以下	1～2	20	30
63～110	30	45	60
110～160	45	60	90

常温及稍高于常温的天气对胶粘剂的挥发及化学反应最为适宜，当环境温度为低温或高温时需采取相应措施。

低温(≤5℃)宜使用预粘剂以加快材料的浸润、溶胀；胶粘剂不用时应放在温暖的地方并保持其流动性，如发现有结冻现象，应使用温水温热，不得用明火烘烤。粘接施工尽可能使其处于一个较暖和的环境，如避免在早、晚操作，采取阳光下曝晒升温等措施。此外涂胶次数要比常温时增加2次以上，粘接口初步固化时间较长，故作粘接处理时需避免前面粘接口受扭转、冲击等影响。

高温时阳光的长期照射能导致管道的表面温度达到65℃，超过了最高粘接温度38℃。粘接施工尽可能使其处于一个温度较低的环境，采取用带水的湿布擦拭管道表面(但须确保涂胶前管道表面的水分已干掉)，将管端、管件及胶粘剂置于阴凉处，或在早上或傍晚时分进行粘接操作等降温措施。此外涂胶完毕后应尽快将管道(插口)与管件(承口)连接。

1.2.5.3 法兰连接

法兰连接是将垫片放入一对固定在两个管口上的法兰的中间，用螺栓拉紧使其紧密结合起来的连接方式。具有拆卸方便、连接强度高、严密性好等优点，适用于管道、法兰阀件、带法兰接口的设备配管连接。要完成法兰连接，法兰、紧固件和垫片缺一不可。

法兰有多种分类方法，根据材质不同，法兰分为钢制和铸铁两类，钢制法兰可采用成品，也可按国家标准单独加工，铸铁法兰则与铸铁管、铸铁管件铸造为一体；根据法兰与管子的连接方式不同，法兰分为平焊法兰、套焊法兰、对焊法兰、活套法兰、螺纹法兰及法兰盖(盲板)等形式，如图 1-67 所示，其中平焊法兰应用最广；根据法兰的装配形式分为螺纹法兰连接和焊接法兰连接两种形式。

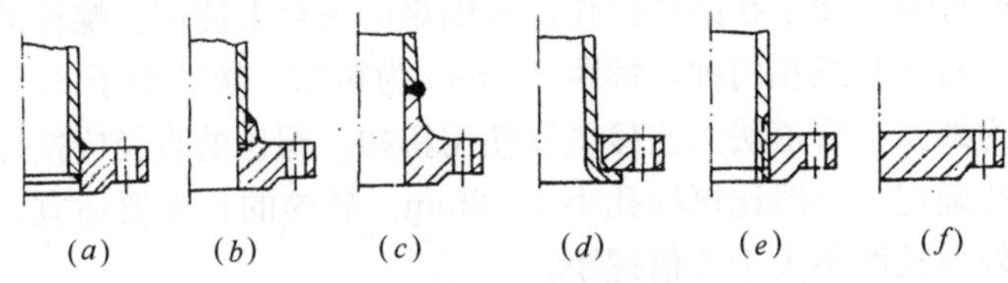

图 1-67 法兰的基本类型

(a)平焊法兰；(b)套焊法兰；(c)对焊法兰；(d)活套法兰；(e)螺纹法兰；(f)法兰盖

法兰常见的法兰密封面形式有平面、凸面、凹凸面和榫槽面等，其分类和特点见表 1-20。

法兰密封面种类与特点 **表 1-20**

类别	密封面形式		特 点
Ⅰ	平 面	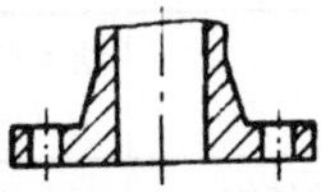	结构简单，制造方便，但垫片易向外挤出，密封性能差，适用于压力不高，介质无毒、非易燃易爆场合
	凸 面	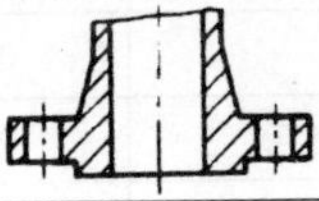	
Ⅱ	凹凸面	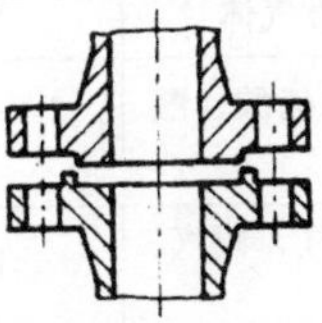	垫片对中好，不易外挤，适用于稍高压力
Ⅲ	榫槽面	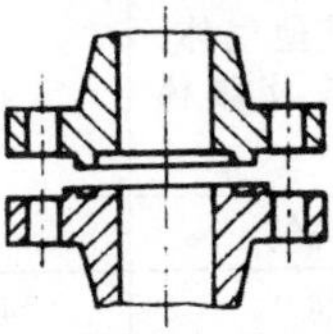	垫片较窄，所需拧紧螺栓的力相应较小，但结构复杂，更换垫片较难，适用于易燃、易爆、有毒介质以及压力较高的场合

法兰紧固件是指连接法兰的螺栓、螺母和垫圈。螺栓按其外形分为单头螺栓和双头螺栓，一般呈六角形。单头螺栓当拉紧力较大时，容易在螺杆和螺丝连接处拉断，不能用于中、高压法兰连接。双头螺栓用于中、高压法兰的连接，除不易拉断外，还可从双面拧紧，便于在某些操作比较困难的场合上使用。螺栓的螺纹分为粗扣和细扣两种，螺距2.5mm为粗扣，螺距小于2.5mm的称为细扣。管道法兰连接主要使用粗扣。螺栓的直径应按标准法兰孔确定，一般比螺栓孔小1～2mm。螺栓的长度要适宜，紧固后外露长度不大于2倍螺距。

一般情况下，螺母下面不加装垫圈。只有当螺杆上的长度稍短而无法拧紧螺栓时，才可加装一片平垫圈来补偿螺纹的长度。

为了使法兰能严密压合，确保其连接严密性，两片法兰间必须加垫片。常用的法兰垫片有橡胶板垫片、石棉橡胶垫片、塑料垫片和金属垫片等。按介质的性质、温度和公称压力来选用垫片，在设计无明确规定时，可参照表1-21选用。

法兰垫片的选择 **表1-21**

垫片类型		输送介质	法兰公称压力（MPa）	介质温度（℃）
橡胶板	普通橡胶板	水、空气、惰性气体	0.6	60
	耐油橡胶板	常用油料	0.6	60
	耐热橡胶板	热水、蒸汽、空气	0.6	120
	夹布橡胶板	水、空气、惰性气体	1.0	60
	耐酸碱橡胶板	浓度≤20%的硫酸、酸及碱稀溶液	0.6	60
石棉橡胶板	低压石棉板	水、空气、燃气、蒸汽、惰性气体	1.6	200
	中压石棉橡胶板	水、空气及其他气体、蒸汽、燃气、酸及碱稀溶液	4.0	350
	高压石棉橡胶板	蒸汽、空气、燃气	10.0	450
	耐油石棉橡胶板	常用油料及溶剂	4.0	350

续表

垫片类型		输送介质	法兰公称压力(MPa)	介质温度(℃)
塑料板	软聚氯乙烯板	水、空气及其他气体，酸及碱稀溶液	0.6	50
	聚四氟乙烯板			
	聚乙烯板			
耐酸石棉板		有机溶剂、碳氯化合物、浓酸碱溶液	0.6	360
铜铝等金属板		高温高压蒸汽	20.0	600

法兰连接的操作步骤如下：

(1) 施工前检验　安装前，应检查法兰外形尺寸是否符合技术标准的要求。法兰密封面应平整光洁，不得有毛刺及径向沟槽。螺纹法兰的螺纹部分应完整无损伤。

(2) 法兰装配　有螺纹法兰连接和焊接钢法兰连接等方式。螺纹法兰连接多用于低压管道，是用带有内螺纹的法兰盘与套有同样公称直径螺纹的管道连接。首先在套丝的管端缠上油麻丝，涂抹铅油填料。把两个螺栓穿在法兰的螺孔内，作为拧紧螺栓的力点，然后将法兰盘拧紧在管端上。连接时要注意法兰一定要拧紧，成对的法兰盘螺栓孔应对应。焊接钢法兰与管子的连接是用手工电焊进行连接。先将管子垫起来，用水平尺找平；再将法兰盘按规定套在管子上，用角尺或线锤找正，对正后进行点焊。最后检查法兰平面与管子轴线是否垂直，再进行焊接。为防止法兰变形，应按对称方向分段焊接，如图 1-68 所示。

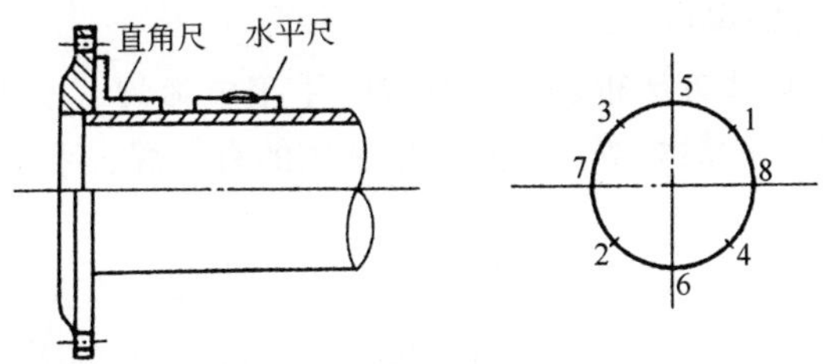

图 1-68　法兰盘装配及检验

(3) 制垫、加垫 法兰垫圈多为现场加工。制垫时将法兰放平，光滑密封面朝上，将垫片原材盖在密封面上，用手锤轻轻敲打，该出轮廓印，用剪刀裁制成形，注意留下手把，如图 1-69 所示，以便于安装。石棉橡胶、橡胶、塑料等非金属垫片应质地柔韧，无老化分层现象，表面不应有折损、皱纹等缺陷。金属垫片的加工尺寸、精度、粗糙度及硬度应符合要求，表面应无裂缝、毛刺、凹槽、径向划痕及锈斑等缺陷。

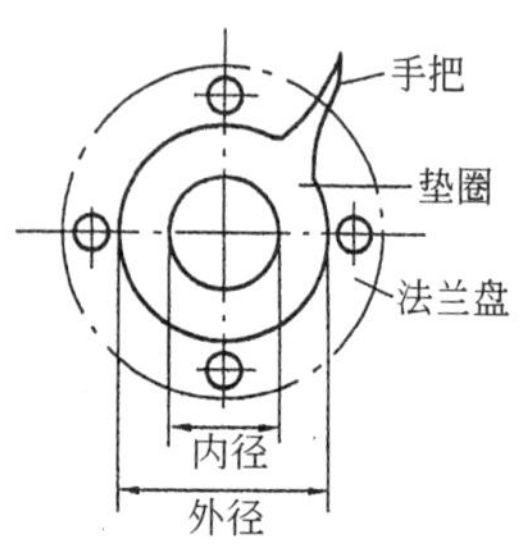

图 1-69 法兰垫圈

加垫前须将密封面刮干净，高出密封面的焊肉须挫平。加垫时应放正，不使垫圈突入接管内，其外圆到法兰螺孔为宜，不能妨碍螺栓穿入。禁止加双垫、偏垫。对于石棉橡胶垫片，宜在两侧涂抹铅油。

(4) 穿螺栓及紧固 将刷好润滑油的螺栓，以同一方向穿入法兰，穿入后用手带上螺帽，直至手拧不动为止。紧螺栓时用扳手对称十字交叉进行，以保证法兰不变形。拧紧后螺杆露出长度不宜超过螺栓直径的 1/2。

1.2.5.4 焊接连接

焊接连接是将管子接口处用焊条加热，达到熔融状态，使两个被焊体连接成一个整体的连接方式。其优点是连接牢固可靠、强度高、成本低，但不能拆卸。

1. 钢管的焊接

钢管的焊接方法很多，有气焊、手工电弧焊、手工氩弧焊、埋弧自动焊、接触焊等。在施工中常用的有气焊、手工电弧焊和氩弧焊。

气焊利用氧、乙炔的混合气体燃烧火焰作热源进行焊接。一般适用于公称直径小于 50mm、壁厚小于 3.5mm 的碳素钢管道，有时因条件的限制，对不能采用电焊焊接的地方，可以用气焊焊接公称直径大于 50mm 的管子。

电焊利用高温电弧作热源进行焊接，操作简单，适用面广，其焊缝强度比气焊高且经济，因此应优先采用电焊焊接。

氩弧焊是用氩气作保护气体的一种焊接方法，一般在有特殊要求的场合使用。如管内清洁要求高且焊接后不易清理的管道，其焊缝底层应采用氩弧焊施焊。

钢管焊接施工步骤如下：

（1）施工前清理检查　管子焊接前，首先检查管端的端面平直度，然后用平锉打掉锯割的毛刺，用扁铲铲掉氧化铁渣，用钢丝刷将管口污物清理干净。

（2）坡口　壁厚超过 3mm 的管子对焊连接时必须进行坡口，以避免焊缝不实。出现焊不透的现象。管子、管件坡口形式和尺寸当设计无规定时，应按表 1-22 执行。管道坡口的加工宜采用机械方法，也可采用等离子弧、氧乙炔焰等热加工方法。

钢制管道焊接坡口形式和尺寸　　表 1-22

<table>
<tr><th>序号</th><th>坡口名称</th><th>坡口类型</th><th colspan="4">焊条电弧焊坡口尺寸(mm)</th></tr>
<tr><td rowspan="2">1</td><td rowspan="2">I形坡口</td><td rowspan="2">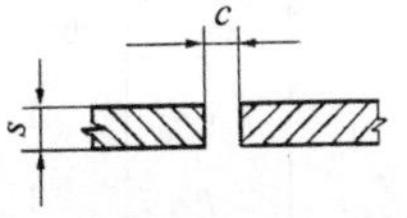
</td><td>单面焊</td><td>s
c</td><td>$\geqslant 1.5\sim 2$
$0^{+0.5}$</td><td>$>2\sim 3$
$0^{+1.0}$</td></tr>
<tr><td>双面焊</td><td>s
c</td><td>$\geqslant 3\sim 3.5$
$0^{+1.0}$</td><td>$\geqslant 3.6\sim 6$
$1^{+1.5}_{-1.0}$</td></tr>
<tr><td>2</td><td>V形坡口</td><td>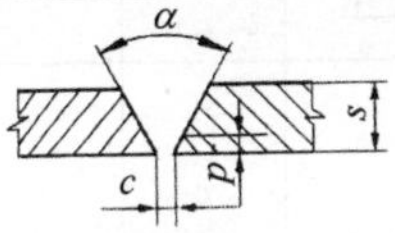
</td><td colspan="2">s
α
c
p</td><td>$\geqslant 3\sim 9$
$70°\pm 5°$
1^{+1}_{-1}
1^{+1}_{-1}</td><td>$\geqslant 9\sim 26$
$60°\pm 5°$
2^{+1}_{-2}
2^{+1}_{-2}</td></tr>
<tr><td rowspan="2">3</td><td rowspan="2">带垫铁
V形坡口</td><td rowspan="2">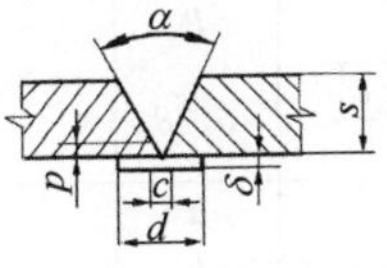
</td><td colspan="2">s
c</td><td>$\geqslant 6\sim 9$
4^{+1}_{-1}</td><td>$\geqslant 9\sim 26$
5^{+1}_{-1}</td></tr>
<tr><td colspan="4">$p=1\pm 1$　$\alpha=50°\pm 5°$
$\delta=4\sim 6$　$d=20\sim 40$</td></tr>
<tr><td>4</td><td>X形坡口</td><td>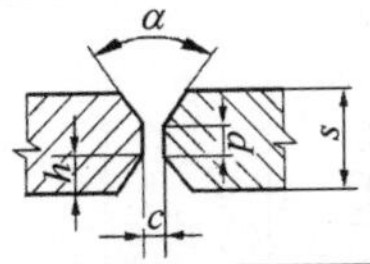
</td><td colspan="2">s
c
p
α</td><td colspan="2">$\leqslant 12\sim 60$
2^{+1}_{-2}
2^{+1}_{-1}
$60°\pm 5°$</td></tr>
</table>

续表

序号	坡口名称	坡口类型	焊条电弧焊坡口尺寸(mm)			
5	双V形坡口	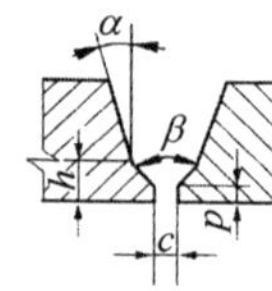	s	≤30~60		
			c	2^{+1}_{-2}		
			p	2±1		
			α	10°±2°		
			β	70°±5°		
			h	10±2		
6	U形坡口	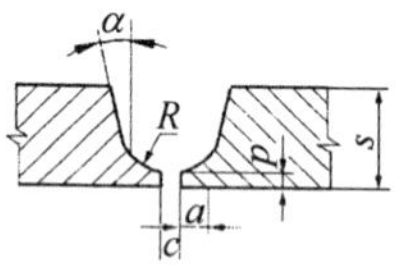	s	≥30~60		
			c	2^{+1}_{-2}		
			p	2±1		
			α	10°±2°		
			a	1.0°		
			R	5~6		
7	T形接头不开坡口	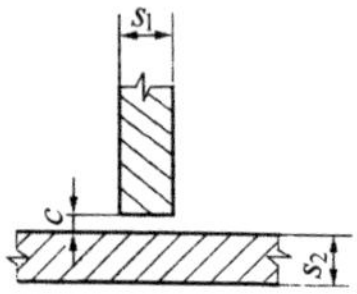	s_1	≥2~30		
			c	2^{+2}		
8	T形接头单边V形坡口	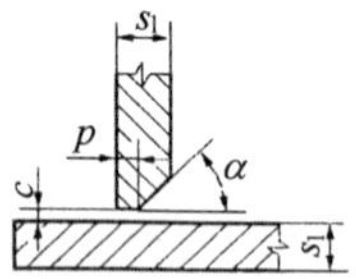	s_1	≥6~10	≥10~17	≥17~30
			c	1^{+1}_{-1}	2^{+1}_{-2}	3^{+1}_{-3}
			p	1^{+1}_{-1}	2^{+1}_{-2}	2^{+1}_{-2}
			α	50°±5°		
9	T形接头对称K形坡口	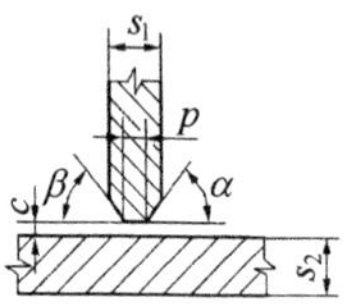	s_1	≥20~40		
			c	2^{+1}_{-2}		
			p	2^{+1}_{-1}		
			α、β	50°±5°		
10	管座坡口	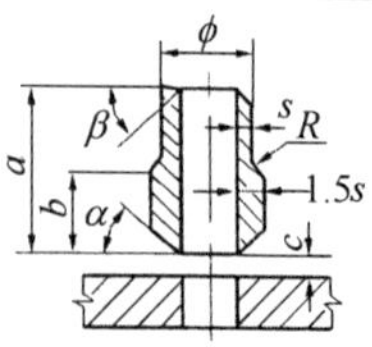	a	100		
			b	70		
			c	2~3		
			R	5		
			α	50°~60°		
			β	30°~35°		

续表

序号	坡口名称	坡 口 类 型	焊条电弧焊坡口尺寸(mm)	
11	管座坡口		c	2～3
			α	45°～60°

(3) 对口　管道组对时，为保证对口的平直度可采用如图 1-70所示的对口工具。且应满足表 1-22 所示的管道对口间隙要求。为满足对口间隙，可在对口时夹上厚度为 1.2～3.0mm 的废锯条、石棉橡胶板等，待点焊后再除去。管道对口时，常出现错口现象，其错口偏差 α 值不得大于管壁厚度的 10%，如图 1-71所示。壁厚不等的管道对口时，应对厚壁管进行预加工后，方可对口焊接，预加工按 $L=5(b_2-b_1)$mm 的要求确定，如图 1-72 所示。螺旋缝或直缝卷焊管对口时，应使焊缝错开 100mm 以上。

(4) 点焊及校正　管子对口后，应立即进行点焊，并应对接口的平直度进行检查，如发现错开偏差过大时，应打掉点焊重新对口。点焊时，每个接口至少点焊 3～5 处，每个点焊长度为管壁厚度的 2～3 倍，点焊缝的高度不得超过管壁厚度的 70%。

(5) 接口的焊接　焊接时，应将管子支承牢固，不得在管

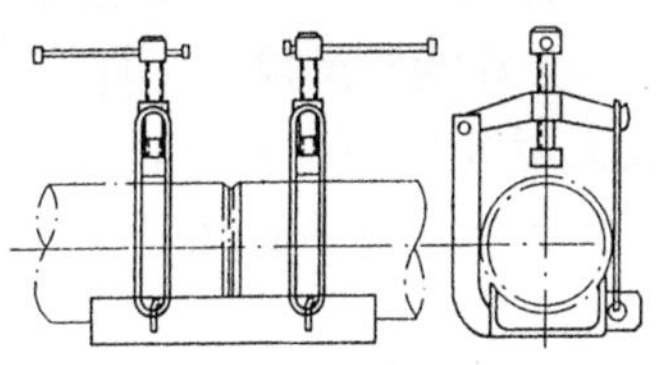

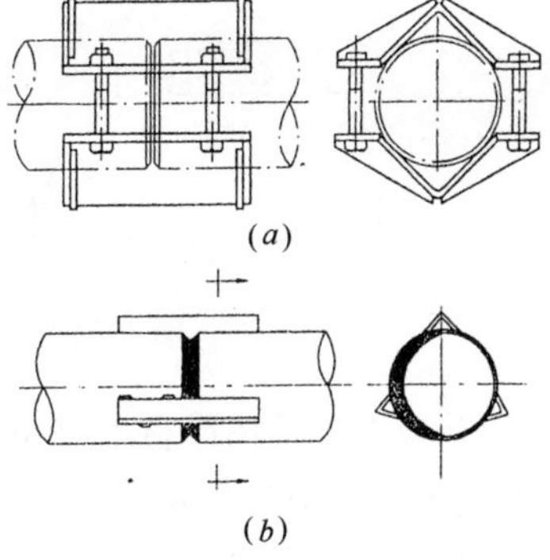

图 1-70　管道对口工具
(a)小直径管道对口工具；
(b)大直径管道对口工具

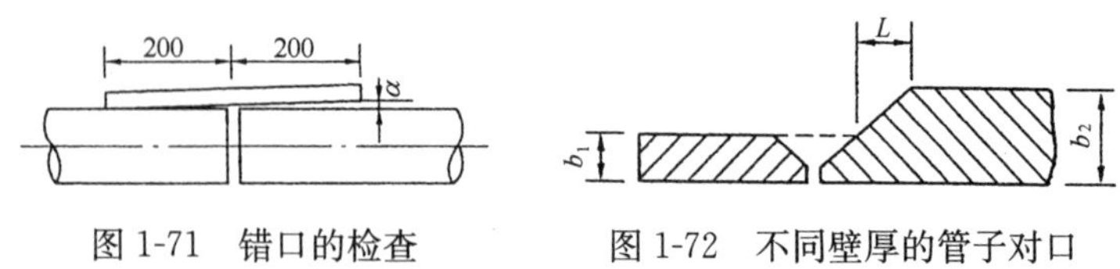

图 1-71　错口的检查　　　图 1-72　不同壁厚的管子对口

子悬空时或处于外力作用下施焊。凡可以转动的管子应转动焊接，尽量减少死口仰焊。管口的焊接应分层施焊，以减少和消除焊接的收缩应力的焊接变形。对于壁厚 6mm 以下的管道，可用底层的加强层两层(道)焊；管壁厚度超过 6mm 时，应用三层焊接。每层焊接厚度为 3～4mm，各层间焊缝、搭接缝应错开；焊接过程中，应堵死一端管口，防止管内有穿堂风流动；焊接环境温度低于－20℃时，焊口应加热。焊接后，焊缝应自然冷却，不得浇水骤然冷却，以免焊缝脆裂。

(6) 焊缝质量检查　焊接完毕后应用肉眼直接观察，或用低倍放大镜进行外观检查，焊缝应表面平整、宽度和高度均匀一致，且无下述焊缝缺陷(见图 1-73)：

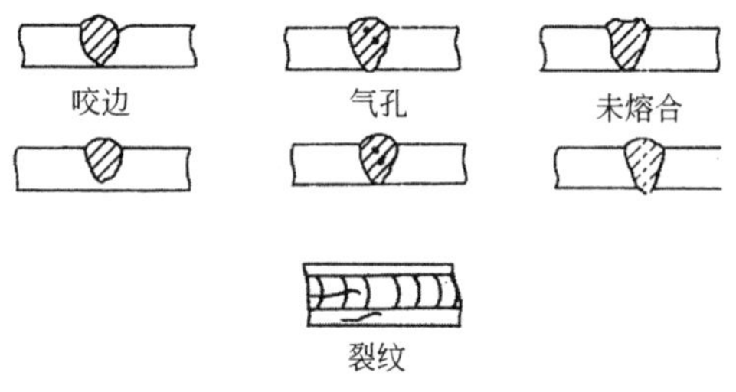

图 1-73　焊缝的缺陷类型

1) 咬边。是在母材上被电弧烧熔的凹槽，主要原因有焊接电流过大，电弧过长及焊条角度不当等。

2) 气孔。即焊接熔池中的气体来不及逸出而停留在焊缝中的孔眼内。主要原因有焊接速度太快，焊接表面有污物，焊条药皮脱落或受潮，焊接电流过大等。

3）未熔合。即焊条与母材之间未能完全熔合。主要原因有焊层间清理不干净、焊接电流过小、焊接速度过快、焊条偏于一侧等。

4）未焊透。主要原因有坡口形式不正确，对口间隙过小，焊接电流过小，焊缝表面有污迹等。

5）夹渣。即熔接池中的熔渣未浮出而存在于焊缝中的缺陷。主要原因有层间清理不净，焊接电流过小，运条方式不当，使铁水和熔渣分离不清等。

6）焊瘤。即在焊缝外有多余的焊条熔化金属的缺陷。主要原因是熔池温度过高，使液态金属凝固缓慢，从而因自重而下坠造成。

7）裂纹。裂纹是焊接最危险的缺陷，产生的主要原因有焊条的化学成分与母材的材质不符或热应力集中，熔化金属冷却过快，焊接顺序不合理，焊缝交叉过多，焊缝有硫、磷等杂质等。

对于质量要求较高的管道安装工程，还可用水压、气压、渗油等密封性试验方法检查，也可借助于射线探伤、超声波探伤、磁粉探伤等方法进行检验。

2. 塑料管焊接

塑料管具有良好的可焊性，可采用热风焊接方法连接。热风焊接是利用过滤后无油、无水的压缩空气加热到一定温度后，由焊枪喷嘴喷出，使塑料焊条和焊件加热呈熔融状态而连接在一起的焊接方法，适用于高、低压硬聚氯乙烯塑料管和聚丙烯塑料管连接。塑料管焊接所用焊条化学成分应与焊件一致，焊条直径根据塑料管壁厚选定。焊接方式如图 1-74 所示，有承插式焊接和套筒式焊接两种，焊接结构尺寸见表 1-23。

（1）承插式焊接　是承插粘接和管口焊接相结合的一种连接方法，结构可靠牢固。施工时，先按承插粘接方式进行连接，等胶粘剂干后，再用塑料焊条将承口全部焊接起来。这种连接形式强度较高，可用于承压管道。

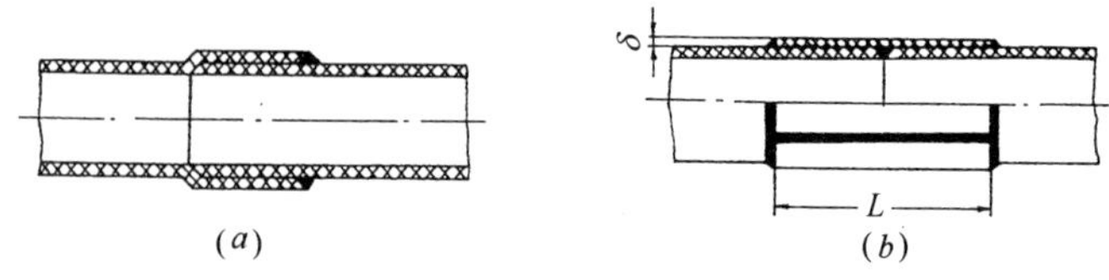

图 1-74 硬聚氯乙烯塑料管焊接形式

(a)承插式焊接；(b)套筒式焊接

硬聚氯乙烯管焊接结构尺寸(mm) **表 1-23**

公称直径 D	25	32	40	50	65	80	100	125	150	200
承插长度 L	40	45	50	65	70	80	100	125	150	200
套筒长度 L	56	72	94	124	146	172	220	272	330	436
套筒壁厚 δ	3	3	3	4	4	5	5	6	6	7

(2) 套管式焊接　一般用于大口径管的连接。大口径管不易制作承插口，故连接时先将焊口对接焊接。对焊时通常开 V 形坡口，坡口角度为 60°～80°，焊间对口间隙 0.5～1.0mm。焊后将凸出的焊缝铲平，再在接头上加一套管。套管用板材加工，经加热呈柔软状态后，包覆在管子对接处，最后把套管的两端和结合缝焊接完毕。这种焊接形式结构简单，施工方便，也可用于承压管道。

焊接时，焊缝中每根焊条接头应错开，焊后应使焊缝缓慢自然冷却，以防焊缝裂开。焊条排列要求紧密，不留空隙。由于塑料管加热时要产生有毒气体，故塑料管加热和焊接处应当通风良好。使用塑料焊具时，应先打开压缩空气，后接通电源。停止使用时，应先切断电源，后关闭压缩空气。

塑料管焊接完毕后应进行焊缝质量检查，焊缝表面应饱满、平整，无裂纹及凹瘪现象及烧焦分解现象。

1.2.5.5 沟槽连接

传统的钢制管道连接方法一般采用焊接、螺纹及法兰连接。由于焊渣易造成管路污染，螺纹连接不耐高压且易渗漏以及普遍存在着外观不美观、施工工期长、管道维修不便等弊病，现在很多高层建筑管道连接采用了快速、美观且便于维修的新型沟槽连接。

沟槽连接是一种装配式连接方式，施工时在欲连接的管口端部开沟槽，再套上橡胶圈，用卡箍紧固连接。该方式具有操作简单、安装速度快、对中方便、易于维修且不受安装场所空间限制等优点。可用于连接钢管、铜管、不锈钢管、铝塑复合管、内涂塑钢管、球墨铸铁管、无缝钢管、厚壁塑料管，及带有钢性接头的软管。

安装应遵循先装大口径、总管、立管，后装小口径、分支管的原则。安装过程中应按顺序进行，避免出现跳装、分段装，以免出现管段之间连接困难和影响管路整体性能。

沟槽连接操作程序为：

(1) 利用滚槽机在管端加工沟槽，加工工艺参见 1.1.2.9。

(2) 检查卡箍的规格和胶圈的规格标识是否一致；检查被连接的钢管端部，不允许有裂纹、轴向皱纹和毛刺，以保证安装质量。

(3) 检查接头橡胶密封圈是否有损伤，除去管口端密封处的泥沙和污物。将其套上一根钢管的端部。

(4) 将另一根钢管靠近已套上橡胶密封圈的钢管端部，两端处应留有一定间隙，间隙应符合要求。

(5) 将橡胶密封圈套上另一根钢管端部，移动胶圈，调好胶圈位置，使胶圈与两侧钢管的沟槽距离相等，并在其周边涂抹润滑剂，润滑剂可采用中性肥皂水洗涤剂或硅油。

(6) 检查管道中轴线是否保持水平，在接口位置橡胶密封圈外侧安装上、下卡箍，并将卡箍凸边卡进沟槽内。

(7) 用手力压紧上、下卡箍的耳部，并用小榔头槌紧卡箍凸缘处，将上、下卡箍靠紧。

(8) 在卡箍螺栓孔内，穿上螺栓，并均匀轮换拧紧螺母，防止橡胶密封圈起皱。

(9) 检查确认卡箍凸边全圆周卡进沟槽内。最后检查上下卡合面是否靠紧，不存在间隙为止。

1.2.5.6　塑料管熔接

熔接是将连接部位表面加热熔融，使连接接触面处的本体材料互相熔合，冷却后连接成为一个整体的连接方式，适用于PE(聚乙烯)管、PP(聚丙烯)管等塑料管的连接。按接口形式和加热方式可分为：热熔承插连接、热熔对接连接和热熔鞍型连接、电熔承插连接和电熔鞍型连接等，其适用环境见表1-24。无论何种熔接方式，均需电源和熔接设备，并配备专业施工队。

塑料管熔接连接方式及适用环境　　表1-24

分类	连接方式	适用公称管径(mm)	适用环境
热熔连接	热熔对接	≥63	适宜管路单一、管件少、障碍少、非开挖工程、工程集中且量大。环境条件要求严、施工速度慢、异形管受力方向的部位需筑支墩
	热熔承插连接	32～110	入户支管、水表节点、室内管道，应有温度补偿措施，异形管受力方向的部位需固定
	热熔鞍型连接	63～315	热熔对接工程中，引接小口径分支管的方式之一，需电源、热熔设备，应用混凝土全包
电熔连接	电熔承插连接	32～315	配水(气)管道、室内管道，应有温度补偿措施，需电源、电熔设备，相对工程造价高
	电熔鞍型连接	63～315	配水(气)管道停水(气)，不停水(气)引接分支管，组装质量可靠，应用混凝土全包

1. 热熔对接

将与管轴线垂直的两管子对应端面与加热板接触使之加热熔化，撤去加热板后，迅速将熔化端压紧，并保压至接头冷却。这种连接方式无需管件附件，连接时必须使用热熔对接焊机。其操作步骤如下：

(1) 工件夹紧定位　将待连接的塑料管或管件置于焊机夹具

上并夹紧，用刷子和棉布将管口的氧化层、油污、尘埃清除干净。

(2) 铣削连接面 将如图1-75所示的铣刀置于两管间，开动铣刀，缓慢移动夹具，使两端面压紧铣刀盘，将两对焊端面铣平整，退出铣刀盘，检查铣削质量：修整后的两端面对接最大缝隙应小于0.5mm，无间隙最好。同时校直两连接管间的同心度，其对口错边量应小于壁厚的10%。

图1-75 铣刀

(3) 管端加热 通电使加热板的温度达到设定温度，再将加热板插入两端面间同时加热熔化两端面，加热温度和加热时间按热熔对接焊机生产厂或管材生产厂的规定。若无规定其加热时间参见表1-25。

热熔对接加热时间 **表1-25**

公称直径(mm)	50	63	75	90	100	110	125	150
时　间(s)	15	15	20	20	20	20	25	25

(4) 连接 经加热后的两个管口熔化1～2mm，完毕快速撤出加热板，操纵对接焊机使其中一根管子移动至两端面完全接触并形成均匀凸缘，保持表1-26所示的适当压力直到连接部位冷却到室温为止。

热熔对接熔接压力 **表1-26**

公称直径(mm)	50	100	150
压　力(MPa)	0.5	0.8	1.2

(5) 接口质量检查 对熔融接合口进行外观检查，对口热熔环向高度、宽度应符合规定：高度为2～4mm、宽度为4～8mm为合格，且外形均匀美观。

2. 热熔承插连接

热熔承插连接时将管材外表面和管件内表面同时加热至材料熔化温度，然后撤去承插加热工具，将熔化管材插口插入内表面熔化的管件承口，保压、冷却直至冷却到环境温度。其操作步骤如下：

(1) 割管材　必须使端面垂直管轴线，切割后管材断面应去除毛边和毛刺。管材与管件连接端面必须清洁、干燥、无油污。

(2) 测量　用专用标尺和无油笔在管端测量并绘出熔接深度。

(3) 加热管材、管件　当热熔焊接器加热到260℃(指示灯亮以后)将管材和管件同时推进熔接器芯模内，加热时间按规定执行。

(4) 连接　将已加热的管材与管件同时取下，迅速无旋转地直插到所标深度，使接头处形成均匀凸缘，达到连接强度后固定接头，自然冷却至环境温度。

(5) 检查接口质量　加工好的连接件，应使其在同一轴线上，形成均匀凸缘。插口的插入深度应在规定的范围内。插入深度过深，容易在管件内部形成过大的凸缘，增加管道的局部阻力；插入过浅，接头不牢固、耐压强度达不到要求。

塑料管承插熔接的各种技术参数，应符合热熔承接机生产厂和管材、管件生产厂的规定，若无规定，可参照表1-27执行。

热熔承插连接技术要求　　**表1-27**

管材外径(mm)	热熔深度(mm)	加热时间(s)	加工时间(s)	冷却时间(min)
20	14	5	4	3
25	16	7	4	3
32	18	8	4	4
40	21	12	6	4
50	22.5	18	6	5
63	24	24	6	6

续表

管材外径(mm)	热熔深度(mm)	加热时间(s)	加工时间(s)	冷却时间(min)
75	26	30	10	8
90	32	40	10	8
110	38.5	50	15	10

注：本表加热时间应按热熔机具产品说明书及施工环境温度调整，若环境温度小于5℃，加热时间应延长50%。

3. 热熔鞍型连接

将管材连接部位外表面和鞍形管件内表面加热熔化，然后把鞍形管件压到管材上，保压、冷却到环境温度。一般用于管道接支管的连接。其操作步骤如下：

(1) 连接前应将干管连接部位的管段下部用托架支撑、固定。

(2) 用刮刀、细砂纸、洁净的棉布等清理管材连接部位氧化层、污物等影响熔接质量的物质，并作好连接标记线。

(3) 用鞍形熔接工具(已预热到设定温度)加热管材外表面和管件内表面，加热完毕迅速撤除熔接器，找正位置后将鞍形管件用力压向管材连接部位，使之形成均匀凸缘，保持适当的压力直到连接部位冷却至环境温度为止。鞍形管件压向管材的瞬间，若发现歪斜应及时校正。

4. 电熔承插连接

先将电熔套筒、电熔三通或电熔渐缩管等管件套在管材上，然后用电熔焊机按设定的参数(时间、电压等)给电熔管件通电，使内嵌电热丝的电熔管件的内表面及管子插入端的外表面熔化，冷却后管材和管件即熔合在一起。其特点是连接方便迅速、接头质量好、外界因素干扰小、但电熔管件的价格是普通管件的几倍至几十倍(口径越小相差越大)，一般适合于大口径管道的连接或热熔连接操作不便时，具体操作步骤如下：

(1) 切管　管材的连接端要求切割垂直，以保证有足够的熔融区。常用的切割工具有旋转切刀、锯弓、塑料管剪刀等；切割时不允许产生高温，以免引起管端变形，不推荐使用钢锯或木工手锯锯割，因其切口易产生毛刺。

(2) 清洁接头部位并标出插入深度线 用细砂纸、刮刀等刮除管材表面的氧化层，用干净棉布擦除管材和管件连接面上的污物；标出插入深度线。

(3) 管件套入管子 将电熔管件套入管子至规定的深度，将电熔接机的接头与管件连好。

(4) 校正 调整管材或管件的位置，使管材和管件在同一轴线上，防止偏心造成接头熔接不牢固，气密性不好。

(5) 通电熔接 通电加热的时间、电压应符合电熔焊机和电熔管件生产厂的规定，以保证在最佳供给电压、最佳加热时间下、获得最佳的熔接接头。各种技术参数可手动或自动(如条形码)输入，若无规定时各种技术参数可参照表 1-28 执行。

电熔连接技术参数 **表 1-28**

管件类型	尺寸(mm)	输出电压(V)	熔接时间(s)	冷却时间(min)
渐缩管	90×63	39.5	50	10
	125×90	39.5	120	12
	180×125	39.5	250	15
三通	63×32	39.5	46	10
	90×32	39.5	46	10
	110×32	39.5	46	10
	125×32	39.5	46	10
	160×32	39.5	46	10
套筒	50	39.5	60	5
	60	39.5	90	6
	90	39.5	120	7
	110	39.5	180	9
	125	39.5	200	9
	160	39.5	250	9

(6) 冷却 由于塑料管接头只有在全部冷却到常温后才能达到其最大耐压强度，冷却期间其他外力会使管材、管件不能保持同一轴线，从而影响熔接质量，因此，冷却期间不得移动被连接件或在连接处施加外力。

(7) 接口质量检查 从观察孔中检查塑料柱必须要完全凸出电熔管件的外壁即为合格。

5. 电熔鞍型连接

是采用鞍型电熔管件进行连接的方式，适用于在干管上连接支管或维修管子小面积破裂造成漏水等场合。连接步骤如下：

(1) 用细砂纸、刮刀等刮除连接部位管材表面的氧化层，用干净棉布擦除管材和管件连接面上的污物。

(2) 固定管件 连接前，干管连接部位应用托架支撑固定，并将管件固定好，保证连接面能完全吻合。

(3) 通电熔接和冷却过程与电熔承插熔接相同。

1.2.6 管道支吊架制作与安装

1.2.6.1 支吊架的分类

支吊架对管道起承托、导向和固定作用，是管道系统的重要组成部分。根据支吊架的用途，分为活动支架、固定支架、防晃支架、托钩与管卡等。

1. 活动支架

活动支架用于水平管道，有轴向位移和横向位移，但没有或只有很少垂直位移的地方。活动支架包括滑动支架、导向支架、滚动支架、普通吊架、弹簧吊架等。

(1) 滑动支架 用于对摩擦作用力无限制的管道。分为滑动管卡、弧形板滑动支架、高滑动支架等形式，如图 1-76 所示。

滑动管卡(俗称管卡)，适用于室内采暖及供热的不保温管道。

弧形板滑动支架适用于室外地沟内不保温的热力管道以及管壁较薄且不保温的其他管道，能防止管子热胀冷缩的滑动中与支架横梁直接发生摩擦而使管壁变薄。

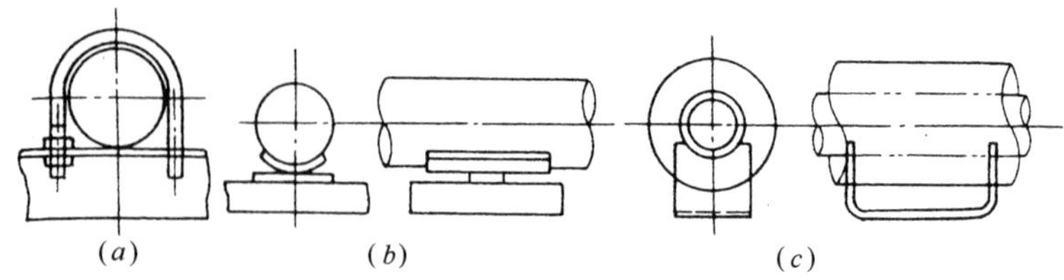

图 1-76　滑动支架
(a)滑动管卡；(b)弧形板滑动支架；(c)高滑动支架

高滑动支架适用于保温管道。管子与管托之间用电焊焊死，而管托与支架横梁之间能自由滑动。管托的高度超过保温层的厚度，以确保带保温层的管子在支架横梁上能自由滑动。

(2) 导向支架　为防止管道由于热胀冷缩在支架上产生横向偏移而设，如图 1-77 所示。在管子托架两侧各焊接一块长短与滑托长度相等的角铁，留有 2～3mm 的间隙，使管子托架在角钢制成的导向板范围内自由伸缩。

(3) 滚动支架　主要用于大口径、介质温度过高且无横向位移的管道，如图 1-78 所示，分为滚珠支架和滚柱支架两种。其中滚珠支架管道的摩擦阻力大些。

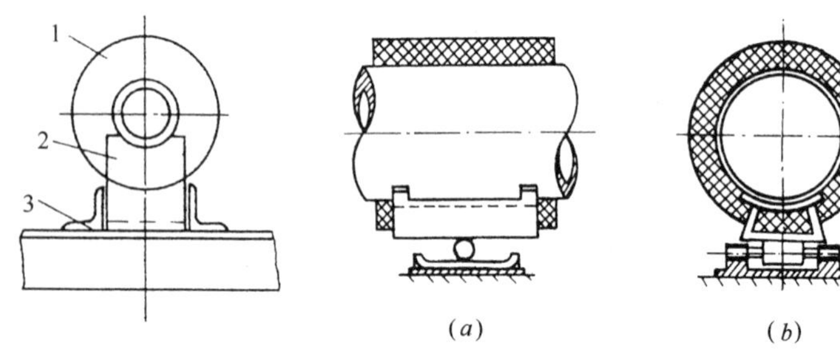

图 1-77　导向支架
1—保温层；2—管子托架；3—导向板

图 1-78　滚动支架
(a)滚珠式；(b)滚柱式

(4) 吊架　是用吊杆通过管卡把管子悬挂在空中的一种支架型式，如图 1-79 所示，分为普通吊架和弹簧吊架两种。普通吊架主要用于口径较小、无伸缩性或伸缩性极小的管路，弹簧吊架用于有垂直位移要求的管道支承。

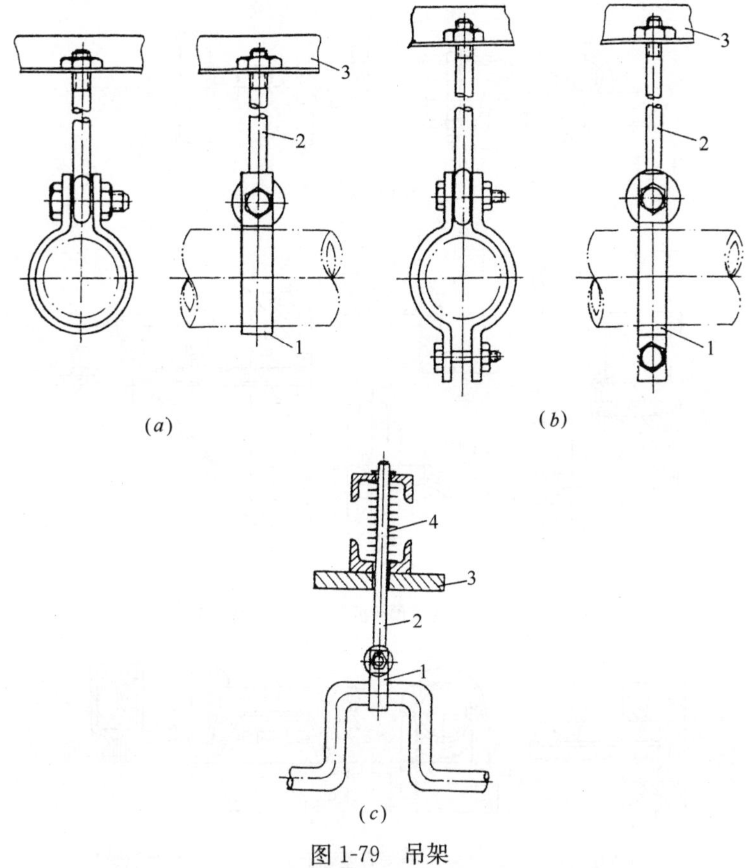

图 1-79 吊架

(a)、(b)普通吊架；(c)弹簧吊架

1—管卡；2—吊杆；3—支承结构；4—弹簧

2. 固定支架

在管道上不允许有任何位移的地方，应设置固定支架，要求有足够的强度和承受力来限制(主要是热胀冷缩)引起的管道位移，多用于供热、热力、热水管道上。

固定支架是在一些活动支架的基础上加上焊接结构，把管道及支架固定在建筑结构或其他金属结构上，其种类很多，构造有简有繁，具体形式如图 1-80 所示。

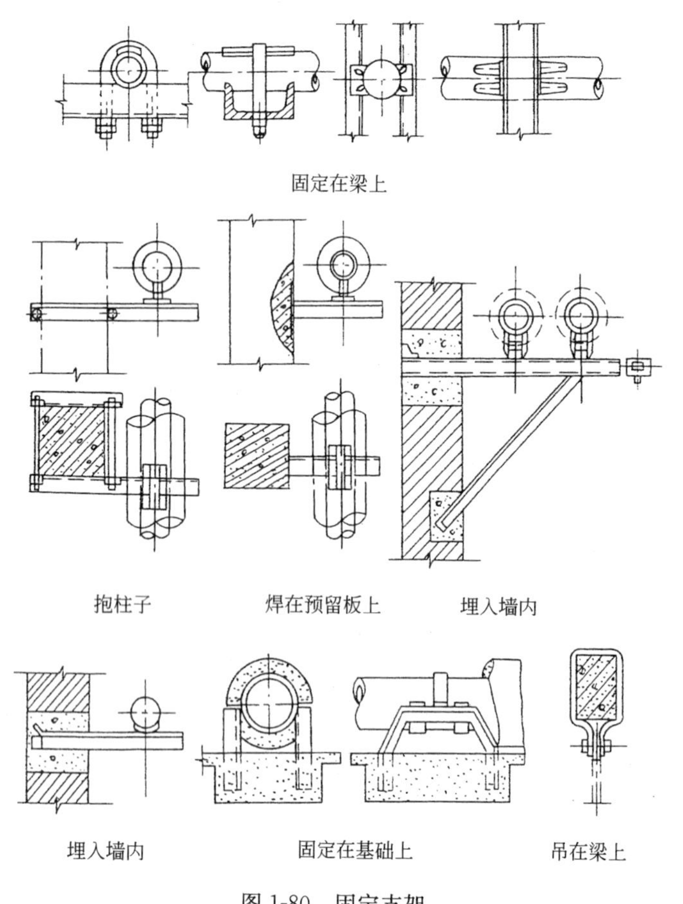

图 1-80　固定支架

3. 防晃支架

在消防管道中常用，可防止喷水时，管道沿管线方向晃动，有立管顶端四方防晃支架(用╋表示)，有防止顺干管与支管方向晃动的(用←→表示)，有防止垂直于干管与支管方向晃动的(用

↕表示)，如图 1-81 所示。

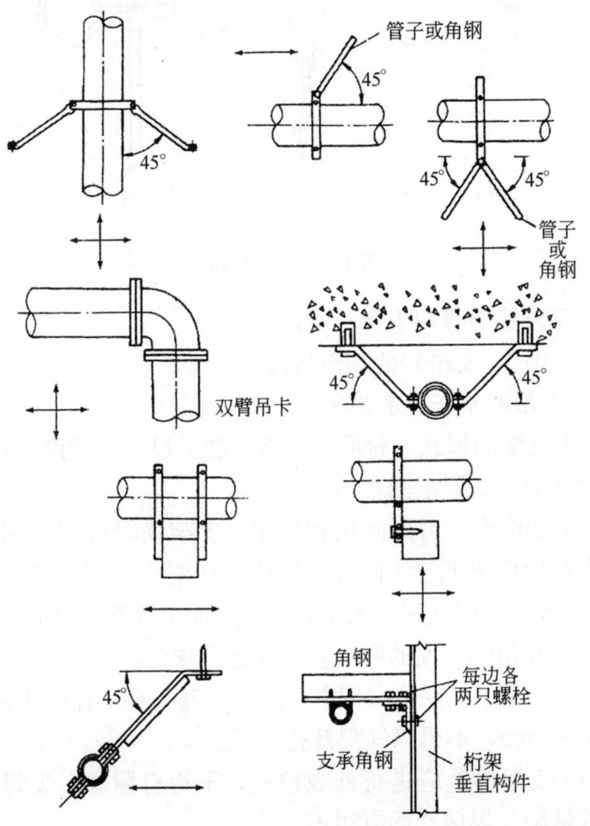

图 1-81 防晃支架的形式

4. 立管卡与托钩

托钩(钩钉)一般用于公称直径为 15～20mm 的室内给水及燃气横支管、支管等管道的固定；立管卡用于公称直径为 15～50mm 的室内给水、排水及燃气单立管或双立管的固定；如图1-82 所示。

5. 管架与管墩

管架由钢管或型钢组焊而成，管墩由砖砌或混凝土筑成，主

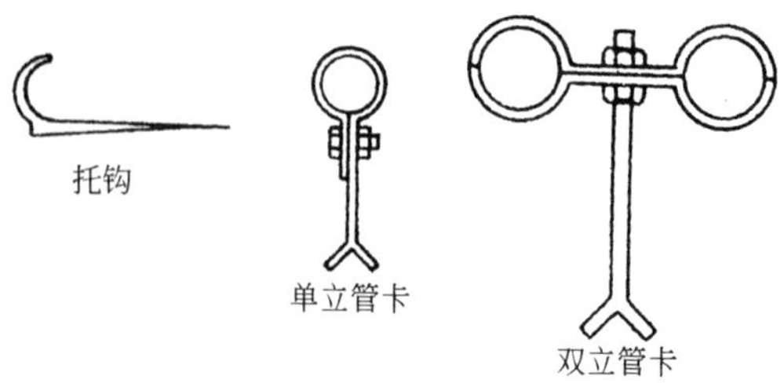

图1-82 托钩与管卡

要用于室外热力管网中架空明设处。

1.2.6.2 支吊架的制作与选择

1. 支吊架制作技术要求

(1) 支架的形式、材质、规格、加工尺寸、精度及焊接等应符合设计要求或标准图集的要求。

(2) 制作管卡可用圆钢和扁钢，支架横梁可用角钢或槽钢。支架下料应按图纸与实际尺寸划线；切割应采用机械切割(无齿锯)，一般不采用气割，大型管道支架如用气割，应清除氧化物。切割后，在角钢平面的两个直角处进行抹角。

(3) 支架的孔眼应采用电钻加工，其孔径应比管卡或吊杆直径大1～2mm，不得以气割开孔。

(4) 支架焊缝应进行外观检查，不得有漏焊、欠焊、裂纹、咬肉等缺陷。焊接变形应纠正。

(5) 加工合格的支架，应进行防腐处理，合金钢支架应有材质标记。

2. 支吊架选择

支吊架的选择应满足管道安全、经济运行，符合管道的热胀、冷缩、防振等特殊要求，因此支吊架选择必须遵循以下原则：

(1) 在管道上不允许有任何位移的地方，应设置固定支架。如冷的或热的总管，当直线段较长时，一般宜在管面的中间附近设置固定支架，使管路可向两端伸缩；在配置补偿器时，在补偿器的两端适当位置设置固定支架。

(2) 在水平管道上无垂直位移或垂直位移很小的地方，如对管道轴向摩擦力无严格限制时，可采用滑动支架。如方形补偿器两侧的第一只支架，应设置滑动支架。当要求减小管道轴向摩擦力时，可采用滚柱支架；当要求减小管道水平位移的摩擦力时，可采用滚珠支架。

(3) 在水平管道上只允许有轴向位移而不允许有横向位移的地方，应设置导向支架。如铸铁阀件的两侧和方形补偿器两侧的适当位置。

(4) 在管道具有垂直位移的地方，应设置弹簧吊架；当不便设置弹簧吊架时，可采用弹簧支架；当同时具有水平位移时，应采用滚珠弹簧支架。

(5) 对室内架空管道上不便设置滑动支架或导向支架时，可采用吊架。

(6) 对室外架空敷设大口径管道的独立活动支架，为了减少摩擦力，应采用挠性或滚动支架，避免采用刚性支架。

1.2.6.3 支吊架的安装

支吊架安装前应对支架的外观、材质、规格、质量、外形尺寸等进行检查和核对，不得有漏焊或焊接裂纹等缺陷。受力部件，如横梁、吊棍、螺栓及吊卡均应符合设计要求及有关规定。并需确定支架间距和位置。

支架用于承托管道的质量，如果间距过大，会因管道自身的重量(包括介质、保温层质量)而使管道产生过大弯曲应力，破坏管道或导致局部反坡，所以安装前应必须确定支架的间距和位置。

管道支架的间距，应由设计单位确定(一般标在施工图上)或按施工规范选取。不同的管道，其间距有所不同。若设计无规定，常用钢管、塑料给水管及塑料排水管支架的间距可分别参照表 1-29、表 1-30 和表 1-31 确定。

钢管管道支架最大间距　　表1-29

管道公称直径(mm)		15	20	25	32	40	50	70	80	100	125	150	200	250	300
支架最大间距(m)	保温管	1.5	2	2	2.5	3	3	4	4	4.5	5	6	7	8	8.5
	非保温管	2.5	3	3.5	4	4.5	5	6	6	6.5	7	8	9.5	11	12

给水塑料管道支架最大间距　　表1-30

管外径(mm)	20	25	32	40	50	63	75	90	100
水平管(m)	0.5	0.55	0.65	0.8	0.95	1.1	1.2	1.35	1.55
立管(m)	0.9	1.0	1.2	1.4	1.6	1.8	2.0	2.2	2.4

排水塑料管道支架最大间距　　表1-31

管外径(mm)	40	50	75	110	160
间距(m)	0.4	0.5	0.75	1.1	1.6

支架安装前还应检查支架的标高和位置是否符合施工图纸设计的标高和间距以及管道的坡度要求，算出两点间的高度差，然后在两点间拉线，在墙上或柱上画出每个支架的位置。对土建施工预留的埋孔或预埋钢板，应检查其标高和位置是否符合要求，预埋钢板上的砂浆或油漆应清除干净。室外管道的支架、支柱或支墩应测量顶面的标高和坡度是否符合要求。

支吊架安装的方法有埋设固定法、焊接固定法、抱箍固定法和射钉法等。

1. 埋设固定法

埋设固定法如图1-83所示，将管道支架埋入墙上的孔洞内，一般埋入部分不得小于120mm，并应开脚。墙上无预留孔洞时，按拉线定位画出支托架位置标记，用錾子和手锤凿孔洞，洞口不宜过大。埋入前先将孔洞内的碎、杂物及灰土清除干净，用水将洞内冲洗浇湿，栽入已经过防腐处理的支架，用高于C20的细石混凝土填实抹平。栽埋时，应注意支架横梁保持水平，顶面应与管子中心线平行。

除支架安装外，埋设法亦适用于立管卡和钩钉的安装。施工时，立管卡的埋设深度不小于100mm，孔洞一般是预留或管道安装前打好。钩钉适用靠墙敷设的小直径水平支管。先用浸过沥青的木塞埋入墙内，再打入钩钉，注意手锤不要打在钩部。

2. 焊接固定法

焊接固定法如图1-84所示，钢筋混凝土构件上的支架，可在浇筑时在各支架位置上预埋钢板，待土建拆模板后找出预埋件并将表面清理干净，然后将支架横梁或固定吊架焊接在预埋件上。

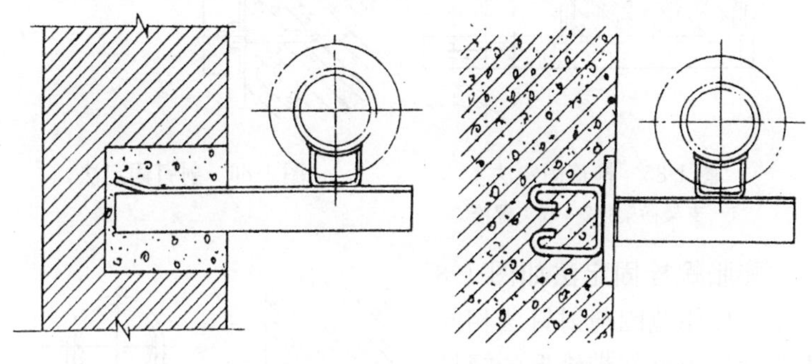

图1-83 埋设固定法　　图1-84 焊接固定法

3. 抱箍固定法

抱箍固定法如图1-85所示，在沿柱子敷设的管道未预埋钢板时采用。施工时应清除支架与柱子接触处的粉刷层，测出其标高后，在柱子上弹出水平线，支架应按线设置。固定抱箍时，螺栓一定要上紧，保证支架受力后不松动。

4. 射钉固定法

如图1-86所示，在没有预留孔洞和预埋钢板的砖或混凝土构件上，可以用射钉安装支架。但不宜安装推力较大的固定支架。施工时用射钉枪将外螺纹射钉射入支架安装位置，然后用螺母将支架固定在射钉上。

5. 膨胀螺栓固定法

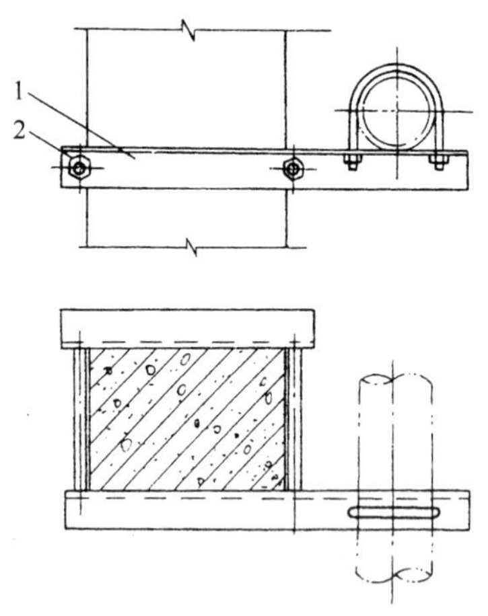

图 1-85　抱箍固定法

1—支架横梁；2—双头螺栓

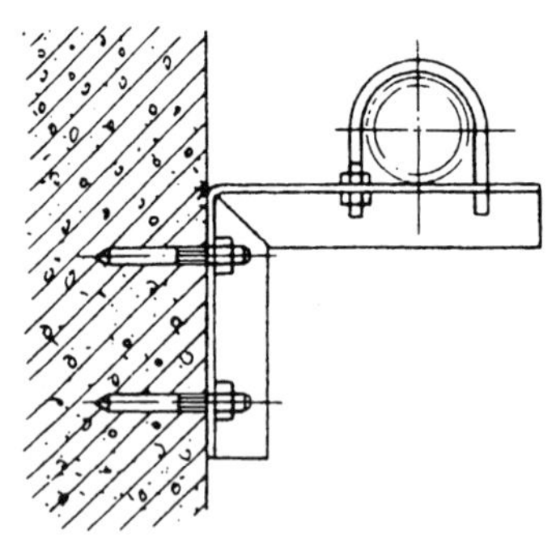

图 1-86　射钉固定法

膨胀螺栓固定法如图 1-87 所示，使用范围与射钉法相同。膨胀螺栓由尾部带锥形的螺杆、尾部开口的套管和螺母三部分组成，有带钻和不带钻两种。

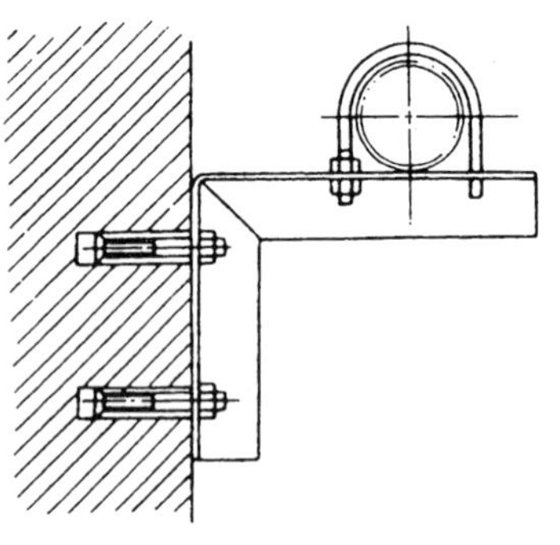

图 1-87　膨胀螺栓固定法

用不带钻膨胀螺栓安装支架时，应先在安装支架的位置上钻孔。钻成的孔必须与结构表面垂直，孔径与套管外径相同，深度为套管长度加 10～15mm。钻好后，将孔内的碎屑清除干净。再将套管套在螺杆上，带上螺母一起打入孔内，用扳手拧紧螺母，螺栓的锥形尾部便将开口的套管尾部胀开，使螺栓和套管一起紧固于孔内，然后在螺栓上安装支架横梁。膨胀螺栓规格及钻头直径的选用见表 1-32，钻孔用手电钻进行。

膨胀螺栓的选用 表 1-32

管道公称直径(mm)	≤70	80～100	125	150
膨胀螺栓规格	M8	M10	M12	M14
钻头直径(mm)	10.5	13.5	17	19

用带钻膨胀螺栓安装支架如图 1-88 所示，将套管的锥形头插入电动或风动冲头，使套管的齿形尾钻入砖或混凝土构件内(见图 1-88*a*)；待套管颈部与砖或混凝土构件表面接触时取出套管，在套管尾部装入胀子重新打入孔内(见图 1-88*b*)；套管颈部与孔口接触时，胀子将套管尾部胀开，使其紧固到孔内，然后将套管的锥形头打掉(见图 1-88*c*)，用螺栓将支架上紧固定。

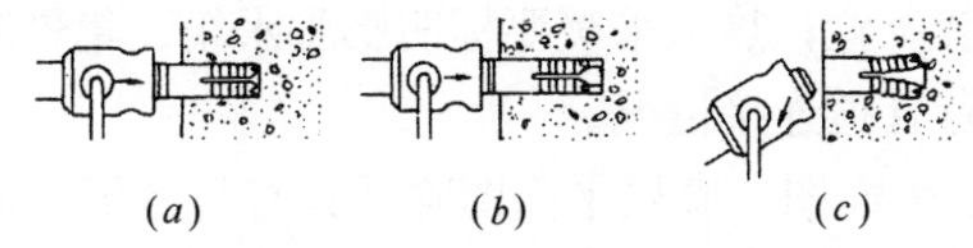

(*a*) (*b*) (*c*)

图 1-88 带钻膨胀螺栓的使用

(*a*)打到深度后取出套管；(*b*)将装入胀子的套管重新打入孔内；(*c*)去掉外套头部

1.3 施工图阅读

1.3.1 采暖系统施工图及识读

1.3.1.1 采暖系统施工图内容

采暖系统施工图包括设计与施工说明、平面图、系统图、详图和设备及主要材料明细表。

1. 设计和施工说明

采暖设计说明书一般写在图纸的首页上，其主要内容有：热媒及其参数；建筑物总热负荷；热媒总流量；系统形式；管材和散热器的类型；管子的标高；系统的试验压力；保温和防腐的规定以及施工中应注意的问题等。设计和施工说明书是施工的重要依据。

2. 平面图

平面图是用正投影原理，采用水平全剖的方法，连同房屋平面图一起画出的。它是施工中重要图纸，又是绘制系统图的主要依据。平面图的数量是根据采暖系统的大小来定的，一般大、中型采暖系统都有三种平面图，即楼层(标准层)平面图、顶层平面图和底层平面图。

(1) 楼层平面图　楼层平面图是指相同的中间楼层，该平面图应标明散热设备的安装位置、规格、片数(尺寸)及安装方式(明设、暗设、半暗设)，立管的位置及数量。

(2) 顶层平面图　顶层平面图除了具有与楼层平面图相同的内容外，对于上分式系统，要标明总立管、水平干管的位置；干管的管径大小、管道坡度以及干管上的阀门、管道固定支架及其他构件的安装位置；热水采暖要标明膨胀水箱、集气罐等设备的位置、规格及管道连接情况。

(3) 底层平面图　底层平面图除了具有与楼层平面图相同的有关内容外，还应标明供热引入口的位置、管径、坡度及采用标准图号(或详图号)。下分式系统标明干管的位置、管径和坡度；上分式系统标明回水干管(蒸汽系统为凝结水干管)的位置、管径和坡度。管道地沟敷设时，平面图中还要标明地沟位置和尺寸。

3. 系统图

系统图是表示采暖系统空间布置情况和散热器连接形式的立体轴测图，反映系统的空间型式。采暖系统中，系统图用单线绘制，与平面图比例相同。系统采用前实后虚的画法，表达前后的遮挡关系。系统图上标注各管段管径的大小，水平管的标高、坡度、散热器及支管的连接情况，对照平面图可反映系统的全貌。

4. 详图

采暖系统中的详图是指采暖平面图和系统图难以表达清楚而又无法用文字加以说明的问题，需要放大比例划出的施工图，称为详图。详图有标准图和节点详图两种。

(1) 标准图

在设计中，有的设备、器具的制作和安装，是通用的、标准的，直接选用国家和地区的标准图集和设计院的重复使用图集，不再绘制这些详细图样，只在设计图纸上注出选用的图号，即为标准图。

(2) 节点详图

用放大的比例尺，画出复杂节点地详细结构，一般包括用户入口、设备安装、分支管大样、过门地沟等。

5. 设备及主要材料明细表

在设计采暖施工图时，应将工程中所需的散热器的规格和分组片数、阀门、疏水器的规格型号以及设计数量和重量列在设备表中；把管材、管件、配件以及安装所需的辅助材料列在主要材料表中，主要是便于做好工程开工前的准备。

1.3.1.2 采暖系统的图例及有关设备的标注方法

1. 采暖工程施工图图例

采暖工程施工图图例见表 1-33。

采暖工程施工图图例 **表 1-33**

序号	图例	说明	序号	图例	说明
1		采暖供水干管	9		剖面、系统图中散热器
2		采暖回水管	10		平面图中散热器
3		沿直自上而下通过本楼层的立管	11		集气罐
4		自本楼层引下的立管	12		膨胀水箱
5		横管拐弯向下	13		截止阀
6	L_n	采暖供水立管编号	14		水泵
7	R_n	采暖供水入口管编号	15		锅炉
8		丝堵	16	0.003	坡度

2. 采暖管道在施工图上的表示方法

采暖管道的转向、连接和交叉在平面图上的表示方法。见表1-34，表中的立面图和系统图都是为了理解平面而画的。

管道转向、连接和交叉图示 表 1-34

	本层支管接立管向下拐	立管自上层来接支管	立管自上层来接支管	立管自上层来，又引往下层	立管自本层引向下层	立面图上的圆弧是干管，平面图上的圆弧是立管	立管和支管不相交
立面图	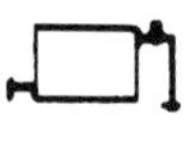		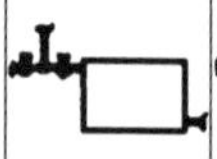		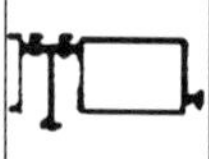	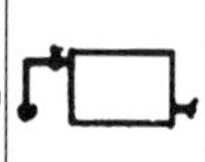	
平面图	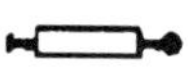			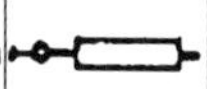			
系统图							

3. 散热器与管道连接的图示方法

散热器与管道连接的图示方法见表 1-35，表中左起第一、二列为双立管系统；第三列为单立管系统。当遇到其他各种管道布置方式时，均可以此图原理，推测识读。

4. 立管的编号

采暖供水立管用带圆圈的“L”表示，脚标数字为序号。如图 1-89 和图 1-90 所示，分别为采暖供水立管在平面图和系统图中的编号标注方法。

5. 采暖入口的编号

采暖入口的编号，如图 1-91 所示。符号为带圆圈的“R”，脚标为序号。两个单元，有两个采暖入口，所以有两个编号。

散热器、管道图示法 **表 1-35**

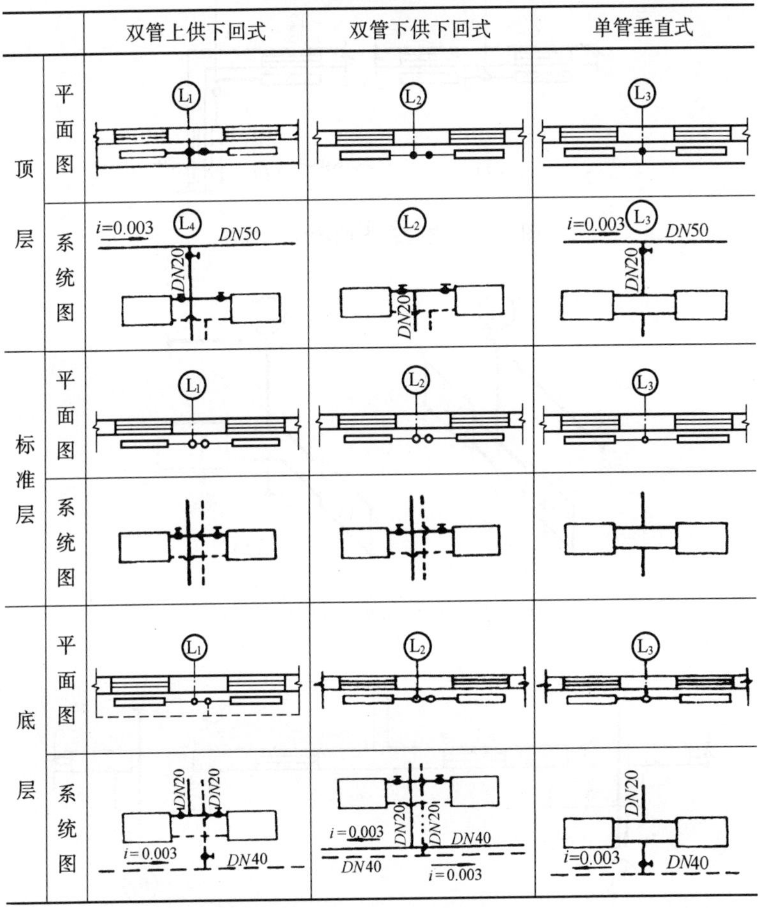

		双管上供下回式	双管下供下回式	单管垂直式
顶层	平面图	L_1	L_2	L_3
	系统图	i=0.003 L_4 DN50 DN20	L_2 DN20	i=0.003 L_3 DN50 DN20
标准层	平面图	L_1	L_2	L_3
	系统图			
底层	平面图	L_1	L_2	L_3
	系统图	DN20 DN20 i=0.003 DN40	DN20 DN20 i=0.003 DN40 DN40 i=0.003	DN20 i=0.003 DN40

6. 散热器规格和数量的标注方法

不同型号的散热器，其标注方法也不同，具体规定如下：

(1) 柱式散热器只标注数量。

(2) 圆翼形散热器注“根数×排数”。

(3) 光管散热器标注“管径×长度×排数”，单位为 mm。

(4) 串片式散热器标注“长度×排数”（注意，此处长度单

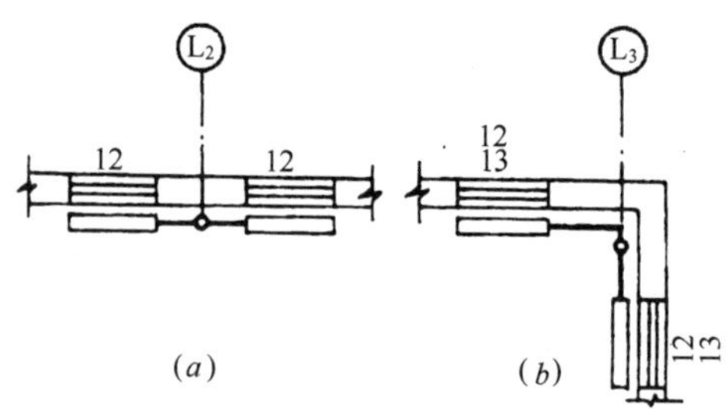

图 1-89　立管在平面图中的标注

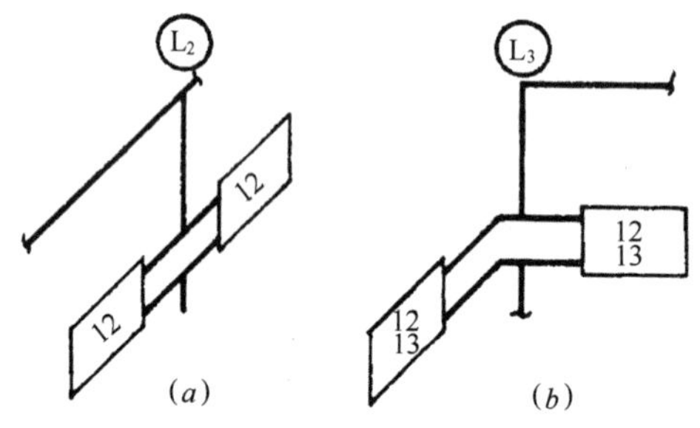

图 1-90　立管在系统图中的标注

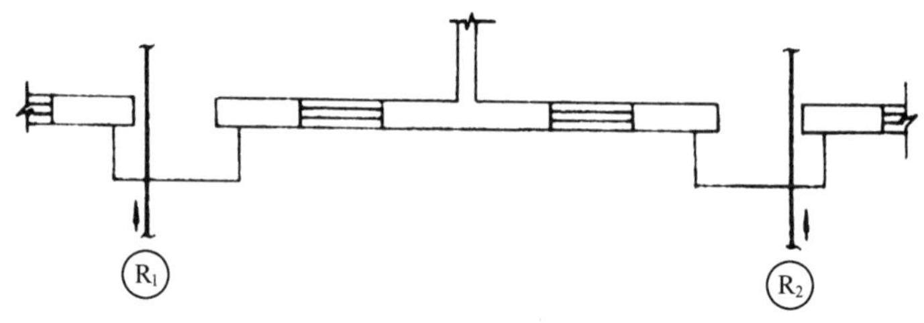

图 1-91　采暖入口的编号

位为 m)。

如图 1-92 所示，为几种散热器的规格和数量的标注方法。

7. 系统图中重叠部分的图示方法

在系统图中，当一部分管道和散热器被另一部分管道和散热器遮挡时，可以把被遮挡部分的立管断开，标注一个字母，然后

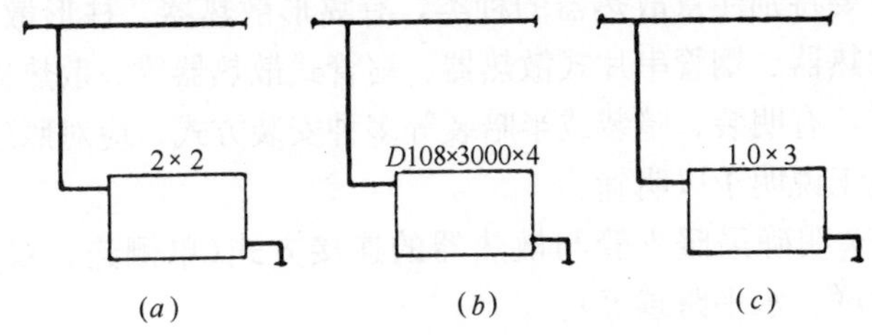

图 1-92 散热器的标注方法

(a)按“根数×排数”标注；(b)按“管径×长度×排数”标注；(c)按“长度×排数”标注

再在旁边画出被断掉的部分，断端同样应注出该字母，以示为连接处。如图1-93所示。

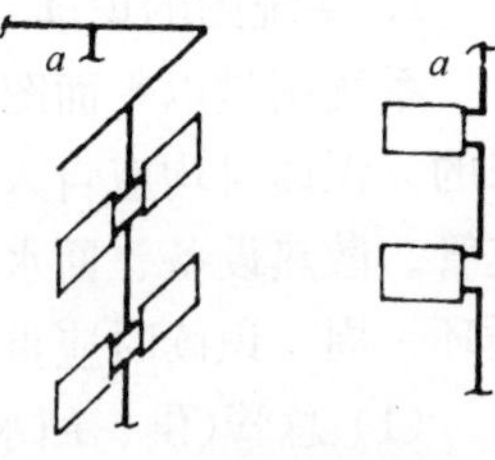

图 1-93 散热器或管道被遮挡后的标注

1.3.1.3 采暖系统施工图的识读

1. 平面图的识读

识读平面图时，通常是按照底层、顶层、中间楼层的识读顺序分层识读，重点要搞清以下几个环节：

(1) 查明采暖进口平面位置及预留孔洞尺寸、标高等情况。

(2) 查清入口装置的平面安装位置，对照设备材料明细表查清选用设备的型号、规格、性能及数量；对照详图(节点图、标准图)，搞清各入口装置的安装方法及安装要求。

(3) 明确各层采暖干管的定位走向、管径及管材、敷设方式及连接方式。

(4) 明确干管补偿器及固定支架的设置位置及结构尺寸。对照施工说明，明确干管的防腐、保温要求，明确管道穿越墙体的安装要求。

(5) 明确各层采暖立管的形式、编号、数量及其平面安装位置。

(6) 明确各层散热器的组数，每组片数及其平面安装位置，对照图例及施工说明查明其型号、规格、防腐及表面涂色要求。

识读时要特别注意散热器的种类，有翼形散热器、柱形散热器、光管散热器、钢管串片式散热器、扁管式散热器等。散热器的安装形式，有明装、暗装或半暗装等多种安装方式，应对照建筑图纸、施工说明予以明确。

(7) 明确采暖支管与散热器的连接方式(单侧连、双侧连、水平串联、水平跨越等)。

(8) 明确各采暖系统辅助设备(膨胀水箱、集气罐、自动排气阀等)的平面安装位置，并对照设备材料明细表，查明其型号、规格与数量，对照标准图明确其安装方法及安装要求。

2. 系统图的识读

系统图是以平面图为主视图，采用45°正面斜投影法绘制出来的。识读时均应自入口总管开始，沿供水总管、干管、立管、支管、散热设备、回水支管、立管、干管、回水总管的识读路线循环一周。识读时应重点搞清以下技术环节：

(1) 总管(供、回水)及其入口装置的安装标高。

(2) 查明管道系统的连接，各管段管径大小、坡度、坡向，水平管道和设备的标高，以及立管编号等。

(3) 明确各类管道附件的类型、型号、规格及其安装位置与标高；明确管道转弯、分支、变径等采用管件的类型、规格。

(4) 对照标准图，重点明确管道与设备、管道与附件的具体连接方法及安装要求。

(5) 掌握采暖系统的全貌，搞清设备与管道连接的整体情况，明确全系统的安装细部要求。

3. 识读举例

图1-94是某仓库一层和二层采暖平面图，图1-95是该仓库采暖系统图。试对这套室内供热管道图进行识读。识读时将平面图与系统图对照起来看。

(1) 通过平面图，了解建筑物总长、总宽及建筑轴线情况。该仓库总长30m，总宽13.2m，水平建筑轴线为1～11，竖向建

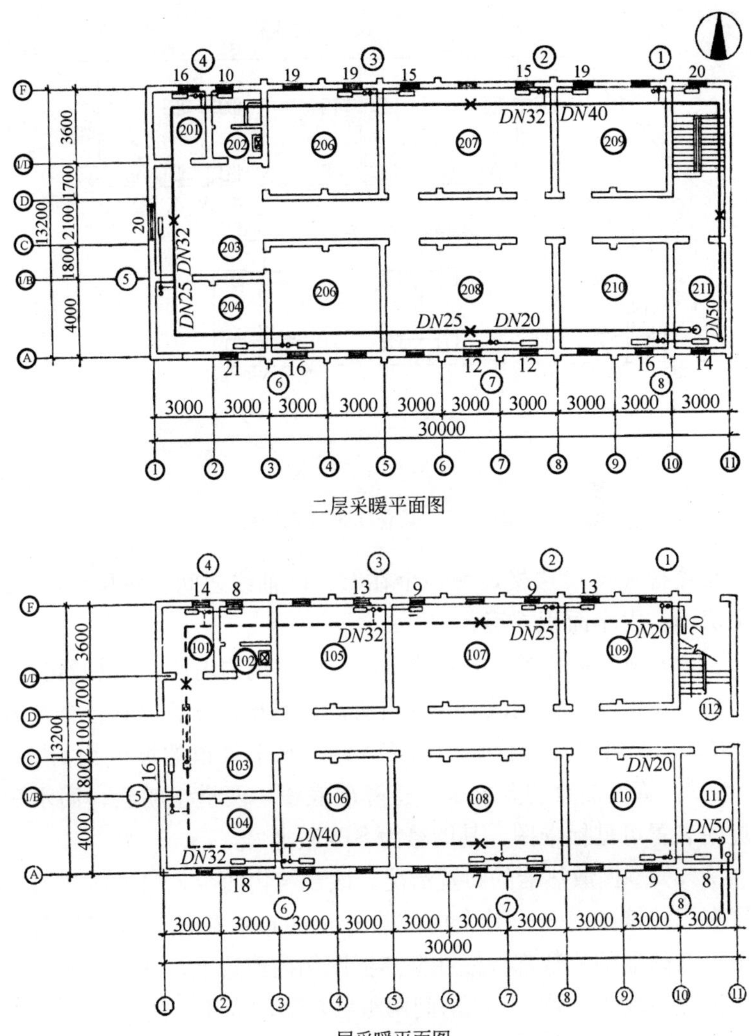

图 1-94 某仓库采暖系统平面图

筑轴线为 A～F；了解建筑物朝向、出入口和分布情况，该建筑物坐北朝南，建筑出入口有两个，一个在 10～11 轴线之间，并

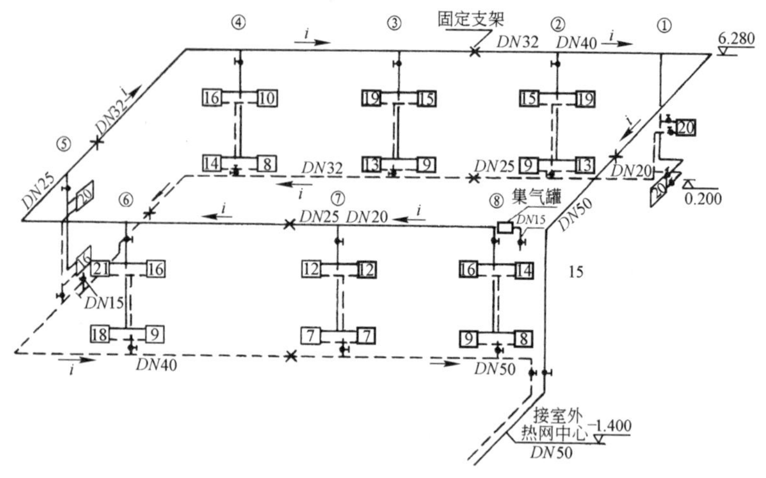

图 1-95　某仓库采暖系统图

设有楼梯通向二层楼，另一个在 C～D 轴线之间。每层各有 11 个房间，大小面积不等。

(2) 阅读系统图了解系统全貌。该建筑物内所用散热器为四柱形，其中二层楼的散热片为有脚的。系统内立管的管径全部为 $DN20$，散热器支管管径均为 $DN15$。水平管道的坡度均为 $i=0.002$，管道油漆的要求是一道醇酸底漆，两道银粉漆，回水管过门装置可见标准图，其图号为 S14 暖通 2。

(3) 掌握散热器的布置情况。该建筑物两个入口处散热器布置在门口墙壁上外，其余的散热器全部布置在各个房间的窗台下，散热器的片数都标注在散热器图例内或边上，如 107 房间两组散热器均为 9 片，207 房间两组散热器均为 15 片。

(4) 了解系统型式及热力入口情况。通过对系统图的识读，可以知道该系统为双管上分式热水采暖系统，热媒干管管径为 $DN50$，标高 -1.400 由南向北穿过 A 轴线外墙进入 111 房间，在 A 轴线和 11 轴线交角处登高，并在总立管安装阀门。

(5) 查明管路系统的空间走向、立支管设置、标高、管径、坡度等。该系统总立管高(含二层)6.00m，在天棚下面沿墙敷设，水平干管的标高是以 11-F 轴线交角处的 6.280m 为基准，按 $i=0.002$ 的坡度和管道长度进行计算求得。干管的管径依次为 $DN50$、$DN40$、$DN32$、$DN25$ 和 $DN20$。通过对立管编号的查看，该系统一共 8 根立管，立管管径全部为 $DN20$，立管为双管式，支管与散热器连接是用三通和四通。回水干管的起始端在 109 房间，标高为 0.200m，沿墙在地板上面敷设，坡度与回水流动方向同向，水平干管在 103 房间过门处，返低至地沟内绕过门。回水干管的管径依次为 $DN20$、$DN25$、$DN32$、$DN40$、$DN50$，水平管在 111 房间返低至 −1.400m，回水总立管上装有阀门。除 1 号立管上未装，装在散热器的进出口的支管上外，其余供水立管始端和回水立管末端都装有控制阀门。

(6) 查明支架及辅助设备的设置情况。干管上设有固定支架，供水干管上有 4 个，回水干管上有 3 个，具体位置在平面图上。立、支管上的支架在施工图是不画出来的，应按规范规定进行选用和设置。在供水干管的末端设有集气罐(在 211 房间内)，为横式Ⅱ型，集气罐需要加工制作。

(7) 采暖管道施工图有些画法是示意性，有些局部构造和作法在平面图和系统图中无法表示清楚，因此在看平面图和系统图的同时，根据需要查看部分标准图。

1.3.2 燃气施工图识读

1.3.2.1 燃气管道施工图内容

燃气管道的分类及组成如图 1-96 所示。

燃气管道施工图的内容与采暖系统施工图基本相同，有总平面图、平面图(底层、标准层或楼层平面图)和系统图，还有必要的详图和说明文字以及图例等。

1.3.2.2 燃气管道的图例

燃气管道的图例见表 1-36。

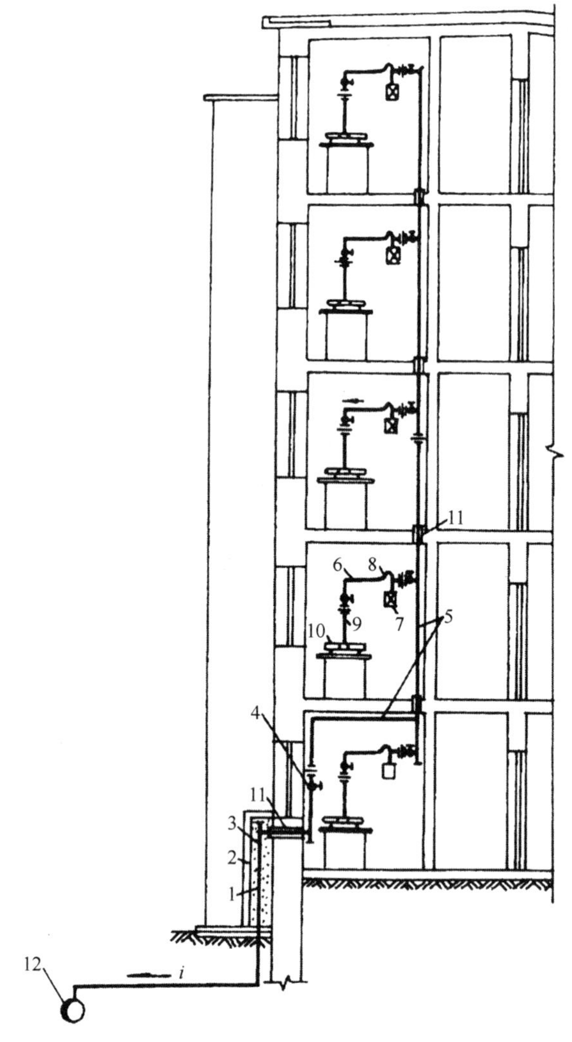

图1-96　建筑燃气管道的组成

1—燃气引入管；2—砖台；3—保温层；4—引入口总阀门；
5—水平干管和立管；6—用户支管；7—燃气计量器；8—软管；
9—燃具连接管；10—燃具；11—套管；12—分配管

燃气管道的图例 **表 1-36**

序号	名称	图例
1	调压器	
2	燃气表	
3	丝堵	
4	旋塞	
5	穿墙套管	
6	穿楼层套管	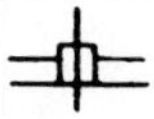
7	穿地面套管	
8	燃气软管	
9	双眼灶	
10	单眼灶	
11	热水器	
12	点火棒	
13	烤箱	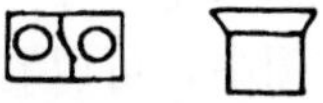
14	焊接	
15	活接头	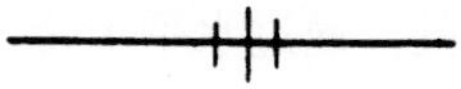
16	调压室	

1.3.2.3　燃气管道施工图的识读

以煤气施工图为例，图 1-97 是某煤气工程施工平面图，图 1-98是系统图。试对这套室内供热管道图进行识读。

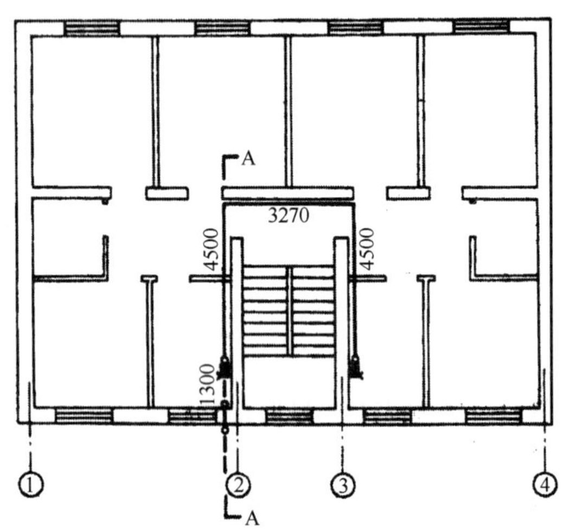

图 1-97　某煤气工程平面图

1. 平面图识读

该平面图比较简单，从图上可知，靠近②号墙处厨房地下，用虚线表示引入管，有小圆圈的地方，表示有立管。第三根立管处设有煤气表。经过走廊，拐两个弯，到另一个厨房，也有立管和煤气表。管道旁边的数字是表示管道的长度(单位 mm)。

2. 系统图识读

从系统图中，可以看出，左边厨房有六层装有煤气；右边厨房有五层装有煤气。管道由标高 0.400m 处引入，然后接立管(室内)，通过闸门至标高 2.500m 处，接供气立管。在标高 5.900m 处，通过水平干管，拐弯又接右方供气立管。两个供气立管，各自向上穿至各层接煤气表和用具支管等。最高的用具支管标高为 10.900m，管道的管径分别为 *DN*40 和 *DN*25。

3. 施工详图识读

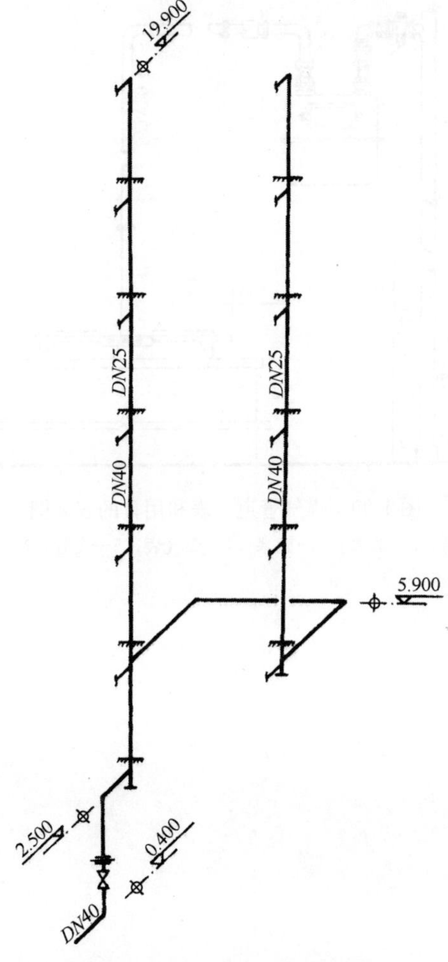

图 1-98 某煤气工程系统图

图 1-99 是用户厨房中煤气管道、煤气表和用具的安装图。立管是由三通接旋塞，再通过煤气表、支管接到煤气灶。管道旁注有管径，分别为 $DN40$ 和 $DN20$。图中的 1400 为煤气表的安装定位尺寸；300 是管卡的定位尺寸，＞300 为灶与煤气表的最小控制距离，单位均为 mm。

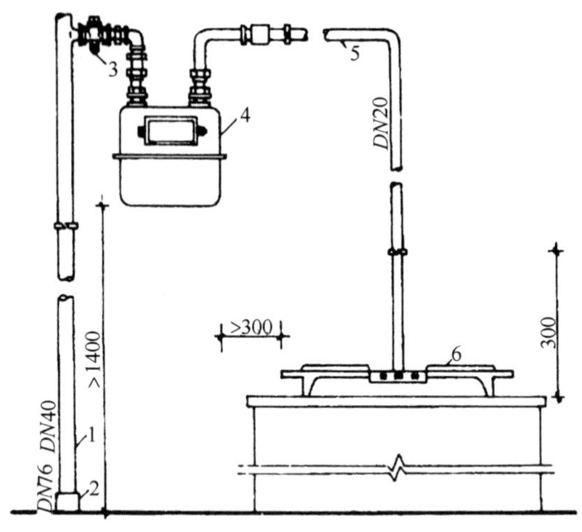

图 1-99 煤气管道、表和用具的安装图

1—立管；2—套管；3—旋塞；4—煤气表；5—支管；6—煤气灶

第2章 采暖系统安装

2.1 采暖系统的组成与分类

在人们的生产和生活中，要求室内保持一定的温度。在冬季比较寒冷的地区，自然环境的气温很低，满足不了需要。为此，人们建立采暖系统将热量以某种方式供给建筑物，以保持一定的室内温度。

2.1.1 采暖系统的组成

采暖系统是建筑工程中一个重要组成部分。任何采暖系统都由热源部分、输热部分和散热设备等三个基本部分组成。热源部分指热的发生器，如锅炉等；输热部分指热的输送管网，包括室内外采暖管道等；散热部分指室内散热设备，如各种类型散热器、暖风机和散热板等。

热源部分发出的热，经由输热部分送至散热设备内，再借散热设备将热量释放于室内空气中，达到提高室温的目的。

2.1.2 采暖系统的分类

根据采暖系统不同的特征，有各种不同的分类方法。

2.1.2.1 按作用范围分

按作用范围将采暖系统分为局部采暖系统、集中采暖系统和区域采暖系统。

由采暖系统的三个组成部分连成一个整体的供热系统称为局部采暖系统。如燃煤采暖、煤气采暖、电热采暖等。

如果锅炉房远离采暖房间，锅炉产生的热量由热媒经过管道分送到各采暖房间散热设备中，这样的系统称为集中采暖系统。

一个锅炉房对一个区域内许多建筑物供热的系统称为区域采暖系统。

2.1.2.2　按热媒介质分

按热媒介质将采暖系统分为热水采暖系统和蒸汽采暖系统两大类。

1. 热水采暖系统

热媒为热水的供热系统称为热水采暖系统。水在锅炉内被加热后，通过管道输送到每个房间的散热设备中，散热设备向房间内散热，使空气加热；放热后的水再经管道回到锅炉重新被加热。一般居民小区供热均采用热水采暖系统供热。

(1) 根据水温不同，热水采暖系统分为低温热水采暖(供水温度 45～65℃，供回水温差为 5～10℃)、一般热水采暖(供水温度 95℃，回水温度为 70℃)和高温热水采暖(供水温度为 95～130℃，回水温度 70℃)等。

(2) 根据水在系统内循环的动力可分为自然循环系统和机械循环系统两种。

自然循环系统如图 2-1 所示，放热后的回水利用冷热水间密度差异，自然返回锅炉重新加热循环使用。

机械循环系统如图 2-2 所示，当回水不能自动回到锅炉时，以水泵为动力进行强制循环。

(3) 根据支立管结构形式不同分为单管系统和双管系统。

单管系统如图 2-3 所示，各组散热器为串联连接，连接散热器的供水主管和回水主管为同一根主管。该方式适用于住宅面积中、小，房间分隔较少，对室温调节控制要求不高的场合。

双管系统如图 2-4 所示，各组散热器为并联连接，连接散热器的供水主管和回水主管分开设置，可以独立调节。但住户室内水平管路数量较多，系统较复杂。适用于住宅面积大、房间分隔多以及室内舒适性要求高的场合。

新双管系统有双管上供上回、下供下回等多种形式。主要用于分户计热的采暖系统。如图 2-5 所示。一方面可在每组散热器上分设温控阀，室温调节控制灵活，热舒适性好；另一方面可以分户计热，比传统的按建筑面积计热方式更能满足人们的需要。

3
6
5
4
2
1

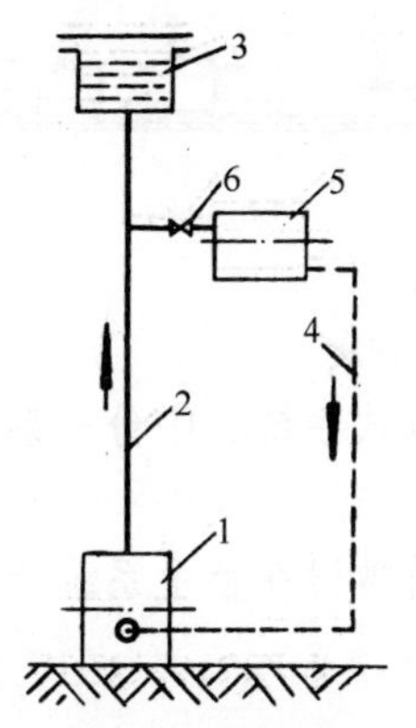

图 2-1 自然循环式热水采暖系统

1—锅炉；2—热水管；3—膨胀水箱；4—回水管；5—散热器；6—控制阀

3
4
10
9
7
2
8
1
6
5

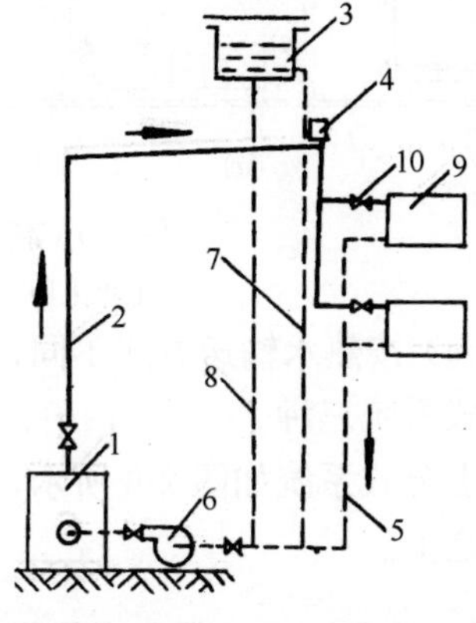

图 2-2 机械循环式热水采暖系统

1—锅炉；2—热水管；3—膨胀水箱；4—放气阀；5—回水管；6—水泵；7—循环管；8—膨胀管；9—散热器；10—控制阀

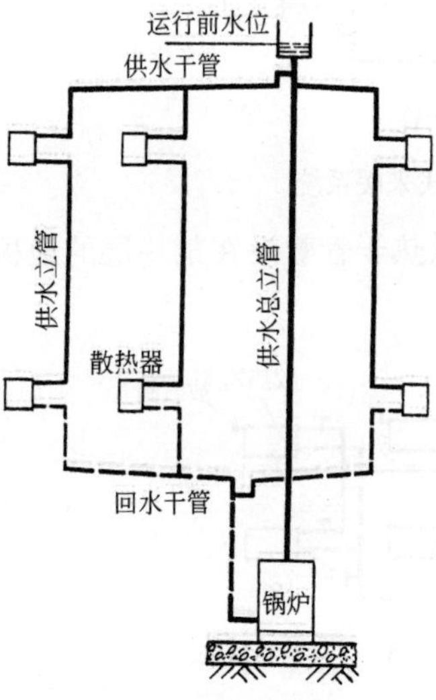

运行前水位
供水干管
供水立管
散热器
供水总立管
回水干管
锅炉

图 2-3 单管采暖系统

运行前水位
供水干管
供水总立管
回水立管
供水立管
散热器
回水干管
锅炉

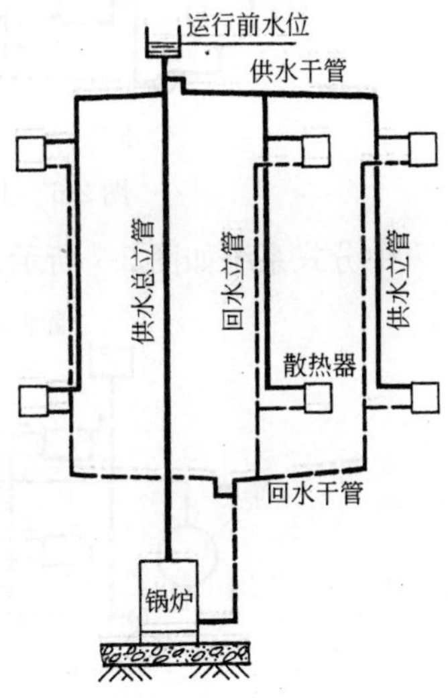

图 2-4 双管采暖系统

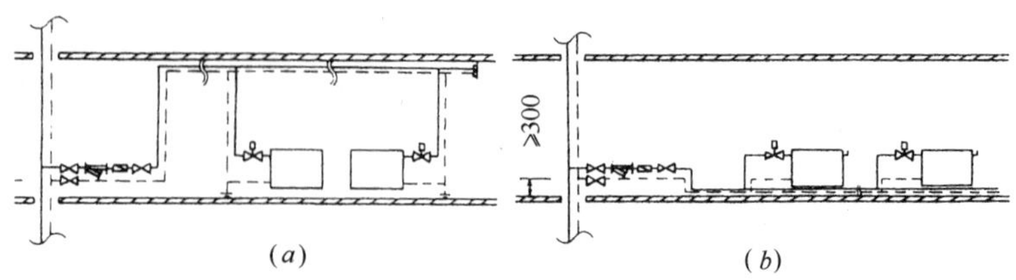

图 2-5　新双管采暖系统

(a)上供上回式；(b)下供下回式

(4) 按热水输送方式不同，分为上分式系统、中分式系统和下分式系统三种。

上分式系统如图 2-6 所示，供热干管敷设在整个系统所有散热器之上。

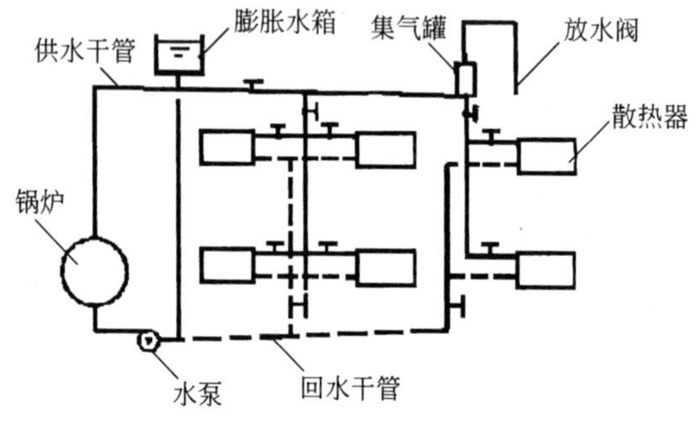

图 2-6　上分式采暖系统

中分式系统如图 2-7 所示。供热干管敷设在某一层的地板上

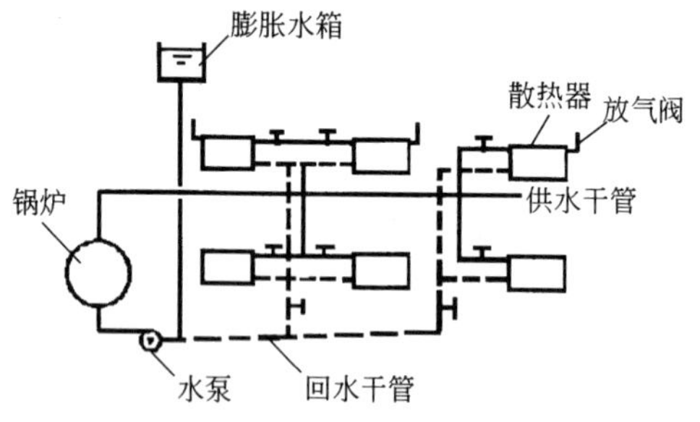

图 2-7　中分式采暖系统

或顶棚上。

下分式系统如图 2-8 所示，供热干管敷设在整个系统所有散热器之下。

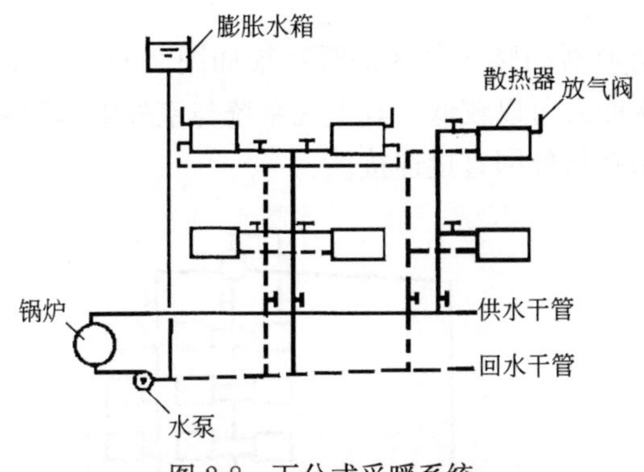

图 2-8 下分式采暖系统

(5) 根据热媒在各个环路的流程分为同程式系统和异程式系统两种。

同程式系统如图 2-9 所示，热媒在各个环路中的流程基本相等。

异程式系统如图 2-10 所示，热媒在各个环路中的流程不相等。

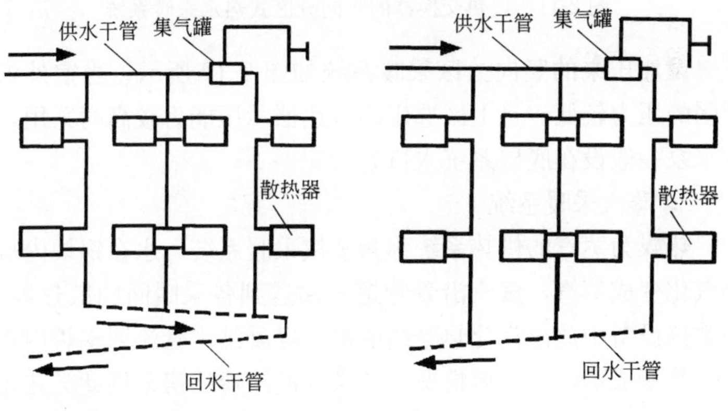

图 2-9 同程式采暖系统　　图 2-10 异程式采暖系统

(6) 高层建筑热水采暖系统通常采用不分区式和竖向分区式两种。不分区的热水采暖系统多采用钢串片式或平钢板式等承压能力较高的散热器。竖向分区式有设热交换器和设热加压泵两种形式。

设热交换器的竖向分区采暖系统如图 2-11 所示，通常选用散热器承压能力可以较低。其上区系统与室外供热管网隔绝式连接，下区系统与外网直接连接。

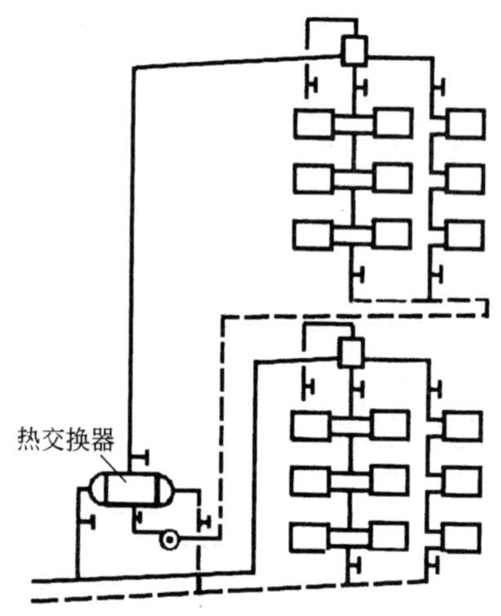

图 2-11　设热交换器的竖向分区式热水采暖系统

设加压泵的竖向分区采暖系统如图 2-12 所示，当室外供热管网的压力较低，且上区选用的散热器承压能力较高时采用，加压水泵一般设在底层系统入口处。

2. 蒸汽采暖系统

热媒为蒸汽的供热系统称为蒸汽采暖系统。水在锅炉内被加热汽化变成蒸汽，蒸汽沿着管道被输送到各采暖间的散热器中；在散热设备中放出汽化热凝结成水，经凝结水管流回锅炉内重新被加热变成蒸汽。一般情况下有条件的工业厂房采用此类热媒的供暖。

(1) 按压力不同，分为低压蒸汽采暖(蒸汽工作压力≤0.07MPa)和高压蒸汽采暖(蒸汽工作压力>0.07MPa)两种。

(2) 按凝结水回水方式不同，分为重力回水式蒸汽采暖系统(凝结水靠重力直接回到锅炉)和机械回水式蒸汽采暖系统(凝结水靠重力先流到锅炉房的凝结水箱，然后再用泵抽送至锅炉内)两种。

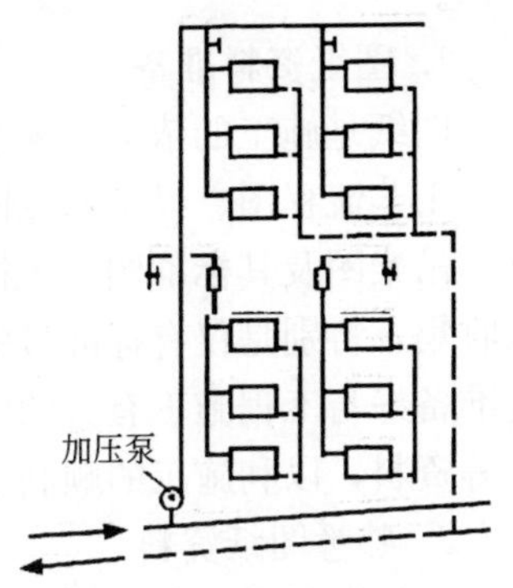

图 2-12 设加压泵的竖向分区式热水采暖系统

除此以外，蒸汽采暖系统也可分为单管式和双管式、上分式、中分式和下分式、同程式与异程式等，此处不再详述。

热水采暖常用于卫生条件要求较高的建筑，如医院、宾馆、住宅等。因为利用热水进行采暖时，室内温度平衡而使人感到舒适，且热水的温度可以根据室内气温进行调节，因而比蒸汽采暖节省 20%～30%的燃料；但散热器设置数量多，设备费用较大。同时，由于水能结冰，故热水采暖不宜用于需要间歇供热的场所。

蒸汽采暖具有初期投资少、热效率高、可利用工厂废汽作为热媒等优点，并适用于间歇供热的场所。但因散热器表面温度可高达 100～110℃左右，容易发生烫伤事故；室内空气干燥，使人有不舒服的感觉，且管道使用年限较热水采暖短。

2.2 采暖系统施工准备

施工准备的目的是为了给以后的施工创造良好条件，包括技术准备、材料准备和工机具准备。

2.2.1 技术准备

所谓技术准备是指施工单位在施工前，进行的技术性准备工作。

1. 图纸资料准备

图纸是施工的依据，采暖系统施工所需图纸主要有设计说明书、工艺流程图、设备布置图、管道布置图、管口方位图、管道支、吊架图及其标准图、大样图等。施工前应按设计组成进行图纸收集，特别是仅有标准号的图纸不得遗漏。收集图纸的同时还应准备好与工程施工有关的国家标准、规范、操作规程、安全规程等资料，以利施工的顺利进行。

2. 熟悉图纸资料

图纸资料准备齐全后，就应开始熟悉。熟悉图纸资料的过程和方法可按单张图纸和整套图纸的步骤方法进行。一般先看基本图和详图，有必要时，再熟悉土建图。在熟悉图纸阶段，应特别注意图纸是否有错误，与其他专业有无矛盾。若存在问题，应做好记录，以便图纸会审时向设计方质疑。

3. 施工图会审

在熟悉图纸的基础上，提请业主组织会审，以解决发现的矛盾和问题。图纸会审由设计院和土建、装饰等相关专业人员参加，确定解决办法，做好详细记录，由与会者签字，该记录属施工图的组成部分。图纸若有修改处，请设计单位出具修改通知书或修改图纸。

4. 技术交底

技术交底有由设计单位将工程的具体情况向施工单位交底和施工单位向下层层交底两类，有会议和现场两种形式。一般情况下，大工程先会议交底，在会议上交待不清楚之处，再进行现场交底。

5. 编制施工组织设计

施工组织设计是安装施工的组织方案，是施工企业实行科学管理的重要环节。其内容主要包括工程概况、施工方案、施工进度计划、需用计划、施工准备工作计划和施工平面规划图等内容。

2.2.2 材料准备

根据施工进度计划，提出材料计划，包括进场计划和采购计划等；组织材料采购和主要设备的定购。

材料进场后，应对其进行检验。其材质、规格、型号、数量、误差及外观缺陷等均应符合国家技术标准或设计要求，不合格的材料不得验收和使用。

2.2.3 工机具准备

检查现有施工机械的性能状况，并加强维修，不足时，加以补充。对于担负新工艺所需施工机械应提出采购计划，并报请有关部门批准。添置的工机具，检查有无合格证书和必要的检验手续。

2.3 室外采暖管道安装

室外供热管道的管材主要有焊接钢管、螺旋电焊钢管和无缝钢管。敷设方式有直埋敷设、地沟敷设和架空敷设三种。

2.3.1 直埋敷设

直埋敷设是将供热管道直接埋设于土壤中的一种方式。目前采用最多的结构型式为整体式预制保温管，即将采暖管道、保温层和保护外壳三者紧密地粘接在一起，形成一个整体，如图2-13所示。

预制保温管多采用硬质聚氨酯泡沫塑料作为保温材料，用高密度聚乙烯或玻璃钢作保温外壳，在工厂或现场制造均可。从国外引进的直埋保温预制结构均设有报警线，用于检测管道泄漏。报警线共有两根，一根是裸铜线，另一根是镀锌铜线。报警线和报警显示器相连，当热力管网中某段直埋管发生泄漏时，立即在报警显示器上显示出故障点。若无报警系统，也可采用超声检漏仪等设备进行检漏。在预制保温管的两端，留有约 200mm 长的裸露钢管，以便焊接连接。

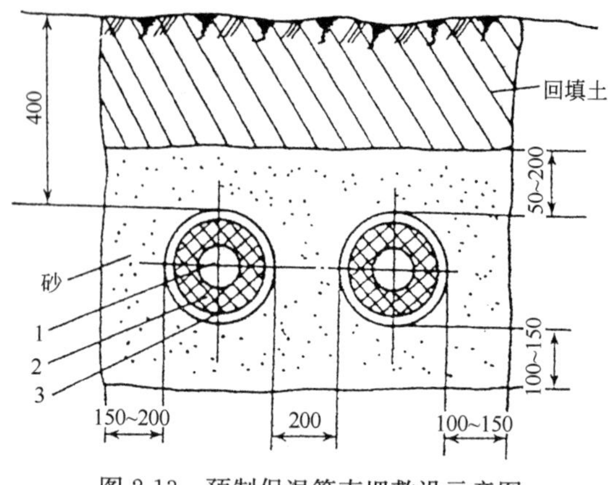

图 2-13 预制保温管直埋敷设示意图

1—钢管；2—保温层；3—保温外壳

2.3.1.1 施工工艺流程

管沟开挖→管道敷设→水压试验→接口保温→回填土夯实

2.3.1.2 施工工艺

1. 管沟开挖

根据设计图纸的位置，进行测量、打桩、放线、挖土、地沟垫层处理等。为便于管道安装，挖沟时将取出的土堆放在沟边侧，土堆底边应与沟边保持 0.6～1.0m 的距离，沟底要求是自然土壤(即坚实土壤)，如果是松土回填或沟底是砾石，要求找平夯实，以防止管道弯曲受力不均。

2. 管道敷设

(1) 管沟检查　管道下沟前，应检查沟底标高、沟宽尺寸是否符合设计要求，保温管应检查保温层是否有损伤，如局部有损伤时，应将损伤部位放在上面，并做好标记，便于统一修理。

(2) 下管　钢管应先在沟边进行分段焊接以减少固定焊口，每段长度一般在 25～35m 为宜。在保温管外面包一层塑料薄膜，同时在沟内管道的接口处，挖出工作坑，坑深为管底以下 200mm，坑内沟壁距保温管外壁不小于 500mm。吊管时，不得以绳索直接接触保温外壳，应用宽度为 150mm 的编织带托住管子。

常用下管方法如图 2-14 所示。若管径较小、重量较轻时，采用滚动下管、四角塔架下管、三角塔架下管、高凳下管和倒链下管等人工下管方法；管径较大、重量较重时，一般采用机械下管。

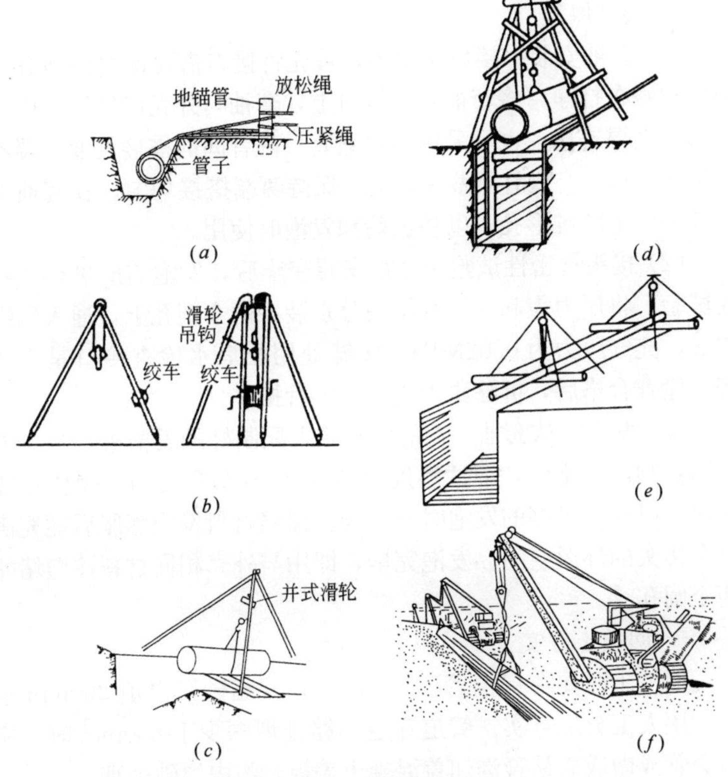

图 2-14 下管方法

(a)滚动下管；(b)四角塔架下管；(c)三角塔架下管；(d)高凳下管；(e)倒链下管；(f)机械下管

(3) 管子连接 管子就位后，清理管腔找平找直后进行焊接。有报警线的预制保温管，安装前应测试报警线的通断状况和电阻值，合格后再下管进行对口焊接。报警线应装在管道上方。若报警线受潮，应采取预热、烘烤等方式干燥。

(4) 管道配附件安装　阀门、配件、补偿器支架等，应在施工前按施工要求预先放在沟边沿线，并在试压前安装完毕。

3. 管道水压试验

管道水压试验，操作方法和步骤参见 2.9.3。

4. 接口保温

(1) 套袖安装　接口保温前，首先将接口需要保温的地方用钢刷和砂布打净，将套袖套在接口上，套袖与外壳保护管间用塑料热空气焊连接，也可采用热收缩套。两者间的搭接长度每端不小于 30mm，安装前须做好标记，保持两端搭接均匀。在套袖两端各钻一个圆锥形孔，以备试验和发泡时使用。

(2) 接头气密性试验　套袖安装完毕后，发泡前应进行气密性试验。将压力表和充气管接头分别装在两个圆孔上，通入压缩空气，充气压力为 0.02MPa。接缝处用肥皂水检查接口是否严密，检查合格后，拆除压力表和充气管接头。

(3) 发泡　从套袖一端的圆孔注入配制好的发泡液，另一端的圆孔则用作排气，灌注温度保持在 15～35℃之间；操作不能太快，以提供足够的发泡时间，确保保温材料发泡膨胀后能充满整个接头的环形空间。发泡完毕，即用与外壳相同材料注塑堵死两个圆孔。

5. 回填土夯实

回填土时要在保温管四周填 100mm 细砂，再填 300mm 素土，用人工分层夯实。管道穿越马路处埋深少于 800mm 时，应做套管或做成简易管沟加盖混凝土盖板，沟内填砂处理。

2.3.2　地沟敷设

根据地沟尺寸是否适于维修人员通行分为不通行、半通行和通行地沟。

不通行地沟结构型式如图 2-15 所示，适用于管道数量少、管径小的采暖系统敷设。

在半通行地沟内，操作人员可以进行管道检查并完成小型修理工作，但更换管道等大修工作仍需挖开地面进行，其结构型式如图 2-16 所示。

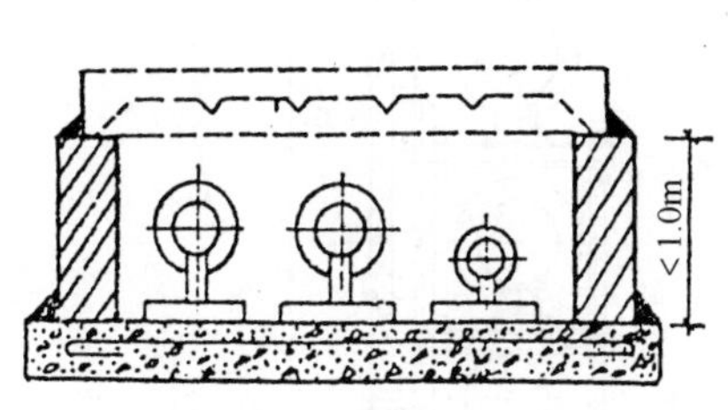

图 2-15 不通行地沟

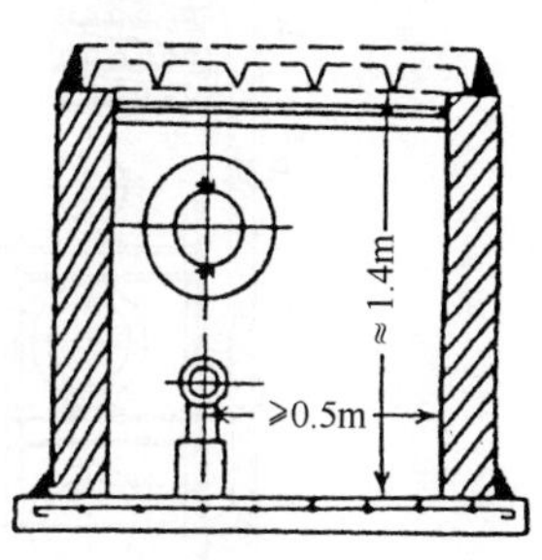

图 2-16 半通行地沟

当管道数量多，需要经常检修，或与主要管道、公路或铁路交叉，不允许开挖路面时采用通行地沟，其结构型式如图 2-17 所示。

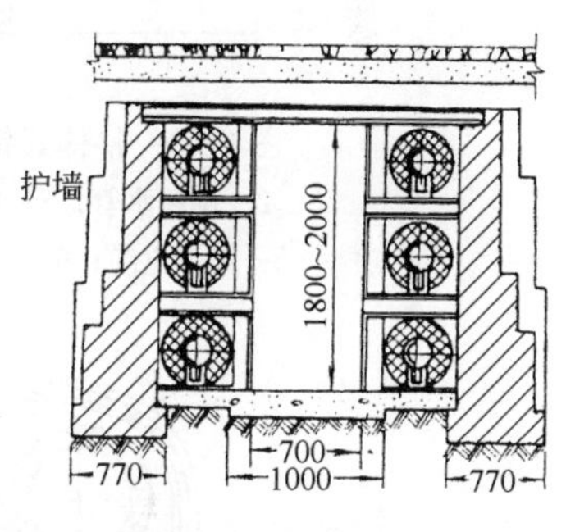

图 2-17 通行地沟

地沟的底板与盖板均为钢筋混凝土，沟壁用砖砌筑。也可采用整体式钢筋混凝土综合管沟(见图 2-18)和预制钢筋混凝土椭圆拱形地沟(见图 2-19)。

2.3.2.1 施工工艺流程

管沟砌筑 → 卡架安装 → 管道安装 → 水压试验 → 防腐保温 → 加地沟盖板

2.3.2.2 施工工艺

1. 管沟砌筑

依放线定位→挖土方→砌管沟的工序完成管沟砌筑。管沟敷设有关尺寸见表 2-1。各种地沟均应做到严密不透水，沟壁内表面应做防水水泥砂浆抹面。沟底应做不小于 0.02 的坡度，且与

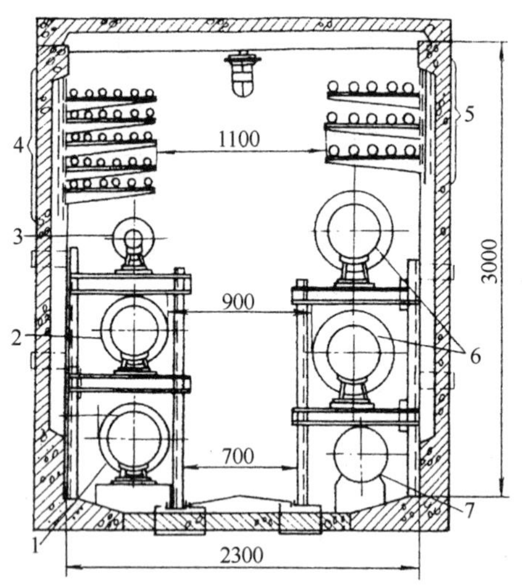

图 2-18　整体式钢筋混凝土综合管沟
1、2—供回水管；3—凝结水管；4—电话电缆；
5—动力电缆；6—采暖管道；7—自来水管

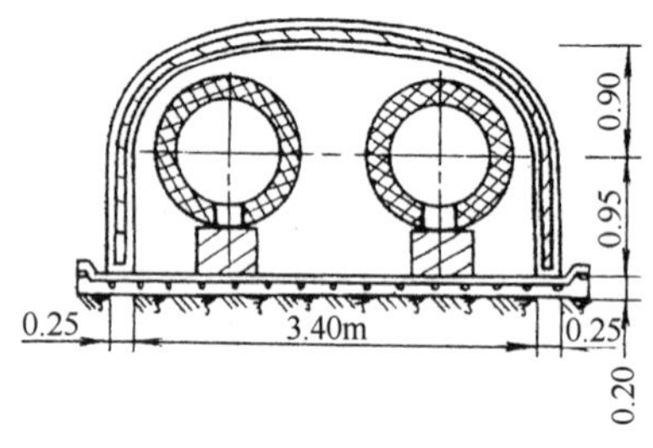

图 2-19　预制钢筋混凝土椭圆拱形管沟

管道坡度一致。如果地下水位高于沟底，则应在地沟外表面作沥青油毡防水层或在地沟底部铺设一层砂砾和排水管以降低地下水位。处理好后，应浇筑混凝土支墩，便于安装支架。

2. 地沟支、托、吊架安装

(1) 检查地沟的宽度、标高和沟底坡度，应与工艺要求一致。

管沟敷设有关尺寸(m) 表 2-1

地沟类型	管沟净高	人行通道宽	管道保温表面与沟墙净距	管道保温表面与沟顶净距	管道保温表面与沟底净距	管道保温表面间的净距
不通行地沟	—	—	≥0.1	≥0.05	≥0.04	≥0.2
半通行地沟	≥1.2	≥0.5	≥0.2	≥0.2	≥0.2	≥0.2
通行地沟	≥1.8	≥0.6	≥0.2	≥0.2	≥0.2	≥0.2

(2) 在砌筑好的地沟内壁上，先测出相对水平基准线，根据设计要求找好标高，拉上坡度线，按设计的支架间距在沟壁上定位，并打眼。

(3) 用水浇湿已打好的洞，灌入 1∶2 水泥砂浆，将预制好的刷完底漆的型钢支架栽进洞时，用碎砖或石块塞紧。

(4) 若支架一端固定在沟垫层上，则应在垫层施工时预埋铁件，将此端支架焊在铁件上。多根管道共同的支架，应按最小管径确定其最大的间距，坡度的坡向相同的管道可以共架，个别坡度不同的管子，可考虑用悬吊的方法安装。当给水管道和采暖管道同沟时，给水管可用支墩敷设于沟底。支架安装要平直牢固。

3. 管道安装

(1) 管道测绘　管道可根据各种情况先在沟边进行直线测量、排尺，以便下管前分段预制焊接和固定口的焊接。尽量减少沟内固定口的焊接。

(2) 下管　不通行地沟的管道少、管较小、重量轻，地沟及支架结构简单，可以由人力借助绳索直接下沟，落放在支架上，然后进行组对焊接；半通行地沟和通行地沟的构造比较复杂，管道多、直径大、支架数量多，下管时，可采用吊车、卷扬机、倒链等。同一地沟内有几层管道时，可按图 2-20 所示的方法安装，按从下至上的顺序完成。

(3) 管道焊接　管子上架后，经吹扫清除管内污物，再进行焊接。每根管道的对口、点焊、校正、焊接等应尽量采用转动

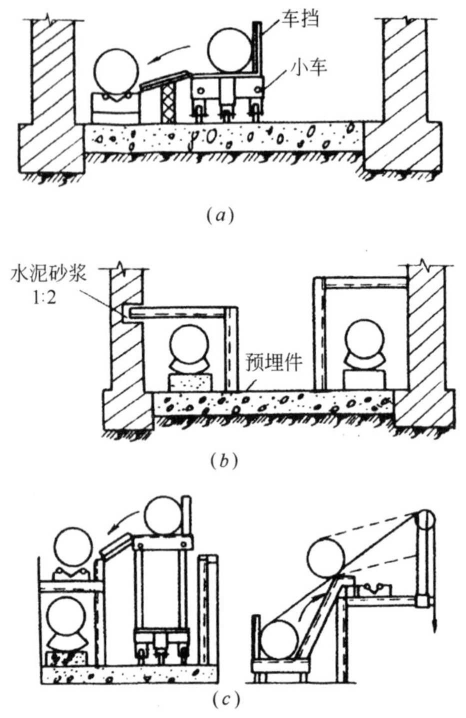

图 2-20　地沟采暖管道安装

(a)管道置于小车；(b)管道置于混凝土垫块；(c)管道上架

的活口焊接。

(4) 管道调整　使管子与管沟之间的距离以及两管中的间距能保证管子可以横向移动。在同一条管道两个固定支架之间的中心线应成直线，每 10m 偏差不应超过 5mm；整个管段在水平方向的偏差不应超过 50mm；垂直方向的偏差不应超过 10mm。管道安装时坐标、标高、坡度、甩口位置、变径等复核无误后，再把吊卡架螺栓紧好，最后焊牢固定处的止动板，管道与支架间不能有空隙，焊口不准放在支架上。

(5) 管道配附件安装　安装好各种阀门，遇有伸缩器时，应在预制时按规范要求做好预拉伸并做好记录，按设计位置安装。

4. 水压试验

试压操作方法步骤详见 2.9.3，办理隐检手续，把水泄净。

5. 防腐保温

应符合设计要求和施工规范规定，最后将管沟清理干净。

6. 加地沟盖板

防腐保温完成后应加盖地沟盖板。地沟盖板应做 0.01～0.02 的横向坡度，上面覆土层不小于 300mm，盖板间、盖板与沟壁间用水泥砂浆或热沥青封缝，防止地面水渗入。

2.3.3 架空敷设

架空敷设是在地面上或附墙支架上的敷设方式。它不受地下水位和土质的影响，便于运行管理，易于发现的消除故障，但占地面积较多，管道热损失大，影响城市美观。

架空敷设多采用如图 2-21 所示的独立支架，分为低、中、高三种。低支架设立在不妨碍交通和厂区、街道扩建的地段；中支架设立在人行频繁和非机动车辆通行地段；高支架在跨越公路、铁路或其他障碍物时采用。为了加大支架间距，有时也采用一些辅助结构，如在相邻的支架间附加纵梁、桁架、悬索、梳缆等，构成组合式支架，其中梁式和桁架式适合于较大管径，悬索式和梳缆式适合于较小的管径(见图 2-22)。

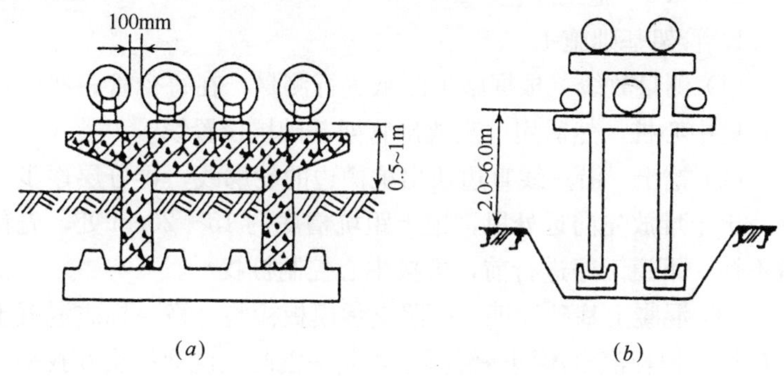

图 2-21 独立支架

(a)低支架；(b)中、高支架

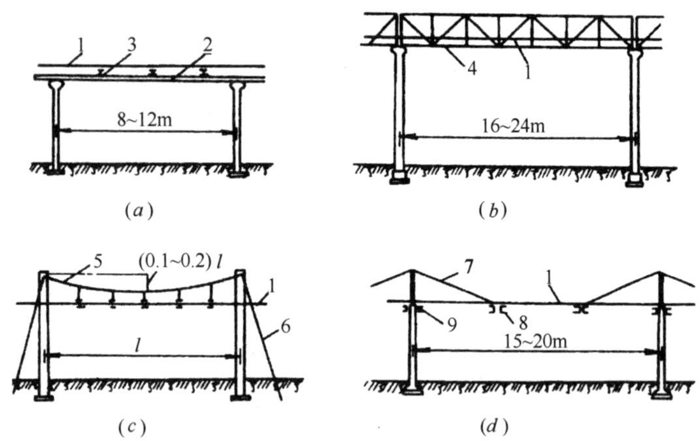

图 2-22　组合支架

(a)梁式；(b)衍架式；(c)悬索式；(d)桅缆式

1—管道；2—纵梁；3—横梁；4—衍架；5—钢索；

6—钢拉杆；7—斜拉杆；8—吊架；9—支架

2.3.3.1　施工工艺流程

管架基础施工→管架制作→管架安装→管道安装→水压试验→防腐保温

2.3.3.2　施工工艺

1. 管架基础施工

(1) 测量放线　根据施工图纸进行测量，在每个管、架位置上打进中心桩，然后用白灰放出管架基础坑位置线。

(2) 挖土　沿灰线直边切出坑槽边的轮廓线，再分层逐步开挖。出土堆放先向远处甩，挖土距坑槽底约 15～20cm 处，先预留不挖，下道工序进行前，再按中心控制桩找平。

(3) 混凝土基础施工　按照支承模板检验合格→标志混凝土上皮线→模板浇水湿润→混凝土拌制→混凝土浇灌捣实并找平→养护的流程进行，与土建各个工序和工种要密切配合。基础施工时要注意预留孔洞和预埋铁件的施工。若为预埋地脚螺栓，要注意找直、找正，并注意保护丝扣。

2. 管架制作

(1) 放样　根据设计图纸编制加工草图，按程序进行放样。放样前，将钢平台清理干净，校核划线工具，注意留出焊接收缩量和切割加工余量。然后进行号料。号料时，注意合理排版，节约使用钢材。

(2) 切割　先对切割区域的钢材表面进行除锈和油污清除，再进行切割。切口上不允许有裂纹、夹层和大于 1.0mm 的缺陷。

(3) 组对焊接　焊接时，根据管架具体结构型式，采取反变形法、刚性固定法、临时固定法、焊接工艺控制变形法等手段，尽量减小焊接变形。焊后须进行检查、复核，有偏差时可以使用火焰加热矫正、纠偏。

3. 管架安装

(1) 管架运输　将预制好的并标有中心标记的管架运至施工现场，按序号放置在基础边。

(2) 管架就位调整　管架基础达到强度后，根据管架的外形尺寸、重量，采用吊车、卷扬机、三木搭等方法将管架立起，在基础上就位。并随时找正、找直，用事先准备好的楔铁进行调整。

(3) 管架固定　管架一般用预埋铁件或地脚螺栓固定。如果采用预埋铁件固定，要严格保证焊接质量；若用地脚螺栓进行连接时，要从四个方向，对称、均匀地拧紧。只有在管架固定牢固后，方允许离开吊杆或临时支撑物。

4. 管道安装

(1) 管架检查和管段组装　在地面进行管道和管件的组装，长度以便于吊装为宜。管道上架前，应对管架的垂直度、标高进行检查。

(2) 脚手架搭设　高空作业的管架旁应搭设脚手架。其高度以低于管道标高 1m 为宜，脚手架的宽度为 1m 左右，考虑到高空保温作业，可适当加宽以便于堆料。

(3) 管道吊装　管道吊装如图2-23所示，采用机械或人工起吊均可。管道在吊装过程中，一方面要防止绳索在起重中脱扣或松结，另一方面又要在起吊后容易解开绳扣。绳索绑扎位置要使管子少受弯曲。绑扎管道的绳索吊点位置，应使管道不产生弯曲为宜。一般先吊装有阀门、三通和弯管的预组装管段，使三通阀门、弯管中心线处于设计位置上，从而使整体管道定位。已吊装尚未连接的管段，要用支架上的卡子固定好，避免管段从支架上滚落。

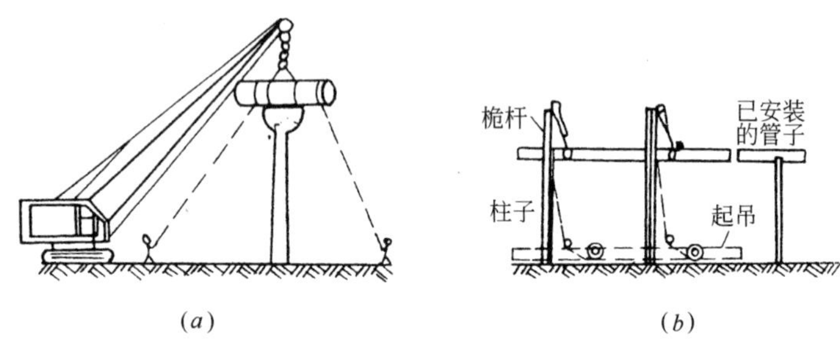

图2-23　架空管道吊装
(a)机械吊装；(b)桅杆吊装

(3) 管道对口　管道对口时，要防止在接口处塌腰。为此，可在接口处临时设置搭接板，用以辅助对口。管子直径低于300mm时，采用弧形托板；其余情况下，可在一根管端点焊角钢搭接板，如图2-24所示。

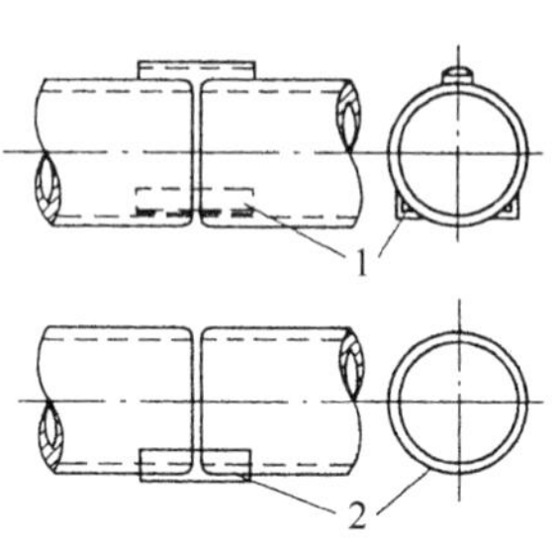

图2-24　管子对口搭接板
1—搭接板；2—弧形托板

(4) 管道连接　采用丝扣连接的管道，吊装后随即连接；采用焊接连接时，应在管道全部吊装完毕后再进行，焊缝不许设在托架和支座上，管道间的连接焊缝与支架间的距离应大于150～200mm。

(5) 管道配附件安装 按设计和施工规范规定位置，分别安装阀门、集气罐、补偿器等附属设备并与管道连接好。

(6) 管道调整 管道安装完毕，要用水平尺在每段管上进行一次复核，找正调直，使管道在一条直线上。摆正或安装好管道穿结构处的套管，填堵管洞，预留口处应加好临时管堵。

5. 水压试验

按设计或规范要求的压力进行试压冲洗，操作方法和步骤参见2.9.3，合格后办理验收手续，并把水泄净。

6. 管道防腐保温

按设计要求和施工规范规定完成管道防腐保温，注意做好保温层外的防雨、防潮等保护措施。

2.3.4 热力管道入口做法

热力管道入口是室外热力管网与室内采暖系统的连接处，其基本功能是接通(或切断)热媒，以及减压、观测热媒参数等。不同的热媒，其管道入口的功能略有差异。

热水采暖系统入口主要是接受室外管网提供的热水，通过调节和控制，使进入建筑内部采暖系统的热水有合适的压力和流量；同时，经过室内散热后的回水又在热力入口处得到过滤，使室外管网的水质不被污染；当建筑内部系统尚未完成时，仍可通过热力入口的装置，使热网的管路相通，不会因此而冻管。

低压蒸汽采暖系统的热力入口主要是接收室外管网送来的蒸汽，排除管道沿途的凝结水，将蒸汽通往室内，又将室内汇集来的凝结水排入热力外线的回水干管。

高压蒸汽采暖系统热力入口除有低压蒸汽采暖系统热力入口的作用外，还配有减压装置起降压作用。

热力管道的入口一般设在地下室，如果设在室外地沟可以局部加宽，并且在上方设置检查、操作时进出的人孔加盖，人孔进入地沟应偏于沟的一侧，应配合土建设置爬梯，便于维修和操作人员上下。

热力入口的小室往往是室内采暖管道的最低点，小室内的集水井是集水和排水的重要设施。

2.3.4.1　施工工艺流程

量尺定位→组合安装→冲洗和试压→保温

2.3.4.2　施工工艺

1. 量尺定位

根据管道甩头及设计标高，用尺量出支架、托架、支撑的安装标高，确定减压阀、疏水器、除污器附件的安装位置，并做好标记。

2. 组合安装

(1) 阀门试验　安装在热力入口干管上的阀门均应在安装前

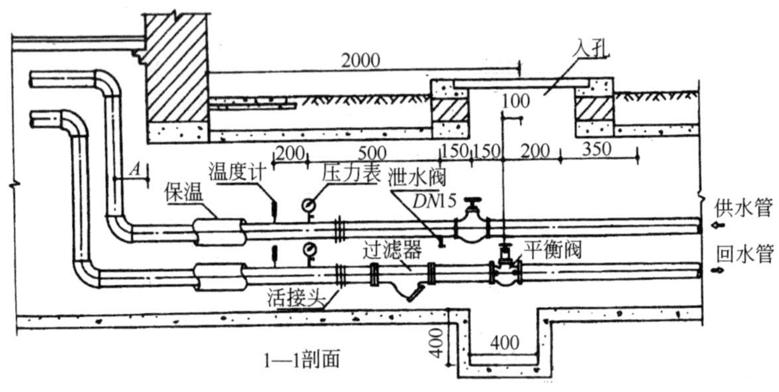

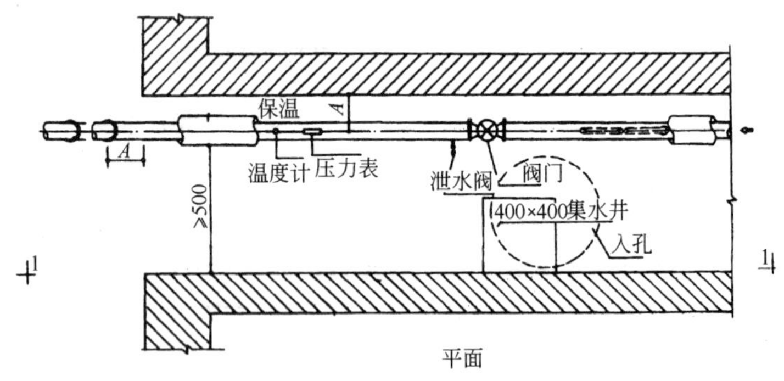

图 2-25　热水采暖系统入口布置图

进行水压试验，以保证强度和严密程度均满足要求。

(2) 热力入口装置组装　热力入口的设备和管道需按实际规格尺寸进行排定。若设计无规定时，热水采暖系统、低压蒸汽系统和高压蒸汽采暖系统可分别按图 2-25、图 2-26 和图 2-27 进行施工。相应安装尺寸分别见表 2-2、表 2-3 和表 2-4。

热水采暖系统热力入口安装尺寸表(mm)　　**表 2-2**

DN	25	32	40	50	65	80	100	125	150
保温 *A*	150	150	150	180	180	200	200	220	240
不保温 *A*	100	100	120	120	140	140	160	170	180

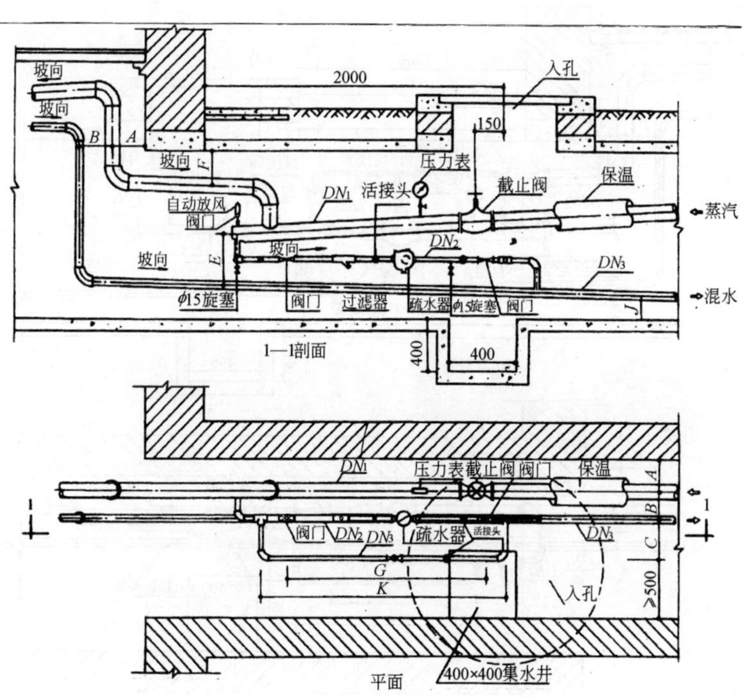

图 2-26　低压蒸汽采暖系统入口布置图

低压蒸汽采暖系统热力入口安装尺寸表(mm)　表 2-3

DN_1	20～40	50～65	80～100	125～150
A	150	180	200	240
B	200	230	260	300
C	220	240	260	300
E	≥250	≥250	≥250	≥250
F	150	180	200	240
G	740	900	1000	1300
J	>150	>180	>200	>220
K	860	1050	1200	1500

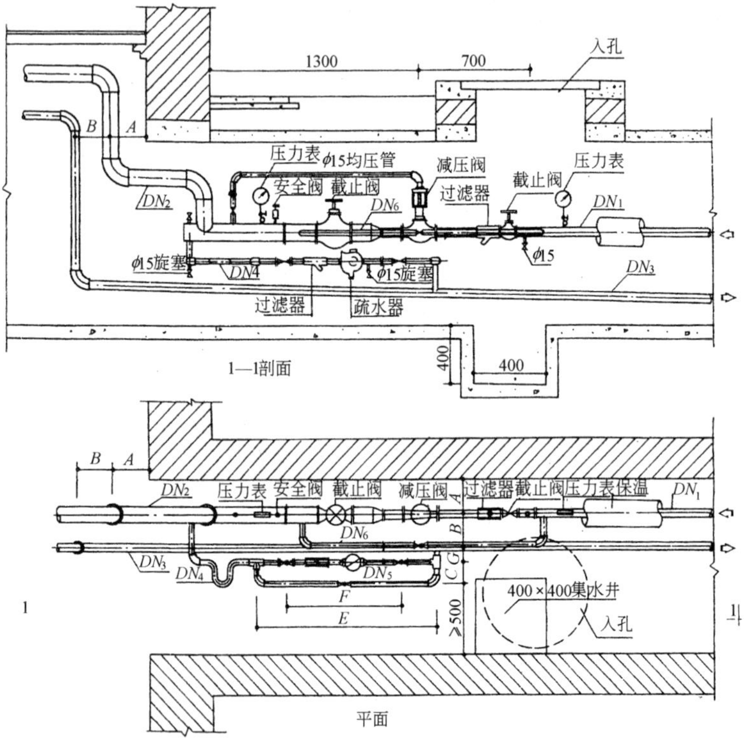

1—1剖面

平面

图 2-27　高压蒸汽采暖系统热力入口布置图

高压蒸汽采暖系统热力入口安装尺寸表(mm) **表 2-4**

DN_2	50～80	100～150	200	250～300
A	180	220	280	320
B	150	200	250	300
C	220	240	260	300
E	950	1100	1300	1500
F	830	960	1100	1200
G	200	250	250	300

3. 冲洗和试压

(1) 冲洗　室内采暖系统的管道冲洗一般以热力入口处作为冲洗的排水口，具体排水部位应是尚未与室外管网相连的干管头，而不宜采用泄水阀作排水口。

(2) 试压　热力入口装置应与室内采暖系统一起进行系统总水压试验。

4. 保温

除减压阀、疏水器、除污器、安全阀、压力表、温度计外，其余构件及管道均应按设计要求进行保温。

2.4 补偿器安装

在直线管段上，如果两固定支架间管道的热膨胀受到限制，将会产生极大的热应力，使管子受到损坏。因此必须改置管道补偿器，减小热应力，确保管子伸缩自由。常用的补偿器有方形补偿器、套筒补偿器和波纹补偿器等。

2.4.1 方形补偿器安装

方形补偿器由管子加工而成，加工的方法通常是煨制。尺寸较小的方形补偿器可以用一根管煨成，大尺寸的可用两根或三根管子煨制后焊成。补偿器作用时，基体表面受力最大，因而要求顶部用一根管子煨成，顶部不准有焊接口存在。

2.4.1.1　施工工艺流程

方形补偿器检查→方形补偿器布置→方形补偿器预拉伸→检查

2.4.1.2　施工工艺

1. 方形补偿器检查

对预制的补偿器进行复核，检查其型号、几何尺寸、焊缝位置是否符合规范要求，其四个弯曲角应在一个平面上，不得扭曲。

2. 方形补偿器布置

方形补偿器有架空设置，更多的是设置在地沟中(室外管道)，如图2-28所示。要求在补偿器的位置上，无论是单侧布管还是双侧布管，仍应保持地沟的通行程度。

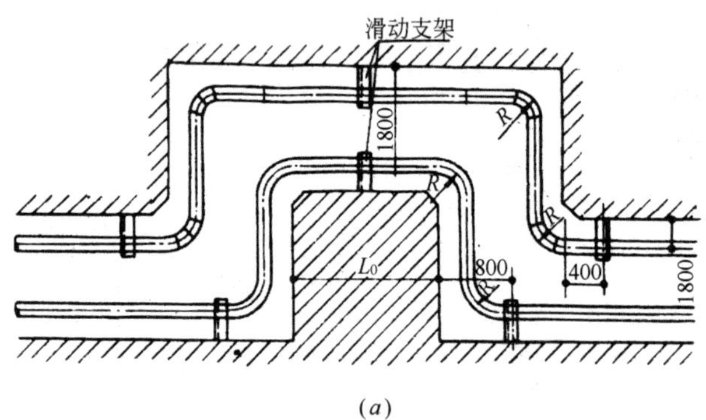

(*a*)

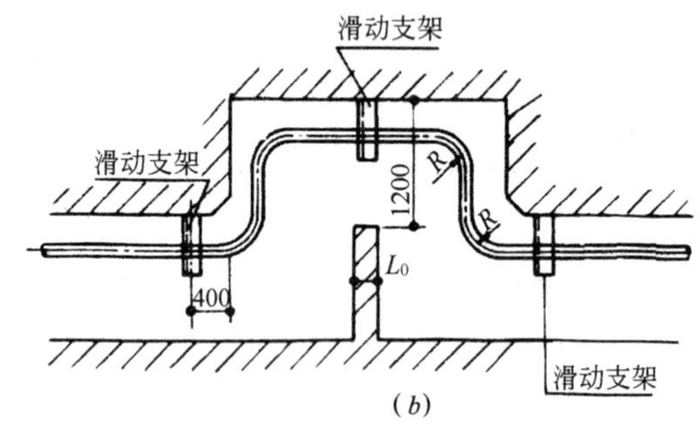

(*b*)

图2-28　地沟中补偿器布置形式图

(*a*)双侧上下布管；(*b*)单侧上下布管

3. 方形补偿器预拉伸

为了减少热应力和提高补偿能力，必须对补偿器进行预拉伸。预拉伸按下列步骤进行：

(1) 补偿器就位　将补偿器两端固定支架的焊缝焊牢。补偿器运到安装位置，并在其端部安装活动支架和弹簧支架，在两个短臂处用临时支撑将补偿器托平。

(2) 预拉伸焊口确定　如图 2-29 所示，预拉伸的焊口应选在距补偿器弯曲起点 2～3m 处为宜，并对好预拉焊口处的间距，此间距应等于预拉伸长度。

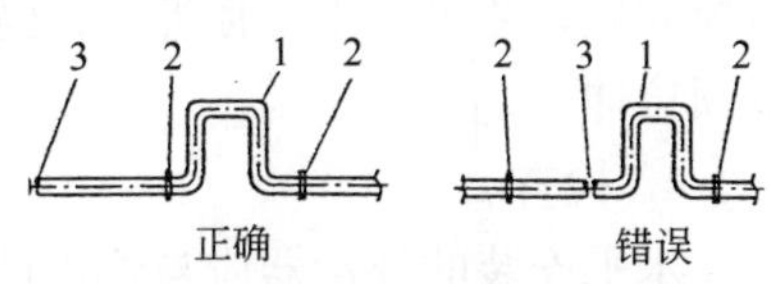

图 2-29　方形补偿器冷拉口位置

1—补偿器；2—焊口；3—冷拉口

(3) 预拉伸　采用拉紧法和顶伸法进行操作。

1) 拉紧法采用图 2-30 所示的拉管器进行。拉紧时，将一块厚度等于预拉伸量的木块或木垫圈夹在冷拉接口间隙内，再在接口两侧和管壁上分别焊上挡环，然后将拉管器的法兰管卡卡在挡环上，在法兰管卡孔内穿入加长双头螺栓，用螺母上紧，并将木垫板夹紧，待管道上其他部件全部安装好后，把冷拉口中的木垫拿掉，收紧拉管器螺栓，拉开伸缩器直到管子接口对齐，并将两对管口点焊好，即可拆除拉管器。

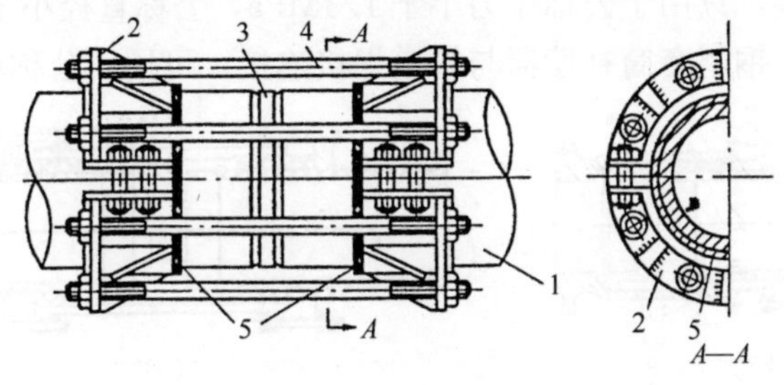

图 2-30　拉管器

1—管子；2—对开卡箍；3—木垫板；4—双头螺栓；5—挡环

2) 顶伸法采用千斤顶或如图 2-31 所示的顶开装置进行拉

伸。采用千斤顶时，将千斤顶横放在补偿器的两臂间，加好支撑及垫块，然后启动千斤顶，这时两臂即被撑开，使预拉焊口靠拢至要求的间隙。焊口找正，对平管口用电焊将此焊口焊好，只有当两侧预拉焊口焊完后，才可将千斤顶拆除，结束预拉伸。

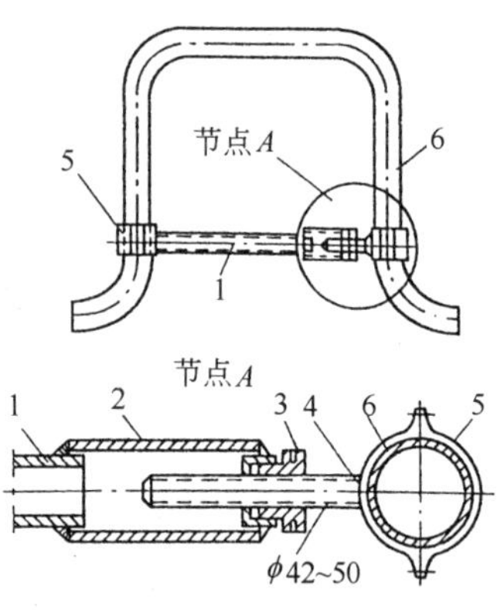

图 2-31　方形补偿器顶开装置

1—拉杆；2—短管；3—调节螺母；4—螺杆；5—卡箍；6—补偿器

4. 检查

水平安装的补偿器应与管道坡度、坡向一致。垂直安装的补偿器，高点处应设放风阀，低点处应设疏水器。

2.4.2　套筒补偿器安装

套筒补偿器依靠插管与套管间自由伸缩来补偿直管段由于热胀冷缩造成的长度变化。其补偿能力较大，占地小，安装简单。主要用于安装方形补偿器时空间不够的场合。但易漏水，需要经常检修更换填料，因此在遇水能发生危险的场合以及埋地敷设的管道上，不能安装这类补偿器。

套筒补偿器有按材质分为铸铁和钢制两种。铸铁式用法兰与管道连接，只用于公称压力小于1.3MPa，公称直径小于300mm的管道。钢制套筒补偿器与管道焊接连接，可用于公称压力小于

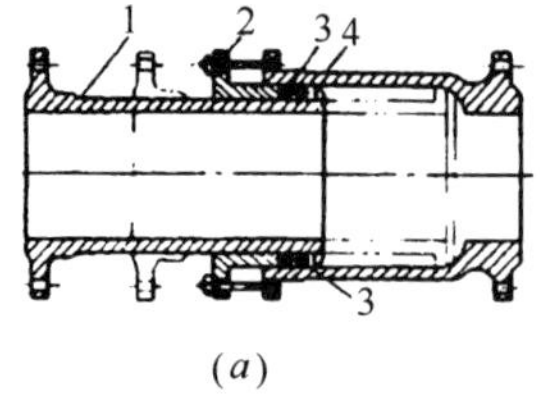

(a)

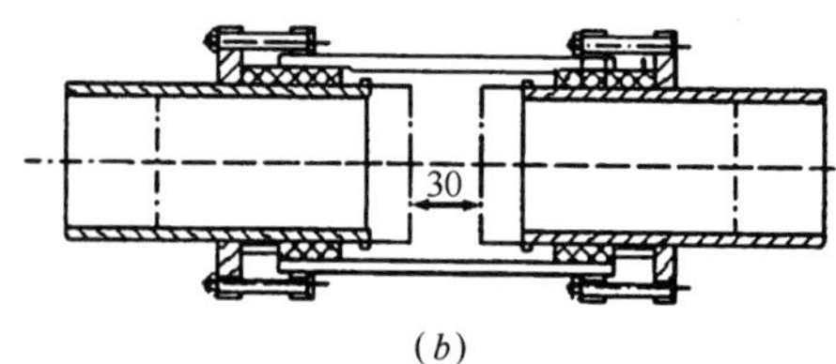

(b)

图 2-32　套筒补偿器

(a)单向式；(b)双向式

1—插管(芯管)；2—压盖；3—填料；4—套管

1.6MPa 管道，按补偿方向分为单向和双向两种，如图 2-32 所示。单向补偿器安装在固定支架旁边的平直管段上，双向伸缩器应安装在两固定支架中间。

2.4.2.1 施工工艺流程

套筒补偿器检查 → 确定安装长度 → 补偿器调整 → 补偿器安装

2.4.2.2 施工工艺

1. 套筒补偿器检查

(1) 填料情况检查　对出厂时间较长的补偿器，安装前应拆卸检查填料情况，填料石棉绳应涂有石墨粉，并逐圈装入，逐圈压紧，各圈接口应错开。石棉绳的厚度应不小于补偿器外壳与插管之间的间隙。上好填料后，在补偿器的摩擦部分涂上机油，非摩擦部分涂上防锈漆。

(2) 压力试验　按厂家给定或由设计指定的压力对补偿器进行试验。试验时套管的两根主管段不得相顶，应留出一定的伸缩余量。当达到试验压力后 3～5min 不渗不漏为合格。

2. 确定安装长度

安装长度在设计上应予规定，但应考虑安装时的环境温度，计算安装温度与最低温度之间因温度变化产生的伸缩余量 S。伸缩余量如图 2-33 所示，计算公式如下：

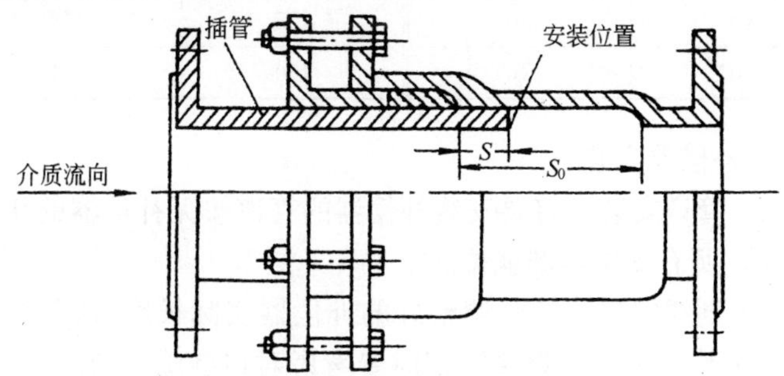

图 2-33　套筒补偿伸缩余量示意图

$$S=S_0\,\frac{t_1-t_0}{t_2-t_0}$$

式中　S——插管与外壳挡圈间的安装剩余收缩量(mm)；

S_0——套筒补偿器的最大补偿量(mm)；

t_0——安装时环境温度(℃)；

t_1——室外最低计算温度(℃)；

t_2——介质的最高温度(℃)。

实际安装长度应按如下公式计算：

$$L=L_0+(S_0-S)$$

式中　L——实际管道长度(mm)；

L_0——将插管插入到预头的套筒补偿器的总长(mm)。

3. 补偿器调整

按计算出的安装长度调整补偿器。若设计无规定时，可按表2-5实施。预拉伸时，先将补偿器的填料压盖松开，将内套管拉出预拉伸的长度，然后再将填料压盖紧住。

套筒补偿器的预拉长度(mm)　　**表2-5**

伸缩器规格	拉出长度	伸缩器规格	拉出长度
15	20	65	56
20	20	75	56
25	30	80	59
32	30	100	59
40	40	125	59
50	40	150	63

4. 补偿器安装

(1) 管道安装　将要安装补偿器的管道按无补偿器的状况先安装好，所有支架全部就位。

(2) 划线定位　按照调整好的补偿器实际长度(法兰连接时要考虑垫片的厚度，焊接连接时要考虑对口缝隙)，在管道上划线、定位，注意补偿器的插管段应安装在介质的流入端。按画线切割管道，注意做好悬臂管段的临时支撑。

(3) 补偿器连接　法兰安装时，将补偿器的配套法兰套在管道上，把调整好的补偿器临时与配套法兰相连，调整法兰的位置和角度，将管道与法兰点焊上，卸下补偿器，焊接法兰，垫上垫片，将补偿器与配套法兰连接起来，对角顺序拧紧螺栓。焊接安装时，将调整好的补偿器置于临时支架上，找平找正，使补偿器与管道同轴，并使补偿器两侧的焊缝间隙均匀，进行点焊，检查合格后进行焊接。

2.4.3 波形补偿器安装

波形补偿器是靠波形管壁的弹性变形来吸收热胀或冷缩，按波形的不同分为一波、二波、三波和四波，结构如图 2-34 所示，由波节和内衬套筒组成，内衬套筒一端与波壁焊接，另一端可以自由移动。

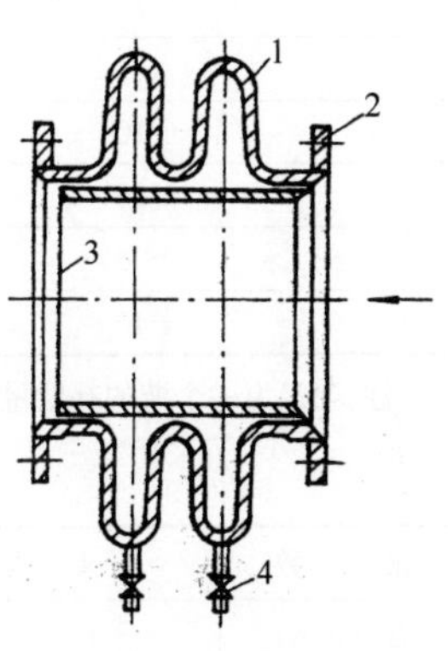

图 2-34 波形补偿器
1—波节；2—两端法兰；3—内衬套筒；4—排水阀

采暖管道上波形补偿器一般用 3～4mm 厚的钢板制成，其优点是结构紧凑，只发生轴向变形，与方形补偿器相比占据空间小。缺点是制造比较困难，补偿能力小，通常只用于管径较大（300mm 以上）、工作压力较低的场合。

2.4.3.1 施工工艺流程

波形补偿器检查 → 波形补偿器调整 → 波形补偿器安装 → 清洗与试压

2.4.3.2 施工工艺

1. 波形补偿器检查

做好进场验收，核对补偿器型号、规格、承压能力、波数等技术参数，进行外观检查，了解波纹补偿器的预拉伸情况。

2. 波形补偿器调整

(1) 拉伸量或收缩量确定　采用零点法进行，即根据补偿零点温度和安装环境温度的高低来决定。补偿零点温度是管道设计考虑达到最高介质温度和最低温度的中点，安装时环境温度高于补偿零点时应预压缩，低于零点温度时应拉伸。拉伸和压缩量见

表 2-6，波形补偿能力见表 2-7。

安装波形补偿器的拉伸或压缩量　　表 2-6

安装时环境温度与补偿零点间温差(℃)	拉伸量(mm)	压缩量(mm)
−40	0.5ΔL	
−30	0.375ΔL	
−20	0.25ΔL	
−10	0.125ΔL	
0	0	
+10		0.125ΔL
+20		0.25ΔL
+30		0.375ΔL
+40		0.5ΔL

注：ΔL 为一个波的补偿量。

波形补偿器的补偿量　　表 2-7

波　数	1	2	3	4
ΔL(mm)	10	25	45	60

(2) 补偿器安装长度调整　一般在平台或平地上进行，调整装置如图 2-35 所示。作用力应分 2～3 次逐渐增大，尽量保证波节的四周受力均匀。拉伸或压缩量的偏差应小于 5mm，当拉伸或压缩达到要求数值时，应立即用临时支撑固定，临时支撑应在

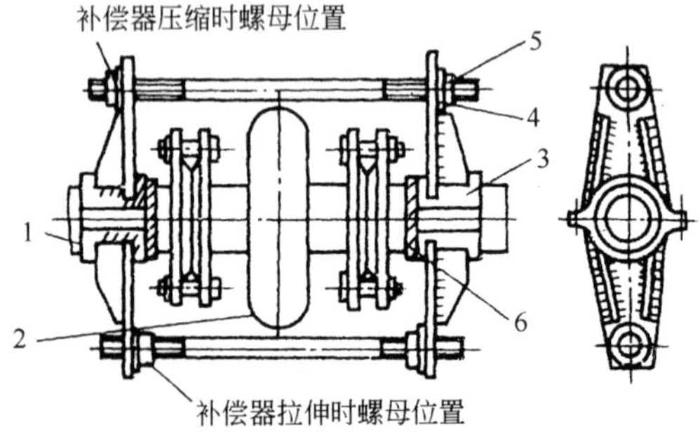

图 2-35　波纹补偿器拉伸(压缩)装置

1—管子；2—补偿器；3—法兰组；4—拉杆；5—螺母；6—挡环

管道的固定支架安装好后才能拆除。

3. 波形补偿器安装

波形补偿器安装如图 2-36 所示，有顺序施工和预留间距装配两种方法。

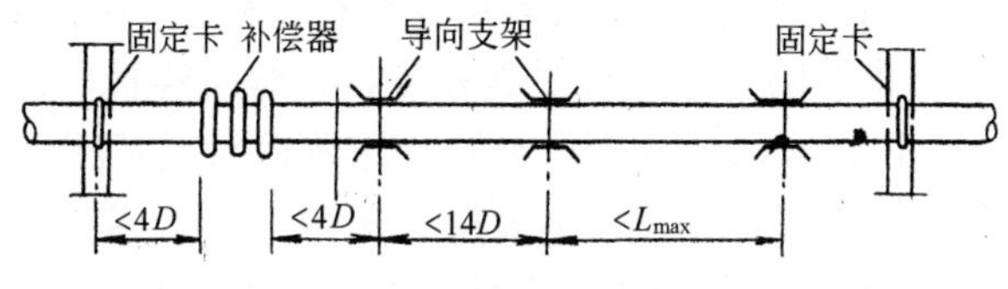

图 2-36 波形补偿器安装示意

(1) 管道安装 将要安装补偿器的管道按无补偿器的状况先安装好，所有支架全部就位。

(2) 划线定位 丈量已准备好的波形补偿器的全长；在管道上画出补偿器定位中线，按补偿器长度画出补偿器的边线。依画线切割管道，让出补偿器位置。

(3) 补偿器连接 在管道两端各焊一片法兰盘，焊接时要求法兰垂直于管道中心线，法兰与补偿器表面相互平行，加垫后衬垫受力均匀。补偿器应严格按照管道中心线安装，不得偏斜，以免受压时损坏。装有内衬套的补偿器，在外筒体上有介质流向标志，安装方向应与介质流向一致，不得装反。安装时要采取措施保护补偿器，严防外来物体撞击波纹管。在焊接或用火焰切割管子时，应用石棉布或其他不燃物质保护波纹管。不允许焊接飞溅物掉在波纹管上，不能在波纹管上引弧，焊接地线不能搭在波纹管上。吊装时，不得将吊索绑扎在波节上。安装完毕后，应清除各活动部件间可能存在的异物。

4. 清洗与试压

补偿器的清洗、试压可与管道一块进行。清洗时要防止污物进入波纹管，当进行管道分段试压时，应对末端管架和补偿器予以加固。

2.5 室内采暖管道安装

室内采暖管道以入口阀门或建筑物外墙皮1.5m为界。使用管材主要是钢管，也有采用铝塑复合管和塑料管(用于低温地板辐射采暖)。钢管的连接主要是丝扣连接、焊接连接和法兰连接三种，管径小于32mm热水采暖和低压蒸汽管道可采用螺纹连接；管径大于32mm的宜采用焊接或法兰连接。铝塑复合管采用专用接头连接，塑料管采用热熔或电熔连接。采暖系统管道为闭路循环管路，为了能顺利排除系统中的空气和收回采暖回水，采暖系统的坡向和坡度必须严格按设计施工。不同热媒的采暖系统有不同的坡向和坡度要求，在安装水平干管时，绝对不许装成倒坡。室内管道要求做到横平、竖直、规格统一、外观整齐，不能影响室内的美观。

2.5.1 干管安装

室内采暖系统中，供热干管是指供热管与回水管与数根采暖立管相连接的水平管道部分，有供热干管(或蒸汽干管)及回水干管(或凝结水管)两类。当供热干管安装在地沟、管廊、设备层、屋顶内时，应做保温层；而明装于顶层板下和地面时可不做保温。

不同位置的采暖干管安装时机不同：位于地沟的干管，在已砌筑完清理好的地沟、未盖沟盖板前进行；位于顶层的干管，在结构封顶后安装；位于天棚内的干管，应在封闭前进行；位于楼板下的干管，在楼板安装后进行。

2.5.1.1 施工工艺流程

画线定位→支吊架安装→管段加工预制→管道安装→试压

2.5.1.2 施工工艺

1. 画线定位

根据施工图所要求的干管走向、位置、标高和坡度，检查预留孔洞，挂通线弹出管子安装的坡度线；取管沟标高作为管道坡度线的基准，以便于管道支架的制作和安装。挂通线时如干管过长，挂线不能保证平直度时，中间应加铁钎支承，以保证弹画坡度线符合要求。

2. 支吊架安装

根据管道坡度确定好支架位置后，将已预制好的支架用1∶3水泥砂浆固定在墙上或焊在预埋的铁件上。

3. 管段加工预制

(1) 划线下料　首先绘制施工草图，再按施工草图上标明的实际尺寸，划分出加工管段，分段下料、加工，按环路分组编号，码放整齐。若需焊接，应加工好坡口。

(2) 变径管加工　变径管用于热水管和蒸汽管时，应加工成偏心大小头，安装时分别为上直或下直；用于凝结水管或回水管一般加工成同心大小头。安装时，大小头的中心线处于同一轴线上，如图 2-37 所示。

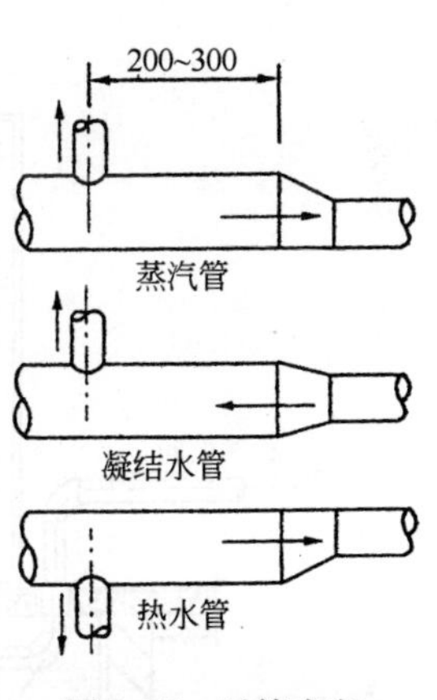

图 2-37　干管变径

(3) 羊角弯加工　制作羊角弯时，应煨两个 75°左右的弯头，在连接处锯出坡口，主管锯成鸭嘴形，拼好后首先点焊，找平、找正、找直后，再施焊。羊角弯接合部位的口径必须与主管口径相等，其弯曲半径应为管径的 2.5 倍左右。

4. 干管就位安装

(1) 检查　管道就位前进行检查、调直、除锈、刷底漆。检查组合管段各部件组装的位置是否与施工草图一致，组装后的管段是否在一条直线上，管端面是否与管子轴线相垂直，应有坡口的管端其坡口质量是否达到要求；检查支架安装位置及强度是否符合设计要求。

(2) 就位　用人工或机械将组装合格的管道部件依次放置在

支架上并做临时固定，依所用支吊架型式不同，操作方法有所不同。干管若为吊卡型式，安装管子前，先把吊棍按坡向、顺序依次穿在型钢上，吊环按间距位置套在管上，再把管抬起穿上螺栓拧上螺母，将管固定。安装托架上的管道时，先将管就位在托架上，在第一节管上装好U形卡，然后安装第二节管，以后各节管均照此进行，紧固好螺栓。

（3）管道连接　干管连接应从进户或分支管路开始，连接前应检查管内有无杂物。

1）管道在地上明设时，可在底层地面上沿墙敷设，过门时设地沟或绕行，如图2-38所示。

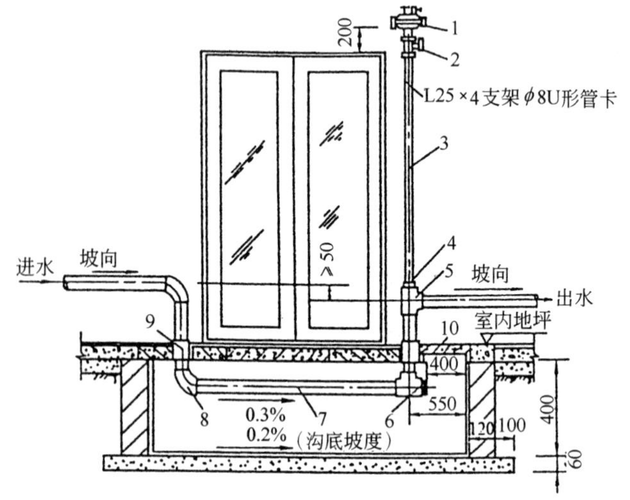

图2-38　采暖管道过门处理示意图

1—排气阀；2—闸板阀；3—空气管；4—补芯；5—三通；6—丝堵；7—回水管；8—弯头；9—套管；10—盖板

2）干管过墙安装分路时，应按图2-39所示的方法进行。

3）干管与分支干管连接时，应避免使用T形连接，否则，当干管伸缩时有可能将直径较小的分支干管连接焊口拉断，正确的连接如图2-40所示。当干管与分支干管处在同一平面上的水

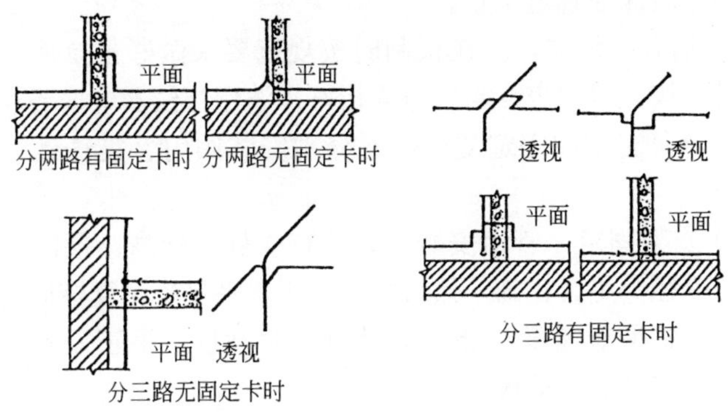

图 2-39 干管过墙安装分路作法

平连接时，其水平分支干管应用羊角弯管及弯管连接。当分支干管与干管有高差时，分支干管应用弯管从干管上部或下部接出。

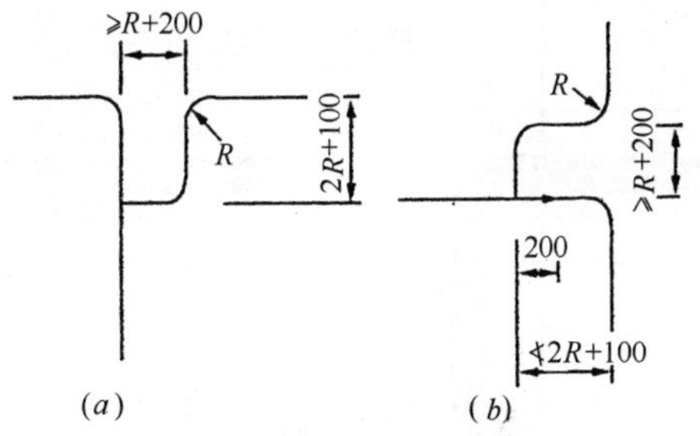

图 2-40 干管与分支干管连接

(a)水平连接；(b)垂直连接

4）管道螺纹连接时，在丝头处涂好铅油缠好麻，一人在末端扶平管道，另一人在接口处将管相对固定。对准丝扣，慢慢转动入扣，用一把管钳咬住前节管件，用另一把管钳转动管至松紧适度，对准调直时的标记，要求丝扣外露 2～3 扣，并清掉麻头，依此方法装完为止（管道穿过伸缩缝或过沟处，必须先穿好钢套管）。

5）管道焊接连接时，从第一节开始，管子就位找正，对准管口使预留口方向准确；找直后用点焊固定，校正、调直后施焊，焊完后保证管道正直。

6）遇有补偿器，应在预制时按规范要求做好预拉伸，并作好纪录；按位置固定，与管道连接好。波形补偿器应按要求位置安装好导向支架和固定支架，并分别安装阀门、集气罐等附属设备。

7）支架固定　管道安装完，检查坐标、标高、预留口位置和管道变径等是否正确，然后找直，用水平尺校对复核坡度。合格后，调整吊卡螺栓U形卡，使其松紧适度，平正一致，最后焊牢固定卡处的止动板。

8）套管固定　穿墙套管如图2-41所示，注意调整干管与套管同心，且二者管径相差1～2号，填堵管洞，预留口处应加好临时管堵。

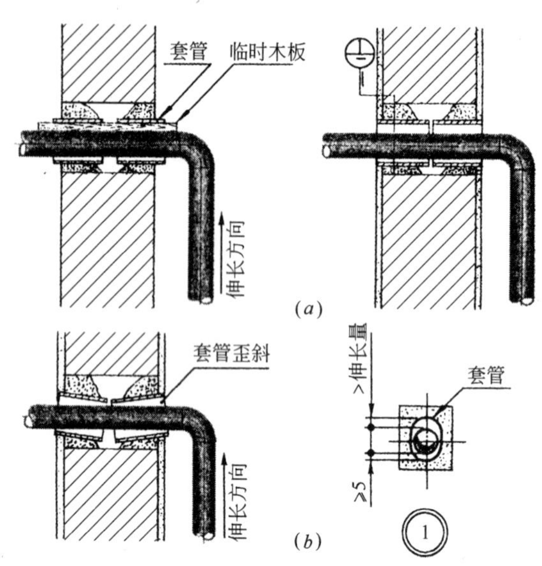

图2-41　穿墙套管的做法

(a)正确做法；(b)错误做法

5. 试压

干管安装完毕后，应进行阶段性的管道试压，以便进行该管段的油漆和保温工作。室内采暖系统的压力试验通常采用水压试验，详见 2.9.1。

2.5.2 立管安装

立管安装一般在抹灰后散热器安装完毕后进行，如需在抹地板前安装，要求土建的地面标高必须准确。

2.5.2.1 施工工艺流程

预留孔洞检查 → 管道安装

2.5.2.2 施工工艺

1. 预留孔洞检查

检查和复核各层预留孔洞是否在垂直线上。

2. 管道安装

(1) 穿越楼板套管 立管穿过楼板的做法见图 2-42，其上部同心收口的套管用于普通房间的采暖立管；下部端面收口的套管用于厨房或卫生间的立管。

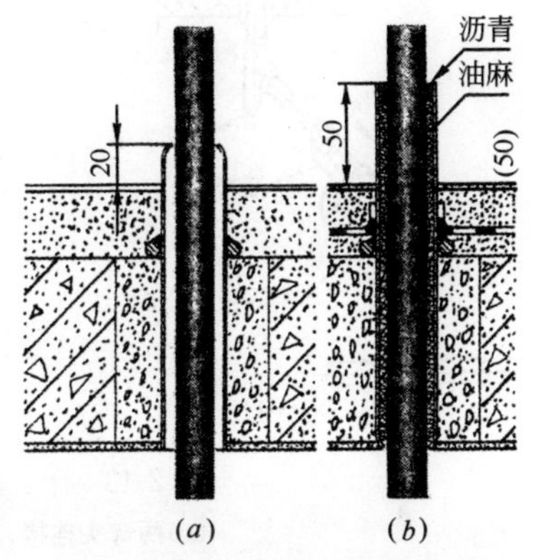

图 2-42 穿越楼板套管做法
(a)普通房间做法；(b)厨房或卫生间做法

(2) 管道连接 按编号从第一节开始安装，一般两人操作为宜。先在立管甩口，经测定吊直后，卸下管道抹油缠麻(或石棉绳)，将立管对准接口的丝扣扶正角度慢慢转动入扣，直到手拧不动为止。用管钳咬住管件，另一把管钳拧管，拧到松紧适度并对准调直时的标记要求，丝扣外露 2～3 扣为好。预留口应平正，及时清除管口外露麻丝头。依此顺序向上或向下安装到终点，直至全部立管安装完。

(3) 立管与干管连接 采暖干管一般布置离墙面较远，需要通过干、立管间的连接短管使立管能沿墙边而下，少占建筑面积，还可减少干管膨胀对支管的影响，这些连接管的连接形式如

图 2-43 所示。

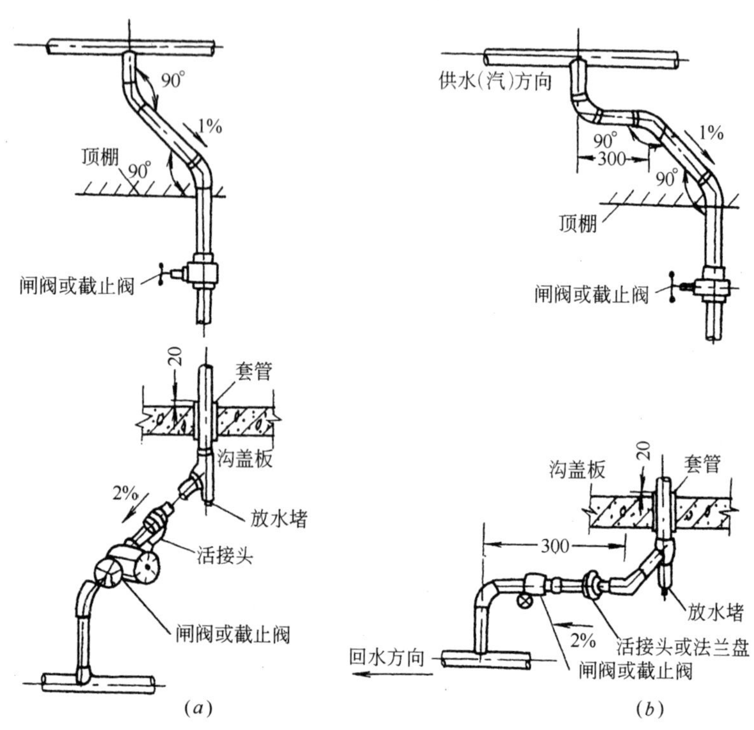

图 2-43　干、立管连接形式

(a)两弯头连接；(b)三弯头连接

(4) 立管与支管垂直交叉处置　当立管与支管垂直交叉时，立管应设半圆形让弯绕过支管，具体做法如图 2-44 所示，加工尺寸见表 2-8。

让弯尺寸表　　**表 2-8**

DN(mm)	α(°)	α_1(°)	R	L	H
15	94	47	50	146	32
20	82	41	65	170	35
25	72	36	85	198	38
32	72	36	105	244	42

(5) 立管与预制楼板承重部位相碰做法 此时，应将钢管弯制绕过，可在安装楼板时，把立管弯成乙字弯(又称来回弯)；也可以采用图 2-45 所示的方法，将立管缩进墙内。

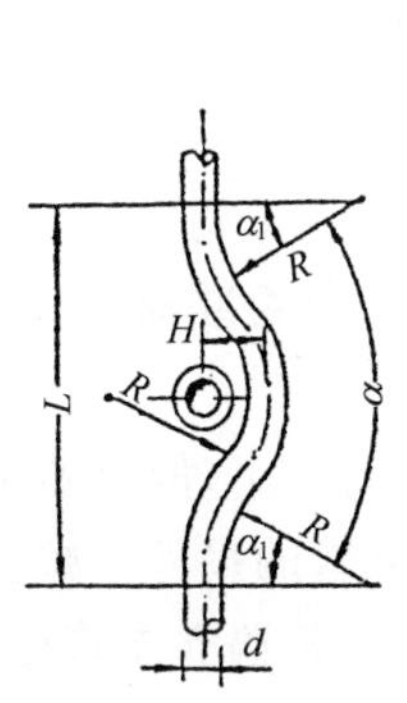

图 2-44 让弯加工

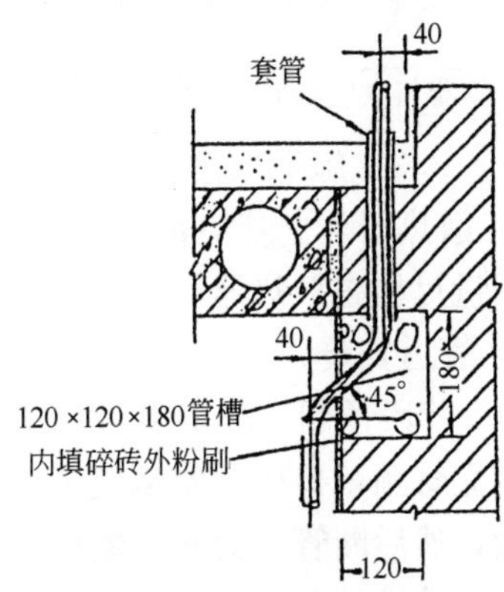

图 2-45 立管缩墙安装图

(6) 立管固定 检查立管的每个预留口标高、方向、半圆弯等是否准确、平正。将事先栽好的管卡子松开，把管放入卡内拧紧螺栓，用吊杆、线坠从第一节管开始找好垂直度，扶正钢套管，填塞套管与楼板间的缝隙，加好预留口的临时封堵。

2.5.3 支管安装

支管与散热器的连接如图 2-46 所示，支管从散热器上单侧或双侧接入，回水支管从散热器下部接出，同时在底层散热器的支管上装设阀门，以调节该立管的流量。散热器支管安装应有坡度，单侧连接时，供回水支管的坡降值为 5mm；双侧连接时为 10mm；对蒸汽采暖，可按 1%安装坡度施工。支管安装应在做完墙面和散热器安装后进行，注意支管与散热器之间

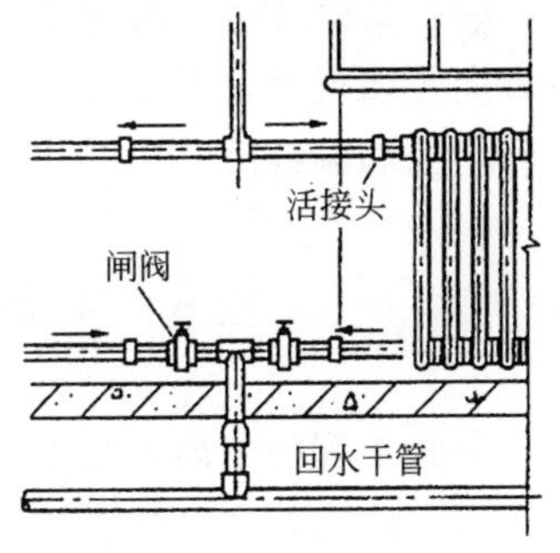

图 2-46 支管的安装

不应强制进行连接，以免因受力造成渗漏或配件损坏；也不应用调整散热器位置的方法，来满足与支架的连接，以免散热器的安装偏差过大。

2.5.3.1 施工工艺流程

散热器与立管检查→管道安装→试压与冲洗

2.5.3.2 施工工艺

1. 散热器与立管检查

用量尺检查散热器安装位置及立管预留口是否准确。

2. 管道安装

(1) 管段预制 测量支管尺寸和灯叉弯的大小(散热器中心距墙与立管预留口中心距墙之差)，按量出支管的尺寸，减去灯叉弯量，然后断管、套丝、煨灯叉弯和调直。若遇立支管变径，不宜使用铸铁补芯，应使用变径管箍或焊接法。

(2) 试安装 将预制好的管子在散热器补芯和立管预留口上试安装，若不合适。用气焊烘烤或用煨管器调整，但必须在丝头50mm以外见弯。

(3) 支管安装 将预制好的灯叉弯两头抹铅油缠麻，上好活接头。安装活接头时，注意子口一头安装在来水方向，母口一头安装在去水方向，不得安反。连接好散热器与立管间的管段，将麻头清理干净。

(4) 支管固定 用钢尺、水平尺、线坠校正支管的坡度和平行方向距墙尺寸，并复查立管及散热器有无移动，合格后固定套管和堵抹墙洞缝隙。

2.6 采暖附属设备安装

采暖工程的附属设备主要包括膨胀水箱、集气罐、减压器、疏水器、排污器和计热表等。这些附属设备对保证室内采暖的供暖安全、正常运行和使用功能起重要作用。

2.6.1 膨胀水箱制作与安装

自然循环系统的膨胀水箱安装在供水总立管上部，机械循环的膨胀水箱安装在水泵吸入口处的回水干管上，安装高度至少超过系统的最高点 1m 左右。

2.6.1.1 施工工艺流程

膨胀水箱制作 → 验核水箱基础 → 水箱安装 → 水箱保温

2.6.1.2 施工工艺

1. 膨胀水箱制作

膨胀水箱有圆形和方形两种，一般用钢板焊接而成，有多种规格。若膨胀水箱的有效容积不超过 5L 时，可以用 *DN*150mm 的钢管制作，如图 2-47 所示。

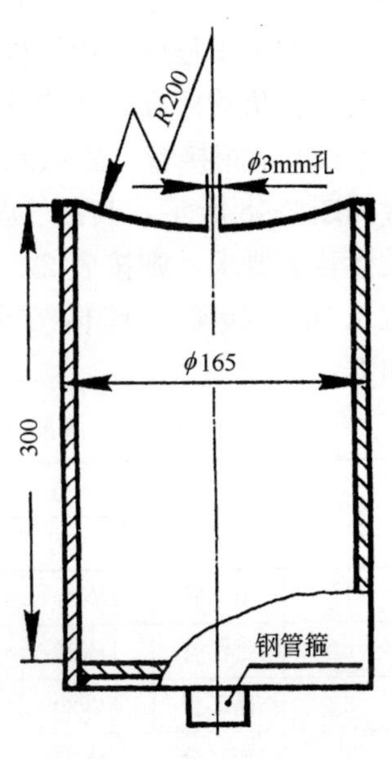

图 2-47 膨胀水箱加工图

水箱上口与大气相通的端面应在车床上车平，用白铁皮做一个凹入水箱的弧形盖(弧形的半径 $R=200$mm)中间钻一个 ϕ3mm 孔盖在水箱上。其目的是当水箱内的水蒸发时水蒸汽上升附着在弧形水箱盖上，凝结成水后滴回水箱，不致于流出水箱外。中间的小孔与大气相通，不影响水位升降。采取这一措施可以延长补水间隔时间，节约用水。

2. 水箱基础验核

(1) 水箱基础或支架的位置、标高、几何尺寸和强度，均应核对和检查，无误后方可进行水箱安装。

(2) 水箱基础表面应水平，水箱安装后应与基础接触紧密。

(3) 水箱底部的方垫木应刷沥青进行防腐处理。其断面尺寸、根数、安装间距必须符合设计。

3. 水箱安装

(1) 画线定位　按设计要求，进行量尺、画线，在基础上做出安装位置的记号，一般画一对边线和一侧的中心线。

(2) 水箱就位　根据水箱间的情况，可以将钢板下好料后。运至安装现场就地焊制组装，也可将水箱预制后吊装就位。用吊装设备将水箱吊起，送往水箱间的水箱支座上方，当水箱的中心线、边线与水箱支座上定位线相重合时，落下吊钩。用水平尺和垂线检查水箱的平正程度，用撬棍或千斤顶调整各角的标高、垫实垫铁。

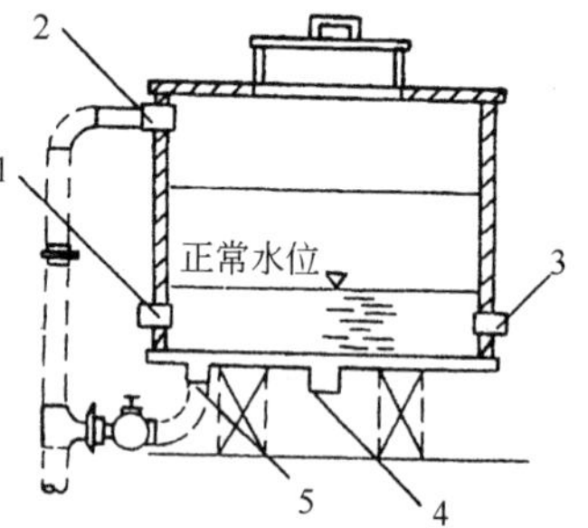

图 2-48　膨胀水箱接管示意图

1—检查管；2—溢流管；3—循环管；4—膨胀管；5—排污管

(3) 水箱接管　膨胀水箱的配管如图 2-48 所示，其接管及管径，设计若无要求，则按表 2-9 的规定在水箱上接管，具体安装要求如下：

膨胀水箱配管要求(mm)　**表 2-9**

序号	名称	方形		圆形		阀门
		1～8号	9～12	1～4	5～16	
1	溢水管	DN40	DN50	DN40	DN50	不设
2	排污管	DN32	DN32	DN32	DN32	设置
3	循环管	DN20	DN25	DN20	DN25	不设
4	膨胀管	DN25	DN32	DN25	DN32	不设
5	信号管	DN20	DN20	DN20	DN20	设置

1) 膨胀管在重力循环系统中接至供水总立管的顶端；在机械循环系统中，接至系统的恒压点，一般选择在锅炉房循环水泵吸水口前。

2) 循环管接至系统定压点前水平回水干管上，该点与定压点间的距离为 2～3m，使热水有一部分能缓慢通过膨胀管和循环管流经水箱，可防水箱结冰。

3）信号检查管接向建筑物的卫生间，或接向锅炉房内，以便观察膨胀水箱内是否有水，一般装在距膨胀水箱顶部100mm的侧面。

4）对于溢流管，当水膨胀使系统内水的体积超过水箱溢流管口时，水自动溢出，可排入下水，但不能直接连接下水管道。

5）排水管在清洗水箱后放空用，可与溢流管一起接至附近排水处。

（4）水箱试验 配管完毕后，应加上管堵，并进行试验。敞口水箱应做满水试验，密闭水箱应进行水压试验。

4. 水箱保温

膨胀水箱安装在非采暖房间时，应在试验合格后，进行保温，保温材料及方法按设计要求。

2.6.2 排气装置安装

排气装置主要有集气罐、自动排气阀等。

集气罐通常安装在供水干管的末端。当热水进入集气罐内，流速迅速降低，水中的气泡便自动浮出水面，聚集在集气罐的上部。在系统运行时，定期打开排气阀，排除系统中的空气。

自动排气阀用于标准较高的采暖系统中，构造如图2-49所示，工作时依靠水的浮力，通过杠杆传动，使排气孔自动启闭，实现自动排气阻水的功能。它能够集中连续排除系统中存在的气体，具有节能和延长系统使用寿命、有效降低操作人员的劳动强度、系统运行稳定、便于自动化控制等优点。

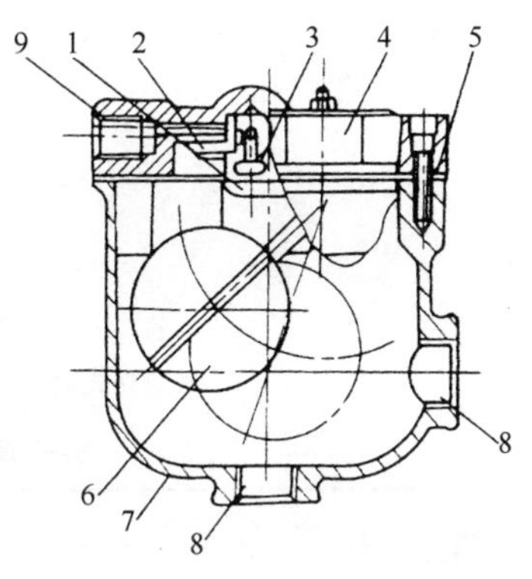

图2-49 $B_{11}X$-4立式自动排气阀

1—杠杆机构；2—垫片；3—阀堵；4—阀盖；5—垫片；6—浮子；7—阀体；8—接管；9—排气孔

2.6.2.1 施工工艺流程

排气装置加工 → 排气装置安装 → 水压试验

2.6.2.2　施工工艺

1. 排气装置加工

排气装置中，需加工预制的是集气罐。有立式和卧式两种，用直径 ϕ100mm～ϕ250mm 的短管制成，长度为 300～400mm，顶部装有放气管，其内径为 15mm，结构形式如图 2-50 所示，加工尺寸参照表 2-10。

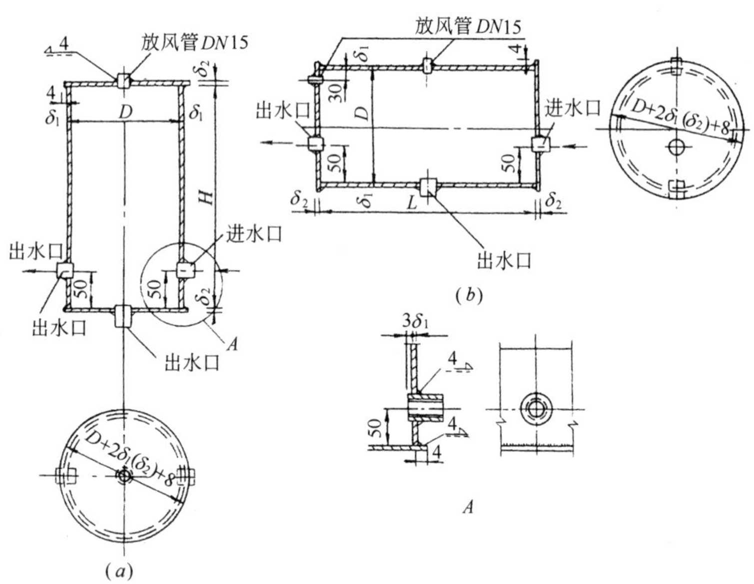

图 2-50　集气罐结构型式

(a)立式集气罐；(b)卧式集气罐

集气罐加工尺寸　　**表 2-10**

项　目	型　号			
	1	2	3	4
D(mm)	100	150	200	250
$H(L)$(mm)	300	300	320	430
δ_1(mm)	4.5	4.5	6	8
δ_2(mm)	6	6	8	10

2. 排气装置试验

(1) 集气罐试压 集气罐安装前，应进行单项试压，试验压力与采暖系统试压压力相同，合格后才能安装。

(2) 自动排气阀试压 自动排气阀安装前必须进行冲洗、试压和调整，使其排气口在排净管道内的空气时才封闭住，合格后即可安装。

3. 排气装置安装

(1) 集气罐安装 集气罐应安装在采暖系统的最高点。施工前仔细核对坡度、作好管道坡度的交底，安装管道时控制好坡度，以免安装中常出现集气罐与楼板相碰、集气罐的出气管顶在楼板上等现象。当发现有矛盾时，尽早与各方协商解决。集气罐的安装如图 2-51 所示，一般采用丝扣连接，与主管道相连处安装可拆卸件。其安装高度必须低于膨胀水箱，以利于空气的排除，安装好的集气罐应横平竖直。

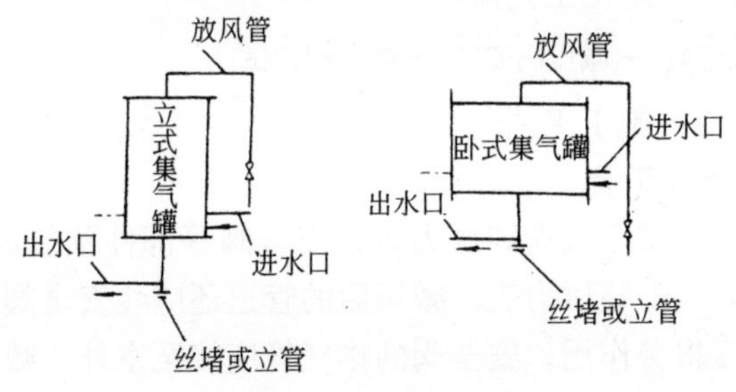

图 2-51 集气罐安装

(2) 自动排气阀安装 在系统试压和冲洗合格后，方可安装。一般设置在系统的最高点及每条干管的高点和终端，常见的安装方式如图 2-52 所示。施工时，先安装自动止断阀，然后拧紧排气阀。

(3) 手动排气阀安装 手动排气阀即冷风阀。在水平式或下供下回式的系统中，有时是靠安装在散热器上部的冷风阀进行排气。冷风阀旋紧在散热器上专设的丝孔上，以手动方式排除散热器中的空气。为了防止人为的放水，有的冷风阀设置专用钥匙才能开启，如图2-53所示。

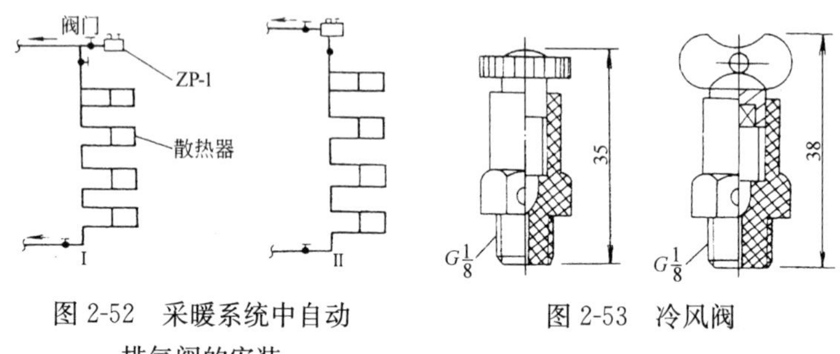

图2-52　采暖系统中自动排气阀的安装

图2-53　冷风阀

2.6.3　减压阀安装

减压阀用于蒸汽采暖管道系统的作用是将高压蒸汽变为低压蒸汽，达到采暖的正常工作压力。

2.6.3.1　施工工艺流程

减压阀组装→减压阀安装→减压阀调试

2.6.3.2　施工工艺

1. 减压阀组装

施工中，减压阀先和压力表、安全阀等部件预装成减压器。减压器前后应安装压力表。减压后的管道还应装安全阀，当超压时，起泄压报警作用，安全阀的排气管应接至室外。减压阀的组装按图2-54、表2-11和表2-12所示进行，减压阀、截止阀用法兰连接，旁通管用弯管相连，采用焊接。

2. 减压阀安装

(1) 托架安装　用型钢作托架，分别安装在与减压阀的两边阀的外侧，使旁通管卡在托架上。型钢下料后，按支架安装方法施工，并用水平尺、线坠等找平找正。

(2) 减压阀安装　减压阀一般沿墙安装在适当的高度上，其中心距墙面≥200mm；应垂直地安装在水平干管上，并使介质流动方向与阀体上箭头方向一致，切不可装反。阀前阀后的压

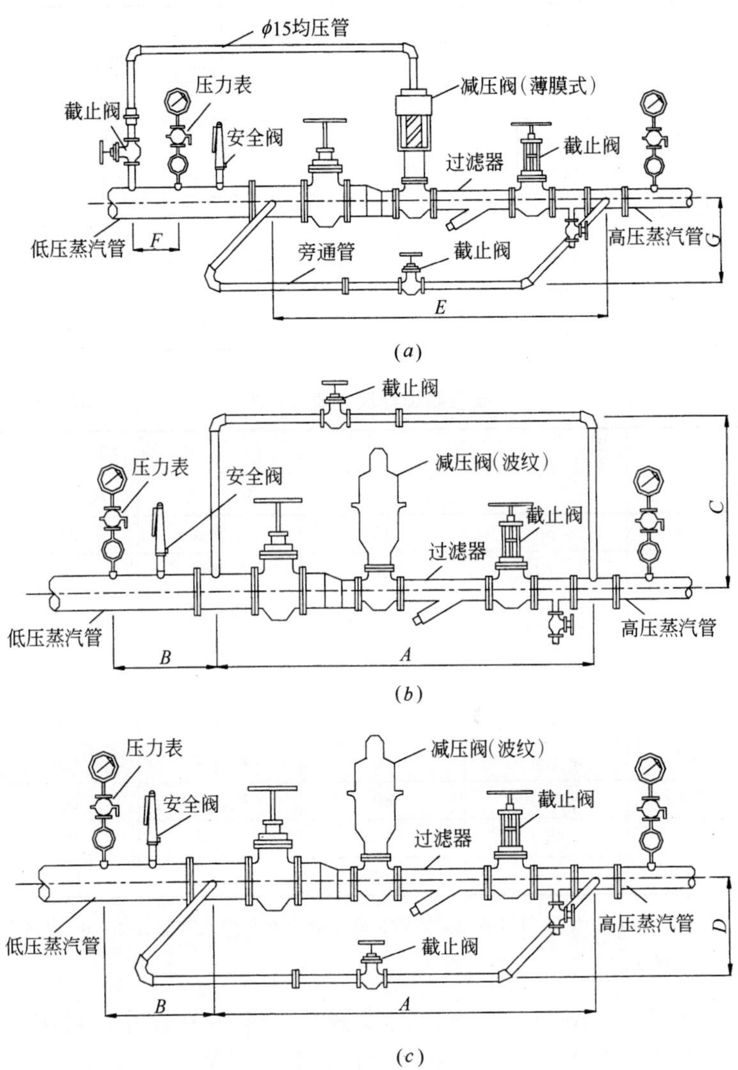

图 2-54 减压阀组装

(*a*)薄膜式；(*b*)波纹式旁通管垂直安装；(*c*)波纹式旁通管水平安装

减压阀组装尺寸表(mm)　**表 2-11**

减压阀规格	A	B	C	D	E	F	G
DN25	1100	400	350	200	1350	250	200
DN32	1100	400	350	200	1350	250	200
DN40	1300	500	400	250	1500	300	250
DN50	1400	500	450	250	1600	300	250
DN65	1400	500	500	300	1650	350	300
DN80	1500	550	650	350	1750	350	350
DN100	1600	550	750	400	1850	400	400
DN125	1800	600	800	450	—	—	—
DN150	2000	650	850	500	—	—	—

减压器配管尺寸表(mm)　**表 2-12**

d_1	d_2	d_3	安全阀	
			类型	规格
20	50	15	弹簧式	20
25	70	20	弹簧式	20
32	80	20	弹簧式	20
40	100	25	弹簧式	25
50	100	32	弹簧式	32
70	125	40	杠杆式	40
80	150	50	杠杆式	50
100	200	80	杠杆式	80
125	250	80	杠杆式	80
150	300	100	杠杆式	100

注：d_1、d_2、d_3 分别为高压蒸汽管、低压蒸汽管和旁通管的管径，d_2 为参考尺寸。

差不大于 0.5MPa，否则应两次减压；若压差较小，可采用图 2-55所示的由两个截止阀组成的简易装置减压，其中一个截止阀作减压用，另一个截止阀则作关闭用，但这种减压阀的调节能力有限。

3. 减压阀调压

安装完后，根据工作压力进行调试，对减压阀进行定压并作出界限标记。调试时，先开启低压端的截止阀，关闭旁通阀，慢慢打开高压端截止阀，当蒸汽通过减压阀后，压力下降，观察压力表。当室内管道及设备都充满蒸汽后。继续开大高压端截止阀，及时调整减压阀，使低压端压力达到要求为止。

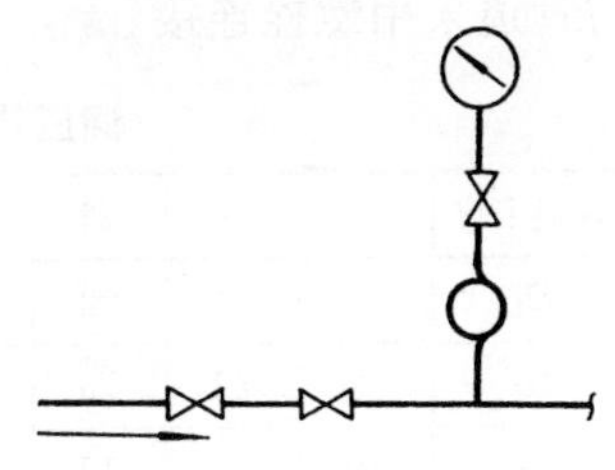

图 2-55　简易减压装置示意图

2.6.4　调压孔板安装

调压孔板安装于采暖系统的高压入口处，其作用是减压。

2.6.4.1　施工工艺流程

系统冲洗 → 调压孔板安装

2.6.4.2　施工工艺

1. 系统冲洗

调压孔板只允许在整个系统冲洗干净后安装。

2. 调压孔板安装

调压孔板是用不锈钢或铝合金制作的圆板，开孔的位置和直径由设计确定。介质通过不同孔径的孔板节流，增加阻力损失而起到减压作用。调压孔板的安装如图 2-56 所示，尺寸见表 2-13，

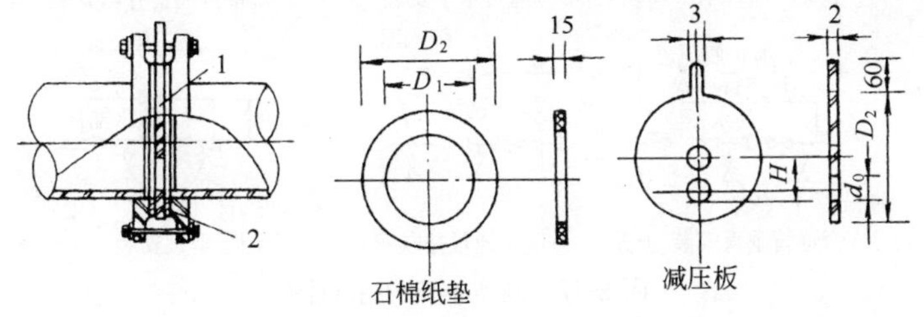

图 2-56　调压孔板安装图

1—调压板；2—石棉纸垫

注：d_0 为减压孔板孔径

与管道采用螺栓连接。

调压孔板安装尺寸(mm) **表 2-13**

管径 DN	20	25	32	40	50	70	80	100	125	150
D_1	37	34	42	48	60	76	89	114	140	165
D_2	53	63	76	86	96	116	132	152	180	207
H	10	13	17	20	26	34	40	53	65	78

2.6.5 疏水器安装

疏水器在采暖系统中用于排除凝结水并阻止蒸汽泄漏。

2.6.5.1 施工工艺流程

疏水器组装→疏水器安装→疏水器调试

2.6.5.2 施工工艺

1. 疏水器组装

按设计选定型号的要求，先进行疏水器的定位、划线和试组对，然后根据图 2-57 所示的组装示意图和表 2-14 的安装尺寸组装。

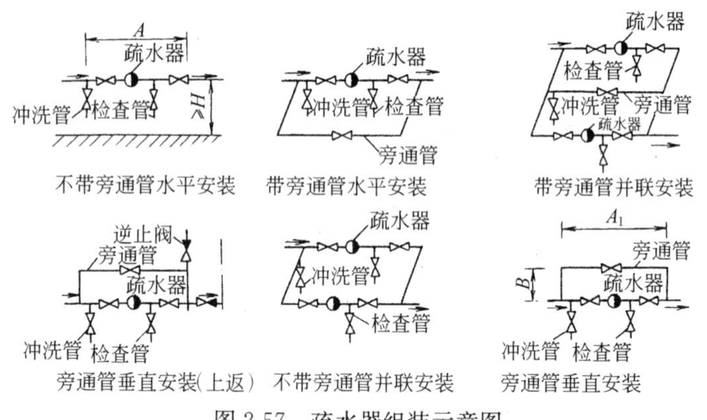

图 2-57 疏水器组装示意图

2. 疏水器的安装

疏水器的安装如图 2-58 所示，一般在蒸汽干管的末端和直管段每隔 30～40m(低压干管)或 50～60m(高压干管)抬头处设置，低压干管的伸缩器可以不装。

疏水器组装尺寸(mm) 表 2-14

型号	规格	DN15	DN20	DN25	DN32	DN40	DN50
浮筒式	A	680	740	840	930	1070	1340
	H	190	210	260	380	380	460
	A_1	800	860	960	1050	1190	1500
	B	200	200	220	240	260	300
倒吊桶式	A	680	740	830	900	960	1140
	H	180	190	210	230	260	290
	A_1	800	860	950	1020	1080	1300
	B	200	200	220	240	260	300
热动力式	A	790	860	940	1020	1130	1360
	H	170	170	180	190	210	230
	A_1	910	980	1060	1140	1250	1520
	B	200	200	220	240	260	300
脉冲式	A	750	790	870	960	1050	1260
	H	170	180	180	190	210	230
	A_1	870	910	990	1080	1170	1420
	B	200	200	220	240	260	300

(1) 托架安装　在高压疏水器两侧阀门之外侧栽两道型钢做托架，托架栽入墙内的深度不小于150mm。

(2) 疏水器安装　疏水阀应垂直安装在水平管道上，不可倾斜安装，以免影响疏水阀动作。安装时，应使介质流向与阀体上的箭头方向一致，不得反装。疏水器一般安装在管道排水线以下，当蒸汽系统中的凝结水管高于蒸汽管道或设备的排水线时，应设止回阀。

2.6.6 除污器安装

除污器用于定期排除系统中的污物，通常设置在用户引入口

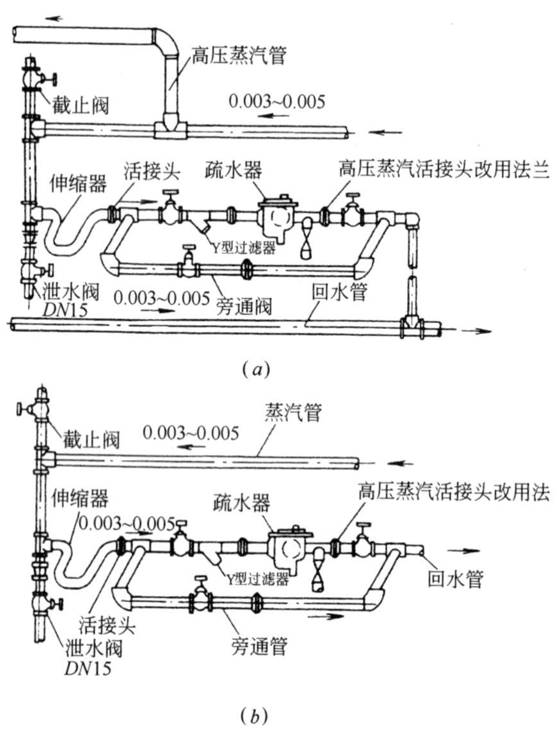

图 2-58　蒸汽管道疏水器设置

(a)蒸汽管道中途疏水器；(b)蒸汽管道末端疏水器

或循环水泵入口处，也可设置在锅炉房内。

2.6.6.1　施工工艺流程

支架安装→除污器安装

2.6.6.2　施工工艺

1. 支架安装

除污器支架位置，要避开排污口，以免妨碍污物收集清理。

2. 除污器的安装

(1) 检查除污器过滤网的材质、规格，均应符合设计要求和产品质量标准的规定，以保证除污和耐腐的功能。除污器安装如图 2-59 所示，除污器内应设有挡水板，出口处必须有小于 5mm×

5mm金属网或钢管板孔，上盖用法兰连接，盖上装放气管，底部装排污管及阀门。

(2) 找准安装位置和出入口方向，不得装反。

(3) 配合土建在排污口的下方设置排污(水)坑。

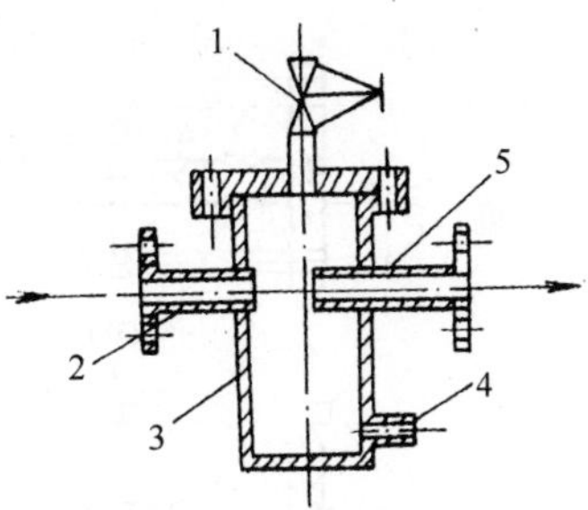

图 2-59 除污器的安装
1—排气阀；2—进水管；3—筒体；4—排污丝堵；5—出水管

2.6.7 热量表安装

热量表安装在集中供热的民用住宅或公用建筑中每个热用户的热水入口，用于计量用户在采暖期间实际消耗的热量，提供按热量收费的依据。

热量表由流量计、温度测量与计算部分组成。流量计有机械流速式、文丘里管式、电磁式和超声波式等；温度检测部分有铂电阻、热敏电阻和数字式温度传感器等；计算部分根据流量计提供的流量信号和温度计提供的供回水温度信号计算供暖和系统消耗的热量，并记录、显示。

2.6.7.1 施工工艺流程

热量表组装→热量表安装

2.6.7.2 施工工艺

1. 热量表组装

热量表组装时要求水平地安装在进水管或出水管上，进口前必须安装过滤器。选型时根据系统水流量，而不能根据管径，一般热量表管径比入户管径小。

2. 热量表安装

(1) 安装准备 安装前应对管道进行冲洗，并按要求设置托架。

(2) 分体式热量表安装 分体式热量表的安装如图 2-60 所示。

1) 流量计安装 根据生产厂家要求，保证前后直管段的要求。

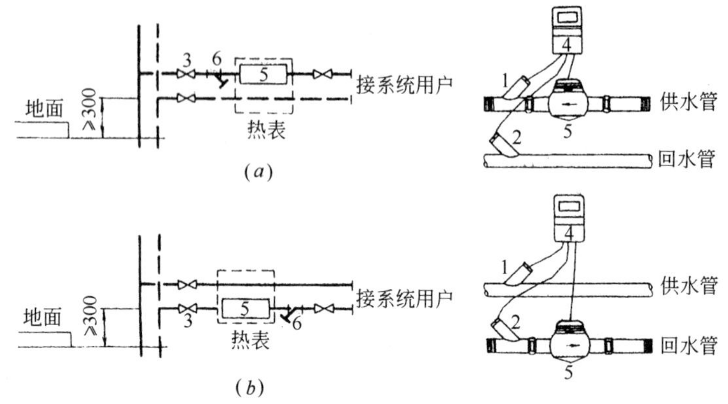

图 2-60　分体式热量表安装

(a)安装于供水管上；(b)安装于回水管上

1—供水温度传感器；2—回水温度传感器；3—闸阀；

4—积分仪；5—流量计；6—过滤器

2）温度传感装置安装　不同的温度传感装置安装要求不同，如图 2-61 所示为铂电阻温度传感器安装示意图。根据管径不同，

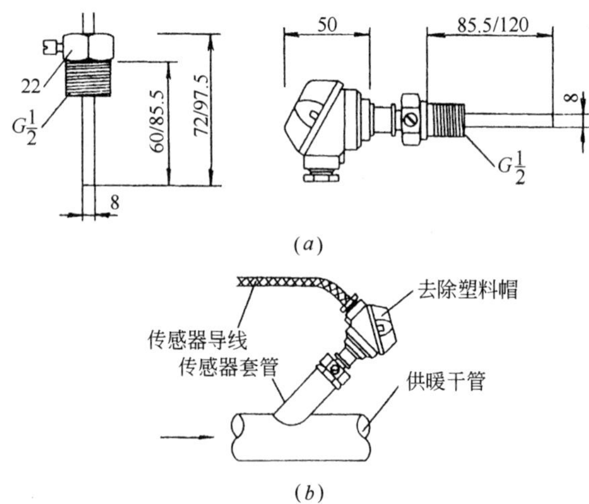

图 2-61　温度传感器安装示意图

(a)传感器的尺寸；(b)传感器套管安装

将温度传感器安装为垂直或逆流倾斜位置，以保证套管末端处在管道中央；倾斜安装时套管应迎着水流方向与供暖管道成 45°角，连接方式为焊接。套管完成后，将温度探头插入，用固定螺帽拧紧。

3）积分仪安装　根据厂家要求正确接线，并根据流量计的安装位置(进水管或回水管)调整参数。

(3) 整体式热量表安装　整体式热量表的安装如图 2-62 所示，除此之外，还可将显示部分与主体部分分体安装，实现远程集中抄表。

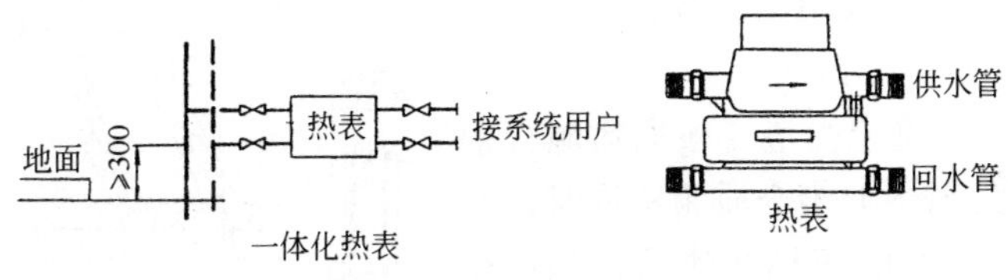

图 2-62　整体式热量表安装

2.7　散热设备安装

2.7.1　散热器安装

散热器按材质分为铸铁散热器、钢制散热器、铜铝复合散热器、钢铝复合散热器和铝合金散热器；按形状分为翼型、柱形、串片式、扁管式、板式、光管式等。

散热器安装应在地面和墙面装饰工程已完成(或散热器背面墙装饰已完)和供暖系统的供回水干管和立管施工完毕后进行。

2.7.1.1　施工工艺流程

编制组片统计表→散热器组对→散热器组水压试验→散热器安装

2.7.1.2　施工工艺

1. 编制组片统计表

按施工图分段、分层、分规格统计出散热器的组数、每组片数，列成表以便组对和安装时使用。

2. 散热器组对

散热器组对是指通过对丝把一定数量的散热器片组合成一组的过程，操作步骤如下：

(1) 检查核对　按设计的散热器型号、规格进行核对、检查、鉴定其质量是否符合验收规范规定，并作好记录。

(2) 清污　将散热器内的脏物、污垢以及对口处的浮锈清除干净。

(3) 准备工作台　备好散热器组对工作台或用方木制作成图2-63所示的简易组对架。

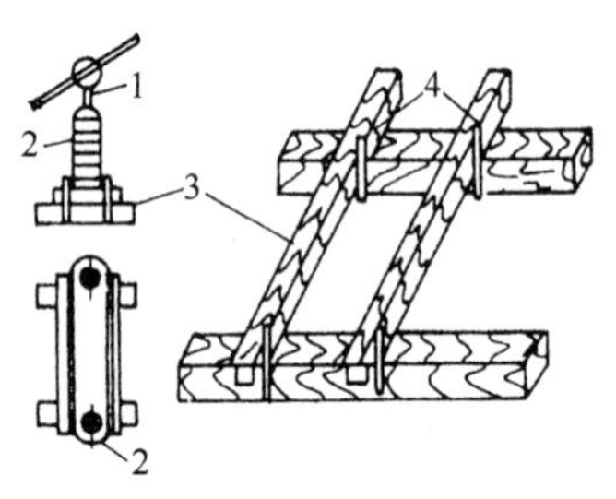

图 2-63　散热器组对架
1—钥匙；2—散热器；3—木架；4—地桩

(4) 确定衬垫　根据热源分别选择好衬垫，当介质为蒸汽时，选用1mm厚的石棉垫涂抹铅油；介质为过热水时，采用高温耐热橡胶石棉垫；介质为一般热水时，采用耐热橡胶垫。

(5) 试装　按设计要求的片数组对，试扣，选出合格的对丝、丝堵、补芯，然后进行组对，对口的间隙一般为2mm。进水(汽)端的补芯为正扣，回水端的补芯为反扣，如图2-64所示。

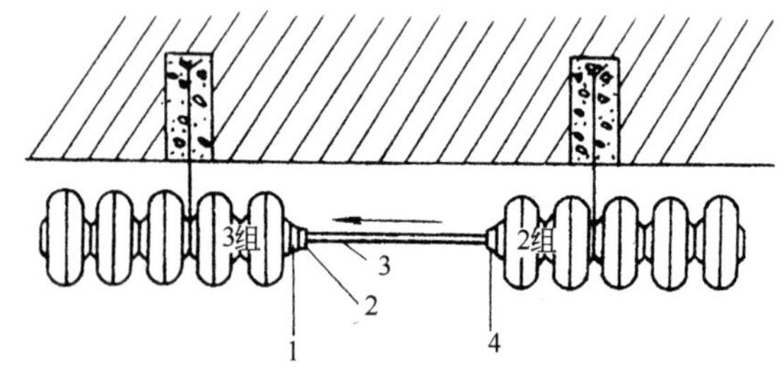

图 2-64　丝堵与对丝的正反扣
1—正扣补芯；2—根母；3—连接管；4—反扣补芯

(6) 组对　组对时两人一组，将散热器平放在操作台(架)上，使相邻两片散热器之间正丝口与反丝口相对，中间放着上下两个经试装选出的对丝，将其拧 1～2 扣在第一片的正丝口内。套上垫片，将第二片反丝口瞄准对丝，找正后，两人各用一手扶住散热器，另一手将对丝钥匙插入第二片的正丝口里。先将钥匙稍微拧紧一点，当听到“喀嚓”声，对丝两端已入扣，缓缓均衡地交替拧紧上下的对丝，以垫片挤紧为宜，但垫片不得露出径外。按上述程序逐片组对，待达到设计片数为止。并按设计要求的进出水方向，为散热器装上补芯和丝堵，散热器组装应平直而紧密。

3. 散热器组水压试验

散热器组对成组后，需进行水压试验。试压压力应符合表 2-15的规定，试压装置如图 2-65 所示，试压步骤如下：

散热器试压压力要求　　　　**表 2-15**

散热器型号	60 型、M132、M150、柱型、圆翼型		扁管型		板式	串片	
工作压力(MPa)	≤0.25	>0.25	≤0.25	>0.25	—	≤0.25	>0.25
试验压力(MPa)	0.4	0.6	0.6	0.8	0.75	0.4	1.4

注：试验时间为 2～5min，不渗不漏为合格。

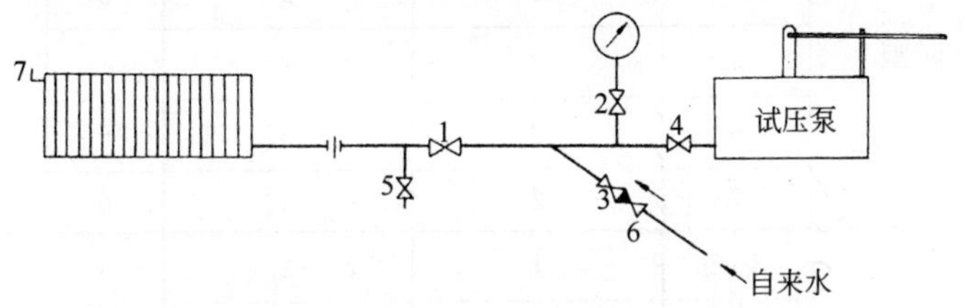

图 2-65　散热器水压试验装置

1—进水阀；2—压力表阀；3—补水阀；4—试压泵出水阀；
5—泄水阀；6—单向阀；7—放风阀

(1) 连接试压装置　将散热器抬到试压台上，用管钳子上好临时丝堵和临时补芯，上好放气嘴，连接试压泵；各种成组散热器可直接连接试压泵。

（2）充水升压　试压时打开进水阀门，往散热器内充水，同时打开放气嘴，排净空气，待水满后关闭放气嘴。启动水泵升压，升压到规定的压力值时，关闭进水阀门，持续5min，观察每个接口是否有渗漏，不渗漏为合格。

值得注意的是，目前进入现场的散热器一般都由厂家按要求已组对好并经水压试验合格的产品，故在现场一般不再做散热器的组对和水压试验。

4. 散热器安装

（1）画线、定位　根据设计图纸和标准图的规定，或由施工方案、技术交底确定安装位置和高度，在墙上画出散热器的安装中心线和标高控制线。

（2）安装支架　散热器安装时采用的支架主要有托钩、固定卡、托架、落地架等。支架的数量和安装位置见表2-16、支架的施工方法见表2-17。

散热器支架的数量　　表2-16

散热器型号	每组片数	上部托钩或卡架数	下部托钩或卡架数	总计	备注
60型	1	2	1	3	
	2～4	1	2	3	
	5	2	2	4	
	6	2	3	5	
	7	2	4	6	
M132、M150型	3～8	1	2	3	
	9～12	1	3	4	
	13～16	2	4	6	
	17～20	2	5	7	
	21～24	2	6	8	

续表

散热器型号	每组片数	上部托钩或卡架数	下部托钩或卡架数	总计	备注
柱　型	3～8	1	2	3	不带足
	9～12	1	3	4	
	13～16	2	4	6	
	17～20	2	5	7	
	21～24	2	6	8	
圆翼型	1				
	2				
	3～4				
扁管、板式	1	2	2	4	
串片型	每根长度小于 1.4m，长度在 1.6～2.4m			2	
	多根串联托钩间距不大于 1m			3	

注：1. 轻质墙结构，散热器底部可用特制金属托架支撑。

2. 安装带足的柱型散热器，所需带足片数：14 片以下为 2 片、15～24 片为 3 片。

3. M132 型及柱型散热器下部为托钩，上部为卡架；长翼型散热器上下均为托钩。

散热器支架型式与安装方法　　表 2-17

支架类型	安装图示	施　工　方　法
托　　钩	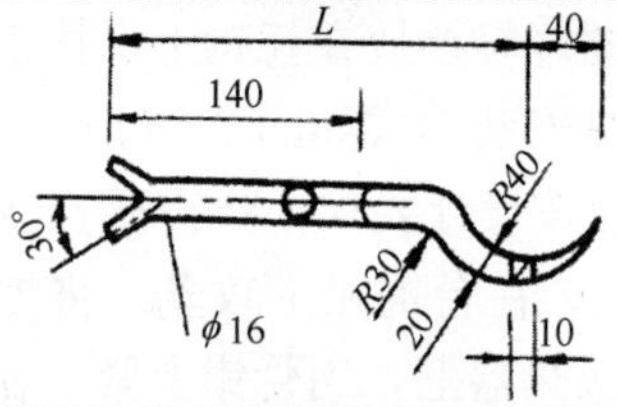 L　40　140　30°　R40　R30　20　10　φ16	在墙上打孔洞，洞深不小于 120mm，用水冲净洞内杂物，填入 M20 水泥砂浆到洞的一半时，将托钩插入洞内，塞紧；再用 *DN*70 的钢管放在相邻的两个托架上，用水平尺找平找正，最后填满水泥砂浆，表面抹平
固定卡	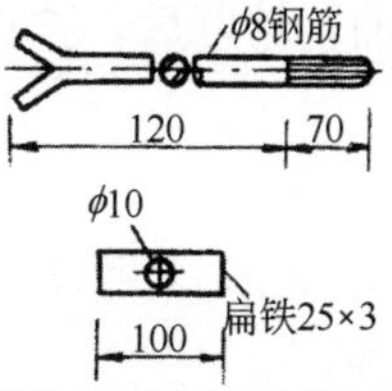 φ8钢筋　120　70　φ10　扁铁25×3　100	安装方法与托钩类似，但洞深为 80mm，安装时需配垫片和螺母

续表

支架类型	安装图示	施　工　方　法
托　架		托架一般由生产厂家提供，形式多样。图中所示托架为串片式对流散热器托架。安装时，一般通过胀管螺栓或射钉固定在建筑墙体上，当建筑材料不同时，托架与墙体的固定方法不同
落地支架	55 -16×4 M20 DN20 90 垫圈 5 60 25 φ60 φ75 4孔-φ7	当墙体不能承重时采选用

(3) 散热器固定　散热器支、托架达到安装强度后方可安装散热器，一般散热器垂直安装，但圆翼型散热器应水平安装。抬散热器时必须轻抬轻放，注意安全。对丝连接的散热器应立着搬运，以免对丝断裂；带腿散热器安装不平稳时，可在腿下加垫铁找平；挂装散热器时将散热器轻轻抬放在托钩上，扶正、立直后将固定卡摆正拧紧；几种常见安装形式如图 2-66 所示。

(4) 安装散热器放风门　按设计要求，将需要打冷风门眼的炉堵放在台钻上打 Φ8.4 的孔，在台虎钳上攻丝。将炉堵上抹铅油，上好橡胶石棉垫，装在散热器上，用管钳上紧。在采暖系统总试压前，在放风门丝扣上抹铅油，缠麻后，拧在炉堵上，用扳子上紧，放风孔向外斜 45°。

2.7.2　金属辐射板安装

金属辐射板为钢制散热器，常见形式见图 2-67。按其长度分为块状辐射板和带状辐射板两种。

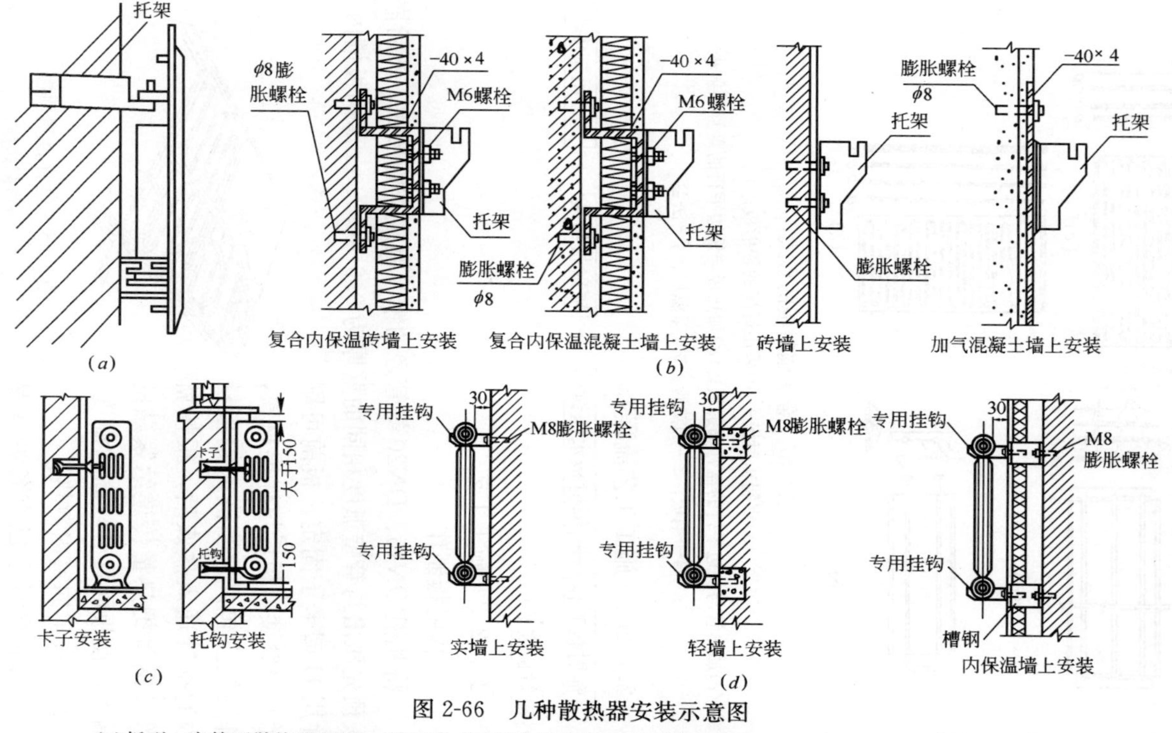

图 2-66 几种散热器安装示意图

(a)板型、扁管型散热器安装；(b)闭式对流散热器安装；(c)铸铁柱型散热器安装；(d)铝合金散热器安装

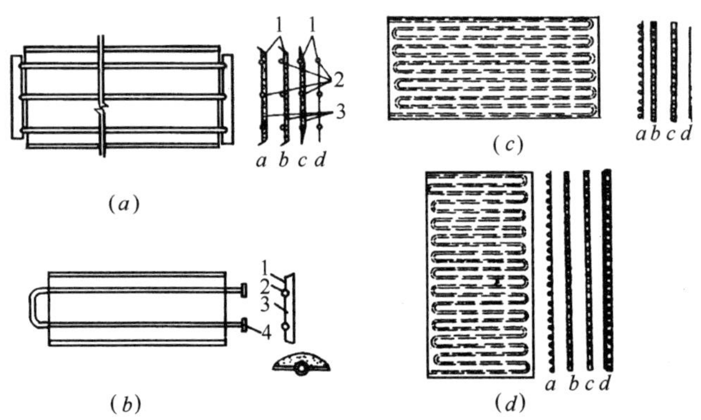

图 2-67　金属辐射板的形式

(*a*)钢制辐射板；(*b*)采用焊接的辐射板；

(*c*)加热管与长边平行的盘管辐射板；(*d*)加热板与短边平行的盘管辐射板

1—钢板；2—加热管；3—保温层；4—法兰

2.7.2.1　施工工艺流程

辐射板制作 → 辐射板水压试验 → 辐射板组装 → 支、吊架安装 → 辐射板安装

2.7.2.2　施工工艺

1. 辐射板制作

将几根 *DN*15、*DN*20 等管径的钢管制成排管形式，然后嵌入预先压出与管壁弧度相同的壁厚为 0.6～0.7mm 薄钢板槽内，并用 U 型卡子固定。板前可刷无光防锈漆，板后填保温材料，并用铁皮包严。当嵌入钢板槽内的排管通入热媒后，很快就通过钢管把热量传递给紧贴的钢板，使板面具有较高的温度，并形成辐射向室内散热。

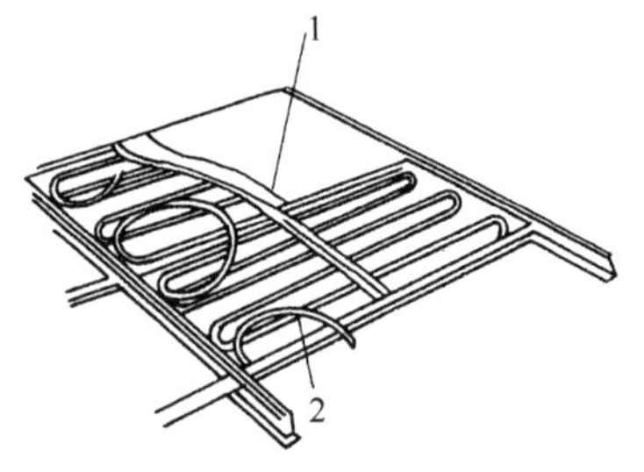

图 2-68　盘管金属顶棚

1—吸声隔热层；

2—钢管、铝板定型吸声辐射板

目前市场上已有各种成品辐射板，图 2-68 所示的盘管金

属顶棚就是其中一种。

2. 辐射板单体水压试验

辐射板安装前，必须进行水压试验。试验压力等于工作压力加 0.2MPa，但不得低于 0.4MPa。

3. 辐射板组装

辐射板组装一般采用焊接和法兰连接，模块式辐射板组装时，模块间用卡压或螺纹固定，通过卡压或螺纹连接将集液管与辐射板模块连接在一起，将预先喷涂好的盖板卡压在辐射板的连接处。

4. 支、吊架安装

一般支吊架的形式按其辐射板的安装形式分为三类，如图 2-69所示，带状辐射板的支吊架应保证 3m 一个。模块化辐射板，安装时也可采用如图 2-70 所示的专用固定组件进行安装。

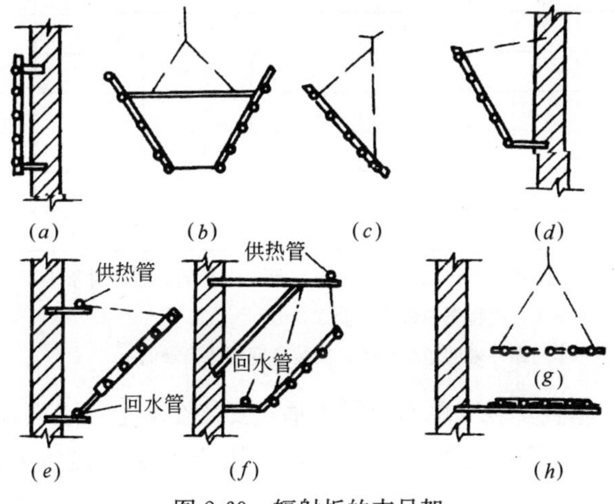

图 2-69 辐射板的支吊架

(*a*)垂直安装；(*b*)、(*c*)、(*d*)、(*e*)、(*f*)倾斜安装；(*g*)、(*h*)水平安装

5. 辐射板安装

(1) 辐射板安装高度 辐射板采暖时，若无设计要求，最低安装高度应符合表 2-18 要求。辐射板的供热管和回水管不宜和辐射板安装在同一高度上，供热管宜高于辐射板，回水管宜低于辐射板。

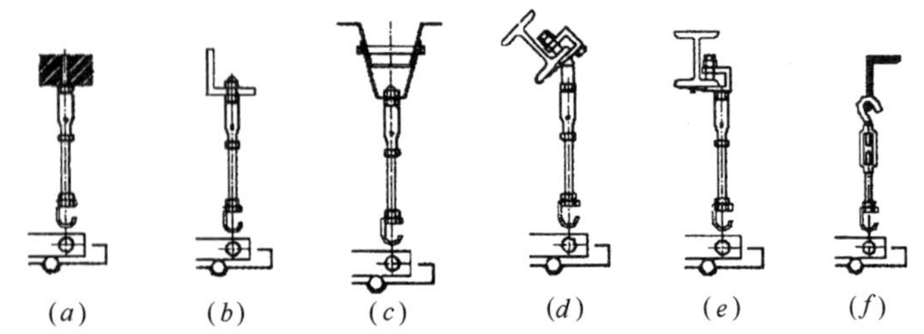

图2-70　辐射板吊装形式

(*a*)水泥顶棚板上安装；(*b*)角钢上安装；(*c*)梯形钢上安装；
(*d*)斜置工字钢上安装；(*e*)水平工字钢上安装；(*f*)辅助型钢上安装

辐射板的最低安装高度(m)　　**表2-18**

热媒平均温度(℃)	水平安装		倾斜安装夹角(与垂直面)(°)			垂直安装(板中心)
	多管	单管	60	45	30	
115	3.2	2.8	2.8	2.7	2.7	2.3
125	3.4	3.0	3.0	2.8	2.7	2.7
140	3.7	3.1	3.1	3.0	2.8	2.7
150	4.1	3.2	3.2	3.1	2.9	2.7
160	4.5	3.3	3.3	3.2	3.0	2.8
170	4.8	3.4	3.4	3.3	3.0	2.9

注：1. 本表适用于工作地点固定、站立操作人员的采暖；对于坐着或流动人员的采暖，应将表中数值降低0.3m。
2. 在车间靠外墙的边缘地带，安装高度可适当降低。

(2) 垂直安装　单面辐射板垂直安装在墙上；双面辐射板垂直安装在柱间，板面水平辐射，适用于安装高度允许较低的情况。

(3) 倾斜安装　辐射板安装在墙上、柱上或柱间，板面倾斜向下。安装时注意确定适当的倾斜角度，一般应保证辐射板中心的法线穿过工作区。

(4) 水平安装　辐射板安装在采暖区域的上部，板面朝下，热量向下辐射。辐射板应有不小于0.005的坡度坡向回水管。

(5) 保护壳应防腐。

2.7.3 低温热水地板的安装

低温热水地板是以不高于 60℃的热水作媒介，将加热管埋设在地板中的采暖方式。具有温度柔和，热舒适度好、环保节能、不占用室内使用面积等特点，近几年得到了大量的推广应用，常见低温热水地板的构造如图 2-71 所示。

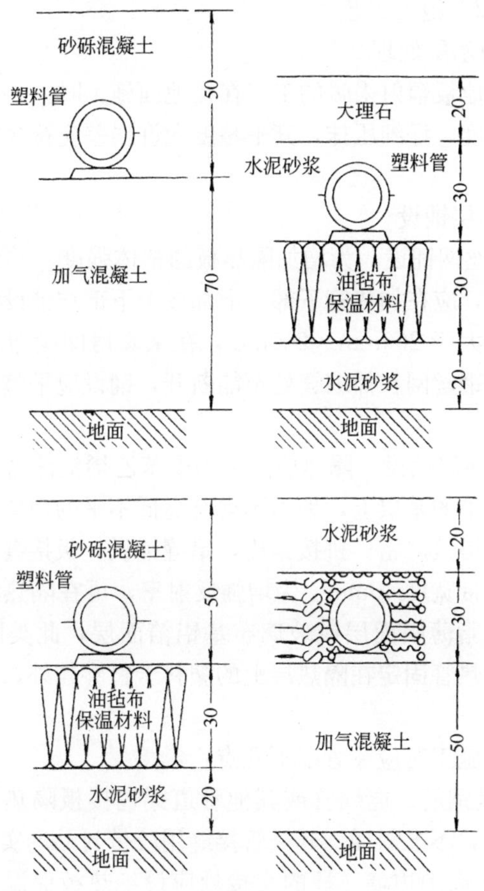

图 2-71 低温热水地板构造

低温热水地板施工之前，除地面外，所有湿作业及可能对楼(地)面进行凿打的土建作业都必须完成(即墙面、顶棚抹灰、顶棚吊杆或其他吊杆安装必须完成)；楼(地)面保持平整，清除杂物特别是油漆污渍必须清除干净；门窗或临时门窗应安装完毕，可提供一个能关闭的施工现场，以利于成品保护。

2.7.3.1　施工工艺流程

楼面基层清理 → 隔热层铺设 → 散热器组水压试验 → 散热器安装

2.7.3.2　施工工艺

1. 楼面基层处理

凡采用地板辐射采暖的工程在楼地面施工时，必须严格控制表面的平整度，仔细压抹，其平整度允许误差应符合混凝土或砂浆地面要求。

2. 隔热层铺设

(1) 钢丝网铺设　为增加隔热板的整体强度，并便于安装和固定加热管，应在加热管下部、上部或上下部均铺设钢丝网，钢丝网方格不大于200mm×200mm，在采暖房间满布，拼接处应绑扎连接。钢丝网在伸缩缝处不能断开，铺设应平整，无锐刺及跷起的边角。

(2) 隔热层铺设　隔热层多采用聚苯乙烯泡沫塑料板材，铺设在经过找平的基层上，地面不得有高低不平的现象。隔热层应铺设平整，搭接严密，拼接紧凑，错缝铺设，板接缝处全部用胶带粘接，胶带宽度40mm。为增强反射率，可在隔热板材上敷设真空镀铝聚脂薄膜面层或玻璃布基铝箔面层，此类隔热板施工时，除将加热管固定在隔热层上的塑料卡钉穿越外，不得有其他破损。

隔热板施工时应注意以下几点：

1) 凡是钢筋、电线管或其他管道穿过楼板隔热层时，只允许垂直穿过，不准斜插，其插管接缝用胶带封贴严实、牢靠。

2) 房间周围边墙、柱的交接处应设绝热板保温带，其高度要高于细石混凝土回填层。

3) 房间面积过大时，以6000mm×6000mm为方格留伸缩缝，缝宽10mm。伸缩缝处，用厚度10mm绝热板立放，高度与细石混凝土层平齐。

3. 加热盘管配管和敷设

低温热水地板采用具有抗渗氧性能的交联聚乙烯管(PE-X)、无规共聚聚丙烯管(PP-R)、聚丁烯管(PB)和铝塑复合管(XPAP、PAX)等作为加热管材，其中塑料管用同材质连接件热熔或电熔连接；铝塑复合管用专用连接件连接。不同材质管材、阀件连接时，采用过渡性接头。加热管安装步骤如下：

(1) 放线和配管　加热管常见的布管形式如图 2-72 所示。施工时，按设计图纸要求，事先将管的轴线位置用墨线弹在隔热板上，按加热管的弯曲半径(塑料管不应小于管道外径的 8 倍，复合管不应小于管外径的 5 倍)计算管的下料长度，其尺寸误差控制在±5%以内。

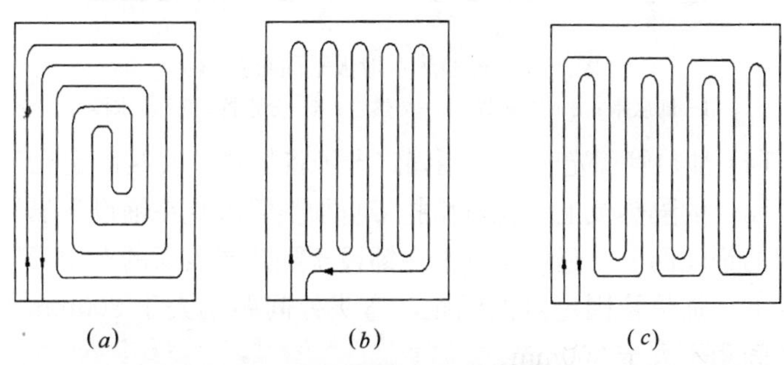

图 2-72　低温热水地板加热管布管方式

(a)旋转式；(b)直列式；(c)往复式

(2) 加热管的敷设　加热盘管在钢丝网上面敷设，管长应根据工程上各回路长度酌情定尺，一个回路尽可能用一盘整管，应最大限度减小材料损耗，填充层内不许有接头。必须用专用剪刀切割，管口应垂直于断面处的管轴线，严禁用电、气焊、手工锯等工具分割加热管。同一通路的加热管应保持水平，确保管顶平整度为±5mm。

(3) 伸缩节设置　加热管穿地面膨胀缝处，用膨胀条将地面分隔，如图 2-73 所示，加热管需设伸缩节。

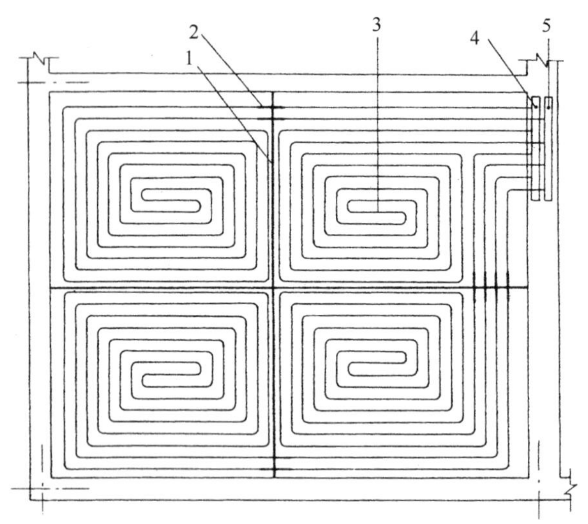

图 2-73　低温热水地板平面布置图

1—膨胀带；2—伸缩节；3—加热管；4—分水器；5—集水器

(4) 加热管固定　既可用固定卡子将加热管直接固定在敷有复合面层的隔热板上；也可用扎带将加热管绑扎在铺设于隔热层表面的钢丝网上；还可将其卡在铺设于隔热层表面的专用管架或管卡上。加热管固定点的间距，弯头处间距不大于 300mm，直线段间距不大于 600mm。

(5) 套管设置　在过门、过伸缩缝、沉降缝时，应加装套管，套管长度≥150mm，套管比盘管大两号，内填保温边角余料。

(6) 加热管试压　加热盘管隐蔽前必须进行试压，试验压力为工作压力的 1.5 倍，并不小于 0.6MPa。

4. 分(集)水器安装

分(集)水器可在加热管敷设前安装，也可在敷设管道回填细石混凝土后与阀门、水表一起安装。安装必须平直，牢固，在细石混凝土回填前安装需作水压试验。分(集)水器应固定在墙壁或专用箱体内。

(1) 分(集)水器安装方式　有水平和垂直安装两类，水平安装时，宜将分水器安装在上，集水器安装在下，中心距宜为200mm，且集水器中心距地面不小于300mm；垂直安装时，分(集)水器下端距地面应不小于150mm。

(2) 套管设置 加热管始、末端出地面至连接配件的管段，应设置在硬质套管内。

(3) 分路阀门连接 分、集水器分路阀门与加热管的连接，应采用专用卡套式连接件或插接式连接件。

(4) 加热管路冲洗 加热管与分(集)水器牢固连接后，应对每一环路进行冲洗，直至出水干净为止。

5. 细石混凝土敷设层施工

(1) 表面清理 铺设细石混凝土前，必须将敷设完管道后的工作面上的杂物、灰渣清除干净(宜用小型空压机清理)。

(2) 细石混凝土拌和 遵循土建工程施工规定，优化配合比设计、选出强度符合要求、施工性能良好、体积收缩稳定性好的配合比。混凝土强度等级应不低于C10，卵石粒径不大于10mm，并掺入适量防止龟裂的添加剂。

(3) 嵌条设置 在过门、过沉降缝处、分格缝部位宜嵌双玻璃条分格，玻璃条用3mm玻璃裁划，比细石混凝土面低1～2mm。

(4) 细石混凝土回填 在盘管加压(工作压力或试验压力，且不小于0.4MPa)状态下铺设，回填层凝固后方可泄压。填充时应用人力轻轻捣固，铺设时不得在盘管上行走、踩踏，不得有尖锐物件损伤盘管和保温层，为防止盘管上浮，应小心下料、拍实、找平。细石混凝土接近初凝时，应在表面进行二次拍实、压抹，以防止顺管轴线出现塑性沉降裂缝。

6. 试压

浇捣混凝土填充层之前和混凝土填充层养护期满之后，应分别进行系统水压试验。试验合格后，应进行调试。

水压试验应按下列步骤进行：

(1) 经分水器缓慢注水，同时将管道内空气排出。

(2) 充满水后，进行严密性检查。

(3) 采用手动泵缓慢升压，升压时间不得少于15min。

(4) 使用复合管的采暖系统应在试验压力下10min内压力降不大于0.02MPa，降至工作压力后检查，不渗、不漏；使用塑料管的采暖系统应在试验压力下1h内压力降不大于0.05MPa，然后降压至工作压力的1.15倍，稳压，压力降不大于0.03MPa；同时各连接处不渗、不漏为合格。

7. 调试

试验合格后，应进行调试。

(1) 系统调试条件　供回水管全部水压试验完毕符合标准；管道上的阀门、过滤器、水表经检查确认安装的方向和位置正确，阀门启闭灵活；水泵进出口压力表、温度计安装完毕。

(2) 系统调试　热源引进到机房通过恒温罐及采暖水泵向系统管网供水。调试阶段系统供热温度起始温度为常温25～30℃范围内运行24h，然后缓慢逐步提升，每24h提升不超过5℃，在38℃恒定一段时间，随着室外温度不断降低再逐步升温，直至达设计水温，并调节每一通路水温达到正常范围。

2.8　室内局部热水采暖系统安装

在没有集中采暖的住宅建筑，可设置由采暖系统的三个组成部分连成一个整体的局部供热系统，如燃煤采暖、电热水炉户式采暖、户式燃气采暖系统。

2.8.1　燃煤采暖系统安装

燃煤采暖系统是以煤炭为燃料、采暖炉作为加热设备、热水为热媒的一种简单采暖系统。系统的组成如图2-74所示。

2.8.1.1　施工工艺流程

燃煤炉安装→管道及附件安装→散热器安装

2.8.1.2　施工工艺

1. 燃煤炉安装

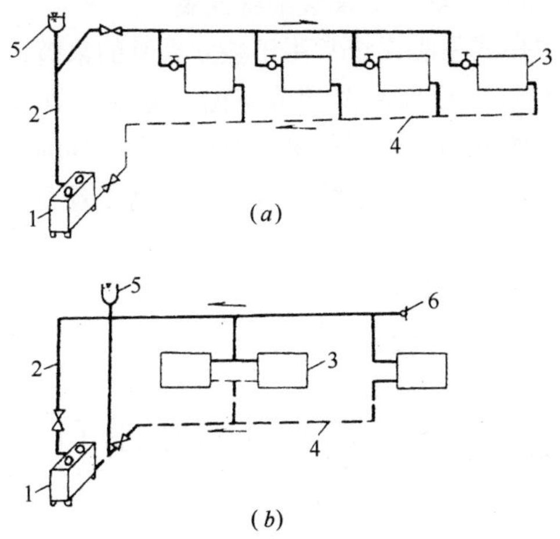

图 2-74 燃煤采暖系统组成

(a)补水管设置在供水管上；(b)补水管设置在回水管上

1—加热炉；2—供热管道；3—散热器；

4—回水管道；5—补水罐；6—排气阀

按所需采暖面积选择适当型号的采暖炉，如图 2-75 所示为桑普 DDLR 系列采暖炉。

2. 管道及附件安装

(1) 管道安装　划线定位，安装管道支吊架，管道就位并固定，注意采暖管道的管径，应比机械循环的管径大一号。具体施工工艺可参照本章采暖管道安装部分。

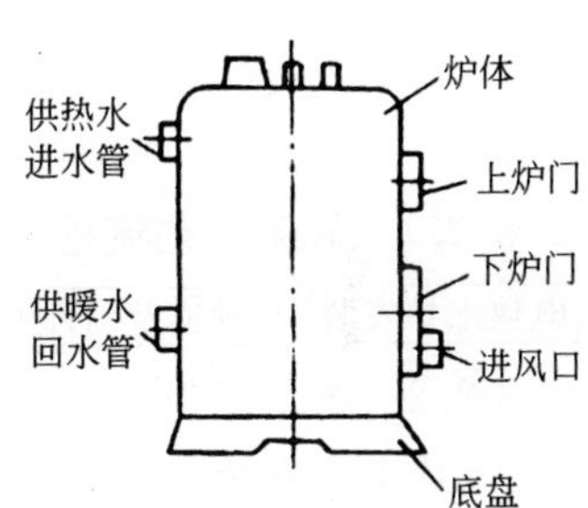

图 2-75 桑普 DDLR 系列热水采暖炉

(2) 补水罐安装　补水罐应留有容纳膨胀水的空间，安装时要高出水平干管 300mm 以上。

3. 散热器安装

散热器应尽量选择容水量较大的型号，具体安装可参照本章相关内容。

2.8.2　电热水炉户式采暖系统安装

电热水炉户式采暖系统常用于独立别墅的采暖，其组成如图2-76所示。它可以根据需要调节室温，方便、节能，又无环境污染，计量方便准确，管理简单。但在水质不好的地区，需定期为电热棒除垢，有的电热水炉设有自动除垢装置。

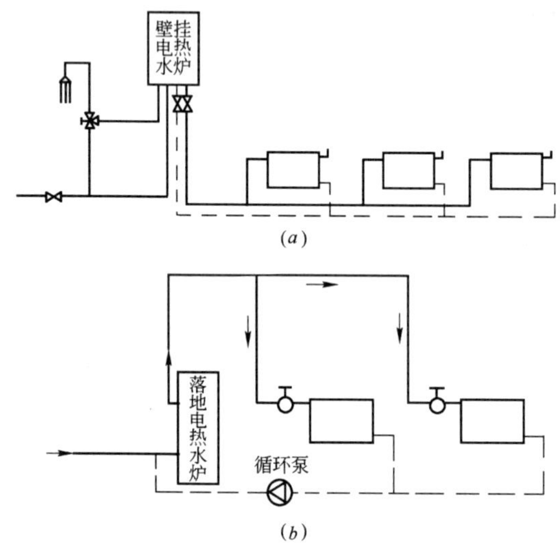

图2-76　电热水炉户式采暖系统
(a)壁挂式；(b)落地式

2.8.2.1　施工工艺流程

电热水炉安装 → 管道及附件安装 → 散热器安装

2.8 2.2　施工工艺

1. 电热水炉安装

根据房间布置选择壁挂式或落地式电热水炉，根据采暖面积确定电热水炉的规格和型号，再将电热水炉固定在墙上或地面上。

2. 管道及附件安装

(1) 附属设备安装　对于落地式电热水炉，需安装循环泵，若采用普通清水泵做循环泵，需将其置于基座上，找平、找正后用地脚螺栓固定；若采用管道泵，应将其固定于墙上。

(2) 管道安装　划线定位，安装支架，配管，并将其与电热水炉、循环泵(对于落地式)连接起来。循环水泵吸水管安装应具有沿流向上升的不小于 0.005 坡度接至水泵的入口，以免积气而吸不上水。

3. 散热器安装

选择合适散热器，安装就位，并与系统连接。

2.8.3　户式燃气采暖系统安装

户式燃气采暖系统以燃气为能源、热水为热媒的采暖系统，有单管采暖和热水地板采暖等形式，如图 2-77 所示。

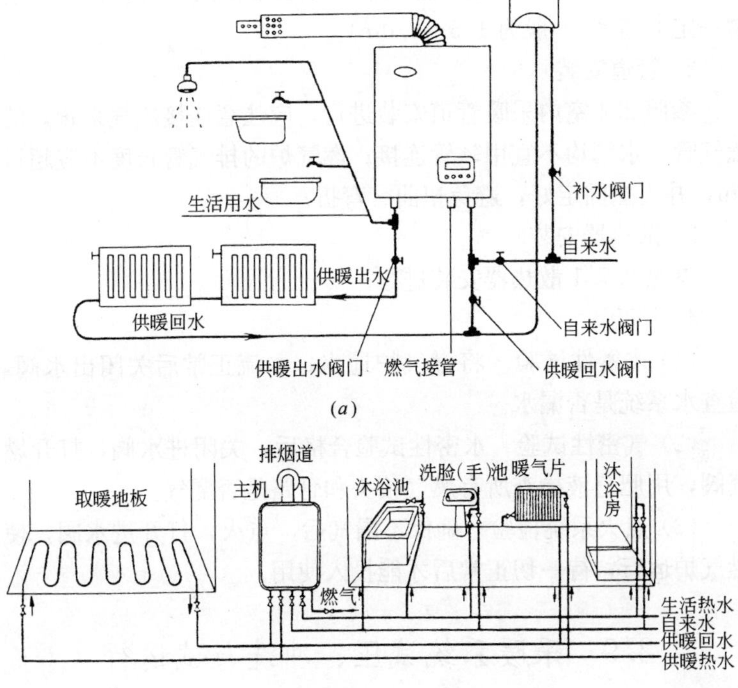

图 2-77　燃气炉户式采暖系统

(a)单管采暖；(b)热水地板采暖

2.8.3.1 施工工艺流程

燃气炉安装 → 管道安装 → 散热器安装 → 检验

2.8.3.2 施工工艺

1. 燃气炉安装

户式燃气炉按排气方式分为烟道式和平衡式两类，燃烧所需空气分别来源于室内或室外。

(1) 燃气炉就位 燃气炉一定要分室安装，并安装在通风良好的房间内，平衡式燃气炉应安装在有外墙的房间内。燃气炉的安装高度以排烟口离顶棚距离大于600mm，且观火孔与人眼高度平齐为宜；燃气炉不能安装在灶具上方，应距离可燃物300mm以上。

(2) 烟道安装 烟道式燃气炉必须安装烟道，并应伸出建筑物一定的高度(一般为1.5～2.0m)。

2. 管道安装

参照2.4室内采暖管道安装进行，应注意连接燃气采暖炉的燃气管、水管均不宜用软管连接；燃气炉的排气管长度不应超过3m，并支撑固定好，避免扭曲、弯折。

3. 散热器安装

参照2.7.1散热器安装进行。

4. 检验

(1) 水密性试验 将燃气炉通水，水流正常后关闭出水阀，检查水系统是否漏水。

(2) 气密性试验 水密性试验合格后，关闭进水阀，打开燃气阀，用肥皂液检查所有燃气接头和管路是否漏气。

(3) 点火系统检验 确保不漏气后，点火，打开进水阀，使燃气炉运行，待一切正常后才能投入使用。

2.9 采暖系统试压、冲洗与试运行

2.9.1 室内采暖系统试压

室内采暖系统的试压是在管道和散热设备及附属设备全部连

接安装完毕后进行，包括两个方面，即一切需隐敝的管道附件在隐蔽前必须进行的水压试验和系统安装完毕后进行的最终水压试验。水压试验压力见表 2-19，一般以系统工作压力做严密性试验，以试验压力做强度试验。系统工作压力由循环水泵的扬程决定；试验压力由设计确定，以不超过散热器能承受的压力为原则。在高层建筑试验时，当底部散热器所受的静水压力超过其承受能力时，则应分层进行。

室内采暖系统水压试验压力 **表 2-19**

管道类别	工作压力 P(MPa)	试验压力 P_s(MPa)
低压蒸汽管道		顶点工作压力的 2 倍且底部压力不小于 0.25
低温水及高压蒸汽管道	小于 0.43	顶点工作压力＋0.1 且顶部压力不小于 0.3
高温水管道	小于 0.43	$2P$
	0.43～0.71	$1.3P+0.3$

2.9.1.1 施工工艺流程

试验管路连接 → 系统检查 → 水压试验

2.9.1.2 施工工艺

1. 试验管路连接

(1) 根据水源的位置和工程系统情况，制定出试压程序和技术措施，再测量出各连接管的尺寸，标注在连接图上。

(2) 断管、套丝、上管件及阀件，准备连接管路。

(3) 一般选择在系统进户入口供水管的甩头处，连接至加压泵的管路。

2. 灌水前的检查

(1) 检查全系统管路、设备、阀件、固定支架、套管等，必须安装无误。各连接处均无遗漏。

(2) 根据全系统试压或分系统试压的实际情况，检查系统上各类阀门的开、关状态，不得漏检。试压管道阀门全部打开，试验管段与非试验管段连接处应予以隔断。

(3) 检查试压用的压力表灵敏度。

(4) 水压试验系统中阀门都处于全关闭状态，待试压中需要开启时再打开。

3. 注水加压

(1) 打开水压试验管路中的阀门，开始向供暖系统注水。

(2) 开启系统上各高处的排气阀，使管路及供暖设备里的空气排尽，待水灌满后，关闭排气阀和进水阀，停止向系统供水。

(3) 打开连接加压泵的阀门，用电动打压泵或手动打压泵通过管路向系统加压，同时拧开压力表上的旋塞阀，观察压力逐渐升高的情况，检查接口，无异样情况方可缓慢地加压，系统加压一般分2～3次升至试验压力。增压过程观察接口，发现渗漏立即停止，将接口处理后再增压。

(4) 试压过程中，用试验压力对管道进行预先试压，其延续时间应不少于10min；然后将压力降至工作压力，进行全面外观检查，在检查中，对漏水或渗水的接口作上记号，便于返修。在5min内压力降不大于0.02MPa为合格。

(5) 系统试压合格后，放掉管道内的全部存水；不合格时应待补修后，再次按前述方法二次试压，直至合格。

(6) 拆除试压连接管路，将入口处供水管用盲板临时封堵严实。

2.9.2　室内采暖管道清洗、通热与调试

2.9.2.1　施工工艺流程

室内管道冲洗 → 通热 → 调节 → 验收

2.9.2.2　施工工艺

1. 室内管道冲洗

水压试验合格后，应对系统进行清洗。清洗的目的是消除系统中的污泥、铁锈、砂石等杂物，以确保系统运行后介质流动通畅。

(1) 热水采暖系统冲洗　对热水采暖系统，可用水冲洗，即

将系统注满水，然后打开系统最低处的泄水阀门，让系统中的水连同杂物排除，这样反复数次，直至排出的水消澈透明为止，具体操作如下：

1）阀门检查。检查系统内各类阀件的关闭状态。不允许冲洗的附件，如孔板、调节阀、过滤器等，暂时拆下，并以短管代替；对减压阀、疏水器等，应关闭进水阀，打开旁通阀，使其不参与冲洗；系统内的流量孔板、温度计、压力表、调节阀芯、止回阀芯等亦需拆除，冲洗后再装上。

2）冲洗口设置。水冲洗时，冲洗口设于系统各低点水阀处；气体吹扫时，吹出口一般设置于阀门前，以保证污物不进入关闭的阀体内。

3）总立管及水平干管冲洗。将自来水管接到供水水平干管的末端，再将供水总立管进户处接往下水道或排水沟。打开排水口的阀门，开启自来水进口阀门进行反复冲洗。按上述顺序，对系统的各个分路供水水平干管分别进行冲洗。冲洗结束后，先关闭自来水进口阀，再关闭排水口控制阀门。

4）立管及回水水平导管冲洗。自来水管连通进口可不动，将排水出口连通管改接至回水管总出口处，关上供水总立管上各个分环路的阀门，先打开排水口的总阀门，再打开靠近供水总立管边的第一个立支管上的全部阀门，最后打开自来水入口处阀门进行第一分立支管的冲洗。冲洗结束时，先关闭进水口阀门，再关闭第一分支管上的阀门。按此顺序对各环路上各根立支管及水平回路的导管进行冲洗。

5）冲洗效果检查。冲洗时以系统可能达到的最大压力和流量进行，并保证冲洗水的流速不小于 1.5m/s。冲洗中，当排入下水道的冲洗水为洁净水时可认为合格。全部冲洗后，再以流速 1～1.5m/s 的速度进行全系统循环，延续 20h 以上，循环水色透明为合格。全系统循环正常后，应及时填写清洗记录，并将拆卸的仪表和阀件复原。

(2) 蒸汽采暖系统冲洗　对蒸汽采暖系统可用蒸汽进行冲

洗，冲洗时，应打开疏水装置的旁通阀。送气时，送气阀门应缓慢开启，避免造成水击，当排汽口排除干净蒸汽为止。具体操作如下：

1）管道预热。预热时应先开小阀门用小量蒸汽缓慢预热管道，同时检查管道的固定支架是否牢固，管道伸缩是否自如，待管道末端与始端温度相等或接近时，预热结束。

2）排汽口设置。预热结束后，开大阀门增大蒸汽流量进行吹洗。吹洗时应从蒸汽总汽阀开始，沿蒸汽管道中蒸汽的流向逐段进行。一般每一吹洗管段设一个排汽口。排汽口附近管道应固定牢固，排汽管应接至室外安全的地方，管口向上倾斜，并设明显标记，严禁无关人员接近。排汽管的截面积应不小于被吹洗管截面积的75%。

3）蒸汽吹洗。关闭减压阀、疏水器的进口阀，打开阀前的排泄阀，以排泄管作排出口，打开旁通管阀门，使蒸汽进入管道系统进行吹洗。用总阀控制吹洗蒸汽流量，用各分支管上阀门控制各分支管的吹洗流量。蒸汽吹洗时压力应尽量控制在管道设计工作压力折75%左右，最低不能低于工作压力的25%。吹洗流量为设计流量的40%～60%。每一排汽口的吹洗次数不应少于2次，每次吹洗15～20min，并按升温—暖管—恒温—吹洗的顺序反复进行。蒸汽阀的开启和关闭都应缓慢，不应过急，以免引起水击而损伤阀件。

4）蒸汽吹洗检验。可用刨光的木板置于排汽口进行检查，以板上无锈点和脏物为合格。对可能留存污物的部位，应用人工加以清除。蒸汽吹洗过程中不应使用疏水器来排除系统中的凝结水，而应使用疏水器旁通管疏水。

2. 通热

室内采暖系统经冲(吹)洗、强度试验合格后可进行正式通热。如系统较大且环路较多时，可按分支系统环路分别进行。

(1) 热水采暖系统通热　应在确认外管网运行正常后进行，具体操作如下：

1）打开系统回水总阀门，通过回水管往室内采暖管道充水，充水时，应开启室内采暖系统顶部集气罐上的放气阀，并关闭系统入口装置中的排水阀，边充水边放气。充水速度不应太快，以利于系统中空气的排出。当系统的集气设备排气完毕并排水后，说明系统已注满水。此时打开供水总阀门，使室内系统参与外网循环。应注意系统压力变化，室内采暖系统入口处供水管上的压力不能超过散热器工作压力。还要注意检查管道、散热器和阀门有无渗漏破坏情况，如有故障应及时排除。

2）按系统与楼层检查散热器冷热程度，有无过热和不热的，或只有少数片热的，及时做好记录，查找原因制订调试方法。

3）对已进入冬季的系统宜连续进行通热。连续运行中发现局部不热或温度差异过大的，系统出现水流声响，应查找原因，进行调整和检修。

（2）蒸汽采暖系统通热的操作如下：

1）逐渐打开蒸汽入口阀门，让蒸汽逐渐进入系统供暖。温度较高的蒸汽如流速过大，使管道骤热而伸缩不力，也易使空气来不及排出而出现水击。

2）打开凝结水干管的疏水器组的旁通阀，迅速排除蒸汽冷凝成的凝结水，然后再逐渐开大蒸汽阀门。旁通管冒气后，关闭旁通管阀门，疏水器组正常工作。

3）逐组打开散热器手动排汽阀排除散热器内的空气，打开凝结水或绕门弯处的排气阀进行系统排气。

3. 调试

采暖系统的调试主要是对各环路压力、流量的调节，借以达到各采暖房间室内温度的平衡。

（1）室内热水采暖系统调试时，通过调整用户入口的调压板或阀门，使供水管压力表上的读数与入口要求的压力保持一致，再通过改变各立管上阀门的开度来调节各立管散热器的流量，具体操作步骤如下：

1）检查各分支环路系统室内温度均匀程度，室内温度是否满足设计要求。因室内温度受室外温度、循环水量等因素影响，一般由锅炉房内进行集中调节。

2）调节各分支管路控制阀门，调节流量。一般情况下，距入口最远的立管阀门开度最大，越靠近入口的立管阀门开度越小；对于异程式采暖系统，须先关小环路长度较短的立管或散热器上的阀门开度，环路长度越短，其立管或散热器上的阀门开度应越小，只有压缩近环路的循环流量，才能保证远环路内正常循环流量；对于双管系统。由于上层散热器的重力水头较大，流量偏大，故应关小上层散热器上阀门的开度。

3）造成室内采暖系统内部水力失调(指各房间的散热器冷热不均匀现象)的原因可能有管道被污物堵塞或管道内形成“空气塞”。当管道被污物堵塞时，在污物堵塞处的前后，其表面温度有显著差异，可用手摸一摸，通过触觉找出污物堵塞的位置。一般在弯头、三通、四通变径管信阀门等处容易堵塞，若发现堵塞现象，必须拆开进行修理。当系统形成“空气塞”，会影响水的正常循环，因而出现部分散热器不热的现象。当发现这种现象时，应对集气罐进行改装，增设放气管，或重新做好充水、放气工作。

4）由于热水采暖系统热惰性大，当阀门开度改变后，常常需要很长时间，散热器的表面温度和系统的回水温度才能达到新的平衡，因此调整工作一定要细致，有时需要反复多次才能完成。

(2) 蒸汽采暖系统的调试有压力调节和供热调节两种方式。压力调节时，先开启蒸汽入口装置中减压阀后的阀门，关闭旁通管上阀门，然后缓缓开启减压阀，等阀门全开后，注意压力表读数，调节减压阀使减压后有蒸汽达到设计要求。调整压力时应注意先调好安全阀，以便系统超压时安全阀能及时启动，保护采暖设备安全运行；旁通管上的阀门是检修时用的，正常运行时，应将其关严，开启时必须缓慢，同时注意压力读数不能超过系统规定的工作压力。供热调节靠调节系统内各个阀门的控制附件，使系统内散热设备均匀散热。

4. 验收

系统在通热与试调达到正常运行的合格标准后，应邀请各有关单位检查验收，并办理验收手续。有关通热调试的施工记录和验收签证等文件资料，应妥善保管，将作为交工档案的必备材料。

2.9.3 室外热力管网试压

和室内采暖系统一样，室外热力管网安装完毕后，应对管道系统进行水压试验。水压试验分为分段试压和总试压。

分段试压时，先升压至1.5倍的工作压力，但不小于0.6MPa，观察10min压力降不大于0.05MPa；然后降到工作压力，并用约1.5kg的手锤检查焊缝质量，不渗不漏为合格。雨季分段试压合格后，若无条件继续安装时，可以不排放管道内的存水，以防漂管。如必须放水时，放水后，宜用两层麻布和铁丝将管口扎紧，防止管内进入淤泥。

总试压时，先升压至1.25倍的工作压力，但不小于0.6MPa，观察10min压力降不大于0.05MPa。详细检查管道、设备和附件，在1h内压力降不超过0.05MPa时，即为合格。

冬季总试压时，气温在0℃以下时，管道可在采取防冻措施后用50℃热水分段试压。试压工作应抓紧，及时灌水，及时排净存水，以防冻坏管子。试压设备、压力表和连接管路等，均应用保温材料包扎防冻。

室外热力管网试压的施工工艺参见2.9.1。

2.9.4 室外热力管网冲洗与通热

2.9.4.1 施工工艺流程

热力管网冲洗 → 热力管网通热 → 验收

2.9.4.2 施工工艺

1. 热力管网冲洗

室外采暖管道尽管在安装前清除了较大的杂物和块状物，且室外系统循环时较大粒径的固体物被阻挡在除污器之前，但仍有较小粒径的泥沙会被带到管径较小的膨胀管和管口处，若完全堵塞后膨胀水箱将失去作用，使系统无法运行，所以室外热力管网在通暖前必须进行冲洗。

冲洗前应对各种仪表进行保护，必要时可以卸掉，如将孔板、滤网、节流阀及止回阀的阀芯拆掉并妥善保管。对于不冲洗的管道和设备应与冲洗管道隔离，以免脏物进入。

(1) 热水管道冲洗　首先利用压力为0.3～0.4MPa普通自来水粗洗，冲洗过的水直接排入下水道，当排水口流出洁净水时，可以认为粗洗完成。再以1～1.5m/s的流速的水循环精洗，延续20～30h，直到循环水的水色透明为止。冲洗后，应对管道系统中的过滤器进行检查和清洗。

(2) 蒸汽管道吹洗　蒸汽管道试压结束后，在冲洗段的末端与管道垂直升高处设置冲洗口，冲洗口用钢管焊接在蒸汽管道下侧，并装设阀门。吹洗前应加热管道，缓缓开启蒸汽总阀，勿使蒸汽流量和压力增加过快，产生管道强度不能承受的温度应力，使管道遭受破坏。加热开始时，有大量凝结水从冲洗口排出，以后逐渐减少，此时可关小出口阀门，以减少蒸汽用量。当冲洗段末端的蒸汽温度接近开始端蒸汽温度时，则加热完毕。冲洗时先将各冲洗口的阀门打开，然后逐渐打开总进气阀，增加蒸汽流量进行冲洗。吹洗次数为1～2次，每次冲洗时间约为20～30min。当冲洗口排出的蒸汽完全清洁时，才能停止冲洗。冲洗后拆除冲洗管及排气管，将水放净。

2. 室外热力管网通热

(1) 室外热水采暖系统通热。实际上是与锅炉、热水循环水泵、软化水补水系统同时运转的。通热前需关闭各建筑物的供回水总阀，打开循环管阀门，从锅炉房(或热交换站)的补给水泵向系统注水(将软化水从回水总管处注入)，逐渐注满外管网。当地沟敷设时，应边注水边在锅炉房内供水总管的最高点处排气。当确认外管网全部注满水后，开启循环水泵进行外网循环，使水缓慢加热，要防止产生过大的温差应力。此时，应检验管道有无漏水和不热处。确认正常后关闭各建筑物热力入口处的循环管阀门，待与室内采暖系统联合运转。

(2) 室外蒸汽采暖系统通热的具体操作如下：

1) 关闭各建筑物热力入口和蒸汽管阀门，打开疏水器旁通管阀门(关闭疏水器进出口阀)和排汽阀。

2) 逐渐开启外网蒸汽总阀进行通热。首次通热时，因管道温度较低，如开启阀门过大，会使管道因骤热而使焊缝等处受应力过大后产生裂纹，或损坏阀门。

3) 刚通入蒸汽时(尤其低压蒸汽系统)，管内会产生大量凝结水，可从疏水器组的旁通管排除。当出现排出部分蒸汽后，关闭旁通阀。

4) 完全开启蒸汽总阀向系统供汽，疏水器正常工作，关闭排汽阀。

5) 检查室外管道、阀门、疏水器组等处有无漏汽、漏水及管段不热现象；检查疏水器组疏水是否通畅；凝结水回流是否顺利、回流量是否正常。若无异常时外管网通热完毕，待与室内蒸汽采暖系统联网运行。

3. 验收

室外热力管网工程的验收，应由施工单位会同建设单位共同进行。施工单位应按要求提供各种技术文件。建设单位应按施工规范的要求对工程的质量做全面检查。

第 3 章　现代建筑卫生洁具安装

3.1　卫生洁具的种类及材质

近年来，随着人们生活水平和卫生标准的不断提高以及建筑业的迅速发展，卫生洁具的材质、功能、造型等方面更加趋于功能完善、造型美观、节水消声、色彩丰富、使用舒适、材质优良的方向发展。

3.1.1　卫生洁具的种类

卫生洁具是建筑物内水暖设备的一个重要组成部分，是供洗涤、收集和排放生活及生产中所产生污(废)水的设备。常用卫生洁具，按其用途可分以下几类：

盥洗、沐浴类卫生洁具，包括洗脸盆、洗手盆、浴盆、淋浴器、净身器等；

洗涤类卫生洁具，包括洗涤盆、污水盆等；

便溺类卫生洁具，包括大便器、小便器等；

休闲、健身类卫生洁具，包括桑拿浴、蒸汽浴、水力按摩浴等；

其他类卫生洁具，包括化验盆、漱口盆、呕吐盆等。

以上各类卫生洁具的功能、结构、材质、形式各不相同，使用时应根据其用途、设置地点、维护条件等要求而定。其材质上均应满足表面光滑、易于清洗、不透水、耐腐蚀、耐冷热等特点。现将一些常用卫生洁具的类型及安装尺寸介绍如下。

3.1.1.1　盥洗类卫生洁具

洗脸盆、洗手盆(池)一般设置在盥洗室、浴室、卫生间内，供洗脸、洗手、洗头使用。其形式规格较多，常见的有长方形、三角形、椭圆形三种造型，安装方式有墙架式、立柱式(即立式)、台式三种，如图 3-1 所示。墙架式洗脸盆有单眼和双眼之分，分别适用于冷热水混合龙头、仅设冷水龙头和冷、热水龙头单独安装，一般用于家庭、旅馆普通客房的卫生间内；立柱式洗脸盆用于标准较高的卫生间内，特点是其排水存水弯是暗装在立柱内，外观整洁大方；台式洗脸盆是将盆体嵌装在大理石或陶瓷、瓷砖贴面的台板上，组装成梳妆台，显得美观豪华，多用于高级客房或高级住宅、别墅的卫生间内。

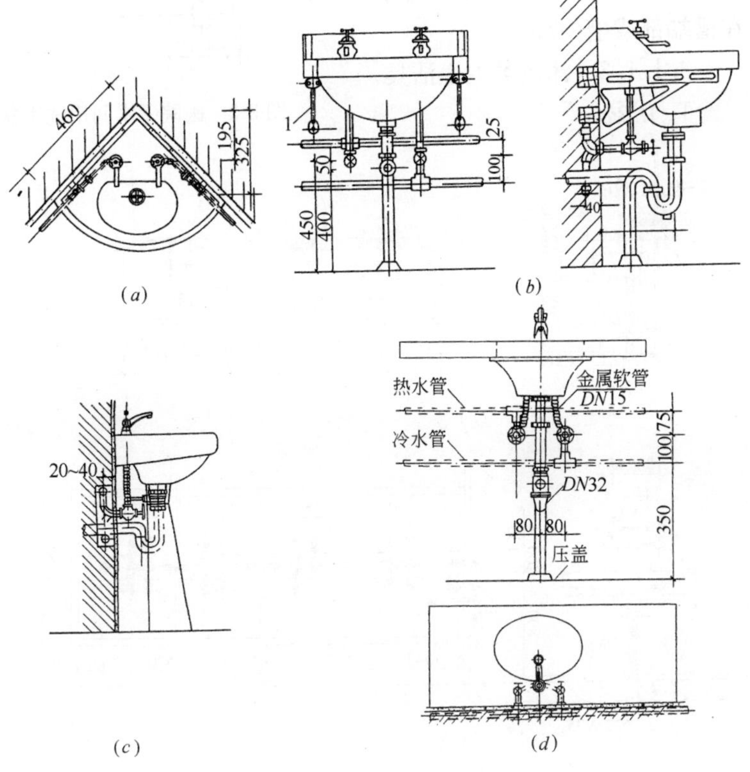

图 3-1 洗脸盆

(a)角式洗脸盆；(b)墙架式洗脸盆；(c)立柱式洗脸盆；(d)台式洗脸盆

洗手盆或池仅用于洗手，比洗脸盆的尺寸小些，而且盆很浅，如图3-2所示为医院手术间等场所使用的洗手池，分别为肘开关式、调温阀脚踏开关安装。

盥洗槽常用钢筋混凝土或水磨石类材料建造，设置在工厂、学校、军营的集体宿舍、车站、幼儿园的盥洗室等场所。多为长方形布置，有单面、双面两种，如图3-3所示，排水口可设在槽端部或槽中部。

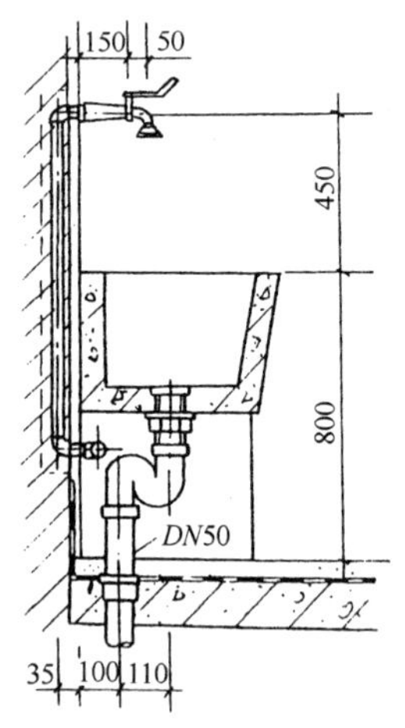

图3-2　医院手术间用洗手盆

3.1.1.2　沐浴类卫生洁具

1. 浴盆

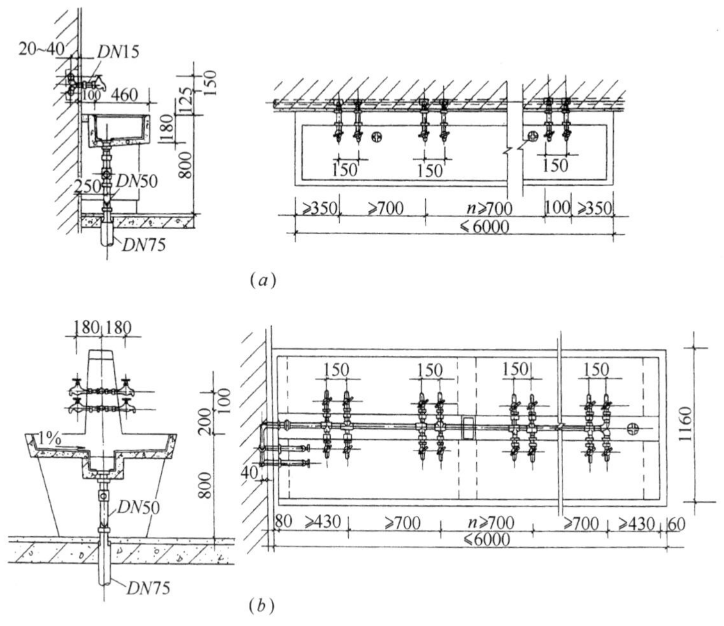

图3-3　盥洗槽

(a)单面盥洗槽；(b)双面盥洗槽

普通浴盆设在卫生间或公共浴室，主要用于清洗身体。其形式很多，如方形、圆形、环流形、阶梯式等，尺寸和形状应根据卫生间面积大小、使用者体形等来选择，长度 1200～1830mm 不等，如图 3-4 所示。

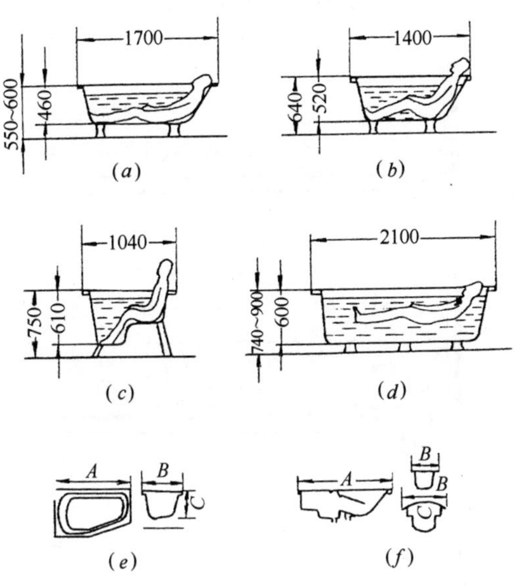

图 3-4 浴盆

(a)标准浴盆；(b)短浴盆；(c)阶梯式浴盆；(d)大型浴盆；(e)带切角浴盆；(f)环流式浴盆

浴盆的安装高度(即室内地坪至浴盆上缘的距离)和浴盆深度应根据浴盆类型和便于使用者出入浴盆来统一考虑。浴盆深度一般为 400～520mm 之间。安装高度不定，可根据使用对象来确定，如：住宅、旅馆的浴盆安装高度为 490～640mm；幼儿园、残疾人、养老院的浴盆安装高度为 380～450mm；阶梯式浴盆的安装高度为 750～950mm。

2. 淋浴盆、淋浴器

淋浴盆、淋浴器一般设置在公共浴室、集体宿舍、体育馆内，是用流动水冲洗头部和全身，借着水流自身压力和冲刷对人体有一种机械刺激作用，标准淋浴时间一般每次为15～25min，每人耗水量250～300L，具有清洁卫生、避免疾病传染、占地面积小、设备较简单等优点。淋浴者可直接站立在经过表面处理的地板上，也可以在淋浴者站立处安装淋浴盆(见图3-5)，规格从750～900mm不等，盆深为50～200mm。

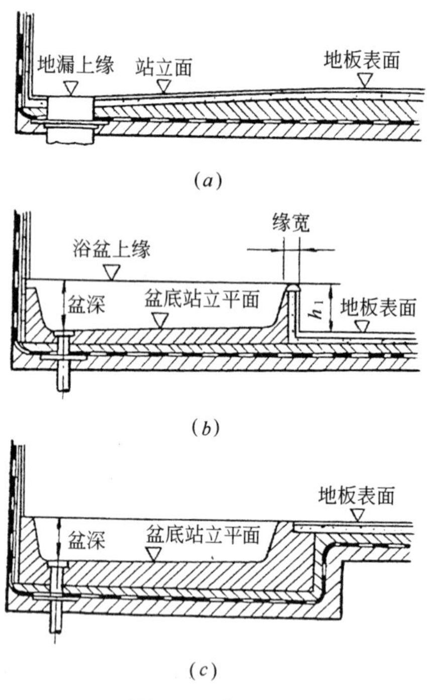

图3-5　淋浴盆

(a)放在地板上；(b)装在地板上；(c)砌在地板上

普通淋浴器是依靠水压作用形成雨状射流，其形式很多，如图3-6所示，图中(a)为可手持软管的升降式；(b)为普通的冷热水双管双门手调式；(c)为单管单门脚踏式；(d)为光电式淋浴器；(e)为三联单把调温式开关淋浴器。

3. 净身器

净身器(盆)是专供洗涤下身使用的，大多安装有带活动软管

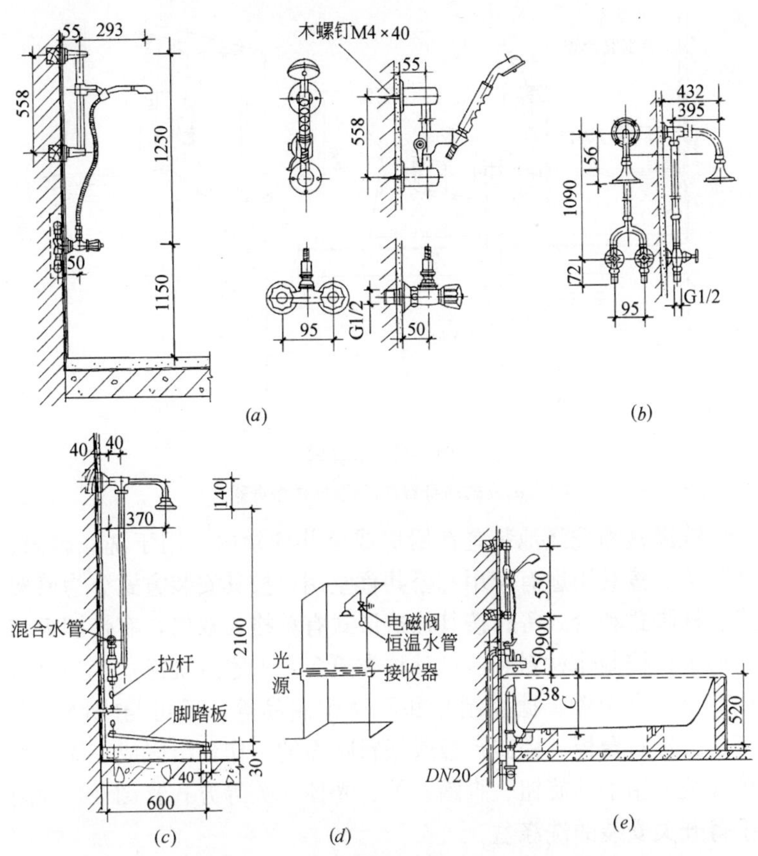

(a)

(b)

(c)

(d)

(e)

图 3-6 淋浴器的形式

(a)升降式；(b)双管双门手调式；(c)单管单门脚踏式；(d)光电式；(e)三联单把调温式

或固定使用的喷头。通常设置在医院、疗养院和养老院中的公共浴室内、高级住宅和旅馆的卫生间内，与大便器配套使用。有立式和墙挂式两种，净身盆的尺寸与大便器尺寸基本相同，如图3-7所示，配水方式有注水式、带冲洗喷头式。

3.1.1.3 洗涤类卫生洁具

1. 洗涤盆、洗涤池

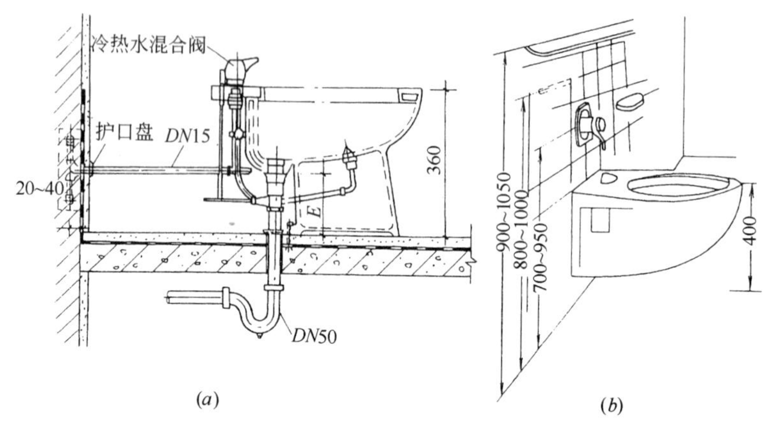

图 3-7 净身器
(a)立式净身器；(b)墙挂式净身器

洗涤盆和洗涤池装置在厨房或公共食堂内，用于洗涤碗碟、蔬菜等。按其用途有家用和公共食堂用；按其安装方式分为墙架式、柱脚式和台式等；按其构造形式有单格、双格，有带搁板和无搁板；按制作材料和造型其种类更多，如家用洗涤盆多为单格或双格，有陶瓷、搪瓷制品和不锈钢制品等，还可与水磨石台板、大理石台板、瓷砖台板或塑料贴面的工作台组嵌成一体。水嘴开关可用手动旋钮、脚踏开关、光控开关等方式，图 3-8 为用手臂开关安装的洗涤盆。

2. 污水池(盆)

污水池(盆)设置在公共建筑的厕所、盥洗室内，供清扫厕所、冲洗拖布、倾倒污水之用。其形式有墙挂式、落地式等。

3.1.1.4 便溺类卫生洁具及其冲洗设备

1. 大便器

大便器主要用于接纳、排除粪便，通常均采用冲水式大便器，只有在特殊的场所才使用干式大便器、化学药剂大便器或焚烧式大便器。

冲水式大便器由便器本体、冲洗设备和水封设备三部分组

20~40
155
75
75
116
填密封膏
200
C
800
DN40~50
钢管
E_1
E_2
DN50
铸铁管
153
155
E

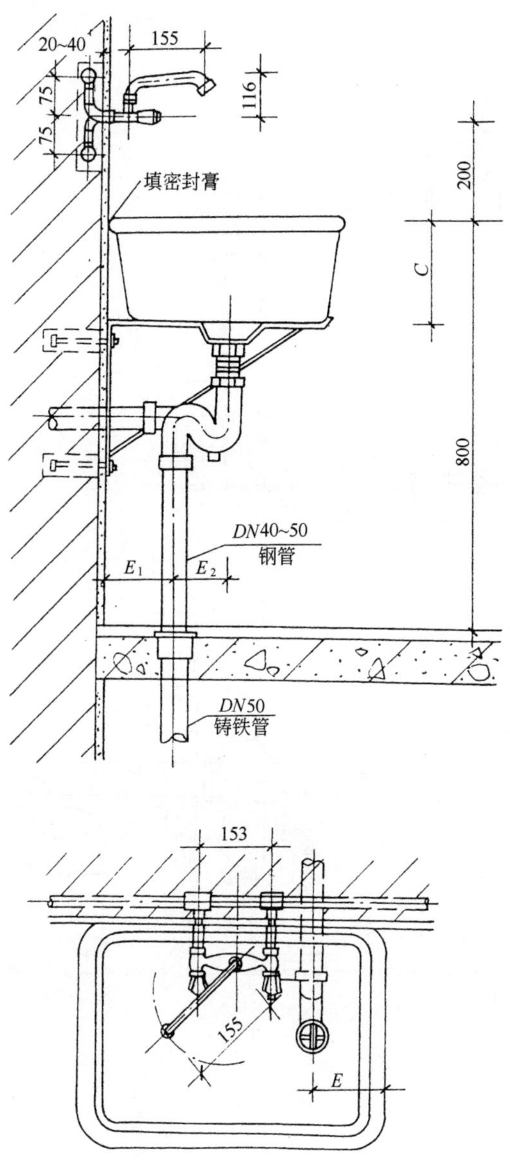

图 3-8 洗涤盆

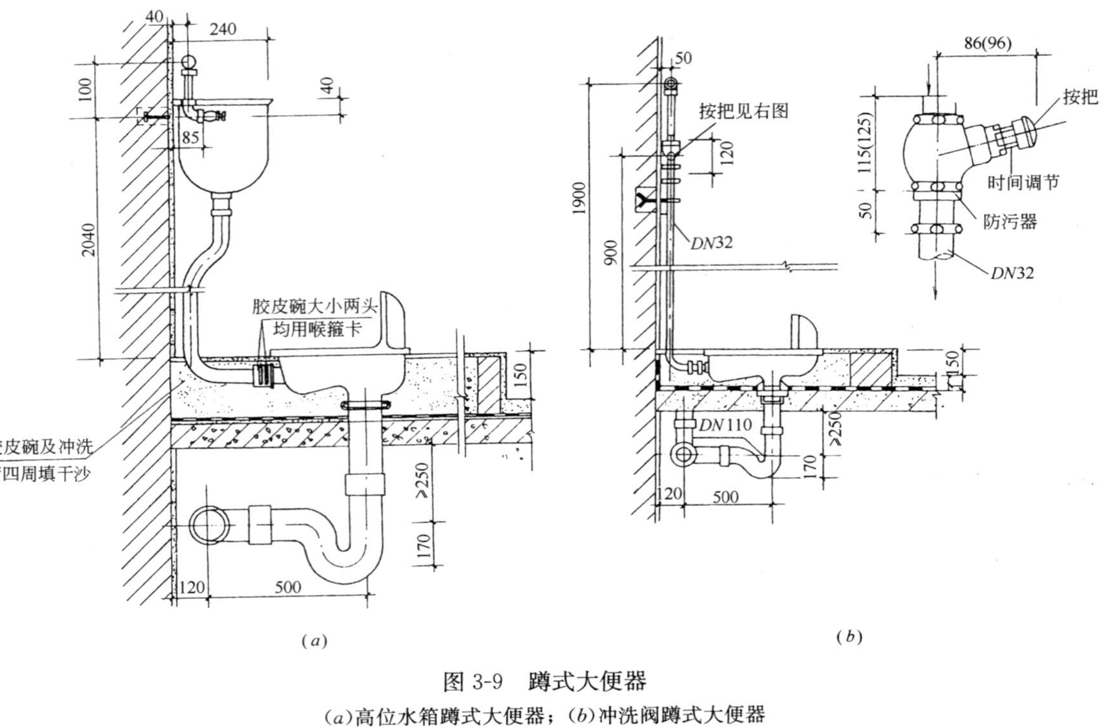

图 3-9　蹲式大便器
(a)高位水箱蹲式大便器；(b)冲洗阀蹲式大便器

成，最符合卫生和排除污物的要求。因冲水式大便器的用水量占生活用水量的50%以上，所以该大便器一直是设备开发的热点。

2. 大便器冲洗设备

大便器冲洗设备包括各种冲洗阀和冲洗水箱两大类，与大便器本体组合成特点各异、适用于不同场合的多种大便器。

蹲式大便器有自带存水弯、不带存水弯和自带冲洗阀、不带冲洗阀、水箱冲洗等多种形式。蹲式大便器多采用高位水箱或延时自闭式冲洗阀冲洗，延时自闭冲洗阀，可采用脚踏式、手动式、红外线数控式等多种开启方式。如图 3-9 所示，其中(*a*)为高位水箱蹲式大便器安装图，(*b*)为冲洗阀蹲式大便器安装图。

坐式大便器按其构造形式可分为盘形和漏斗形、整体式和分体式；按其安装方式有落地式和墙壁式；按大便器排泄污物的原理又有直接冲洗式和虹吸式两类。如图 3-10 和图 3-11 所示分别为冲洗式和虹吸式大便器。

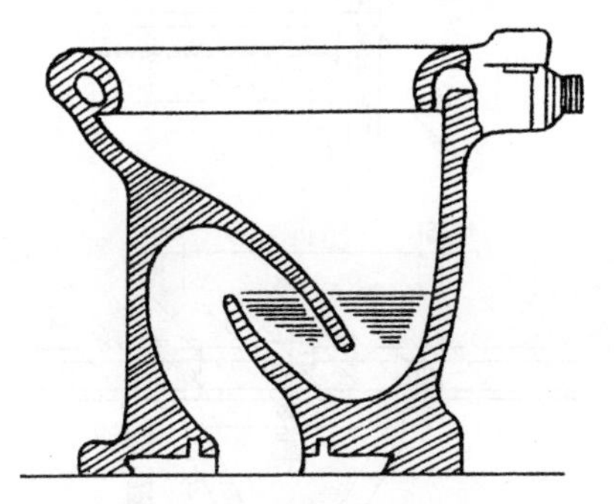

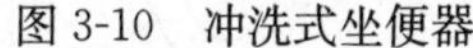

图 3-10　冲洗式坐便器

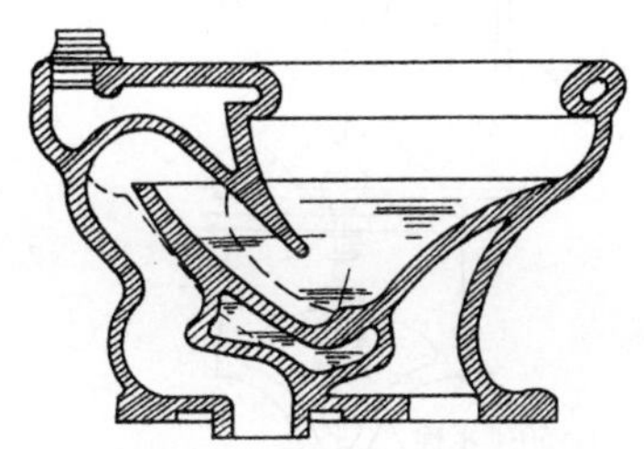

图 3-11　虹吸式大便器

3. 小便器

小便器有挂式、立式两种安装方式，如图 3-12 所示，一般均带有冲洗装置。布置在学校、影剧院、旅馆、办公楼、工厂等公共卫生间内。还有造价低、适合公共场合卫生间使用的小便槽。

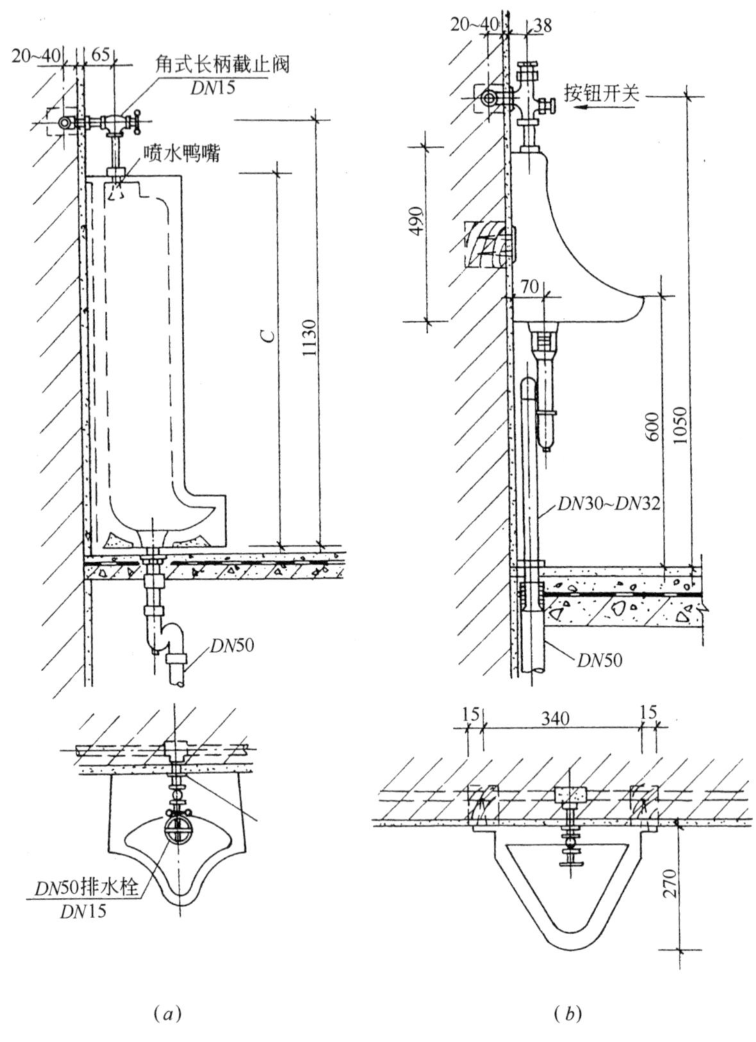

图 3-12　小便器

(a)立式小便器；(b)挂式小便器

3.1.1.5 其他类卫生洁具

漱口盆主要用来清洁口腔和牙齿，因为吐出的分泌物、牙膏、痰沫等污物会污染盥洗设备(如洗脸盆)，不易清洗且很不卫生，所以从卫生角度来看宜在医院病房、住宅和旅馆卫生间的盥洗盆旁边设漱口盆，盆口的尺寸约为780mm×500mm，并预留出配件所需的空间，其安装高度和与盥洗盆的间距应考虑避免污染盥洗盆，一般位于盥盆的右上方，比洗脸盆盆沿高出80～100mm，附有专用冲洗盆沿的冲洗阀。

呕吐盆是用于收纳呕吐的食物及分泌物，宜设在饭店、餐厅中卫生间的前厅(有时用污水池代替)，盆上方宜设扶手，配备冲洗设备。

化验盆装设在工厂、科研单位、学校的化验室或实验室中，多为矩形，墙架式安装或固定在实验桌台面上，根据使用要求可配置单联、双联、三联水嘴，如图3-13所示。

3.1.2 卫生洁具的材质

目前，制作卫生洁具的材料主要有陶瓷、搪瓷、塑料、水磨石、钢筋混凝土、不锈钢等材料。

卫生陶瓷分为细陶瓷、粗陶瓷、耐火粘土和卫生瓷器四种等级，是由陶坯涂上彩釉焙烧制成。其表面光洁、易于清洗、材料密实、吸水率仅为0.1%～0.5%、强度较大，能满足卫生、美观的要求。

搪瓷材料的卫生，具有表面坚硬、无孔隙、抗撞击、不褪色、耐腐蚀等性能，它的稳定性能、蓄热能力、隔音效果较好，热损耗和热膨胀系数也很小，使用寿命长。

塑料材料的卫生洁具，其特点是质轻、耐腐蚀、蓄热性能和导热能力小，但易老化、不抗刮划、不易清洗，使用寿命较长。

不锈钢卫生洁具，具有质坚、防腐、不老化、寿命长等特点。

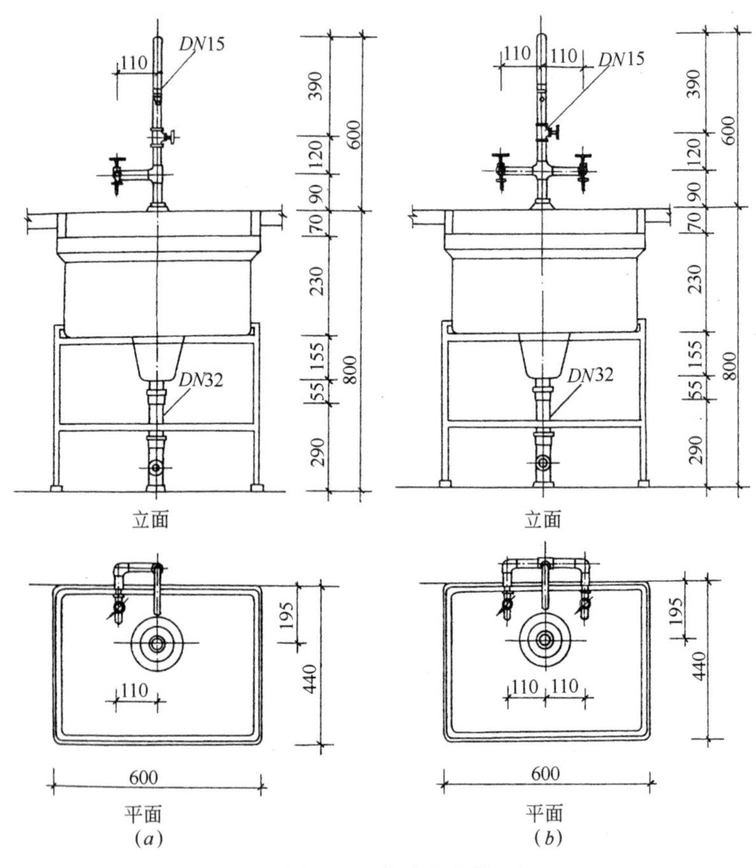

图 3-13 化验盆安装

(*a*)双联；(*b*)三联

3.2 卫生洁具的设置及布置

卫生洁具的设置及布置是建筑给排水设计的一个重要内容。它的设置及布置应满足人们的使用习惯、满足建筑物的功能、并与建筑装饰相协调，此外还应符合建筑物理学中对隔音、隔热、防潮、防火和防爆的要求。

3.2.1 卫生洁具的设置

卫生洁具的设置是按《工业企业设计卫生标准》以及建筑设计和工艺设计要求确定的，不同类型的建筑物，其卫生洁具的设置也不同，卫生洁具的设置数量可参考表 3-1 确定。

每一个卫生器具使用人数 表 3-1

建筑物名称	大便器		小便器	洗脸盆	盥洗水嘴	淋浴器
	男	女				
集体宿舍	10 人，大于 10 人时，每 20 人增加 1 个	8 人，大于 8 人时，每 15 人增加 1 个	20	每间至少设 1 个	8 人，大于 8 人时，每 12 人增加 1 个	
旅馆(公共卫生间)	18	12	18	每间至少设 1 个	8	30
教学楼	40～50	20～25	20～25	每间至少设 1 个		
医院	16	12	15	每间至少设 1 个	6～8	12～15
办公楼	50	25	50	每间至少设 1 个		
商店	200	100	100			
公共食堂	500	500	500	每间至少设 1 个		
公共浴室	50 个衣柜	30 个衣柜	50 个衣柜	入浴人数 4%计		5～8
幼儿园	5～8	5～8	5～8		3～5	10～12
工厂车间	25	20	20			

3.2.2 卫生洁具的布置

卫生洁具的布置是根据卫生洁具的平面尺寸、卫生洁具与墙壁的间距、使用卫生洁具时的活动空间等因素来确定。卫生间的平面布置则取决于卫生洁具所需面积、豪华程度以及工程设备费用等。

3.2.2.1　住宅卫生间的布置

住宅卫生间布置应按套型设计，按照《住宅设计规范》(GB 50096—1999)规定。

每套住宅应设卫生间，不同洁具组合的卫生间使用面积不应小于下列规定：

设便器、洗浴器(浴缸或淋浴器)、洗面器3件卫生洁具的为3m²；

设便器、洗浴器2件卫生洁具的为2.60m²；

设便器、洗面器2件卫生洁具的为2m²；

单设便器的为1.10m²。

常见的几种住宅中卫生间卫生洁具的布置形式如图3-14所示。

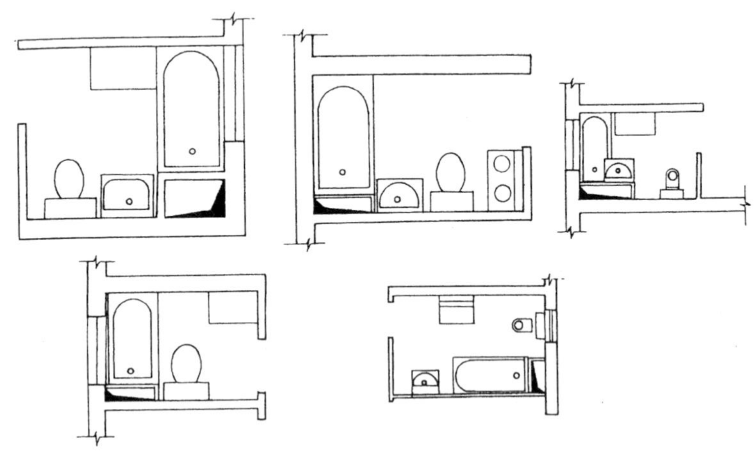

图3-14　住宅中卫生间卫生洁具的布置形式

3.2.2.2　宾馆客房卫生间的布置

宾馆客房卫生间的面积，可根据其星级高低按下列数据选用：三星级宾馆4～5m²；四星级宾馆5～6m²；五星级宾馆6～7m²。卫生间的管井位置应靠近走道且管井检修门开向走道。

常见的宾馆客房卫生间及管道井平面布置如图 3-15 所示。

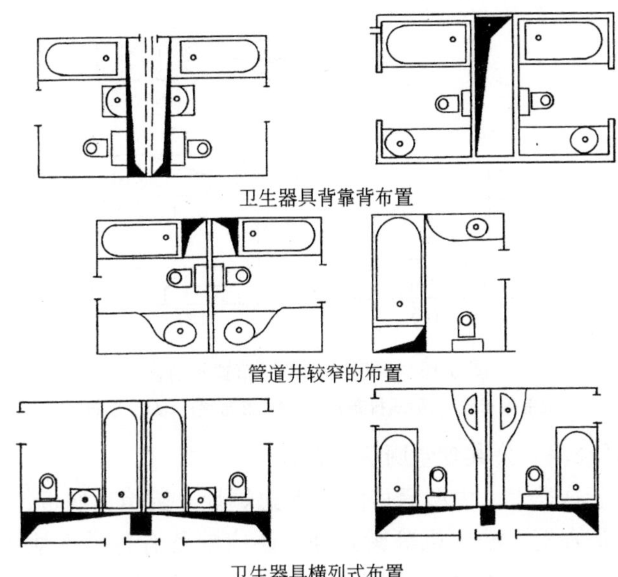

图 3-15 宾馆客房卫生间及管道井平面布置图

3.2.2.3 住宅厨房的布置

住宅厨房的布置是根据面积的大小来确定的，一般情况下，厨房的使用面积不应小于下列规定：一类和二类住宅(居住空间数 2 个和 3 个，使用面积不小于 $34m^2$ 和 $45m^2$)为 $4m^2$；三类和四类住宅(居住空间数 3 个和 4 个，使用面积不小于 $56m^2$、$68m^2$)为 $5m^2$。

厨房应布置在靠近住宅的入口处，便于管线布置及厨房垃圾清运。应按操作流程合理布置洗涤池、案台、炉灶及排油烟机等设施，按炊事操作流程排列，操作面净长不应小于 2.10m。厨房设备的平面布置呈单排和双排式、L 形、U 形，如图 3-16 所示。

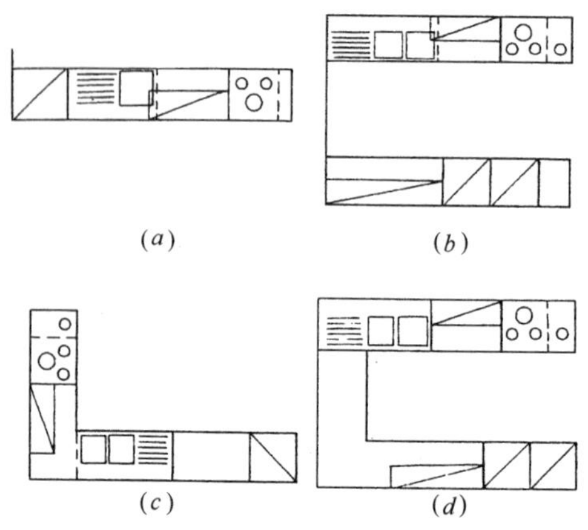

图 3-16　厨房设备平面布置示意图

(*a*)单排布置；(*b*)双排布置；(*c*)L 形布置；(*d*)U 形布置

3.2.2.4　公共食堂厨房的布置

对于这类大、中型厨房除了考虑炉灶、厨柜、搁板、冷柜、烤箱、消毒柜、洗碗机等厨具外，还应配备有各类洗池或洗涤盆、洗菜池、洗米池、洗肉池、洗鱼池、洗瓜果池、洗碗池等，应供给冷水、热水、蒸汽。排水方式多采用排水明沟，排水明沟坡度不小于 0.01，宽×高多采用 300mm×300mm～300mm×500mm，沟顶部采用活动式铸铁或铝制篦子，洗肉池、洗碗池等含油废水应先经过隔油器除油后排至明沟中，如图3-17所示。

3.2.2.5　盥洗间的布置

盥洗间主要用于集体宿舍、学校、幼儿园、运动馆、火车站、招待所、病房楼等场所，供早晚洗漱、洗衣服、洗碗等使用。盥洗槽一般为钢筋混凝土砌筑外贴瓷砖或水磨石制成，槽底应有 3‰的坡度，坡向排水口。盥洗槽有单排靠墙或双排居中两种布置方式。槽顶距地高 700～750mm，水嘴间距 650～700mm，水嘴距地 1000～1100mm，槽壁宽度应以能放置口杯、香皂盒为准，如图 3-18 所示。

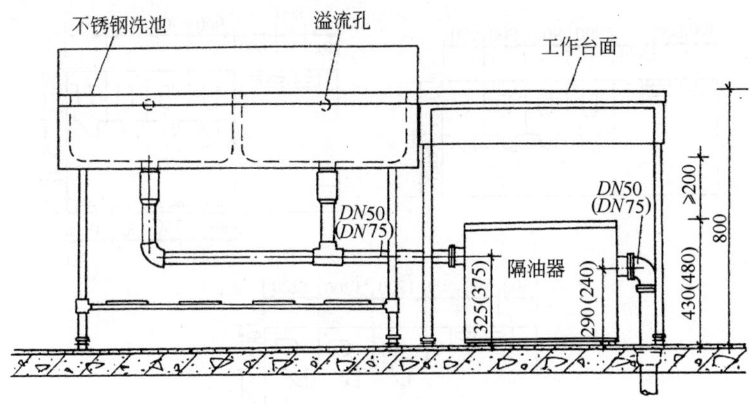

图 3-17 地上式隔油器

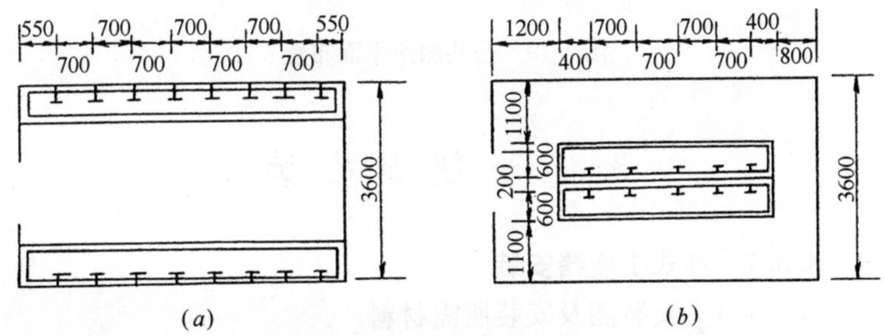

(a) (b)

图 3-18 盥洗间平面布置

(a)单排靠墙；(b)双排居中

3.2.2.6 公共厕所的布置

商场、办公楼、教学楼、影剧院、医院、旅馆等建筑物内设置的公共厕所一般均有前室和内室，前室一般布置有洗脸盆和拖布池，大、小便器布置在厕所的内室，对于无专人服务的情况宜采用蹲便器，尤其是医院内设置的厕所均应采用蹲便器，卫生洁具的冲洗阀开关、水龙头开关均应采用脚踏式、肘式、膝式或光电控制式。如图 3-19 所示。

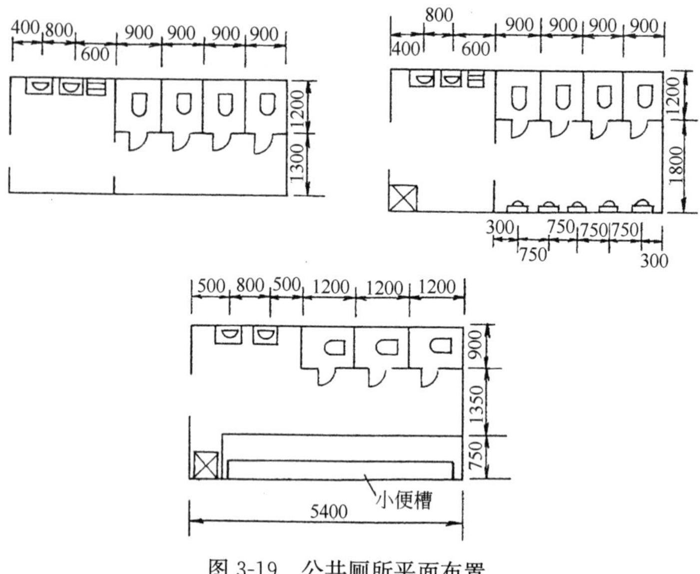

图3-19 公共厕所平面布置

3.3 小便器安装

3.3.1 挂式小便器安装

3.3.1.1 安装图及安装所需材料

挂式小便器的安装如图3-20所示。安装每组一联挂式小便器所需主要材料见表3-2。

3.3.1.2 安装方法

(1) 安装小便斗。确定小便器两耳孔在墙上的位置，打洞并预埋木砖。将小便斗的中心对准墙上中心线，用木螺钉配铝垫片穿过耳孔将小便器紧固在木砖上，小便斗上沿口距离地面600mm。

(2) 安装排水管。将存水弯下端插入预留的排水管口内，上端与小便斗排水口相连接，找正后用螺母加垫并拧紧，最后将存水弯与排水管间隙处用油灰填塞密封，用压盖压紧。

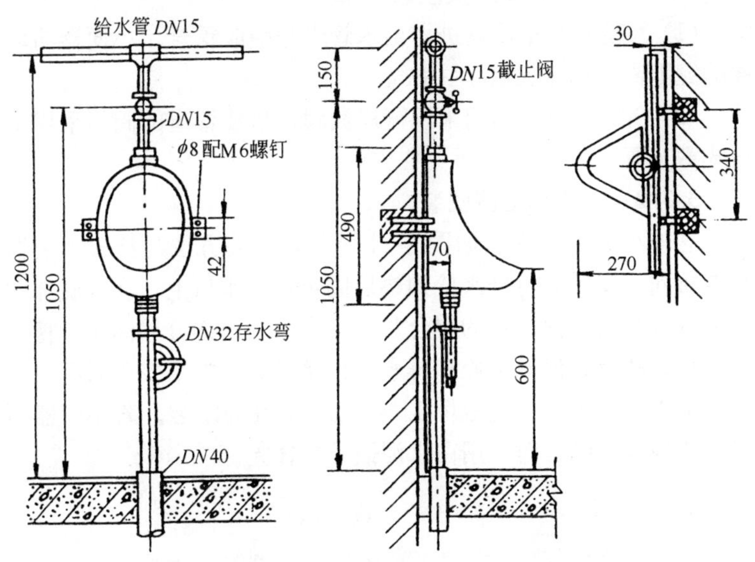

图 3-20 挂式小便器安装图

安装每组一联挂式小便器所需主要材料 **表 3-2**

序　号	名　称	规格(mm)	单　位	数　量
1	小便器	—	个	1
2	高水箱	—	个	1
3	存水弯	DN32	个	1
4	自动冲洗管配件	(一联)	套	1
5	螺纹门	DN15	个	1
6	水箱进水嘴	DN15	个	1
7	水箱冲洗阀	DN32	个	1
8	钢管	DN15	m	0.3

(3) 安装冲洗管。冲洗管可以明装或暗装，明装时，用截止阀、镀锌短管和小便器进水口压盖连接；暗装时，采用铜角式阀门，铜管和小便器进水口锁母和压盖连接。

3.3.1.3　安装要点及注意事项

（1）冲洗管与小便器进、出水管中心线应重合。小便器与墙面的缝隙需用白水泥嵌平、抹光。

（2）明装管道的阀门采用铜皮钱阀，暗装管道的阀门采用铜角式截止阀。

3.3.2　立式小便器安装

立式小便器的安装如图3-21所示，安装方法与挂式小便器基本相同。安装时将排水栓加垫后固定在出水口上，在其底部凹槽中嵌入水泥和白灰膏的混合灰，排水栓突出部分抹油灰，将小便器垂直就位，使排水栓和排水管口接合好，找平找正后固定。

给水横管中心距光地坪1130mm，最好为暗装。若小便器与墙面或地面不贴合时，用白水泥嵌平并抹光。

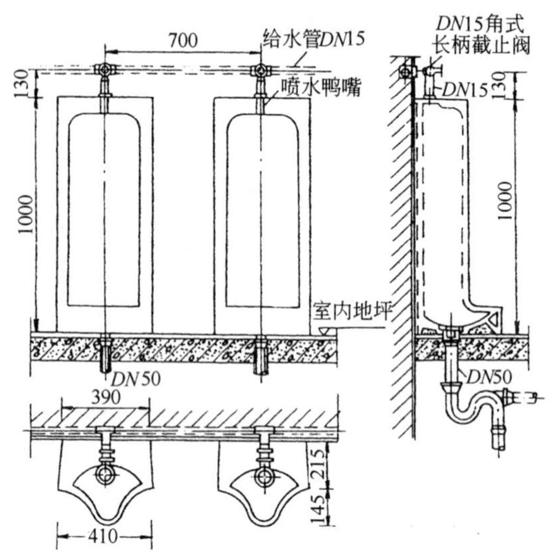

图3-21　立式小便器安装

3.3.3　小便槽安装

小便槽主体结构由土建部分砌筑。按其冲洗形式有自动和手动两种。冲洗水箱和进水管的安装方法与前述基本相同，只是小便槽的多孔喷淋管需用 DN15mm 的镀锌钢管现场制作。孔径为 2mm，孔间距为 12mm，安装时使喷淋孔的出水方向与墙面呈 45°角，用钩钉或管卡固定。小便槽的安装如图 3-22 所示。

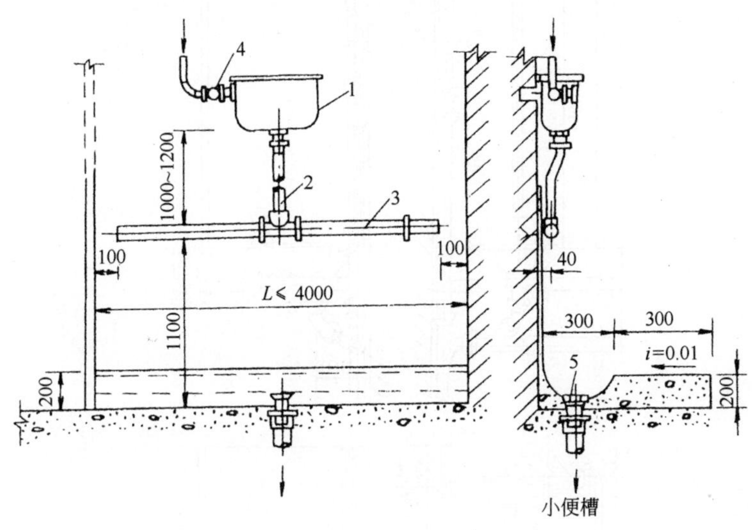

图 3-22 小便槽安装

1—冲洗水箱；2—冲洗管；3—多孔管；4—截止阀；5—地漏

3.4 大便器安装

3.4.1 高水箱蹲式大便器安装

3.4.1.1 安装图及安装所需材料

高水箱蹲式大便器的安装如图 3-23 所示。安装每组高水箱蹲式大便器所需的材料见表 3-3。

3.4.1.2 安装方法

(1) 安装虹吸管、浮球阀、冲洗拉把等高水箱配件，如图 3-24所示。配件安装好后需对水箱加水进行试验，确保其冲水、进水灵活，连接处紧密不漏水。

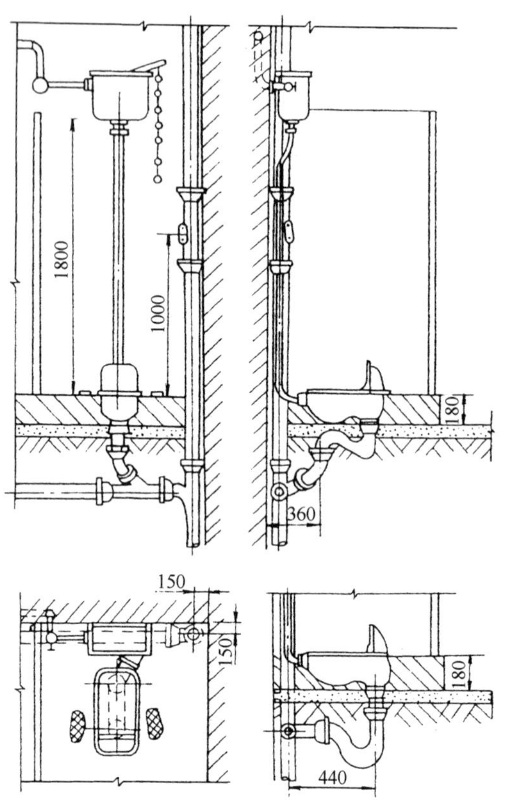

图 3-23 高水箱蹲式大便器安装

安装每组高水箱蹲式大便器所需材料 **表 3-3**

序 号	名 称	规格(mm)	单 位	数 量
1	蹲式大便器	—	个	1
2	高水箱	—	个	1
3	冲洗管	*DN*25	m	2.6
4	螺纹门	*DN*15	个	1
5	存水弯	*DN*100	个	1
6	钢管	*DN*15	m	0.3
7	弯头	*DN*15	个	1
8	活接头	*DN*15	个	1

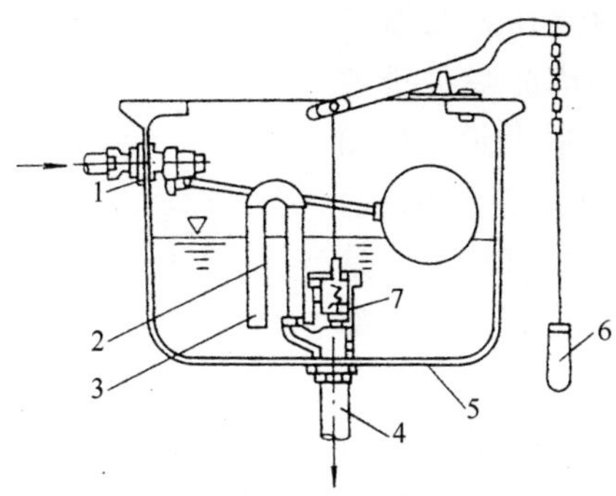

图 3-24 虹吸冲洗水箱内配件安装

1—浮球阀；2—虹吸管；3—ϕ5mm 小孔；
4—冲洗管；5—水箱；6—拉杆；7—弹簧阀

(2) 安装蹲便器。根据图纸的设计要求和地面下水管口的位置，确定存水弯的安装位置并安装存水弯。在排水连接管承口内外壁抹油灰，并在周围及大便器下面铺垫白灰膏，然后将蹲便器排水口插入承口内稳住。将大便器两侧用砖砌好，用水平尺找平、找正后抹光，接口处用油灰压实、抹平。

(3) 确认蹲便器中心与墙面中心线一致后，用木螺钉或膨胀螺栓加胶垫将水箱紧固在墙上。使水箱出水口对准蹲便器的中心线，水箱三角阀装在给水管的管件上，用合适的铜管或塑料管连接浮球阀和三角阀，之间用锁母压紧石棉填料密封。

(4) 水箱和蹲便器之间用冲水管连接。冲水管上端插入水箱出水口，根据高水箱浮球阀距给水管三通的尺寸配好乙字管，并在乙字管的上端套上锁母，管头缠油麻、抹铅油(或直接缠生料带)插入水箱出水口后锁紧锁母。冲水管下端与大便器进水口上的胶皮碗相连接。冲洗管连接好后，用干燥的细砂埋好，并在上面抹一层水泥砂浆。

3.4.1.3 安装要点及注意事项

(1) 水箱配件安装时应使用活扳手，不能使用管钳，以免将其表面咬成痕迹。配件和水箱的接触部分均应使用橡皮密封。

（2）胶皮碗套在大便器的进水口上，采用成品喉箍箍紧或用14号铜丝绑扎两道，如图3-25所示。铜丝应错位绑扎，不允许压结在一条直线上。禁止使用水泥砂浆将胶皮碗全部填死。

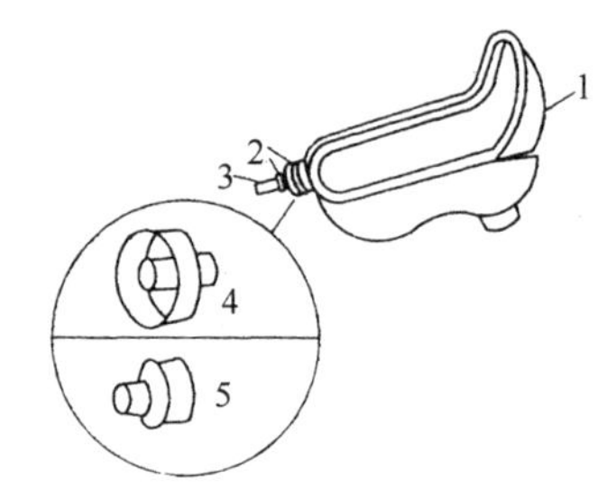

图3-25　胶皮碗安装

1—大便器；2—铜丝绑扎；3—胶皮碗；4—未翻边的胶皮碗；5—翻边的胶皮碗

（3）蹲便器与排水管接口处一定要严密不漏水。

（4）安装前需将预留出地坪的排水管口周围清扫干净，取下临时管堵，并检查管内有无杂物。安装好后应使用草袋(草绳)盖上便器，以防堵塞或损坏便盆。

3.4.2　低水箱蹲式大便器安装

3.4.2.1　安装图及安装所需材料

低水箱蹲式大便器的安装如图3-26所示。蹲便器及水箱等

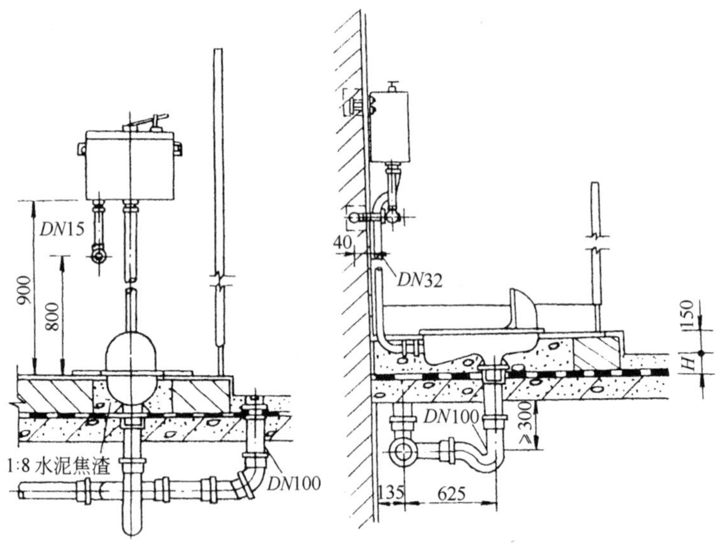

图3-26　低水箱蹲式大便器安装图

安装方法与上述方法相同，只是水箱底的安装高度距台阶面为900mm。给水管可明装在外，也可暗装在墙内，进水管上的三角阀在水箱中心线左侧离台阶面 800mm 处。

3.4.2.2 低水箱坐式大便器的安装

低水箱坐式大便器从结构上分有低水箱与坐便器连体和分体两种形式。低水箱坐式大便器安装如图 3-27 所示，安装所需的主要材料见表 3-4。

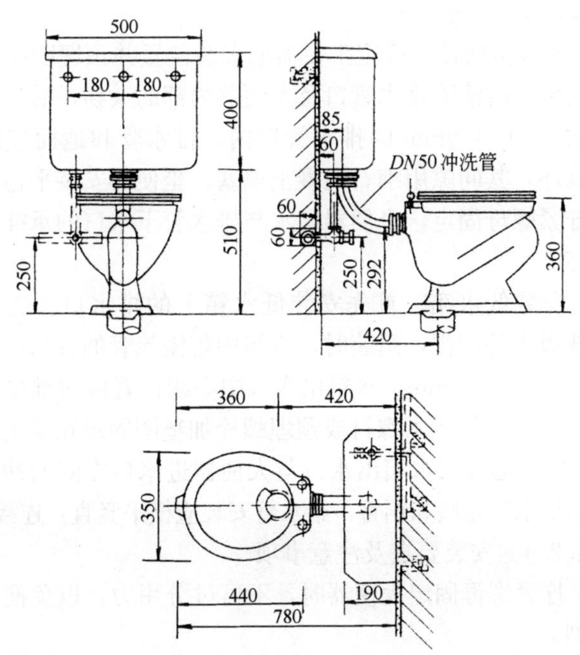

图 3-27 低水箱坐式大便器安装图

安装每组低水箱坐式大便器的主要材料 **表 3-4**

序号	名称	规格(mm)	单位	数量
1	低水箱	—	个	1
2	坐式便器	—	个	1
3	坐式便器座盖	—	套	1

续表

序 号	名 称	规格(mm)	单 位	数 量
4	镀锌钢管	*DN*15	m	0.3
5	弯头	*DN*15	个	1
6	活接头	*DN*15	个	1
7	角式截止阀	*DN*15	个	1
8	冲洗管及配件	*DN*50	套	1

3.4.2.3 安装方法

(1) 安装坐便器。确定坐便器的安装位置并预埋膨胀螺栓或木砖。安装前需清除排水管口及大便器内部的杂物，后将大便器出水口插入 *DN*100mm 的排水管口内，排水管和地面连接处安装止水翼环，其间隙用细石混凝土填塞。坐便器安装平稳后将螺栓加垫拧紧螺母固定，坐便器出水与排水管下水口的承插接头用油灰填充。

(2) 安装低水箱。首先安装低水箱上的排水口、进水浮球阀、冲洗扳手等配件，组装时，水箱中带溢流管的管口应低于水箱固定螺孔 10～20mm。水箱出水口中心线位置应对准坐便器进水口中心线，水箱用木螺钉或预埋螺栓加垫圈固定在墙上。

(3) 安装连接低水箱出水口与大便器进水口之间的冲洗管以及低水箱给水三角阀和铜管，给水管安装应横平竖直，连接严密。

3.4.2.4 安装要点及注意事项

(1) 拧紧螺母固定大便器时，不可过分用力，以免便器底部瓷质碎裂。

(2) 便器排水口周围和底面不得使用水泥砂浆进行填充，油灰不宜涂抹太多。大便器就位固定后，应及时擦拭便器周围的污物，并灌入 1～2 桶清水，防止油灰粘贴甚至堵塞排水管口。

(3) 坐式大便器上的塑料盖应在即将交工时安装，以免施工过程中被损坏。

3.4.3 大便槽安装

大便槽主体是由土建部分砌筑而成，给排水部分主要是安装冲洗水箱、冲洗水管、大便槽排水管，如图 3-28 所示。

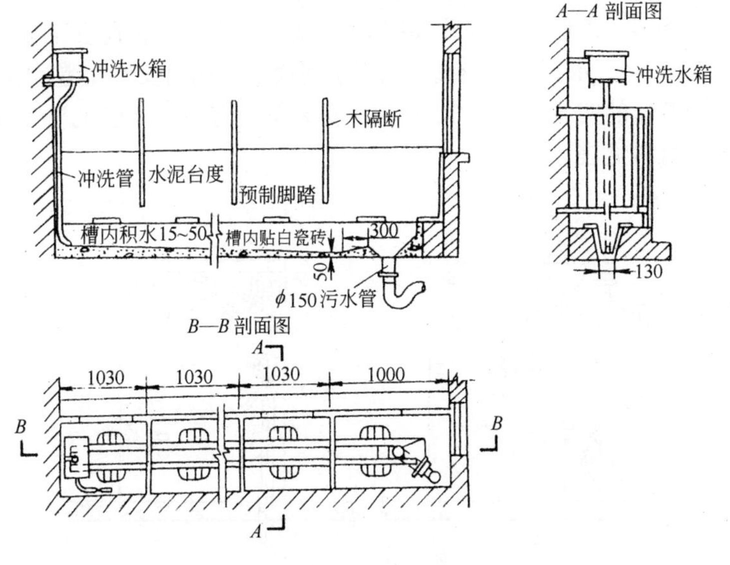

图 3-28 大便槽安装图

首先在墙上打洞，放置角钢平正后用水泥砂浆填灌并抹平表面。安装水箱，并根据水箱位置安装进水管、冲洗管和大便槽排水管，进水管一般离光地面 2850mm，偏离槽中心 500mm。冲洗管下端与槽底呈 30°～40°夹角，水箱进水口中心与排水管中心及沟槽中心在一条直线上。

3.5 洗脸盆、洗涤用卫生器具安装

3.5.1 洗脸盆(洗面器)安装

3.5.1.1 洗脸盆的形式

洗脸盆一般安装在卫生间或浴室内供人们洗脸、洗手用，按形状的不同有长方形、三角形、椭圆形等；按材料的不同有陶瓷制品、不锈钢制品、玛瑙制品等；按安装方式的不同有墙架式、

柱脚式和角形三种形式。

3.5.1.2　洗脸盆的安装图及安装材料

墙架式洗脸盆的安装如图3-29所示。立柱式洗脸盆的安装如图3-30所示。在比较狭小的卫生间通常在墙角安装角型脸盆，角型脸盆的安装如图3-31所示。安装每组有冷热水管的洗面器所需材料见表3-5。

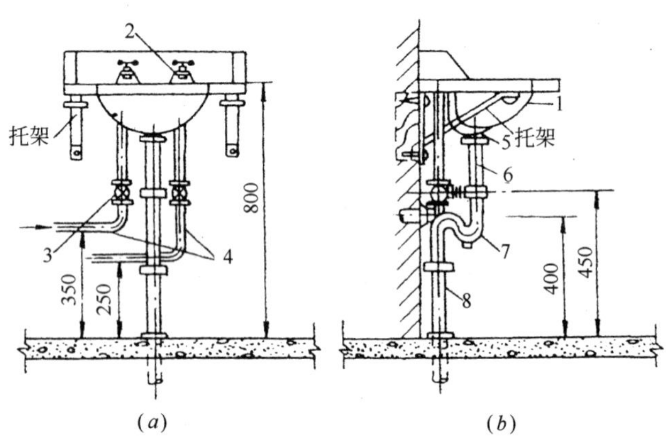

图3-29　墙架式洗脸盆安装图

(a)立面图；(b)侧面图

1—洗脸盆；2—水龙头；3—截止阀；4—给水管(左热右冷)；5—排水栓；6—钢管；7—存水弯；8—排水管

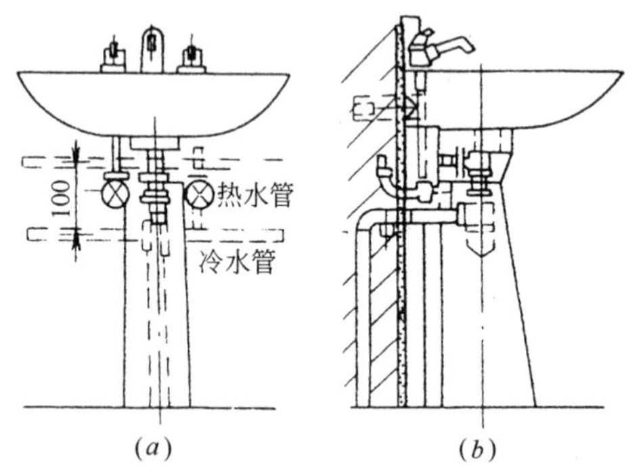

图3-30　立柱式洗脸盆安装图

(a)立面图；(b)侧面图

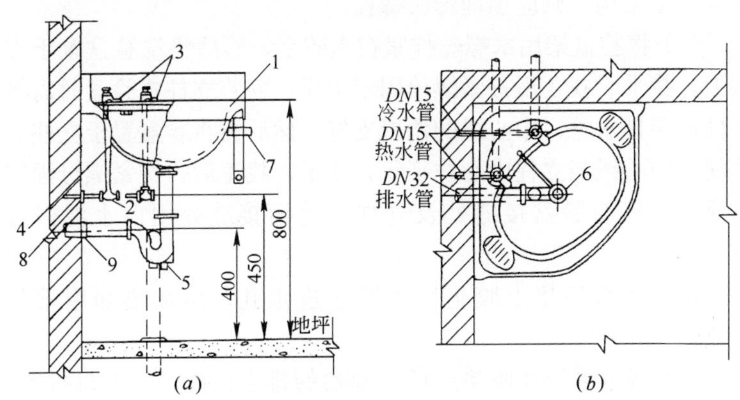

图 3-31　角形洗脸盆安装图

(a)立面图；(b)平面图

1—三角形洗脸盆；2—角阀；3—水龙头；4—给水管；5—存水弯；6—排水栓；7—托架；8、9—压盖

安装每组冷热水钢管洗脸盆所需材料　　　　**表 3-5**

序　号	名　称	规格(mm)	单　位	数　量
1	洗面器	—	个	1
2	存水弯	DN32	个	1
3	排水栓	DN32	个	1
4	洗面器支架	—	副	1
5	木螺钉	2	个	6
6	立式水嘴	DN15	个	2
7	截止阀	DN15	个	2
8	支管	DN15	m	0.8
9	弯头	DN15	个	2
10	活接头	DN15	个	2

3.5.1.3　安装方法

(1) 根据给水管的甩口位置和安装高度，确定脸盆安装位置的中心线。然后在安装位置的墙上打洞并预埋木砖。若墙壁为钢

筋混凝土结构，则应预埋膨胀螺栓。

(2) 将脸盆架用木螺丝拧紧在木砖上，然后将洗脸盆置于支架上，找平、找正后拧紧螺栓固定牢靠。安装立柱式脸盆时需将立柱依照排水管口中心线的位置支好，然后再将脸盆置于立柱上并使其中心线与立柱中心线平行，找平、找正后，拧紧螺母固定牢靠，立柱与脸盆接缝处及立柱与地面接缝处用白水泥嵌缝抹光。

(3) 将水嘴垫上胶垫穿入脸盆进水孔，后加垫并用根母锁紧。

(4) 将排水栓加胶垫后插入脸盆的排水口内，上根母拧紧。将存水弯插入已作好的预留口内与排水栓相接，调节安装高度到合适后，在锁母内加垫并拧紧，然后填塞排水管口间隙，并用油灰塞严、抹平。

3.5.1.4　安装要点及注意事项

(1) 稳装洗脸盆时，注意使排水栓的保险口与脸盆的溢水口对正。

(2) 若只接冷水嘴时，应封闭热水嘴安装孔。

(3) 水管明装时只需配好短管，装上角阀即可；暗装时，需在管道出墙处用压盖盖住。若为混合出水，一般进水三通通过铜管与水嘴连接。

3.5.2　洗涤盆安装

洗涤盆有普通式、肘式开关和脚踏开关三种，洗涤盆的安装如图3-32所示。

1. 洗涤盆托架用40mm×5mm的扁钢制作，用预埋螺栓或木螺钉固定。

2. 洗涤盆置于盆架上，其上沿口距光地面800mm，安装平正后用白水泥嵌塞盆与墙壁间的缝隙。

3. 安装排水栓、存水弯，确保排水栓中心与排水管中心对正，接口间隙打麻、捻灰并抹平。

4. 洗涤盆上只装设冷水嘴时，应位于中心位置；若装设冷、

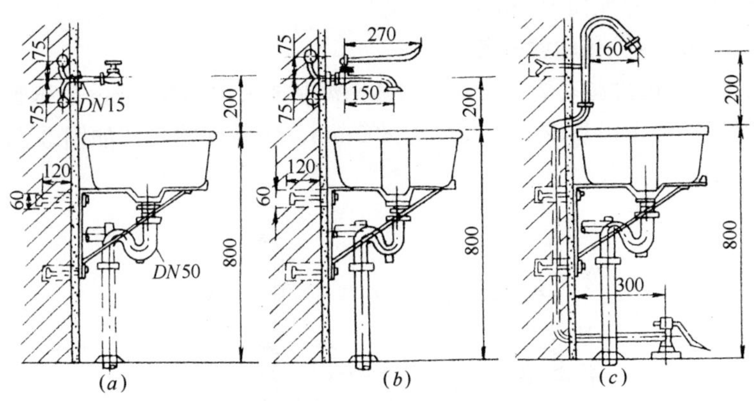

图 3-32　洗涤盆安装图

(a)普通式；(b)肘式开关；(c)脚踏式开关

热水嘴时，冷水嘴偏下，热水嘴偏上。

3.5.3　污水盆安装

架空式污水盆需用砖砌筑支墩，污水盆放置在支墩上，盆上沿口的安装高度为 800mm，水嘴的安装高度为距光地面 1000mm。架空式污水盆的安装如图 3-33 所示。污水盆给排水管道和水嘴的安装方法同洗脸盆。

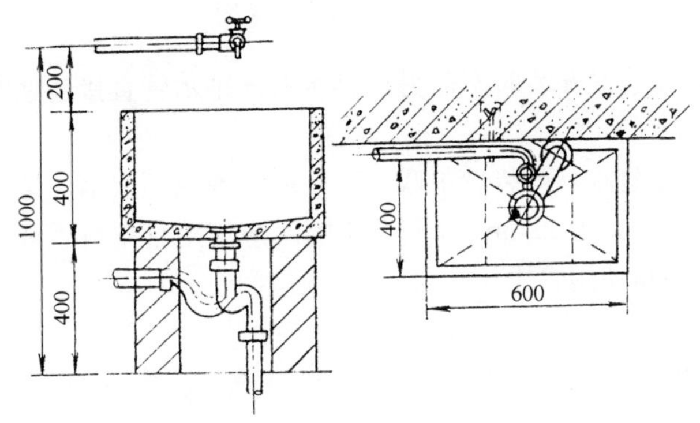

图 3-33　架空式污水盆安装图

落地式污水盆直接置于地坪上，盆高 500mm，水嘴的安装高度为距光地面800mm。

3.5.4 化验盆安装

1. 化验盆支架采用ϕ12的圆钢焊制或采用DN15mm的钢管制作。盆上沿口的安装高度为800mm，化验盆的安装如图3-34所示。

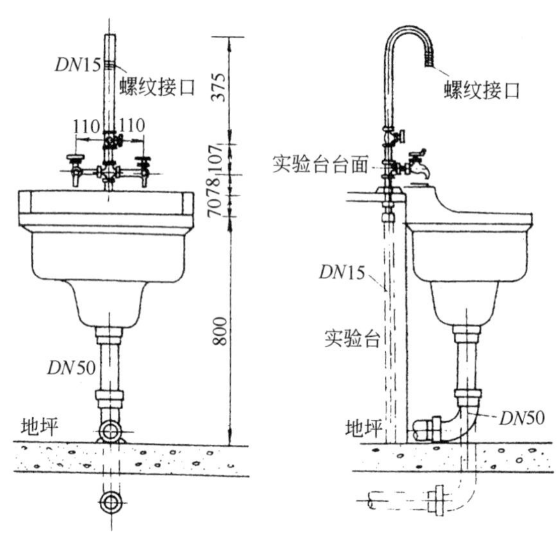

图3-34　化验盆安装图

2. 化验盆安装时不需另设存水弯，排水管直接连接在排水栓上。

3. 化验盆上可装设单联、双联或三联鹅颈水嘴。装设两只水嘴时，间距为220mm。安装水嘴时应使用自制扳手或活扳手拧紧，不得使用管钳。

3.6 浴盆、淋浴器、淋浴房及净身盆安装

3.6.1 浴盆安装

3.6.1.1 浴盆的形式

浴盆的形式很多，按结构形式有方形、圆形和椭圆形等，按材料的不同有陶瓷制品、搪瓷制品、不锈钢制品、玻璃钢制品等；样式不一。

3.6.1.2 浴盆的安装图及安装材料

方形搪瓷浴盆的安装如图 3-35 所示。安装每个浴盆所需材料见表 3-6。

安装浴盆所需主要材料 **表 3-6**

序号	名称	规格(mm)	单位	数量
1	浴盆	—	个	1
2	存水弯	*DN*32	个	1
3	排水配件	*DN*32	个	1
4	固定支架	—	副	1
5	三连混合水嘴	*DN*15	个	1
6	截止阀	*DN*15	个	2
7	支管	*DN*15	m	0.8
8	弯头	*DN*15	个	2
9	活接头	*DN*15	个	2

3.6.1.3 浴盆的安装方法

(1) 首先根据设计位置与标高，将浴盆正面、侧面中心位置、上沿标高线和支座标高线划在所在位置墙上。

(2) 按照放线位置砌砖墩支座，砖墩支座达到要求后，用水泥砂浆铺在支座上，将浴盆对准墙上中心线就位放稳后调整找平。

(3) 安装排水栓及浴盆排水管，将浴盆配件中的弯头与抹匀铅油缠好麻丝的短横管相连接，再将横短管另一端插入浴盆三通的中口内，拧紧锁母。三通的下口插入竖直短管，连接好接口，将竖管的下端插入排水管的预留甩头内。再将排水栓圆盘下加进胶垫，抹匀铅油，插进浴盆的排水孔眼里，在孔外也加胶垫和眼圈在丝扣上抹匀铅油，缠好麻丝，用扳手卡住排水口上的十字筋与弯头拧紧连接好。将溢水立管套上锁母，缠紧油盘根绳，插入三通的上口，对准浴盆溢水孔，拧紧锁母，如图 3-35 所示。

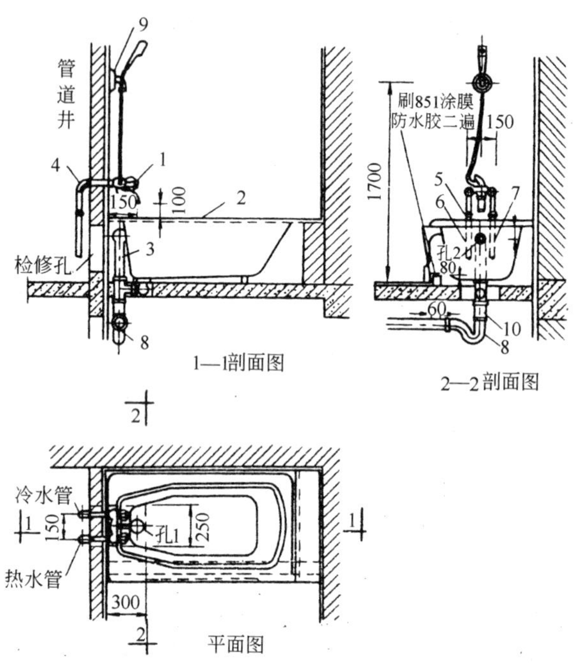

图 3-35 浴盆安装图

1—浴盆三连混合水嘴；2—裙板浴盆；3—排水配件；4—弯头；
5—活接头；6—热水管；7—冷水管；8—存水弯；
9—喷头固定架；10—排水管

(4) 向浴盆加水作排水栓的严密性试验。

3.6.1.4 安装要点及注意事项

(1) 冷水管和热水管间距为 150mm。

(2) 浴盆上沿距地面 450mm。

(3) 浴盆周边地面应刷防水涂料。

3.6.2 淋浴器安装

3.6.2.1 淋浴器的形式

淋浴器有现场组装和成品安装两种。按安装形式不同分为管式淋浴器、成组淋浴器、升降式淋浴器等。

3.6.2.2　淋浴器安装图及安装材料

管式淋浴器的安装如图 3-36 所示。安装每组双管式淋浴器所需主要材料见表 3-7。

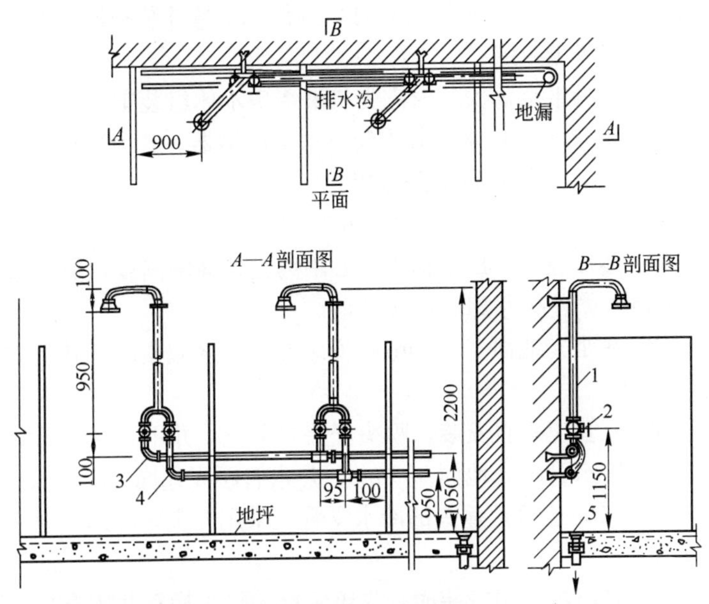

图 3-36　淋浴器安装图

1—淋浴器；2—截止阀；3—热水管；4—给水管；5—地漏

安装每组双管淋浴器所需主要材料　　**表 3-7**

序　号	名　称	规格/mm	单　位	数　量
1	莲蓬头	*DN*15	个	1
2	支　管	*DN*15	m	2.6
3	螺纹门	*DN*15	个	2
4	弯　头	*DN*15	个	3
5	活接头	*DN*15	个	2
6	三　通	*DN*15	个	1

3.6.2.3　安装方法

（1）首先在墙上确定管子中心线和阀门水平中心线的位置，并根据设计要求下料。淋浴器拧入锁母处丝口内后将固定圆盘与墙面紧贴，并用木螺丝固定。

（2）热水管暗装时，找正、找平预留冷、热水管口后，安装短管和弯头；冷、热水管明装时，制作元宝弯并装管箍，淋浴器与管箍或弯头连接。

（3）成品淋浴房安装时需先将淋浴房本体组装牢固，然后连接淋浴房的进水和排水，其安装方法同淋浴器。若为高级多功能电脑淋浴房，还需进行电路连接。

3.6.2.4　安装要点及注意事项

（1）连接莲蓬头出水横管中心距离光地面的高度，男浴室为2240mm，女浴室为2100mm。

（2）在距光地面1150mm处安装冷、热水截止阀，其上方应安装活接头。

（3）立管应垂直安装，喷头安装要平正，并用立管卡固定。

（4）冷水管距光地面950mm，热水管距光地面1050mm，且应平行敷设，连接莲蓬头的冷水支管，采用元宝弯的形式绕过热水横管。

（5）淋浴器成组安装时，先组装冷、热水横管并固定后，再集中安装淋浴器的立管及莲蓬头，同时应保证阀门、莲蓬头及管卡在同一水平高度。

3.6.3　淋浴房安装

3.6.3.1　淋浴房的形式

淋浴房的外观形式主要有三种：圆弧形、直角形和一字形。圆弧形和直角形的淋浴房大小一般为0.9m^{2}左右，这两种淋浴房使用时要安装在垂直的墙角，在卫生间的一角划分沐浴区域，比较适合面积稍大，大致呈正方形的卫生间使用。一字形淋浴房由在一条直线上的、用金属合页连接起来的玻璃门和玻璃屏组成，两端分别固定在相对的两面墙上，将卫生间的一端分隔出来，划分为沐浴区，一般适合于长方形的卫生间或不规则形状的卫生间使用。其构造主要有底盆、顶盖、壁板及附件。

3.6.3.2 安装方法

(1) 将缸体放在浴室中间地方，调节支撑脚使缸体平面处于水平状态。

(2) 清洗缸体和壁板安装面上的灰尘，将壁板放在缸体上，用 M6×25 螺栓、螺母连接后，在两面中间打上玻璃胶，再把螺栓、螺母旋紧。

(3) 清洗淋浴房与壁板安装表面，并在安装表面涂上玻璃胶，然后将淋浴房放在缸体上，用 M4×20 螺丝把淋浴房与壁板连接固定。

(4) 清洁顶盖与壁板安装表面，并涂上玻璃胶，用 M6×25 螺栓、螺母连接固紧。

(5) 把整个房体移近到安装位置，把进水管与预装好的冷热水接口连接好(注意：不要把水管帽旋得太紧)。

(6) 打开供水阀进行水系统调试，检查各部位的工作状况及壁板供水系统中各连接处是否有渗水现象出现。

(7) 调试完毕，将去水器与地面下水连接，将房体移至所需位置即可。

(8) 有电脑控制器的淋浴房，把电脑控制器插上电源，按控制器面板上相应的键，检查灯及风罩运转情况。

3.6.3.3 安装要点及注意事项

1) 顶盖与壁板连接时，一定要牢固，不可有松动现象。

2) 开捆后的壁板，一定要水平放置，避免损伤门上的玻璃。

3) 冷热混合器与冷热水管连接前，务必清除水管内的杂质及污垢，以免堵塞水嘴。

4) 冷热水管连接时，两个阀门应安装在房体外，以便于检修。

3.6.4 净身盆安装

3.6.4.1 安装方法

净身盆的安装如图 3-37 所示，方法如下：

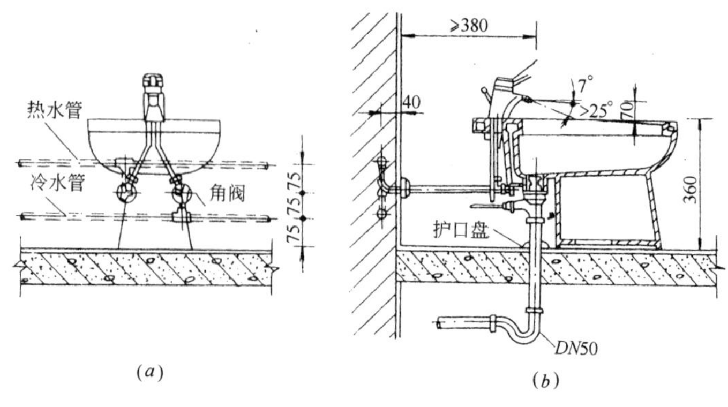

图 3-37　净身盆安装图

(a)立面图；(b)侧面图

(1) 安装混水阀，冷、热水阀，喷嘴，排水栓及手提拉杆等净身盆配件。配件安装好后，接通临时水进行试验，无渗漏后方可进行安装。

(2) 按净身盆下水口距后墙尺寸大于或等于 380mm 确定安装位置，并在地面画出盆底和地面接触的轮廓线。

(3) 在地上打眼并预埋螺栓或膨胀螺栓，在安装范围内的地面上垫白灰膏，将压盖套在排水铜管上，放置净身盆，找平找正后在螺栓上加垫并拧紧螺母。

(4) 安装净身盆的冷、热水管及水嘴。

3.6.4.2　安装要点及注意事项

(1) 安装前需先将排水管口周围清理干净，取下临时管堵，并检查有无杂物。

(2) 排水口间隙应用麻丝填塞，底座与地面的缝隙处用白水泥填塞并抹平。

3.7　热水器安装

3.7.1　燃气热水器安装

3.7.1.1　燃气热水器的结构及形式

燃气热水器的结构主要由阀体总成、主燃烧器、小火燃烧器、热交换器、安全装置等组成。

燃气热水器按燃气的种类可分为液化石油气(Y)热水器、天然气(T)热水器、人工煤气(R)热水器等。三种燃气的成分、供气压力、热值均不同。每种燃气具都是按照一定的燃气种类设计的，不能互换使用。按排气形式又分为直排式热水器、烟道式热水器、强排式热水器和平衡式热水器四种。

3.7.1.2 燃气热水器的安装图及安装材料

燃气热水器的安装如图 3-38 所示，安装所需主要材料见表 3-8。

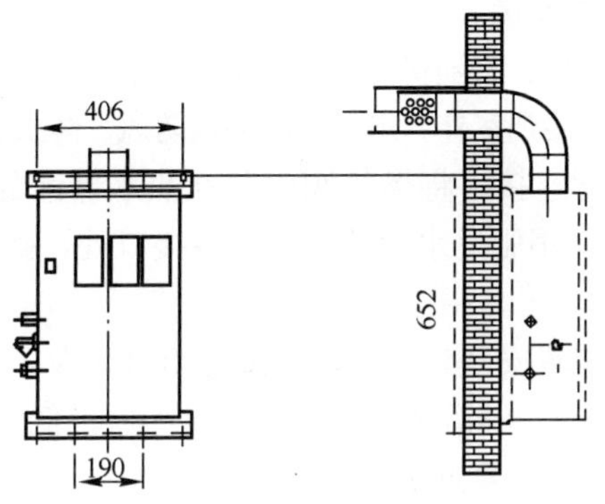

图 3-38 燃气热水器的安装示意图

安装燃气热水器所需的主要材料 **表 3-8**

序号	名称	规格(mm)	单位	数量
1	波纹管	—	根	2
2	球阀	—	个	2
3	燃气管	—	m	2
4	排烟管	—	m	1.0
5	镀锌钢管	*DN*15	m	1
6	弯头	*DN*15	个	2
7	活接头	*DN*15	个	1
8	淋浴喷头	—	套	1

3.7.1.3 安装方法

(1) 确定安装位置。按说明书提供的尺寸在墙上打四个ϕ8mm的孔。把四个M8的膨胀螺栓打入孔内，然后拧入螺母，与墙之间留出约5mm的间隙。

(2) 固定热水器。将热水器背面用来固定安装挂板的6个螺丝拧出。将随机提供的2块安装挂板用螺丝紧固在热水器背面(上、下各一块)，挂在墙上。再将螺母紧固，将热水器牢固地挂在墙上。

(3) 水管连接。将给水管道、截止阀、淋浴喷头与热水器进水口和出水口相连接。

(4) 烟道连接。将随机配的金属烟道牢固地和热水器烟道口连接，将烟道出口接到室外。出气口应加接防风、防虫、防鸟罩具。

(5) 燃气管连接。将燃气阀门装在热水器前的燃气管道中，接通燃气管道。用肥皂水涂抹在管道各接口处，确认不漏气即为合格。

(6) 淋浴装置安装。使用活动淋浴组合装置，其活动软管内径应大于ϕ10mm，淋浴装置安装后满足相应最低水压要求。

3.7.1.4 安装要点及注意事项

(1) 热水器必须安装在空气流畅的位置，应安装在室内。烟道式热水器不得安装在浴室或空气不流通的房间里。

(2) 烟道式热水器安装高度，以人的眼睛水平地看到热水器火焰观察窗的高度最为合适(大约1400～1600mm)。

(3) 热水器安装后应离墙200mm以上和离楼顶300mm以上。

(4) 城市管道煤气及天然气，要用金属管配接，液化石油气可用橡胶管配接。但不宜过长，以1.5m内为宜。

3.7.2 太阳能热水器安装

3.7.2.1 太阳能热水器的结构及形式

太阳能热水器的结构主要有集热器、水箱外壳、保温层、水箱内胆、水箱端盖、支架和反射板，重要组成部分是集热器。

太阳能热水器常见的形式有池式、筒式、管板式、真空管式等几种，各种型式及其结构见图 3-39 所示。

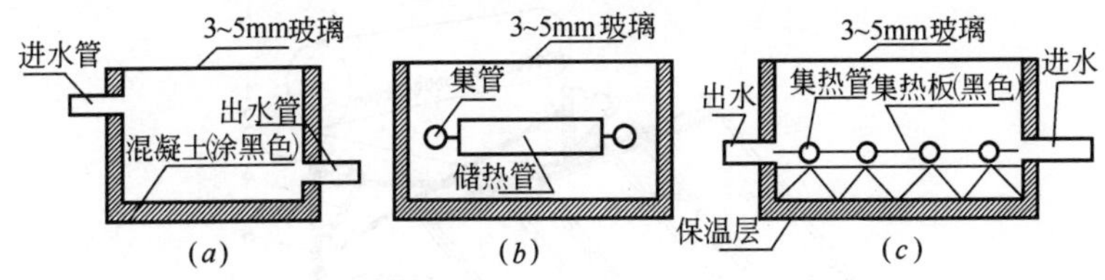

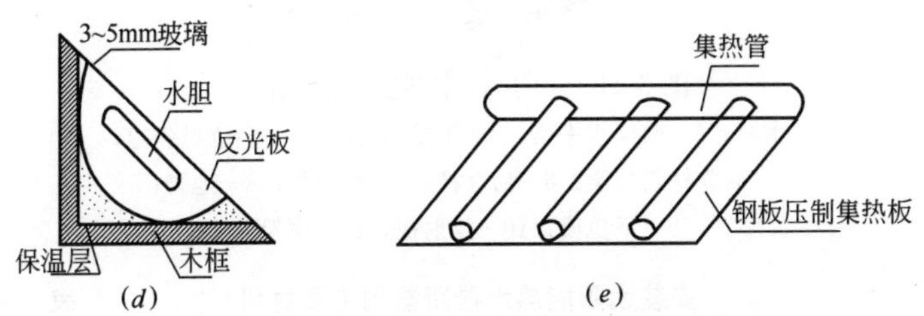

图 3-39 太阳能热水器的形式及结构示意图

(*a*)池式热水器；(*b*)筒式热水器；(*c*)管板式热水器；(*d*)胆式热水器；(*e*)板式热水器

3.7.2.2 太阳能热水器的安装图与所需材料

太阳能热水器的安装如图 3-40、图 3-41 所示。所需主要材

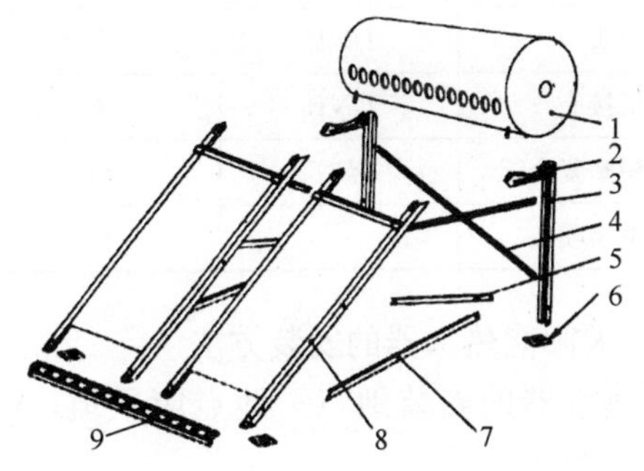

图 3-40 45°角热水器安装示意图

1—水箱；2—不锈钢桶托；3—后立柱；4—后立柱斜拉梁；5—斜拉梁；6—地脚；7—底拉梁；8—反射板；9—尾架

料见表3-9。

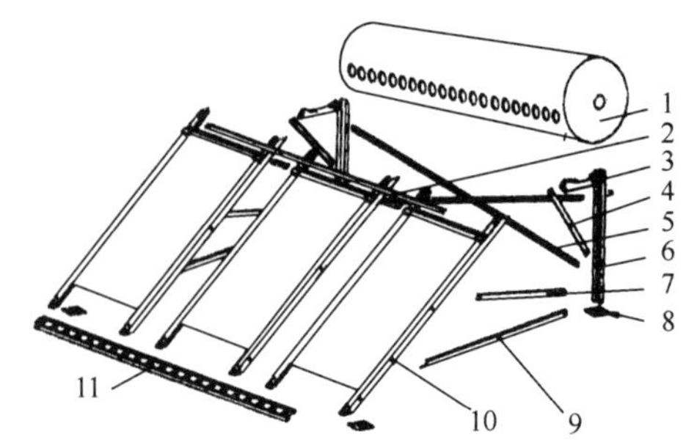

图3-41 30°角热水器安装示意图

1—水箱；2—前架水平梁；3—不锈钢桶托；4—后立柱斜撑；5—后立柱斜拉梁；6—后立柱；7—中拉梁；8—地脚；9—下拉梁；10—反射板；11—尾架

安装太阳能热水器所需的主要材料 **表3-9**

序号	名称	规格(mm)	单位	数量
1	波纹管	—	根	2
2	单项阀	—	个	1
3	球阀	—	个	3
4	镀锌钢管	*DN*15	m	1
5	弯头	*DN*15	个	1
6	活接头	*DN*15	个	1
7	铝塑复合管	ϕ10	m	若干
8	淋浴喷头	—	套	1

3.7.2.3 太阳能热水器的安装方法

(1) 确定热水器的安装地点。地点应平坦，前方没有遮挡物体。

(2) 组装反射板。将反射板支架按相同方向排列，将U型销板插入支架方孔内，对齐螺孔，用螺钉连接(不同容积的反射板数量不同，100L以下有2块，100L以上有3块)。

(3) 组装尾架。将尾架安装孔与反射板支架下端螺孔对齐，用螺钉连接。

(4) 组装支架。用后立柱斜拉梁交叉连接左、右后立柱，并用螺钉连接。按平整面在外方向，将不锈钢桶托与左、右后立柱连接。

(5) 连接支架和反射板。通过不锈钢桶托，将反射板和后立柱连接在一起，安装左右斜拉梁，并用螺钉连接。安装地脚。

(6) 安装水箱。将水箱下螺栓插入不锈钢桶托上的长孔，用螺母连接。

(7) 太阳能集热器安装。集热器最佳布置方位是朝向正南，如客观条件不允许时，可偏向东或偏西 15°以内安装。集热器安装倾角(与地平面夹角)：池式集热器只能水平安装；其他型式的集热器夹角等于当地纬度。一般情况下，南方安装倾角 30°，北方安装倾角 45°。集热器的上集管应有 0.005 的坡度，通往贮热水箱的循环管应有 3%坡度。集热器的上集管与贮热水箱必须保持一定高差，一般为 0.3～1.0m。循环管应尽量减少拐弯，管道长度尽量缩短。

(8) 保温。热水器安装后应对上、下集管和循环管、贮热水箱等易散热的构件采取保温措施。其保温厚度和保温技术要求与一般管道、设备保温方法相同。

3.7.2.4 安装要点及注意事项

(1) 玻璃周边应用腻子(或密封条)密封，不得漏气。玻璃若有搭接时，应顺水搭接。

(2) 集热管和上、下集管应在安装玻璃前进行水压试验，试验压力为工作压力的 1.5 倍，15min 不渗不漏为合格。

(3) 太阳能集热器安装时应注意集热器、热水箱、补水箱和各种管道等均应具有泄水、放空设施，以便检修和冬季泄水。

(4) 集热器就位后，在烈日下安装玻璃时应在系统充水后进行，以适应玻璃的物理性能，不致在冷热作用下发生裂纹。

(5) 热水器安装要求整齐、平整、洁净光滑，色泽一致，美观大方。

(6) 水压试验：热水器安装后必须作系统水压试验。试压要求及标准必须符合设计要求或施工规范规定。

3.7.3 电热水器安装

3.7.3.1 电热水器的结构及形式

电热水器的结构主要由外壳、内胆、保温层、加热器、镁棒、调温旋钮、泄压阀及进出水口等组成。

电热水器的形式按外形结构可分为立式和卧式两种；按加热方式分为即热式和贮水式两种。即热式热水器体积小，不须预热，但功率大，通常在4～6kW以上，工作电流高达18～27A，使用中水温易受水压影响，不宜家庭使用。贮水式热水器的功率通常为1.2～2kW，电流6～9A之间，一般家庭电路可满足。贮水式热水器具有自动恒温保温、停电时同样可提供热水，并可作为热水供应中心，供应多处用水。但体积大，须预热。

3.7.3.2 电热水器的安装图及安装材料

电热水器的安装如图3-42所示，安装所需主要材料见表3-10。

安装电热水器所需的主要材料　　表3-10

序号	名称	规格(mm)	单位	数量
1	波纹管	—	根	2
2	球阀	—	个	2
3	镀锌钢管	*DN*15	m	1
4	弯头	*DN*15	个	2
5	活接头	*DN*15	个	1
6	淋浴喷头	—	套	1
7	膨胀螺栓	M8×50		4
8	电源插座	15A/220V	个	1

3.7.3.3 安装方法

(1) 根据所购电热水器挂架安装尺寸，在坚固的墙上选定位置，高度一般为1.8～2.0m。

(2) 在安装位置的墙上钻4个孔(注：孔不能打在墙缝隙

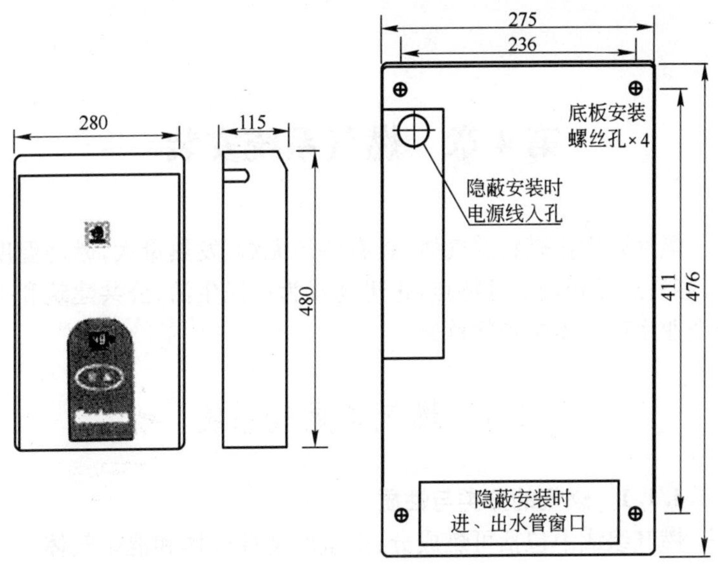

图 3-42 电热水器安装示意图

间)，然后将 4 颗 M8×50 的膨胀螺栓分别固定在孔内，将螺母旋上，把热水器挂架安装在膨胀螺丝上，并固定好。

(3) 把热水器挂在架上，立式电热水器应垂直放置，卧式电热水器应水平放置。

(4) 安装立式时注意温度表朝上，控制盒在下部。进出水管的连接，所有的管体为 1/2G，在热水器进冷水口处缠上生料带，然后安装上单向安全阀。

3.7.3.4 安装要点及注意事项

(1) 热水器必须安装在坚固的墙壁上，距地面高度一般不低于 1.8m。

(2) 电源插座的电流规格必须符合热水器的额定电流值要求。

(3) 电源开关和电源插座应确保不受潮或水淋。

(4) 安装后应注水检漏，确认各处均无漏水现象。

第4章　燃气系统安装

燃气即用作燃料的气体，具有清洁无烟，发热量大，燃烧温度高，容易点燃和调节等特点，正迅速成为居民生活、公共建筑和工业企业生产所需燃料的首选。

4.1　燃气与燃气系统

4.1.1　燃气的分类与性质

燃气组成中包括可燃成分、少量的惰性气体和混杂气体。可燃成分有甲烷、氢气、一氧化碳、硫化氢和其他碳氢化合物等；惰性气体有氮气及其他不活泼气体。混杂气体有二氧化碳、水蒸气、氨气和硫化氢等。

4.1.1.1　燃气的分类

燃气按成分不同，分为天然气和人工燃气两类。

1. 天然气

天然气是指在地下多孔地质构造中自然形成的烃类气体和蒸汽的混合气体。一般通过钻井由地层开采出来，主要有不含石油的纯天然气和石油伴生气两类。

2. 人工燃气

人工燃气是指从固体或液体燃料加工所生产的可燃气体，按制取方法分为以下四类：

(1) 干馏燃气　将固体燃料在隔绝空气(氧)的条件下加热干馏所得燃气，是城市燃气的主要气源之一。

(2) 气化燃气　将固体燃料放在燃气发生炉内进行气化所得到的燃气，一般用于工业企业，而不能成为城市燃气的气源。

(3) 液化石油气 液化石油气是开采和炼制石油过程的副产品，加压至 0.8～1.5MPa 液化，液化后的体积可缩小到原气态体积的 1/250，便于运输和贮存。

(4) 油制气 油制气也称为裂化煤气，是利用重油裂解制取的燃气。按制取方法的不同可分为重油蓄热热裂解气和重油蓄热催化裂解气两种；前者的主要成分为甲烷、乙烯和丙烯等；后者的主要成分为氢、甲烷和一氧化碳等，热值较高，既可用作化工原料，又可用作城市燃气。

4.1.1.2 燃气的性质

燃气的主要性质是毒性和爆炸性。

1. 燃气的毒性

具有毒性是燃气的共同特点，燃气中的一氧化碳、二氧化碳、硫化氢、甲烷和烃类等都是有毒气体。中毒较轻时，会使人感到不舒适、眼睛流泪、呕吐等，较重则会窒息或死亡。

2. 燃气的爆炸性

燃气与空气以一定的比例混合后，遇到明火或火花极易爆炸。为防止燃气爆炸，一是安装的燃气管路和设备要保证严密不漏；二是用户要遵守使用燃气的有关安全规定；三是维修人员要严格遵守操作规程；四是使用燃气的房间要通风良好。

3. 燃气其他组分对管路的影响

燃气中，除了上述主要成分外，还有焦油、萘、石蜡、硫和水分等。这些组分将对管路正常运行造成不利影响。

(1) 燃气中的焦油、萘和石蜡：燃气中几乎都含有焦油，有的燃气中还含有石蜡和少量萘，其中焦油最容易堵塞管路，因此燃气管路系统中应设置吹扫装置。

(2) 燃气中的硫：由于硫对铜有较强的腐蚀性，所以使用未经脱硫的燃气管路系统中，不能使用铜质阀门或管件。

(3) 燃气中的水分：燃气中含有少量水蒸气，当燃气的温度低于露点温度时，其中含有的水蒸气便凝结成水，若凝结水聚集过多就会堵塞管路，使燃气难以畅通，故燃气管路系统中应设置凝结水的排除装置。

4.1.1.3 城镇燃气质量要求

城镇燃气气源，应选择热值高、毒性小和杂质少的气源。

1. 天然气质量要求

城镇燃气的天然气气源应符合表4-1中一类气或二类气的质量要求。

天然气的技术指标 表4-1

项目	一类	二类	三类
发热值(MJ/m³)	>31.4		
总硫(mg/m³)	≤100	≤200	≤460
硫化氢(mg/m³)	≤6	≤20	≤460
二氧化碳(%)	≤3.0		
水露点(℃)	在天然气交接点的压力和温度下，天然气的水露点比环境温度低5℃		

2. 人工燃气质量要求

人工燃气作为城镇气源时，具体要求见表4-2。

人工燃气的质量标准 表4-2

项目	杂质限量
焦油和灰尘(mg/m³)	<10
硫化氢(mg/m³)	<20
氨(mg/m³)	<50
萘(mg/m³)	<50/P×10⁵(冬季) <50/P×10⁵(夏季)
含氧量(体积/%)	<1
一氧化碳(体积/%)	<10

注：1. P 为管网输气点的绝对压力(Pa)；

2. 对气化燃气或掺有气化燃气的人工燃气，其一氧化碳含量应小于20%(容积成分)。

3. 液化石油气质量要求

液化石油气应限制其中的硫分、水分、乙烷和乙烯的含量；并应控制残液(C_5 和 C_6 以上成分)量，因为它们在常温下不能气化，表 4-3 为油田液化石油气的质量标准。

液化石油气质量标准 **表 4-3**

项 目	质量标准				
	商品丙烷	商品丁烷	商品丙、丁烷混合物		
			通用	冬用	夏用
C_2 及 C_2 以下组分不高于(%)				5.0	3.0
C_4 及 C_4 以下组分不高于(%)	2.6				
C_5 及 C_5 以下组分不高于(%)		2.0	2.0	3.0	5.0
37.8℃时蒸汽表压不高于(kPa)	1430	480	1430	1360	1360
蒸发 100mL 的最大残留物量(mL)	0.05	—	—	—	—
硫分不高于(mg/m³)	340	340			
游离水	—	无	340	340	340

4.1.2 燃气系统的构成

燃气系统由燃气长输管道系统、城镇燃气管网系统及燃气压送储存系统构成。

4.1.2.1 燃气长输管道系统

燃气长输管道系统通常由集输管网、气体净化设备、起始站、输气干线、输气支线、中间调压计量站、压气站、分配站、电保护装置等组成，如图 4-1 所示。按燃气种类、压力、质量及输送距离上的不同，在系统设置上有所差异。

4.1.2.2 城镇燃气管网系统

城镇燃气管网系统是城镇燃气输配系统的主要组成部分，它将门站(接收站)的燃气输送到各储气站、调压站、燃气用户，并保证沿途输气的安全可靠。燃气管道系统可按输气压力、敷设方式、管网形状和用途等加以分类。

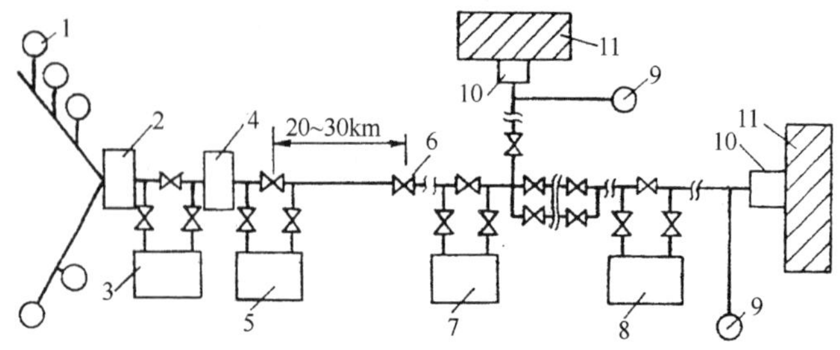

图4-1 燃气长输管道系统

1—井场装置；2—集气站；3—矿场装置；4—天然气处理厂；
5—起点站或起点区气站；6—管线上阀门；7—中间压气站；
8—终点压气站；9—储气设备；10—燃气分配站；11—城镇或工业区

1. 按输气压力分

燃气管道和其他管道相比，施工方面有特别严格的要求，因为管道漏气可能导致火灾、爆炸、中毒等事故。燃气管道输送介质压力愈高，管道接头脱开、管道本身出现裂缝的可能性越大。燃气管道压力不同时，对管材、安装质量、检验标准及运行管理要求亦不相同。城镇燃气管道按输送燃气的压力分为5级，详见表4-4。

城镇燃气输送压力(表压)分级 **表4-4**

名称		输送压力(MPa)
高压燃气管道	*A*	0.8<P≤1.6
	B	0.4<P≤0.8
中压燃气管道	*A*	0.2<P<0.4
	B	0.005<P≤0.2
低压燃气管道		P≤0.005

2. 按敷设方式分

管道按敷设方式分为埋地敷设和架空敷设两类。

(1) 埋地敷设 有沟埋敷设和筑土堤敷设等形式，管段需要穿越铁路、公路时，有时需加设套管或管沟。

(2) 架空敷设 城镇燃气管道为了安全运行，一般情况下均为埋地敷设，不允许架空敷设；当建筑物间距过小或地下管线密集，管道埋设困难时才允许架空敷设。工厂厂区内的燃气管道常采用架空敷设方式。架空敷设可分为低架(管墩支撑)和高架(管架)敷设。

3. 按管网形状分

根据用气建筑的分布情况和用气特点，燃气管网的布置方式有枝状管网、环状管网和环枝状管网等形式。

(1) 环状管网 管网连成环状，是城镇输配管网的基本形式，在同一环中，输气压力处于同一级制。

(2) 枝状管网 以干管为主管，呈放射状由主管引出分配管。在城镇管网中一般不单独使用。

(3) 环枝状管网 环状与枝状混合使用的一种管网形式，是工程设计中常用的管网形式。

4. 按管网压力级制分类

城镇燃气管道系统由各种压力的燃气管道组合而成，其组合形式有单级系统、二级系统、三级系统和多级系统。

(1) 单级系统 单级系统是指采用单一压力级别分配和供应燃气的系统。该系统可利用储气柜的压力直接输送燃气至用户，也可经低压调压器调压后输送燃气，有低压单级或中压单级两种类型。

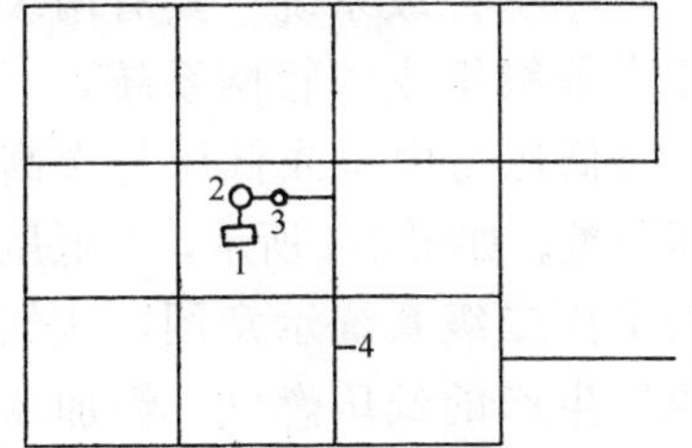

图 4-2 低压单级管网系统
1—气源厂；2—低压储气罐；3—稳压器；4—低压管网

低压单级系统如图 4-2 所示，具有构成简单、维护管理方便，无需压缩费用或只需少量压缩费用；当停电时或压送机发生故障时，基本不妨碍供气，供气可靠性好等优点。缺点是对于供应区域大或供应量多的城镇，需敷设较大管径的管道而不经济，故只用于小城镇。

中压单级管网系统如图4-3所示，城镇自气源厂(或天然气长输管线)送入城镇燃气储配站(或天然气门站)，经加压(或调压)送入中压输气干管，再由输气干管送入配气管网，最后经箱式调压器或用户调压器送至用户燃具。该系统减少了管材，可节省投资；由于采用了箱式调压器或用户调压器供气，可保证所有用户在额定压力下工作，从而提高了燃烧效率；但该系统安装水平较高，供气安全性比低压单级管网系统稍低。

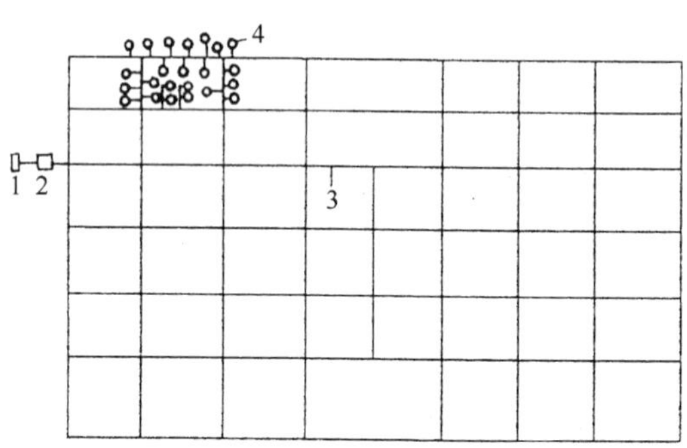

图4-3　中压单级管网系统

1—气源厂；2—储配站；3—中压输气管网；4—箱式调压器

(2) 二级系统　具有两级压力等级组成的管网系统，一般有低压与中压或低压与次高压两类。如图4-4所示，为低压与中压二级系统示意图，从气源厂生产的低压燃气，经加压后送入中压管网，再经区域调压站调压后送入低压管网，设置在供气区的低压储气罐亦由

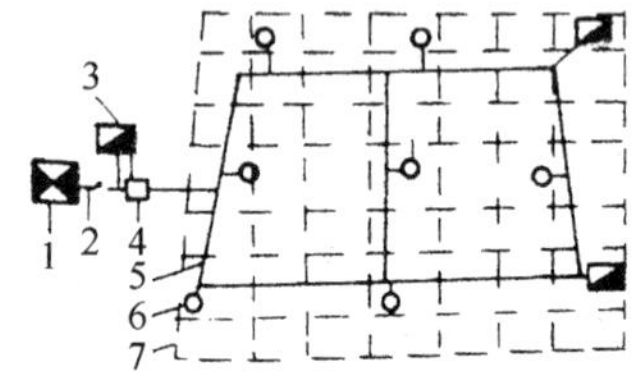

图4-4　二级管网系统

1—气源厂；2—低压管网；3—压缩机站；4—低压储气罐站；5—中压管网；6—区域调压站；7—低压管网

中压管网供气，高峰时，储气罐内的燃气输送给中压(经加压)或低压管网。该系统适应于供应区域较大、供气量较大、仅采用低压供应方式不经济的中型城镇。

(3) 三级系统 以低压、中压和高压三种压力级别组成的管网系统。如图 4-5 所示，为三级系统示意图，高压燃气从气源厂或城镇的门站输出，由高压管网输气，经高-中压调压器调至中压，输入中压管网，再经区域中-低压调压器调成低压，由低压管网供应燃气用户。该系统的高压管道一般布置在郊区人口稀少地区，供气比较安全可靠。但系统复杂，维护管理不便，在同一条道路上往往要敷设两条压力等级的管道。

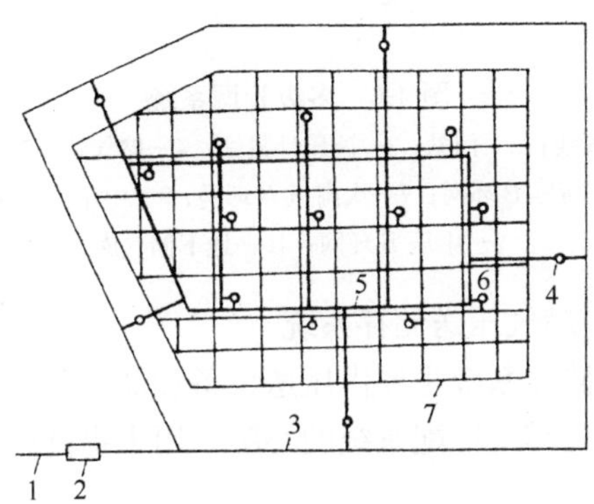

图 4-5 三级管网系统

1—长输管线；2—门站；3—高压管网；4—高-中压调压站；5—中压管网；6—中-低压调压站；7—低压管网

(4) 多级系统 有四种压力等级组成的管网系统称为多级系统。如图 4-6 所示，该系统采用了地下储气库、高压储气罐站以及长输管线输气，压力主要为四级，即低压、中压 B、中压 A 和高压 B。各级管网分别组成环状，燃气由较高压力等级的管网经过调压站降压后进入较低压力等级的管网。工业企业用户和大型公共建筑用户与中压 B 或中压 A 相连，居民用户和小型公共建筑用户则与低压管网相连。

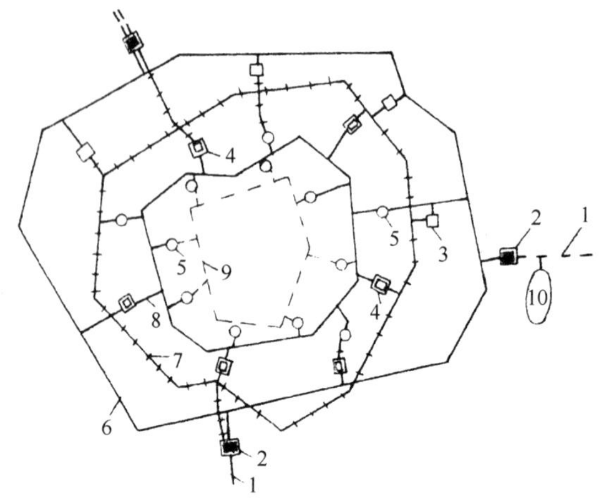

图4-6　多级管网系统

1—长输管线；2—门站；3—调压计量站；4—储气站；5—调压站；6—高压 B 环网；7—次高压 B 环网；8—中压 A 环网；9—中压 B 环网；10—地下储气库

4.1.2.3　燃气压送储存系统

燃气压送储存系统主要由压送设备和储存装置组成。

压送设备是燃气输配系统的心脏，用来提高燃气压力或输送

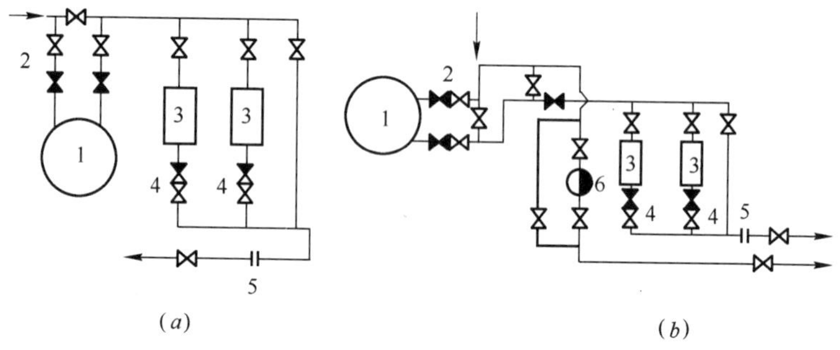

图4-7　燃气压送储存系统工艺流程

(a)低压储存、中压输送；(b)低压储存、中低压分路输送

1—低压湿式储气柜；2—电动阀门；3—压送机；4—逆止阀；5—出口计量器；6—调压器

燃气。目前，在中、低压系统中使用的压送设备有罗茨式鼓风机和往复式压送机。

贮存装置的作用是保证不间断地供应燃气，平衡、调度燃气供应量。其设备主要有低压湿式储气柜、低压干式储气柜、高压储气罐(圆筒形、球形)。

燃气压送储存系统的工艺如图 4-7 所示，有低压储存、中压输送；低压储存、中低压分路输送等方式。

4.2 燃气系统施工准备

燃气系统施工准备和采暖系统施工准备一样，包括技术准备、材料准备和工机具准备等，基本内容参见 2.2。由于燃气系统施工管线长，施工地形条件复杂，施工准备时应注意以下内容。

(1) 熟悉图纸时，要掌握地质水文资料，审查燃气管道周围的地下建筑物、管线的位置关系。

(2) 图纸会审应注意以下问题：地下有无障碍、拆迁及占地如何解决；穿越铁路、公路、河流等的施工要求及主要措施是否可行等。

(3) 摸清燃气管沟分布区域内的地下管道及构筑物的分布状况。可参阅城、镇小区原有的地下管线施工图纸或借助窨井盖的标志来识别地下管线，如电力或通讯电缆、排水管、给水管、蒸汽管、热水供暖管、工业管道等，并在施工图中标明其位置。如无资料可查，一般应选择在交叉路口、管线密集或情况不详的地区，进行“样洞”开掘。如果从“样洞”中发现无法施工的因素，必须会同设计部门共同协商，修改管位。此外还应了解地上建筑物、树木、电线杆及地下管线构筑物等燃气管道施工障碍。

(4) 注重内部和外部关系的协调。城镇燃气管道施工会遇到各种障碍物，如地上建筑物、树木、绿地、电线杆，地下的动力电缆、通信电缆、给排水管、热力管、人防等，它们分属于市政、交通、电力、园林等有关部门管理，这些部门都有各自的管理立法和程序。燃气施工单位必须在施工前主动和有关部门联系，在施工中发现障碍及时请示，取得审批同意。

4.3 室外燃气管道安装

室外燃气管道采用的管材主要有钢管、铸铁管和塑料管。高压和中压 A 燃气管道通常采用钢管；中压 B 和低压燃气管道，通常采用钢管铸铁管；塑料管多用于工作压力≤0.4MPa 的室外地下管线。

室外燃气管道的安装有埋地敷设和架空敷设等形式。

4.3.1 燃气管道埋地敷设

燃气管道通常采用埋地敷设，一般情况下不设管沟，更不能与其他管道同沟敷设，以防煤气泄漏时积聚在管沟内引起事故。燃气管道应与道路或建筑物平行或埋于人行道或草地下，不得在堆放易燃易爆物品和有腐蚀的场地下面通过，不得穿过建筑物，不得平行敷设于有轨电车轨道之下。地下燃气管道与建筑物、构筑物基础或相邻管道之间的水平和垂直距离应符合表 4-5 和表 4-6 的规定。

地下燃气管道与建筑物、构筑物或相邻管道之间水平净距(m)　　表 4-5

项　目		地下燃气管道				
		低压	中压		高压	
			B	A	B	A
建筑物的基础		0.7	1.5	2.0	4.0	6.0
给水管		0.5	0.5	0.5	1.0	1.5
排水管		1.0	1.2	1.2	1.5	2.0
电力电缆		0.5	0.5	0.5	1.0	1.5
通讯电缆	直埋	0.5	0.5	0.5	1.0	1.5
	在导管内	1.0	1.0	1.0	1.0	1.5
其他燃气管道	DN≤300	0.4	0.4	0.4	0.4	0.4
	DN>300	0.5	0.5	0.5	0.5	0.5

续表

项目		地下燃气管道				
		低压	中压		高压	
			B	A	B	A
热力管	直埋	1.0	1.0	1.0	1.5	2.0
	在管沟内	1.0	1.5	1.5	2.0	4.0
电杆(塔)的基础	≤35kV	1.0	1.0	1.0	1.0	1.0
	>35kV	5.0	5.0	5.0	5.0	5.0
通信照明电杆(至电杆中心)		1.0	1.0	1.0	1.0	1.0
铁路钢轨		5.0	5.0	5.0	5.0	5.0
有轨电车钢轨		2.0	2.0	2.0	2.0	2.0
街树(至树中心)		1.2	1.2	1.2	1.2	1.2

地下燃气管道与构筑物或相邻管道之间垂直净距(m)　表 4-6

项目		地下燃气管道(当有导管时，以套管计)
给水管、排水管或其他燃气管道		0.15
热力管的管沟底(或顶)		0.15
电缆	直埋	0.50
	在导管内	0.15
铁路轨底		1.20
有轨电车轨底		1.00

4.3.1.1　施工工艺流程

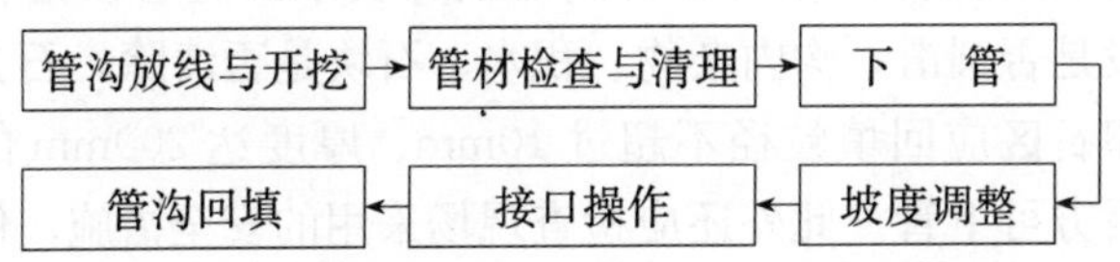

4.3.1.2　施工工艺

1. 管沟放线与开挖

(1) 测量定位　施工人员应熟悉图纸，根据设计的施工图和开掘“样洞”，确定临时水准点，并定出埋地管道的中心线，定位依据如下：

1）敷设在城镇道路下的管道，一般以道路侧石线或道路中心线至管道轴心线的距离为定位尺寸，如图4-8所示。

2）敷设在郊区道路下或路旁的燃气管道，一般以道路中心线至管道轴心线的水平距离为定位尺寸，如图4-9所示。

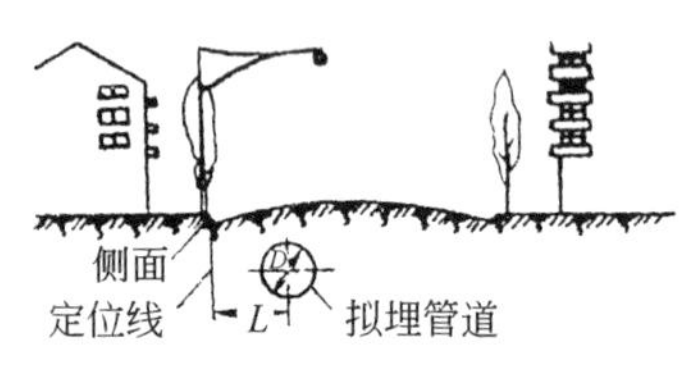

图4-8　市区道路管道定位示意图

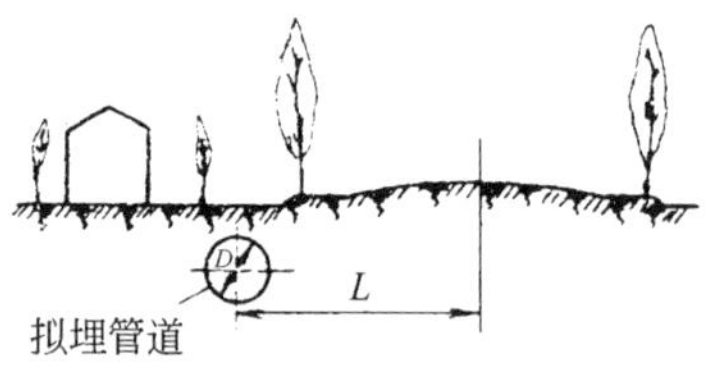

图4-9　市郊公路管道定位示意图

3）敷设于住宅区或厂区的管线，一般以住宅、厂房等建筑物至拟埋燃气管的轴心线的水平距离为定位尺寸。

4）穿越农田的管道以规划道路中心线定位。

(2) 管沟开挖　管道中心线定位后，进行测量、打桩、放线、挖土、地沟垫层的处理，施工工艺参照7.2。

2. 管材检查与清理

检查管材，管子的名称、规格要符合设计要求，金属管道无严重锈腐、重皮和扭曲等缺陷。检查合格的管材，先用棍棒消除管内的杂物，然后用细铁丝绑上破布，两端头来回拖，将管内清理干净。

3. 下管

下管前应复查管沟深度是否满足设计要求，直管段是否顺直，曲线段是否圆滑，沟内杂物、积水、石块是否清除，石方区或戈壁、卵石区应回填粒径不超过10mm、厚度达200mm的细土，合格后方可下管。此外还应检查现场采用的安全措施，例如沟槽内是否有人，起重机是否稳固，起重臂下是否站人等。

(1) 铸铁管　沿沟槽排管时，按管子的有效长度排列，即每根管子应让出一个承口的长度来，多数地区将承口朝向来气方向。排管后进行烧口，将插入段的承口内表面和插入口外表面的沥青涂层烧去，将表面上的飞刺打磨干净，以利于接口填材料和管壁更严密的接合。下管前，沟槽底放置接口的位置应先挖出接口操作工作坑，以便放下承口，使整根管子能平稳地放在沟底地基上。

(2) 钢管 采用组合吊装的方式进行，首先将若干管段事先焊好，连成较长的管段，然后下入沟槽内。若埋地钢管采用预制环氧煤沥青防腐绝缘层、煤焦油磁漆外覆盖层、石油沥青防腐绝缘层和聚乙烯胶粘带防腐层，下管时吊具应用较宽的尼龙带或特制吊管软带，不得用钢丝绳或铁链；移动钢管用的撬棍，应套橡胶管。

(3) 聚乙烯塑料管 下管时应防止被划伤，否则划伤的聚乙烯管道在运行中，受外力作用、再遇表面活性剂(如洗涤剂)，会加速伤痕的扩展，最终导致管道的破坏。该管宜蜿蜒敷设，并可随地形弯曲，但要防止扭曲或过大的拉伸和弯曲。下管方法有拖管法、喂管法、人工法和插入管法等。

1) 拖管法 用机动车带动犁沟刀，车上装有掘进机、犁出沟槽，盘卷的聚乙烯管道或已焊接好的聚乙烯管道，在掘进机后被拖带进入管沟。采用拖管法施工时，拉力不得大于管材屈服拉伸强度的50%，拉力过大会拉坏聚乙烯管道。拖管法一般适用于支管或较短管段的聚乙烯燃气管道的敷设。

2) 喂管法 将固定在掘进机上盘卷的聚乙烯管道，通过装在掘进机上的犁刀后部的滑槽喂入管沟。喂入管道时，不可避免要弯曲，但其弯曲半径应符合表4-7的规定。

聚乙烯燃气管道允许弯曲半径(mm) **表4-7**

管道公称外径 D	允许弯曲半径 R
$D\leqslant50$	$30D$
$50<D\leqslant160$	$50D$
$160<D\leqslant250$	$75D$

3) 人工法 常用滚动下管法和人工抬放等方式下管，详细内容参见2.3.1.2。

4) 插入管法 改造旧燃气管道时使用，插入施工前，应使用清管设备清除旧管内壁沉积物、尖锐凸缘和其他杂物，并用压缩空气吹净管内杂物。并对已连接好的聚乙烯管道进行气密性试验，试验合格后，方可进行施工。施工时，必须在旧管插入端加上一个硬度比插入管小的漏斗型滑槽。在两插入段之间，留出冷缩余量，并在每段适当的长度加以固定。

值得注意的是聚乙烯燃气管道敷设时，宜随管走向埋设金属示踪线，便于利用检测仪对管道进行精确定位。目前常用的示踪线有两种，一种是裸露金属线，另一种是带有塑料绝缘层的金属导线，通过电流脉冲感应，利用探测系统进行探测。

4. 坡度调整

天然气脱水后不含水分，为干式输送，管道的坡度随地形而定，要求不很严格。人工湿煤气在管道运行过程中，会产生大量的冷凝水，因此敷设的管道必须保持一定的坡度，以便管内的水能汇集于排水器中排放。地下人工煤气管道坡度规定为：中压管不小于3‰；低压管不小于4‰。施工时，沿管道敷设方向，用小线和水平尺检查坡度是否在设计允许范围内，如发现坡度不符合要求，应进行调整。管道敷设坡度方向是由支管坡向干管，再由干管的最低点用排水器将水排出，所有管道严禁倒坡。

5. 接口操作

(1) 钢管连接　室外燃气钢管连接有焊接和法兰连接两种主要形式。

1) 焊接：管径较大的卷焊钢管以及无缝钢管采用焊接连接，根据不同的壁厚及使用要求，其接口形式有对接焊和贴角焊等。

2) 法兰连接：法兰接口常用于需拆卸检修的部位以及管道与带有法兰的附属设备(如阀门、补偿器等)的连接。

(2) 铸铁管连接　燃气铸铁管的连接方式有承插式、法兰式和机械接口等。

1) 承插式：根据设计选定在环形间隙中的填料，分为石棉水泥接口、水泥接口和青铅接口等。一般情况下，低压铸铁管采用石棉水泥接口；中压管道采用耐油橡胶圈水泥接口；若需快速抢修，可部分采用青铅接口。

2）法兰式：铸铁管和钢管连接时采用，螺栓应用可锻铸铁，如采用钢制螺栓，应采取防腐措施。并按设计规定选制好法兰垫片，当法兰为凸面接合时，用硬质石棉橡胶板做垫片，安装时需两面涂上黄油；若为平面接合时，则采用石棉板垫片。垫片放置在两法兰垫片间，夹紧后穿入螺栓，浇水湿透后将螺栓拧紧。

3）机械接口式：目前低压燃气铸铁管的连接已广泛采用此种形式，一般采用S型机械接口，接口填料使用燃气橡胶圈，接口时两管中心线应保持成一直线。操作时应使用扭力扳手拧紧螺栓，压轮上的螺栓应以圆心为准对称地逐渐拧紧，直至规定的扭矩，并要求螺栓受力均匀。

（3）聚乙烯燃气管连接　聚乙烯燃气管道间不得采用螺纹连接和粘接，可采用电熔连接、热熔连接(参见1.2.5.6)。聚乙烯管道与金属管道连接，采用钢塑过渡接头。对小口径聚乙烯管($D \leqslant 63$mm)，采用一体式钢塑过渡接头；对大口径聚乙烯管($D > 63$mm)采用钢塑法兰组件进行转换连接。一体式钢塑过渡接头由钢制接头和聚乙烯管端组成，钢制接头采用螺纹式、焊接式或法兰式；钢塑法兰组件由聚乙烯法兰和专用钢法兰组成，钢法兰外包覆塑料。聚乙烯管端与接头采用热熔或电熔方式连接，钢管端与接头间采用焊接、法兰连接或机械接口等形式连接。采用焊接时，应采取降温措施。

聚乙烯管道连接完毕后，留出接口部位，将管身部分回填，避免外界损伤管道。

6. 管沟回填

埋地燃气管道安装完毕，经过清扫、通过强度试验和严密性试验，检查验收后进行回填。

（1）补做防腐层　金属管各接口(焊口处)和铺管时有所损伤处，均应补刷沥青三遍，包玻璃丝三层。

（2）回填土　回填时，应分层回填、分层夯实。回填的第一、二层土不得带有石块，也不得是冻土块；最后一层土应高于周围地面50mm左右。管顶的最小覆土厚度为：埋设在车行道下时，不应小于0.8m；埋设在非车行道下时，不应小于0.6m；埋设在水田下时，不应小于0.8m；埋设在郊区旱田时，不应小于0.6m；埋在庭院内时，不应小于0.4m；当采取有效的防护措施后，上述规定可适当降低。回填土埋至管顶0.5m处应埋设"燃气警示带"（低压为绿色，中压为红色、高压为黑色），避免以后施工，对管道造成损坏。

管沟回填后，进行平整，不留残土，无明显凹凸不平，基本一致，并做到工完场清。

4.3.2　燃气管道架空敷设

室外架空燃气管道一般沿建筑物外墙或支柱敷设。沿建筑物外墙敷设的燃气管道距住宅或公用建筑物门、窗的净距：中压管道不应小于0.5m，低压管道不应小于0.3m，燃气管道距生产厂房建筑物门、窗的净距不限。采用支柱架空时，管底至人行道路路面的垂直净距不应小于2.3m；管底至道路路面的垂直净距不应小于5m；管底至铁路轨顶的垂直净距不应小于6m。架空燃气管道与其他管线交叉时的垂直净距不应小于表4-8的规定。与其他管道共架敷设时，燃气管道应位于酸、碱等腐蚀性介质管道的上方，与其相邻管线间的水平间距必须满足安装和检修要求。

架空燃气管道与铁路、道路、其他管线交叉时垂直净距　　表4-8

<table>
<tr><th colspan="2" rowspan="2">建筑物和管线名称</th><th colspan="2">最小垂直净距(m)</th></tr>
<tr><th>燃气管道下</th><th>燃气管道上</th></tr>
<tr><td rowspan="3">架空电力线</td><td>电压3kV</td><td>—</td><td>1.5</td></tr>
<tr><td>电压3～10kV</td><td>—</td><td>3.0</td></tr>
<tr><td>电压3～66kV</td><td>—</td><td>4.0</td></tr>
<tr><td rowspan="2">其他管道</td><td>管径≤300mm</td><td>同管道直径，但不小于0.10</td><td>同管道直径，但不小于0.10</td></tr>
<tr><td>管径>300mm</td><td>0.30</td><td>0.30</td></tr>
</table>

架空燃气管道采用的管材，通常是焊接钢管和无缝钢管，连接方式为焊接和法兰连接。其中直管段采用焊接连接，管道转弯及分支等处宜采用法兰连接。

4.3.2.1　施工工艺流程

管架预制 → 管架安装 → 管道安装 → 管道防腐

4.3.2.2　施工工艺

1. 单支柱管架制作

架空敷设的燃气管道，一般采用单柱式管架，有钢结构或钢筋混凝土结构两类，其高度一般为5～8m；但如在市郊区，不影响交通并有安全措施时，也可采用离地0.5m低管架。管架应根据设计图纸提前预制，并根据安装位置编号。

2. 管架安装

根据设计量出燃气管道各支架的位置及其坐标和标高，按支架位置浇筑混凝土基础，并吊装支架就位，该工作一般由土建单位完成。

3. 管道安装

(1) 管架检查　管道安装前，应对管架进行检查，内容包括支架是否稳固可靠、位置和标高是否符合设计图样要求。一般要求各支架中心线为一条直线，人工湿燃气管道有坡度要求，不允许由于支架标高错误而造成管道的倒坡，或由于支架低，造成个别支架不受力，管道悬空。

(2) 管道预制与布管　将管子运到工地，并按顺序放置在管架旁的地面上。为了减少高空作业，提高焊接质量，通常将2～3根管子在地上组对焊接。

(3) 脚手架搭设　为了安全和操作方便，必须在支架两侧搭设如图4-10所示的脚手架，注意必须搭设牢固、安全可靠。

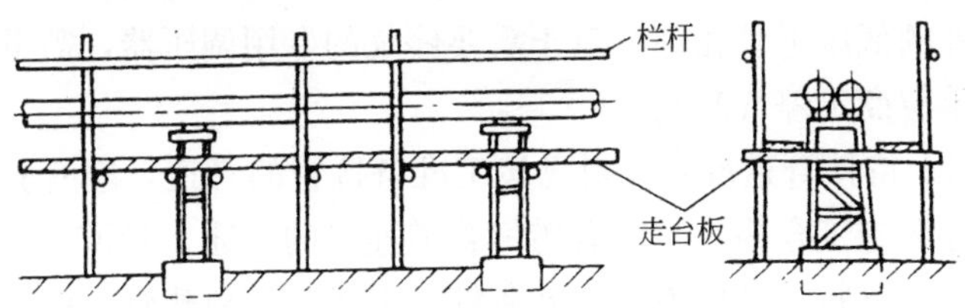

图4-10　架空支架及安装脚手架

(4) 管道吊装　通常用尼龙软带绑扎管段起吊，管段两端绑麻绳，由人拉住以调整管段的方向。

(5) 管道与支座焊接　管段调整就位后与已安装的管段组对焊接。检查每个支座，是否都受力，如果发现支座与支架之间有间隙，应用钢板垫平，并将钢板与钢支架或钢筋混凝土支架顶部预埋的钢支承板焊牢。然后将活动支座调整到安装位置，将活动支座与管道焊接起来，再焊接固定支座。

4. 管道防腐

管道安装完毕，且试压合格后，将管道焊缝和管道支座及管道焊接处除锈、刷油漆。

4.3.3　燃气管道接管

燃气管道投入使用后，由于用户发展，需要进行干管延伸、接装用户、管道大修更新等施工，常需带气接管。

带气接管是将新建燃气管道与正在使用的燃气管道连接，因为要对具有一定燃气压力的管道进行切割、焊接、打口或钻孔操作，属于危险行业。施工人员必须掌握带气接线方法，制定周密的带气接线方案，熟悉危险作业的安全技术。

4.3.3.1　施工工艺流程

接管准备 → 降压 → 管道接管

4.3.3.2　施工工艺

1. 接管准备

(1) 原管道系统准备　查清停气降压时阀门关闭范围内影响调压器的数量及调压器所供应的范围，其低压干管是否与停气范围以外的低压干管相通。对于需要停气的专用调压器，需事先与用气单位商定停气时间。

(2) 待接管道准备　对已竣工准备接管的管道，应有验收手续，证明施工合格。与原有燃气管道连接的三通、管道、法兰短管应放样下料，开好坡口，并备好所需机具。新建管道中阀门必须检验合格，开关灵活。

2. 降压

接线施工中，需采用停气或降压措施时，应明确停气降压允许时间及影响范围，并事前通知用户。停气降压时间一般应避开用气高峰时间，如在制气场或储配站的出口管道上降压停气，应由调气中心与厂、站商定停气降压措施。

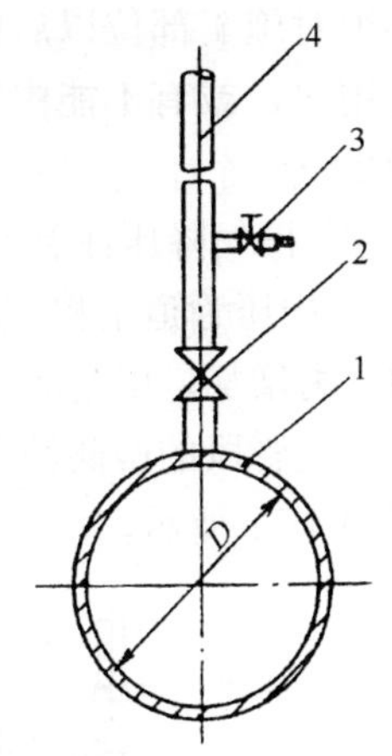

图 4-11　放散管设置
1—燃气管道；2—放散阀门；3—取样旋塞；4—放散管

(1) 次高压燃气管道降压　当新建高压管道为次高压管与原有次高压管连接，原有的次高压管道为环状管网时，只需关闭作业点两侧阀门，并用阀门井内的放散管(见图 4-11)放散燃气而降压。

原有次高压管道若为平行的两根管道与高中压调压站连接，在次高压管道降压接管时，可安排适当时间关闭作业点两侧的阀门，使其中一条管道停止运行，另一条管道低峰供气。同样，用阀门井内的放散管排放燃气降压。在降压过程中进行压力调整，高于作业要求压力时放散；低于作业压力时，稍开阀门补气；压力合适时关闭阀门。

(2) 中压燃气管道降压　原有中压管道为环状管网，可关闭作业点两侧的阀门，用阀门内的放散管排出燃气降压。若为枝状管网，需做好用户停气工作，先关闭支线阀门，从支线上的中低压调压箱将中压燃气减压后送至低压管网与用户，直到中压管压力与低压管压力相同，再关闭调压箱的出口阀门，用箱内放散管放散，至接管作业要求压力。

(3) 低压燃气管道降压　施工部位的管道为双向供气，且管内的供气压力较低时，可采用阻气袋阻断气流；若管道为双向供气但距调压器较近且管内压力较高时，可将调压器的出口压力调低至阻气袋能阻止气流为止；当在枝状管网上施工时，则必须对施工部位以后的管道进行停气；当被停气的管段上有重要用户，或有不能中断燃气供应的用户时，则应安装临时旁通管供气。

(4) 停气降压注意事项

1) 中压管道上停气时，为防止阀门关闭不严，造成施工管段内压力增加，引起阻气袋位移，使燃气大量外泄，应在阀门旁靠近停气管段的两侧钻孔，作为安装放散管测压仪表用，降压操作如图 4-12 所示。

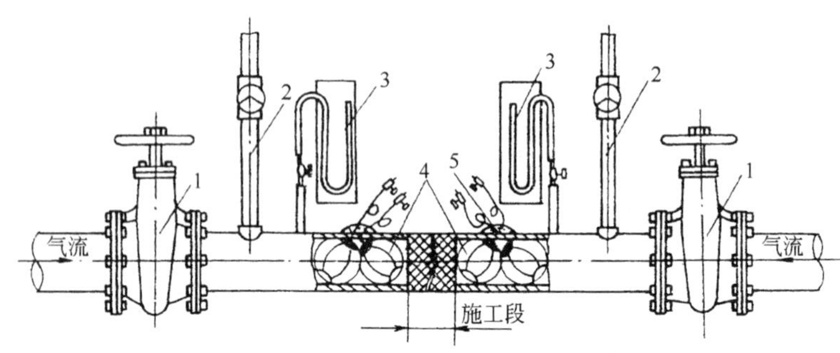

图 4-12　中压管停气降压操作示意图

1—阀门；2—放散管；3—测压仪表；4—阻气袋；5—湿泥封口

2) 施工结束后，在通气之前应将停气管段内的空气进行置换。一般采用燃气直接驱赶。燃气由一端进入，空气由另一端的放散管内逸出，待管内燃气取样试烧合格后方可通气。

3) 恢复通气前，必须通知所有停气的用户将燃具开关关闭；通气后再逐一通知用户放尽管内混合气体再行点火。

3. 燃气管道接管

燃气接管方式有对接、三通接管和钻孔法等。

(1) 对接　当管道延伸时，带气管道与新建管标高一致时，采用对接连接。

1) 开天窗　在原有管道端部预先选定的位置上用气割炬在管道上部切割一块椭圆形钢板，此操作称为开天窗。一般由两人操作，一名焊工切割，一名辅助工灭火。气割时，焊工首先在管道上割开一个孔，此时燃气从管内溢出并开始燃烧，操作者应注意避开火焰，移动气割炬，随着气割缝的加长，火焰也逐渐加大。辅助工戴好粘水防护手套，用耐火泥封堵切割缝，随割随堵，及时熄灭火焰，阻止燃气外泄。随着外泄量的增多，管内压力下降，当压力下降至 300Pa 时，停止切割，用耐火泥团堵住缝隙，当管内压力恢复至 700Pa 时，再进行切割。当切割圆弧达 2/3 时安装专用牵引工具，稳固被切割的弧形钢板，防止切割临近结束时弧形板向内或向外脱落，造成大量燃气从孔口外泄燃烧。

2）塞球胆与砌墙　切割完毕，将火焰全部熄灭，操作人员戴好防毒面具，撬开大窗盖，立即向来气方向塞入球胆，并迅速向球胆内充入压缩空气堵塞管道。为防止球胆堵塞不严密，对大管径可采用砌砖隔墙，以耐火泥涂抹墙面作第二道封堵，然后把工作坑内的混合气及原有燃气管道端部滞留的燃气吹扫干净；对于小管径管道，可带气接管，无需采用阻气球或砌防火墙。

3）切割管堵与对管焊接　重新点燃割矩，切割管端堵板，准备好连接管段后进行对口焊接，在切割管堵和对管焊接过程中应密切注视砖隔墙是否漏气。

4）充气置换　焊接完毕，戴好防毒面具，拆除砖墙，取出球胆，立即将原来切下的天窗盖盖在天窗上，用耐火泥封堵缝隙，燃气充入新管道。为了加快充气速度，可提高充气压力，但不得超过 1000Pa。在管道末端用橡胶袋取气样，能点着火，且火焰呈桔黄色，证明新建管道内已被燃气完全置换，然后将压力下降到作业要求的压力。

5）焊接天窗盖　焊工与辅助工配合，边清除缝隙中耐火泥，边带火焊接天窗盖。

6）试漏与防腐　将燃气压力升至运行压力后，用肥皂水检查全部焊缝，不漏为合格，漏气处予以补焊，并对新焊口进行防腐处理。

（2）三通接线　大管径燃气管道三通接线，采用阻气球阻断气源后可从容操作，但必须开天窗，工序复杂，具体步骤如下。

1）预制法兰短管：短管的一端按照干管与支管的管径放样下料，另一端焊上法兰。

2）安装放散管与测压管：如作业点两侧无放散管与测压管，可临时安装，用后拆去，并焊牢。

3）开天窗：在支管两侧的原有管道上开两个天窗，方式同对接焊接。

4）塞球胆并砌墙：若燃气管道两端都有气源，应两端同时降压；当燃气 A 端流向 B 端时，只需 A 端降压，B 端应做好停气工作，并加强观测和考虑补气措施。若采用四个阻气球，可以不砌隔墙，但阻气球应置于天窗两侧。放置阻气球之前应清除管内积垢，以使阻气球充气后能与管内壁密封。

5）三通支管焊接：经检验无爆炸性混合气体时，进行新旧管连接的三通切割焊接作业。

6）充气置换、焊接天窗盖和试漏与防腐施工工艺同对接接管。

（3）套管接管　如图4-13所示，适用于铸铁管接管。在原有燃气铸铁管接管部位两侧钻孔后，放入阻气球并充气，阻隔燃气气源后，用錾割或其他方法按所需长度割断铸铁管，再用双承三通连接。图中 A 处为承插连接，短管根据割断位置 B 处所需长度确定承插短管长度；套管应在短管承插口捻口前套在短管上，再移动短管至 B 处，并在套管两侧捻口。

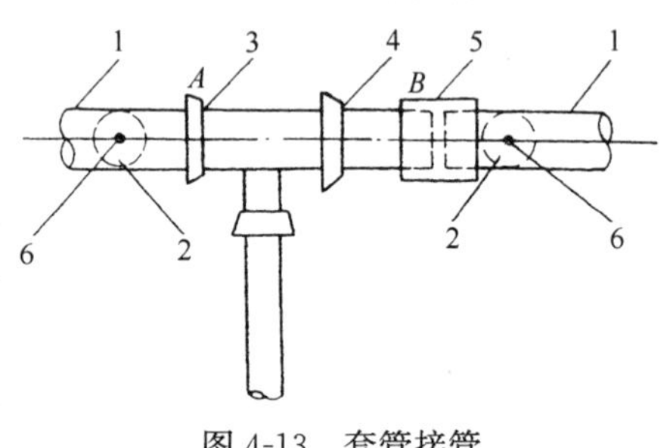

图4-13　套管接管

1—原燃气管；2—阻气球；3—三通；4—短管；5—套管；6—圆孔

（4）钢管钻孔接支

管 如图 4-14 所示，当接管管径不大于 50mm 时，一般采用螺纹连接。因钢管管壁较薄，管壁上的内螺纹仅为 2～5牙，故在圆孔管壁上先焊接外接头，以增强连接强度和严密性，具体操作步骤如下。

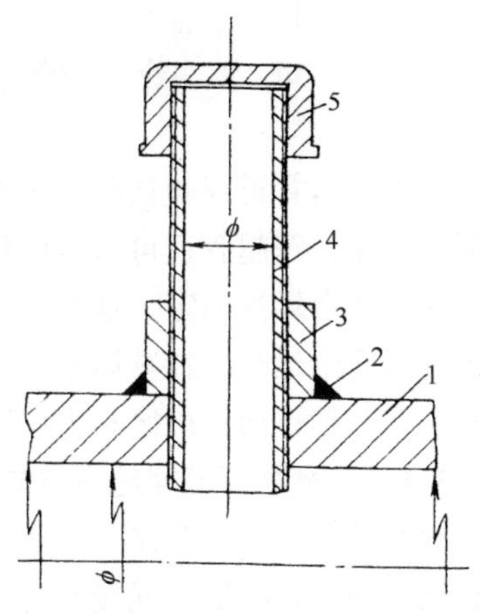

图 4-14 带气钢管接支管
1—钢管；2—环焊接；3—外接头；4—短管；5—管盖

1）钻孔：利用封闭式钻孔机完成。封闭式钻孔机是燃气管道上钻孔、攻螺纹的专用工具，由机架、底座、电动机、蜗轮箱、坚固链条、进刀丝杆和组合杯型钻组成。操作时，将钻孔机稳固地置于金属管上，在钻孔机座和管壁之间垫入带孔的橡胶板以保持密封；启动电机，钻头旋转，慢慢旋紧进刀丝杆，使旋转中的杯型钻切削管壁，进刀量根据管材和孔径进行调节。

2）攻螺纹：钻孔后，组合环形钻铣刀已嵌入孔内，紧接着组合杯形钻上部锥形管螺纹自然推进进行螺纹加工。关闭电机，拆除机架，退出组合杯形架，完成攻螺纹。

3）支管安装：为避免焊接外接头时造成带气操作，先需安装特制的短管与孔内螺纹连接，再将外接头焊接于钢管外壁上，并拆除外螺纹白铁管，完成接口操作。

(5) 铸铁管钻接支管 分有螺纹钻孔和无螺纹钻孔两类。有螺纹钻孔主要用于阻气孔、测压孔和铸铁管上接出白铁管（螺纹接口）等，钻孔孔径应小于被钻孔径的 1/3，阻气孔或测压孔拆除后，可用丝堵封堵螺纹口。无螺纹钻孔用在铸铁管上接出口径大于或等于钻孔直径 1/3，需要安装夹子三通的场合，孔径一般在 40mm 以上。钻孔和攻螺纹的操作可参照钢管钻接支管。

4.4 燃气管道穿跨越施工

城镇燃气管道穿越铁路、公路、电车轨道以及河流时，应使用钢管。穿、跨越管道可地下敷设，也可架空敷设，应根据当地条件及经济合理性而定。地上跨越时，必须有保护措施，以保证燃气管道安全运行。在城镇施工，必须得到有关部门的同意，才能用地上跨越；而在矿区和工厂区，一般采用地上跨越。

4.4.1 燃气管道穿越道路与铁路

城镇燃气管道在铁路、电车轨道和城市主要干道下穿过时，应敷设在钢套管或钢筋混凝土套管内。穿过铁路干线时，应敷设在涵洞内。

4.4.1.1 施工工艺流程

穿越点选择 → 穿越施工

4.4.1.2 施工工艺

1. 穿越点选择

(1) 一般规定　管道穿越铁路或公路的夹角应尽量接近90°，在任何情况下不得小于30°。应尽量避免在潮湿或岩石地带以及需要深挖处穿越。

(2) 铁路穿越点选择　穿越点应选择在铁路区间直线段路堤下，土质均匀，地下水位低，有施工现场。穿越点不宜选在铁路站区和道岔内，穿越电气铁路不得选在回流电缆与钢轨连接处。

(3) 其他道路穿越点选择　燃气管道管顶距公路路面埋深不得小于1.2m，距路边边坡最低处的埋深不得小于0.9m。

2. 穿越施工

(1) 燃气管道穿越铁路施工，如图4-15所示。采用钢套管或钢筋混凝土套管防护，套管内径应比燃气管道外径大100mm以上。铁路轨道至套管顶不应小于1.2m，套管端部距路堤坡脚外距离不应小于2.0m。

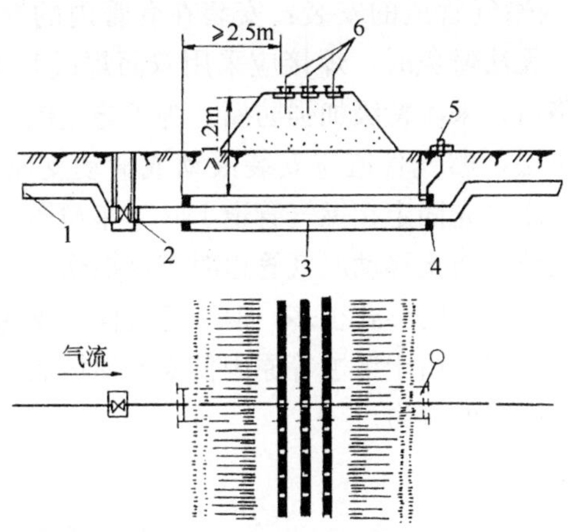

图 4-15 燃气管道穿越铁路

1—燃气管道；2—阀门井；3—套管；4—密封层；5—检漏管；6—铁道

1) 套管安装：穿越铁路的套管敷设采用顶管法(参见 7.3)。采用钢筋混凝土套管时，要求管子接口能承受较大顶力而不破裂，管节不易错开，防渗漏好，在管基不均匀沉陷时的变形较小等。钢筋混凝土套管多用平口管，两管节之间加塑料圈或麻辫，抹石棉水泥后内加钢圈；采用钢套管时，套管外壁应有与燃气管道相同级别的防腐绝缘。套管两端与燃气管道的间隙应采用柔性的防腐、防水材料密封，其中一端应装检漏管。检漏管用于鉴定套管内燃气管道的严密性，主要由管罩、检查管和防护罩组成。管罩与燃气管之间填以碎石或中砂，以便燃气管道漏气时，燃气易漏出。检查管要伸入安装在地面的防护罩内，并装有管接头和管堵，如图 4-16 所示。

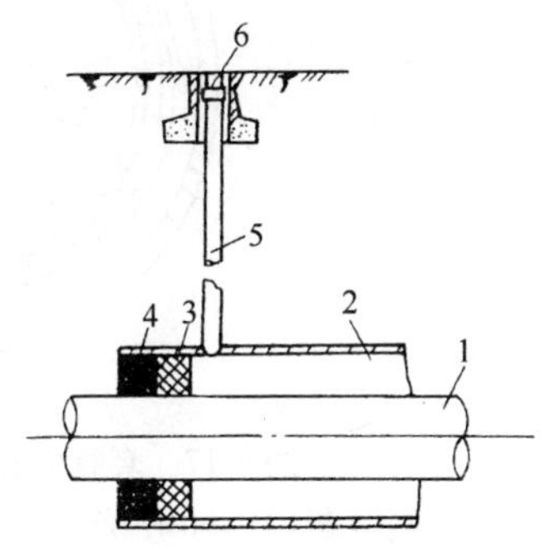

图 4-16 套管内的燃气管道

1—燃气管道；2—套管；3—油麻；4—沥青密封层；5—检查管；6—防护罩

2）套管内燃气管道的安装：安装在套管内的燃气管道不宜有对接焊缝，无法避免时，焊接应采用双面焊或其他加强措施，焊缝检查合格后，采用特级加强防腐。为了防止燃气管道进入套管时损坏防腐层，燃气管道应安装滚动或滑动支座，如图4-17所示。滑动支座事先固定在燃气管道上，支座与燃气管道之间垫橡胶板或油毛毡，防止移动燃气管道时支座损伤防腐层，支座间距按设计要求。支座的形式很多，但一定要保证支座与燃气管道使用寿命相同，避免由于锈蚀等原因使支座损坏而使燃气管道悬空、承受过大的弯曲应力。

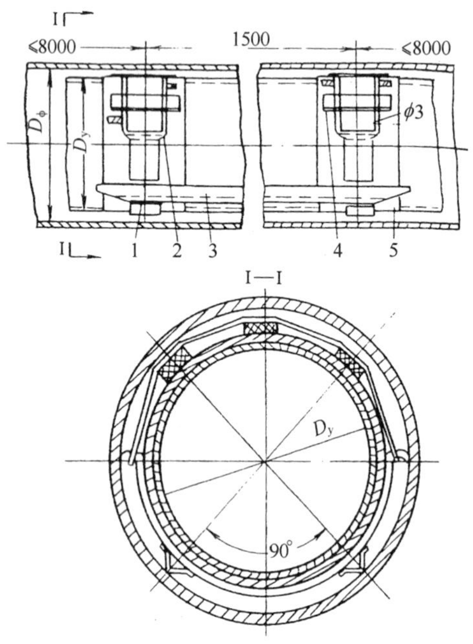

图4-17　套管内燃气管道支座构造

1—卡板；2—加固拉条；3—滑道；4—极条；5—包扎层

此外，当燃气管道穿越铁路干线处，路基下已做好涵洞，施工时将涵洞挖开，在涵洞内安装。涵洞两侧设检查井，均安装阀门。安装完毕后，按设计要求将挖开的涵洞口封住。穿越电气化铁路以及铁路编组枢纽，一般采用架空跨越。

(2) 燃气管道穿越其他道路　有地沟敷设、套管敷设和直埋敷设三种方式。

1) 地沟敷设：如图 4-18 所示，地沟需按设计要求砌筑，在重要的地沟端部应安装检漏管。

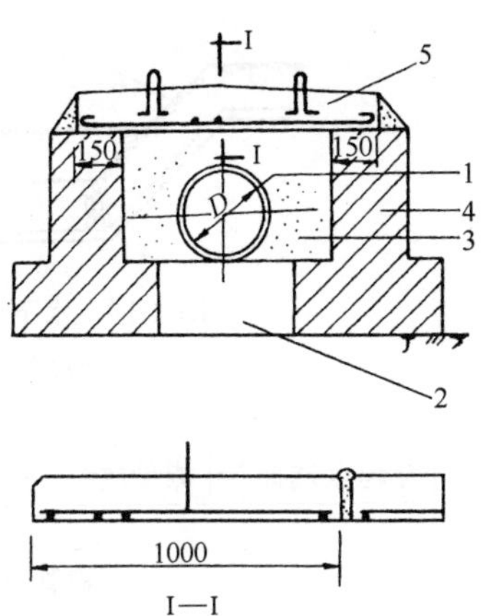

图 4-18　燃气管道单管过街沟
1—燃气管道；2—原土夯实；3—填砂；4—砖墙沟壁；5—盖板

2) 套管敷设：套管端部距电车轨道不应小于 2.0m，距道路边缘不应小于 2.0m。套管敷设有顶管法和明沟开挖两种形式，燃气管道穿越交通流量很大的汽车专用公路和二级公路及城市主要干道，应采用顶管施工方法；穿越一般公路、城市非主要干管时，在交通部门同意下，可开槽施工。为了不影响交通，可先挖开道路的一半，挖完后铺厚钢板方便车辆行驶，再挖另一半道路，也可组织夜间施工。施工期间必须作好安全防护措施，防止车辆及行人跌入沟内。套管接口和套管内燃气管道的安装同穿越铁路套管施工。

3) 直埋敷设：当燃气管道穿越县、乡公路和机耕道时，可直接敷设在土壤中，不加套管。

4.4.2　燃气管道穿越河流

水下穿越的燃气管道采用钢管，主要有裸管敷设和沟埋敷设两种方式。其中裸管敷设将管线直接敷设在河床平面上，只适用于河床稳定、水流很慢、不通航的中、小河流上的小口径管线或临时管线。沟埋敷设如图 4-19 所示，采用该法敷设，管道不易损坏。现以沟埋敷设为例说明燃气管道穿越河流的施工工艺。

4.4.2.1　施工工艺流程

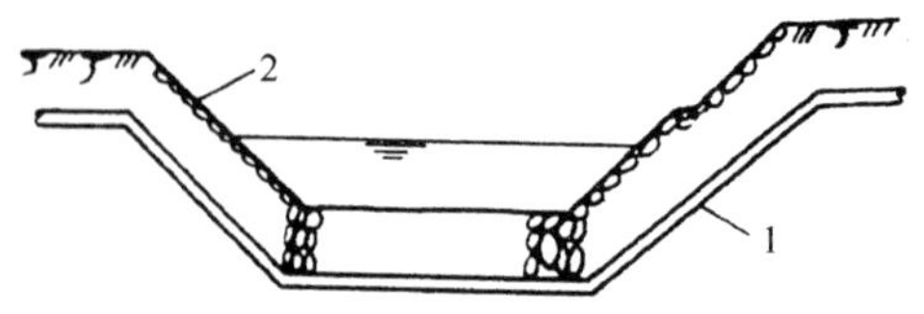

图 4-19 水下沟埋式敷设示意图

1—管道；2—水泥砂浆

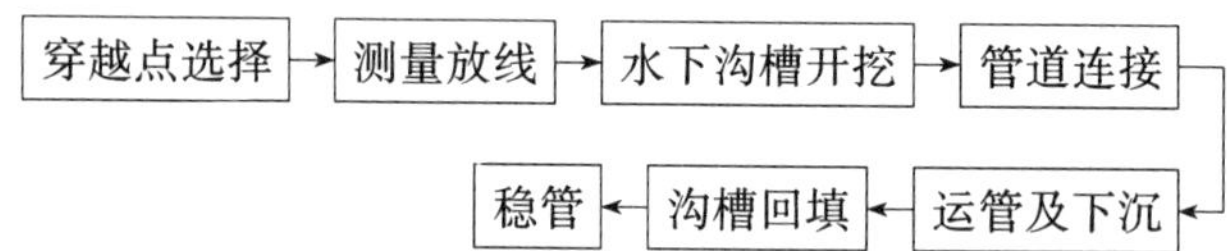

4.4.2.2 施工工艺

1. 穿越点选择

穿越点的选择应考虑线路走向以及不同的穿越方法对施工场地的要求，宜选择河流平直、水流平缓、河床稳定、河底平坦、地质构造单一、两岸具有比较宽阔的漫滩和具备操作场地的河段。不宜选择桥梁上游 300m 或下游 100m 的地区，或船只可能停泊下锚处以及沿岸建筑物和地下管线密集的河段。

2. 测量放线

沟槽开挖前应在两岸设置岸标，如图 4-20 所示，由岸标确定沟槽开挖方向，也可以在水中设置浮标。在开挖时随时用经纬仪测量，以保证沟槽方向和高程的准确。

3. 水下沟槽开挖

(1) 机械开挖　主要使用配有正铲、反铲、拉铲或抓斗的挖土机挖掘岸边的水下管沟。当挖河床水下沟槽时，挖土机可以装在沿沟槽线路上用钢丝绳及绞车移动的船上。

(2) 吸泥法　主要使用水力吸泥器或空气吸泥器吸泥。施工时，将高压水或压缩空气通过喷嘴，在混合室内形成负压产生吸力，当泥浆吸口靠近泥土表面，进入吸泥器内的水便带入泥砂，使管沟内的泥砂同水一起带走，该方式适用于砂性土壤。

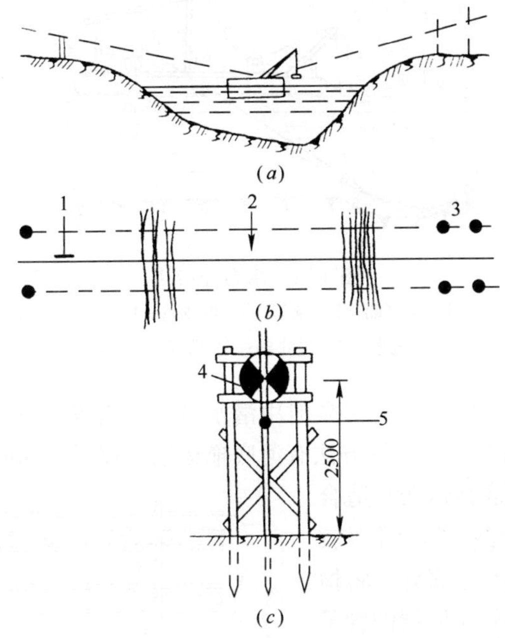

图 4-20 水下沟槽开沟岸标布置

(a)岸标布置立面图；(b)岸标布置平面图；(c)岸标

1—经纬仪；2—水流方向；3—岸标；4—红白漆岸标；5—红色指示灯

(3) 水力冲击法 主要使用水力冲击器开挖沟槽。如图 4-21 所示，用长软管将水力冲击器接在泵上，橡胶管末端装有带有锥形水嘴的水枪。施工时，由高压离心泵供水，水下土被高速水柱冲开，形成管沟。

此外还可使用挖泥船、水下爆破等方式完成水下沟槽开挖。

4. 管道连接

穿越河床的管道选用钢管，在河岸一侧平台上组焊成设计要求的形状和尺寸，经试压后做防腐处理，待下一工序使用。

5. 运管及下沉

沉管前，检查设置的定位标志是否准确、稳固；开挖沟槽断

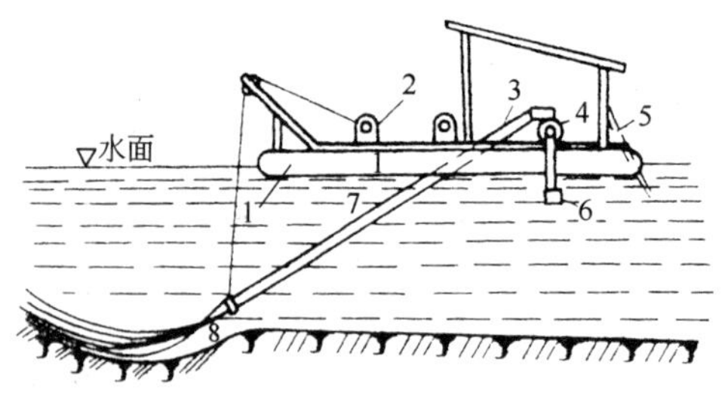

图 4-21 水力冲击法

1—平底船；2—绞车；3—橡皮管；4—水泵；

5—电缆；6—过滤器；7—管子；8—水嘴

面是否满足沉管要求，必要时由潜水员下水摸清沟槽情况，并清除沟槽内的杂物。沉管方法有河底拖运法、浮运法和船运法等。

(1) 河底拖运法 适合于两岸场地空旷，河面较窄，航运船只不多处。将检验合格并做好防腐层的管子四周包扎木条，木条用铁丝扎紧以防损坏防腐层，如图4-22所示。包扎好的管道用卷扬机沿沟底拖拉至对岸，为了减少牵引力，在管端焊上堵板，以防河水进入管内。

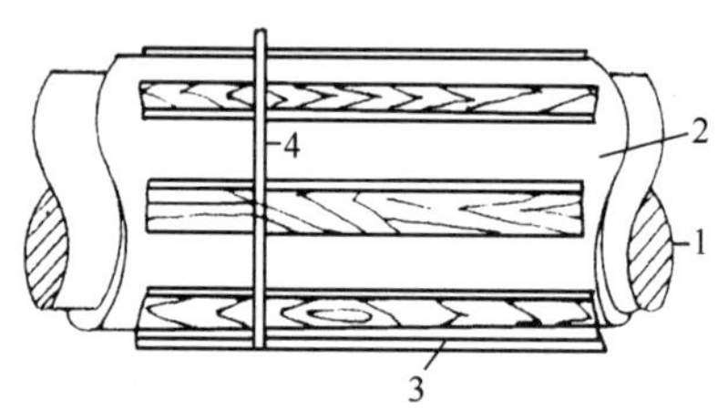

图 4-22 外包扎木条护管

1—管子；2—防腐层；3—木条；4—紧箍

(2) 浮运法 浮运管段时可用拖拉加浮船的方法进行，如图4-23所示。用钢板或阀门将两端管口封闭，预留进水口和排气孔，以便下沉时注水入管，再将管段放在浮船上，用设在对岸的卷扬机或拖拉机将管段拖运到沟槽上方就位。

(3) 船运法 当河水流速较大或管子浮力较大时，可采用此法。将待运管平行河流方向排列，将数根管连接一体，系在船上，由船只将管道运至沟槽上方，用浮筒抛锚定位。等下沉管道运至沟槽上方检查无误后，开启进水口和排气孔阀门，边注水，边排气，管子边下沉，逐渐解开或放松绳索，管道下沉接近于沟底时，潜水员根据定位桩或岸标控制下沉管的位置。

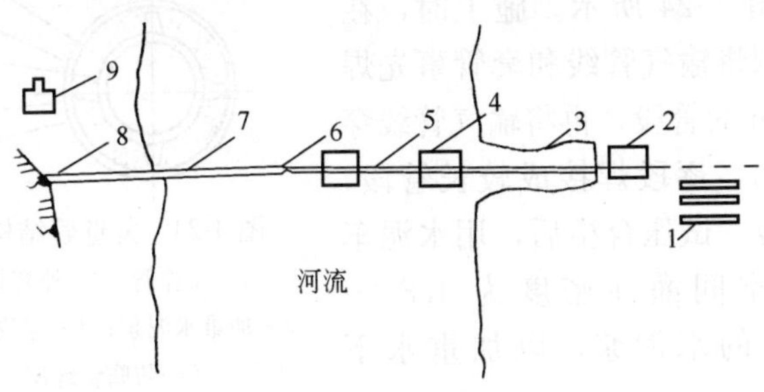

图 4-23 浮运下管法

1—管子；2—预制浮船；3—船坞；4—浮船；5—浮运管段；6—动滑轮；7—钢丝绳；8—定滑轮；9—拖拉机

6. 沟槽回填

(1) 回填前检查 管道就位后，检查管底与沟底接触的均匀程度和紧密性及管道接口情况，并测量管道高程和位置。为防止在拖运和就位过程中管道有损伤，必要时可进行第二次试压。以上项目经检查符合设计要求后，即可进行回填。

(2) 管沟回填 回填时从施工角度考虑，最方便的方法是将开挖沟槽的土料直接作为回填土料。开挖时将土料堆放在管沟的两侧或一侧，利用水流自行回填或由潜水员操纵水枪进行。但从管道防腐角度考虑，最好使用洁净的砂石，故凡是砂石来源方便的地区，应尽量采用砂石材料回填。

7. 稳管

水下管道敷设后，沟槽回填土比较松软，存在较大的空隙，且竣工后由于河水流动、冲刷，会影响管道的稳定性，可采取以下措施稳管。

(1) 厚壁管法 当输气管线直径较小时，可直接选用厚壁无缝钢管，以增加管身重量，克服水流的上浮力。

(2) 复壁管法 在需要加重的水下输气管道上套上直径比输气管道大一级的管道，在两个管道的环形空间灌注水泥浆，达到保护管线和稳管的目的，复壁管的结构如图4-24所示。施工时，在岸上分别将输气管线和套管事先焊成长50m的管段，再将输气管线穿入套管内，逐段焊接成较长管段，拖运就位。试压合格后，用水泥车往环形空间灌注密度为1.8～2.0t/m^{3}的水泥浆，以加重水下管线。

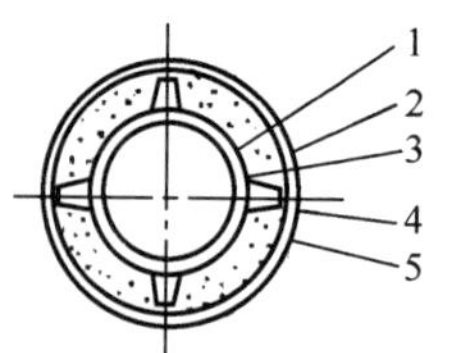

图4-24　复壁管结构图

1—工作管；2—外套管；3—加重水泥浆；4—定位滑块；5—防腐绝缘层

(3) 铁丝石笼法　石笼稳管如图4-25所示，一般在水下管道裸管敷设稳管时用。施工时，将铁丝编制成框，内填卵石，放置在输气管上下游或上部，压住管线而稳管。

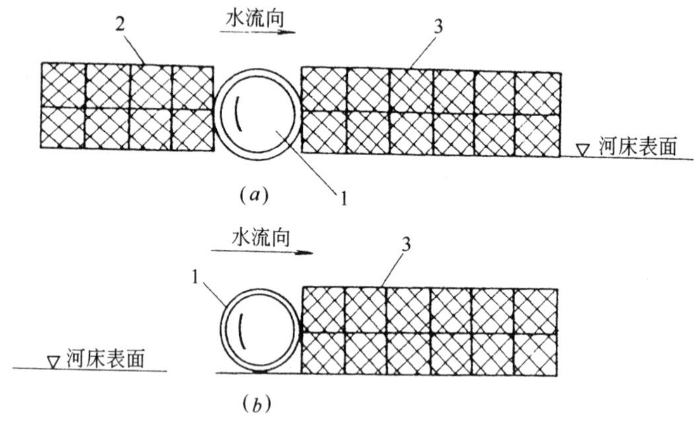

图4-25　石笼稳管法

(a)上、下游石笼稳管；(b)下游石笼稳管

1—水下管道；2—上游石笼；3—下游石笼

(4) 散抛石块法　当管道下沟就位后，先用砂卵石回填至顶0.2～0.5m，再向管沟内散抛大卵石或块石，抛石厚度根据管子大小和水流速度而定。块石粒径应大于300mm。

(5) 加重块法　当水下管道直径较大，可采用加重块作为稳管结构。重块采用铁矿石、重晶石等密度较大的材料作为钢筋混凝土骨料，也可采用如图 4-26 所示的马鞍式或铰链式铸铁平衡块，安装在管道上。

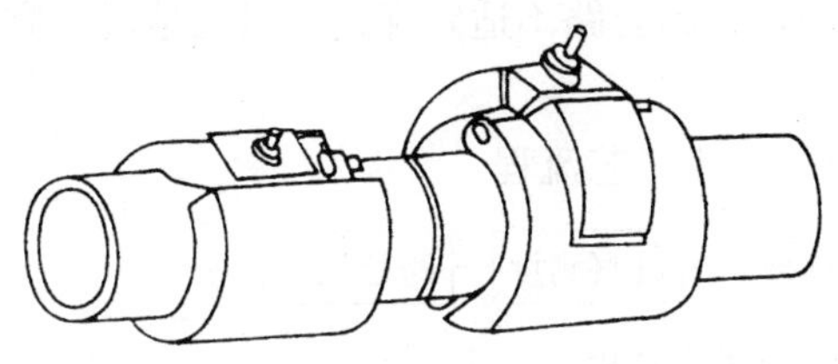

图 4-26 马鞍式及铰链式河底管道平衡块

(6) 挡桩法 在管道下游以一定的桩距布置挡桩，减少管道裸跨度，使之能承受水压力。挡桩布置如图 4-27 所示。

以上施工工艺是针对沟埋敷设的不断流施工而言。对于中、小型河流或冬季水流量很小的沟埋敷设还可采用绕流法、渡槽法和围堰法等可断流施工方法。

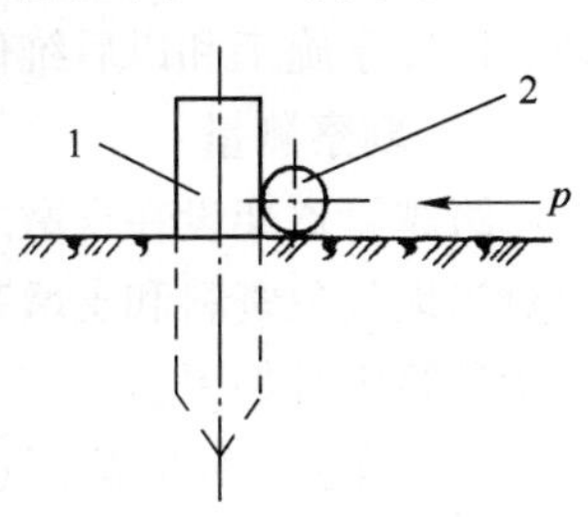

图 4-27 挡桩布置

1—挡桩；2—水下管线

可断流法进行管道敷设与通常的管道施工过程基本相同，主要区别在于河道内采取何种方法进行截流，保证开挖沟槽及其后续工序不在水中进行操作。绕流法用于流量较小，不能断航的情况下，靠近河道挖一沟渠，引河水绕道而行，管道施工完毕，恢复原状。渡槽法用于较窄且流量较小的河道，在管道敷设地段，河流上下游，顺着沟槽挡坝，在坝的中间卧一渡槽，通过导流而实现管道敷设的陆上操作。围堰法施工时，在待穿越水下管道的两侧堆筑临时堤坝，阻挡水流并排除堤坝间的积水，然后开挖沟槽，敷设管道，回填土后，将围堰拆除。围堰的结构有土围堰、草围堰、土石围堰、板桩围堰、木笼围堰等，应具有稳定性、抗渗性、造价低、修筑方便、易于拆除等特点。

4.4.3 燃气管道跨越河流

燃气管道跨越工程投资大，施工较为复杂，工期长，维修工作量大。故应优先采用穿越形式。但当河水流速大、两岸陡峭、河床变化剧烈，铁路公路不适宜穿越通过的地段，宜采用跨越方式通过。

4.4.3.1　施工工艺流程

跨越点选择 → 勘察测量 → 跨越施工

4.4.3.2　施工工艺

1. 跨越点选择

跨越点应选择在河道较窄、河道较直处，且位于河流与其支流汇合处的上游，有施工组装场地或有较方便的交通运输条件之处，以便于施工和以后维修。

2. 勘察测量

跨越管道架设在支墩之上，裸露在空气中。故勘察测量时必须对当地气象资料和支墩基础的工程地质条件有全面了解，具体测量勘察内容如下：

(1) 跨越点所在地区气象变化的一般规律和气候特征，极端温度、风速，主导风向及频率，积雪深度，最大冻土深度等。

(2) 跨越基础的地质概貌，河谷构造特征，地层分布特征，跨越点所在地区的地震强度等。

3. 跨越施工

(1) 沿桥架设　将管道架设在已有的桥梁上，如图4-28所示，

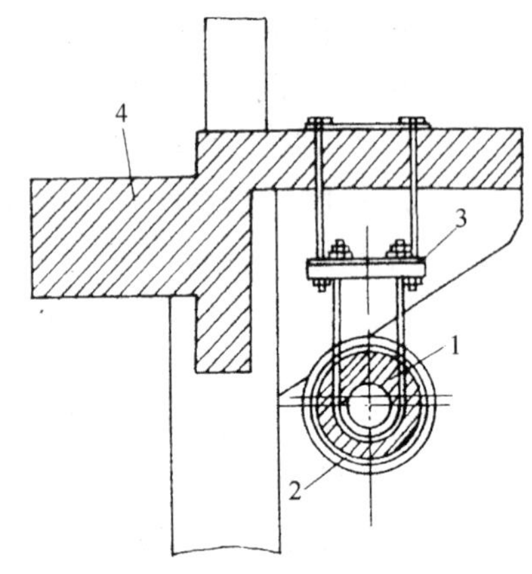

图4-28　燃气管道沿桥架设

1—燃气管道；2—隔热层；3—吊卡；4—钢筋混凝土

此法简便、投资省，但必须征得有关部门的同意。利用道路桥梁跨越河流的燃气管道，其管道输送压力不应大于0.4MPa，且应采取必要的安全措施。如燃气管道应采用加厚的无缝钢管或焊接钢管，尽量减少焊缝，并对焊缝进行100%探伤；管道外侧设置护桩，管道管底标高符合通航净空的要求；采用较高等级的防腐保护并设置必要的温度补偿和减振措施。在确定管道位置时，应与沿桥架设的其他管道保持一定距离。

(2) 管桥跨越　当不允许沿桥架设、河流情况复杂或河道较窄时，可采用管桥跨越。管桥法如图 4-29 所示，将燃气管桥搁置在河床上自建的管道支架上，管道支架应采用非燃烧材料制成，且应在任何可能的荷载情况下，能保证管道稳定和不受破坏。

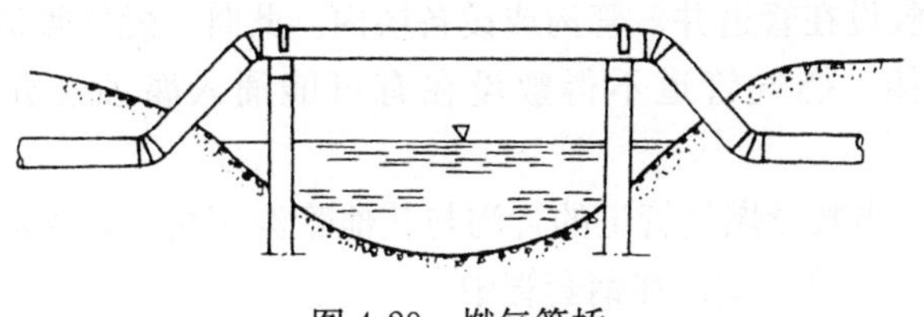

图 4-29　燃气管桥

4.5　室内燃气管道安装

室内燃气管道常用的管材有镀锌钢管、无缝钢管、焊接钢管、紫铜管、黄铜管与软管等。镀锌钢管采用螺纹连接，煤气管可选用白厚漆或聚四氟乙烯薄膜为填料，天然气或液化石油气选用石油密封脂或聚四氟乙烯薄膜为填料。无缝钢管与焊接钢管采用焊接与法兰连接。纯铜管与黄铜管，通常使用的管径为 6mm～10mm，其配件用铜管件。软管类有胶管、铠装胶管和带内棱胶管和丝包螺旋管等，采用管卡或锁母固定。

4.5.1 室内燃气管道安装一般规定

室内燃气管道安装必须满足以下要求：

1. 建筑物内的燃气管道应明设。当建筑或工艺有特殊要求时，可暗设，但必须便于安装和检修。

2. 暗设的燃气管道应符合以下要求：

(1) 暗设的燃气立管，可设在墙上的管槽或管道井中；暗设的燃气水平管，可设在平吊顶内或管沟内。

(2) 暗设的燃气管道的管槽应设活动门和通风孔；暗设的燃气管道的管沟应设活动盖板，并填充干砂。

(3) 暗设的燃气管道可敷设在混凝土地面中，其燃气管道的引入和引出处应设套管。套管应伸出地面5～10cm，套管两端应采用柔性防水材料密封，管道应有防腐绝缘层。

(4) 暗设的燃气管道可与空气、惰性气体、上水、热力管道等一起敷设在管道井、管沟或设备层内。此时，燃气管道应采用焊接连接。燃气管道不得敷设在有可能涌入腐蚀性介质的管沟内。

(5) 当敷设燃气管道的管沟与其他管沟相交时，管沟之间应密封，燃气管道应设在钢套管中。

(6) 敷设燃气管道的设备层和管道井应通风良好。每层的管道井应设与楼板耐火极限相同的防火隔断层，并应有进出方便的检修门。

3. 室内燃气管道不得穿过易燃易爆品仓库、配电间、变电室、电缆沟、烟道或进风道等地方。

4. 室内燃气管道不得敷设在潮湿或有腐蚀介质的房间内，必须敷设时，应采取防腐蚀措施。

5. 燃气管道严禁引入卧室。当燃气管道水平穿过卧室、浴室或地下室时，必须采取焊接连接，并必须设在套管中。燃气管道的立管不得敷设在卧室、浴室或厕所内。

6. 当室内燃气管道穿过楼板、楼梯平台、墙壁和隔墙时，必须安装在套管中。

7. 燃气管道敷设高度(从地面管到管道底部)：在有人行走的地方，不应小于 2.3m；在有车行走的地方，不应小于 4.5m。

8. 沿墙、柱、楼板和加热设备构架上明设的燃气管道，应采用支架、管卡或吊卡固定。燃气钢管的固定件的间距不应大于表 4-9 的规定。

燃气钢管固定件的最大间距　　表 4-9

管道公称直径(mm)	无保温层管道的固定件的最大间距(m)	管道公称直径(mm)	无保温层管道的固定件的最大间距(m)
15	2.6	100	7
20	3	125	8
25	3.5	150	10
32	4	200	12
40	4.5	250	14.5
50	5	300	16.5
70	6	350	18.5
80	6.5	400	20.5

9. 燃气管道必须考虑在工作环境温度下的极限温度变形。当自然补偿不能满足要求时，应设补偿器，但不宜采用填料式补偿器。

10. 输送干燃气的管道可不设置坡度。输送湿燃气(包括气相液化石油气)的管道，其敷设坡度不应小于 0.003。输送湿燃气的燃气管道敷设在气温低于 0℃的房间，或输送气相液化石油气管道处的环境温度低于露点温度时，均应采取保温措施。

11. 室内燃气管道和电气设备、相邻管道间的净距不应小于表 4-10 的规定。

室内燃气管道和电气设备、相邻管道之间的净距 表 4-10

<table>
<tr><th colspan="2" rowspan="2">管道和设备</th><th colspan="2">与燃气管道的净距(cm)</th></tr>
<tr><th>平行敷设</th><th>交叉敷设</th></tr>
<tr><td rowspan="4">电气设备</td><td>明装的绝缘电线或电缆</td><td>25</td><td>10(注)</td></tr>
<tr><td>暗装的或放在管子中的绝缘电线</td><td>5(从暗装槽或管子的边缘算起)</td><td>1</td></tr>
<tr><td>电压小于1000V的裸露电线的导电部分</td><td>100</td><td>100</td></tr>
<tr><td>配电盘或配电箱</td><td>30</td><td>不允许</td></tr>
<tr><td colspan="2">相邻管道</td><td>应保证燃气管道的相邻管道的安装、安全维护和修理</td><td>2</td></tr>
</table>

注：当明装电线与燃气管道交叉净距小于10cm时，电线应加绝缘套管。绝缘套管的两端应伸出燃气管道10cm。

12. 地下室、半地下室、设备层敷设人工煤气和天然气管道时，应符合下列要求：

(1) 净高不应小于2.3m。

(2) 应有良好的通风设施，地下室或地下设备层内应有机械通风和事故排风设施。

(3) 应有固定的照明设备。

(4) 当燃气管道与其他管道一起敷设时，应敷设在其他管道的外侧。

(5) 燃气管道应采用焊接或法兰连接。

(6) 应用非燃烧体的实体墙与电话室、变电室、修理间和储藏室隔开。

(7) 地下室内燃气管道末端应设放散管，并应引出地上。放散管的出口位置应保证吹扫放散物时的安全和卫生要求。

13. 室内燃气管道阀门的设置位置应符合以下要求：

(1) 燃气表前。

(2) 用气设备和燃烧器前。

(3) 点火器的测压点前。

(4) 放散管前。

(5) 燃气引入管上。

14. 工业企业用气车间、锅炉房以及大中型用气设备的燃气管道上应设放散管。放散管管口应高出屋脊 1m 以上，并应采取防止雨雪进入管道和将放散物吹进房间的措施。当建筑物位于防雷区之外时，放散管的引线应接地，接地电阻应小于 10Ω。

15. 高层建筑的燃气立管应有承重和消除燃气附加压力的措施。

16. 燃气燃烧设备与燃气管道宜采用硬管连接。

17. 当燃气燃烧设备与燃气管道为软管连接时，应符合以下规定：

(1) 家用燃气灶和实验室用的燃烧器，其连接软管的长度不应超过 2m，并不应有接口。

(2) 工业生产用的需要移动的燃气燃烧设备，其连接软管的长度不应超过 30m，接口不超过 2 个。

(3) 燃气用软管应采用耐油橡胶管。

(4) 软管与燃气管道、接头管、燃烧设备的连接处，应采用压紧螺母或管卡固定。

(5) 软管不得穿墙、窗和门。

4.5.2 燃气引入管安装

燃气引入管应设在厨房或走廊等便于检修的非居住的房间内。当确有困难时，可从楼梯间引入，此时引入管阀门宜设在室外。

引入管进入密闭室时，密闭室必须进行改造，并设置换气口，其通风换气次数每小时不得小于 3 次。燃气引入管的最小公称直径，当输送人工煤气和矿井气等燃气时，不应小于 25mm；当输送天然气和液化石油气等燃气时，不应小于 15mm。

引入管与室外庭院管相连接，有地下式和地上式两类。地下式引入管自地下穿过房屋基础进入室内；地上式引入管在室外伸出地面，穿墙进入室内，在墙外部分砌筑保温台，以保护管道。地上式引入做法只在建筑物内沿外墙墙基设有暖气沟或其他原因无法从地下引入时采用。

4.5.2.1　施工工艺流程

套管安装或检查 → 预制加工 → 引入管安装 → 引入管与庭院管连接 → 引入管试压

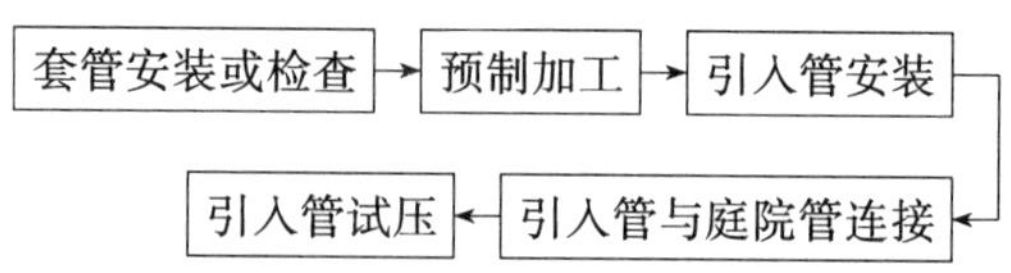

4.5.2.2　施工工艺

1. 套管安装和检查

燃气引入管穿过建筑物基础、墙或管沟时，均应设置在钢制套管中。套管与墙基础、楼板、地板、墙体之间的空隙，用水泥砂浆堵严。套管要求横平竖直，管道与套管之间的环形间隙用油麻填实，再用沥青堵严。如图4-30所示为地下式煤气引入管套

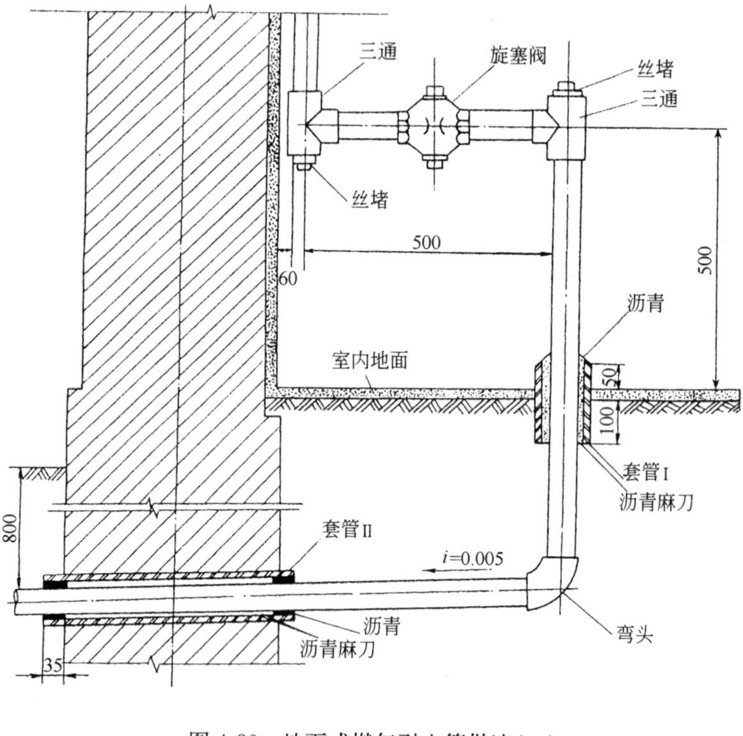

图4-30　地下式燃气引入管做法(一)

管，套管尺寸见表 4-11。

引入管套管尺寸(mm) **表 4-11**

煤气管直径	套管 Ⅰ	套管 Ⅱ
25	40	50
32	50	50
40	65	75
50	75	75
65	75	100
75	100	100

2. 预制加工

引入管安装前，应按施工草图下料加工。

地下式引入管入户后，伸向地面的立管转角处应采用弯头(见图 4-30)或加工成月弯(见图 4-31)，严禁使用三通。地下式进户引入管从弯头返向地面时，可以采用煨制鸭胫的办法使管子靠墙，如图 4-32 所示。煨弯时注意将焊缝置于管侧 45°角位置上，用焦炭、木炭或木柴加热，不宜用乙炔火焰和煤火烧烤，以

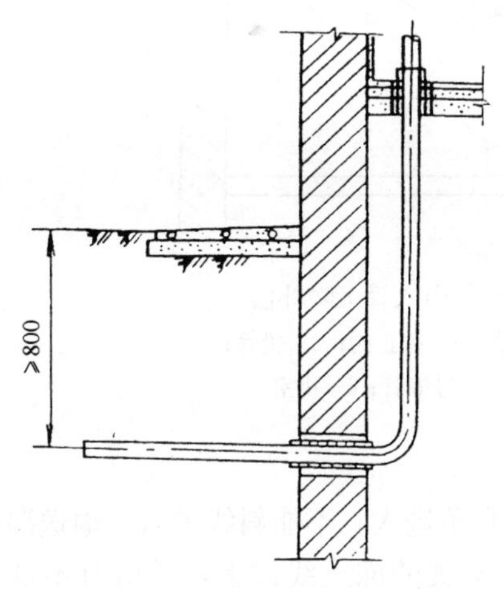

图 4-31 地下式燃气引入管做法(二)

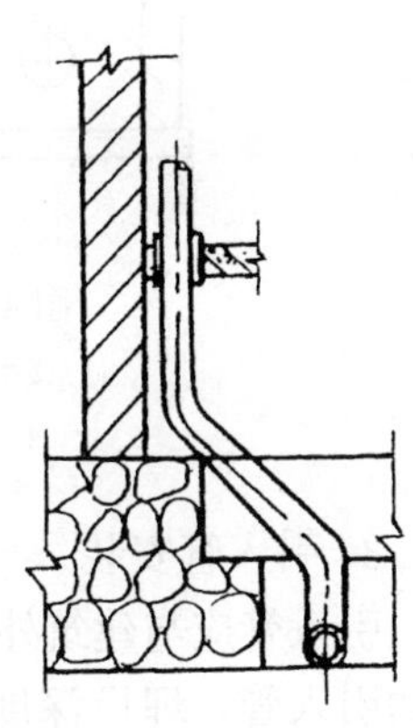

图 4-32 地下式引入管鸭胫

防止管体局部过热氧化或变形。加工工艺见本书基本操作部分。

引入管上应设有一个 $DN25$ 的放散丝堵，如图 4-33 所示，便于通气时空气放散。

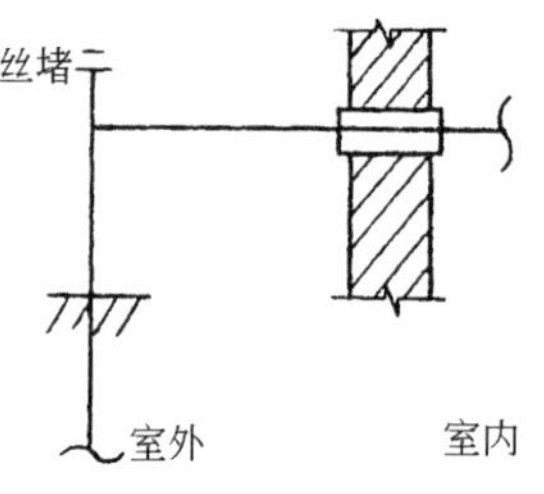

图 4-33　燃气引入管放散丝堵设置

高层建筑自重较大，沉降量显著，易在引入管处造成破坏。可在引入管处装伸缩补偿接头来消除沉降的影响。伸缩补偿接头有波纹管接头、套管接头和铅管接头等形式。图 4-34 所示为铅管补偿接头补偿方法。建筑沉降时，由铅管吸收变形，以免破坏。铅管前设一个控制阀门，并筑检查井，便于检查和修理。

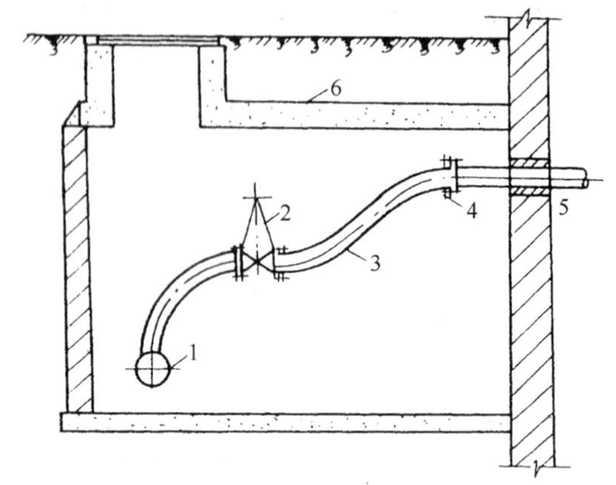

图 4-34　燃气引入管沉降补偿

1—楼前供气管；2—截止阀；3—铅管；4—法兰；5—穿墙管；6—小室

3. 引入管安装

引入管应与建筑外墙成直角进入，不能斜线进入。输送湿燃气的引入管，埋设深度应在土壤的冻土线以下，并应有不低于 0.01 坡向凝水缸或燃气分配管道的坡度，长度一般不宜超过

10m。引入管顶部应装三通，管道升高或回低时，应在低处设丁字管加管塞。

地下式引入管安装按图 4-30 和图 4-31 进行。

地上式引入管安装按图 4-35、图 4-36 和图 4-37 进行。图 4-35为非冻结地区燃气引入管做法。在冻结地区，伸出地面的立管应做发泡保温，保温层外缠绕保护层，然后做保温井（见图 4-36）或保护罩（见图 4-37），砖砌体应与建筑物砌严密，外面的粉饰应与建筑外墙相同。

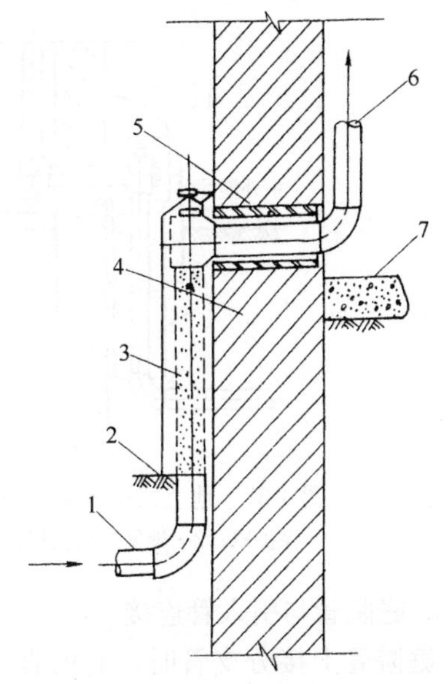

图 4-35 非冻结地区燃气引入管做法

1—煤气进口管；2—室外地面；3—外管保护管；4—墙；5—套管；6—煤气出口管；7—室内地面

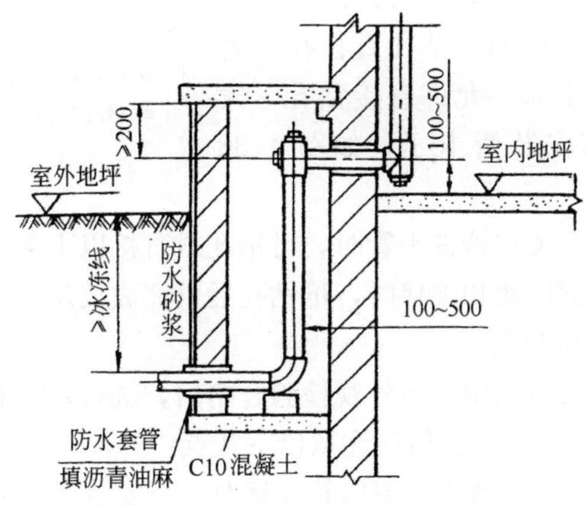

图 4-36 地上式引入采用保温井做法

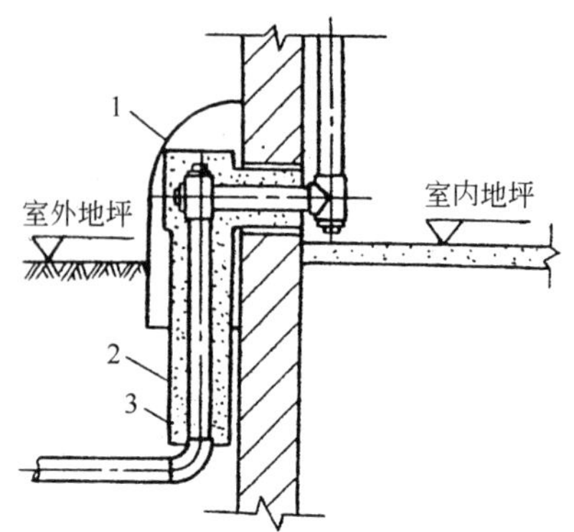

图 4-37　地上式引入采用玻璃钢防护罩做法

1—保护罩；2—聚氨酯保温层；3—聚乙烯防腐胶带

4. 庭院管与引入管连接

庭院管上接分支管时，有的直接变径，有的加渐缩管，有的在管道上钻孔，但不管如何变径，在其起点都要连接一个万向节，以防止管道沉降对管道的破坏作用。

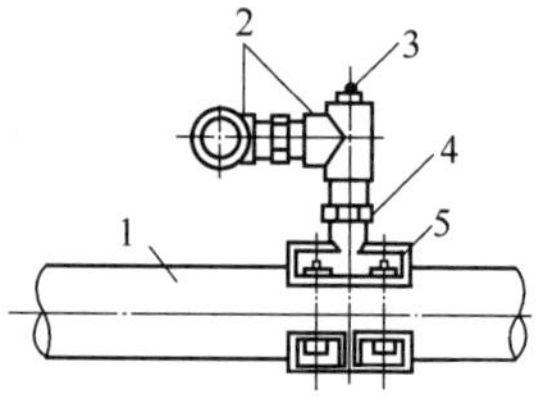

图 4-38　安装管卡子钻孔

1—干管；2—三通；3—丝堵；4—外接头；5—管卡子

管道分支钻孔时，钻孔点应位于管道的上面或侧面。钻孔直径在大管直径 1/4 以下时，允许直接钻孔，大于 1/4 则需安装管卡子，如图 4-38 所示。

引入管安装在铸铁干管时，可钻孔或直接以丁字管连接；引入管为镀锌管以丝扣连接时，可钻孔后再完成攻丝。

5. 引入管试压

引入管安装完毕，经外观检验合格后，进行强度和严密性试验。操作参见 4.8.4。但应注意以下几点：

（1）当引入管暂不和室内管连接时，新安装的引入管应与埋地的支管或干管连在一起进行试验。

(2) 当引入管直接和室内管相连通时，引入管和埋地支管或干管全连在一起进行试验。

(3) 如地下干、支燃气管已投入使用，引入管应和室内管连在一起试验，合格后方可与埋地干、支管接头。

4.5.3 室内燃气管道敷设

4.5.3.1 施工工艺流程

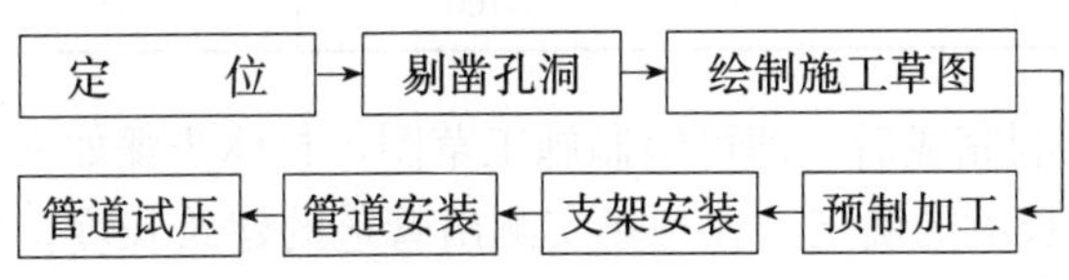

4.5.3.2 施工工艺

1. 定位

(1) 根据埋地敷设燃气管立管甩头坐标，在顶层楼地板上找出立管中心线位置，先打出一个直径 20mm 左右的小孔，用线坠向下层吊线，直至地下燃气管道立管甩头处(或立管阀门处)，核对各层楼板孔洞位置并进行修整。若立管设在管道井内，则可用量棒定位。

(2) 根据施工图的横支管的标高和位置，结合立管测量后横支管的甩头，按土建给定的地面水平线、抹灰层(或装修层)厚度及管道设计坡度，排尺找准支管穿墙孔洞的中心位置，并用"十"字线标记在墙面上。

2. 剔凿孔洞

为了在开孔洞时不破坏墙体与楼板，保证孔洞的尺寸一致、光滑美观，通常使用空心钻，其劳动强度低，速度快。当使用电锤和钢凿打孔时，应注意防止损坏其他物件。打孔洞时遇到钢筋不得随意折断，必须征得土建负责人的同意，并采取可靠的技术措施才能切断。空心楼板孔要堵严，防止杂物进入空心板内。孔洞的大小根据表 4-12 确定。孔洞不宜过大，以免破坏土建结构并给堵塞孔洞带来困难。

3. 绘制施工草图

穿管孔洞直径(mm) 表 4-12

管道公称直径	孔洞直径	管道公称直径	孔洞直径
15	45	50	90
20～25	50	65	115
32	60	80	140
40	75	100	165

在剔凿孔洞完成后，即可绘制施工草图，具体步骤如下：

(1) 安装长度的确定 在现场实测出管道的建筑长度。所谓建筑长度是指管道系统中管件与管件间或管件与设备间的尺寸(如立管上所带横支管甩口中心之间的中心距离、立管上三通与三通中心距离、管件与阀门间的中心距离、管件与设备接口间的中心距离等)。它与安装长度关系如图4-39所示，具体按下式计算：

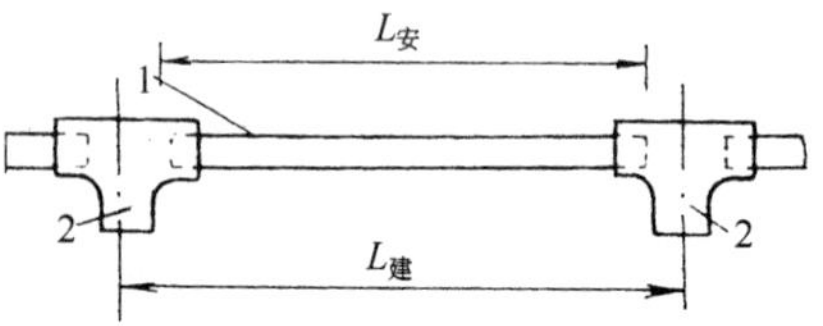

图 4-39 建筑长度与安装长度关系
1—钢管；2—螺纹三通

$$L_{安}=L_{建}-2a$$

式中 $L_{安}$——管道安装长度(mm)；

$L_{建}$——管道建筑长度(mm)；

a——管道预留量(mm)。

管道的建筑长度是管道安装、管段加工的依据，因此实测时，应使用钢卷尺，读数要准确到1mm，记录清楚。

(2) 确定立管上各层横支管的位置尺寸 根据图纸和有关规定，按土建给定的各层标高线确定各横支管中心线，并将中心线划在临近的墙面上。

(3) 逐一量出各层立管上所带各横支管中心线的标高，将其记录在草图上，直到一层阀门甩头处为止。

4. 下料与配管

(1) 下料 按先立管后横支管的顺序或设计图纸上管道的排列顺序，对照草图标注的实测尺寸进行下料。

(2) 配管 管子配制前应仔细检查，不符合质量的不能使用，并且需要调直和清堵。管子切割时若用切管器切断管子时，应该用铣刀将缩径部分铣掉，若采用气割割断时，要用手动砂轮磨平切口。管端螺纹由套丝方法加工成型，$DN\leqslant 20$mm 时，一次套成；$DN=25\sim 40$mm 时，分两次套成；$DN>50$mm 时，分三次套成。如使用黑铁管必须除锈、刷防锈漆后方可使用。

(3) 管配件选定 按图纸中所列明细表，并结合当地燃气管理部门的有关规定，对管材、配件、气嘴、管件的规格、型号进行选择，其性能符合质量标准中的各项要求。

5. 管道预制

(1) 按施工操作方便快捷和尽量减少安装时上管件的原则，预制时尽量将每一层立管所带的管件、配件在操作台上安装。在预制管段时，若一个预制管段带数个需要确定方向的管件，预制中应严格找准朝向，然后将预制好的主立管按层编号，待用。

(2) 将主立管的每层管段预制完后，在预制场地垫好木方。然后将预制管段按立管连接顺序自下而上或自上而下层层连接好。连接时注意各管段间需要确定位置的管件方向，直至将主立管所有管段连接完，然后对全管段调直。因为有的管件螺纹不够标准，有偏丝情况，这样连接后，有可能在管件外出现折角，造成管段弯曲。操作时应由两人进行，将管子依正式安装一样连接后，一人持管段一端，掌握方向指挥，一人用锤击管身法进行调直。

(3) 调直达到要求后，将各管段连接处相邻两端(管端头与另一管段上的管件)做出连接位置的轴向标记，以便于在室内实际安装时管道找中。再依次把各管段(管段上应带有管件)拆开，将一根立管全部管段和立管上连接的横支管管段集中在一起，这样每根管道就可以在室内安装了。

6. 管道安装

(1) 套管安装 管道穿过承重墙基础、地板、楼板、墙体时，要安装套管。套管尺寸见表 4-13，做法见图 4-40。套管在穿过楼板、地板和楼板平台时，套管应高出地面 50mm，套管的下端应与楼板相平；套管穿过承重墙时，套管的两端应伸出墙壁两端各 50mm。管道与套管之间环形间隙用油麻填实，再用沥青堵严；套管与墙基础、楼板、地板、墙体间的空隙，用水泥砂浆堵严。

室内燃气管道套管规格(mm) **表 4-13**

管道公称直径	20	25	32	40	50	70	80	100	125	150
套管公称直径	32	40	50	70	80	100	125	150	150	200

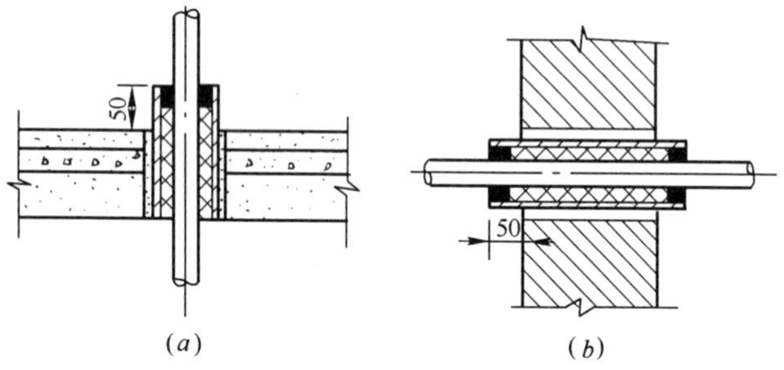

图 4-40 套管做法

(a)穿过地板、楼板、隔墙；(b)穿过承重墙基础

(2) 支架安装 主立管和横支管安装前，须依据立管和横支管位置和支、托架、卡子的形式，以及规范中规定的间距，凿出栽卡子和支托架的孔洞。燃气管的卡子、支架、钩钉均不得设在管件及丝扣接头处，主立管每层距地面 2.0m 设固定卡子一个，横支管用支架或钩钉固定，按管径大小而定。使用钩钉固定时，除木结构墙壁外，均应先在孔洞塞进木楔再钉钩钉。

(3) 立管安装 拆除主立管甩头位置阀门上的临时封堵，从一层阀门处开始向上逐层安装立管。安装时注意将每段立管端头的划痕与另一端头的划痕记号对准，以保证管件的朝向准确无误，找正立管。若下层与上层因墙壁厚不相同时应煨制灯叉弯使主立管靠墙，不得使用管件使其急转弯，并避免将焊缝安装在靠墙处。主立管安装完后，可以先用铁钎临时固定。在立管的最上端应装放散丝堵，以便于管道通气时空气的放散。

对于高层建筑而言，其立管较长、自重大，需在立管底端设置支墩支撑。同时，为补偿温差产生的变形，需将管道两端固定，并在中间设置如图 4-41 所示的可吸收变形的挠性管或波纹管补偿装置，这种补偿装置还可以消除地震和大风时，建筑物震动对管道的影响。管道的补偿量可按下式计算：

$$\Delta l = 0.012 \Delta t l$$

式中　Δl——管道的补偿量(mm)；

Δt——管道安装与运行时的最大温差(℃)；

l——两固定端之间的管道长度(m)。

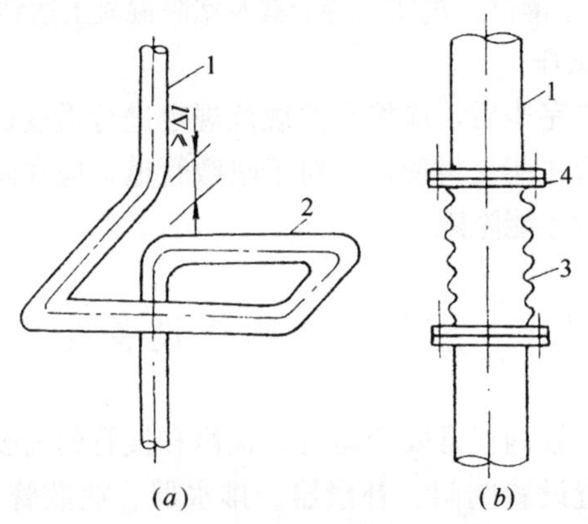

图 4-41　燃气立管补偿装置

(a)挠性管；(b)波纹管

1—供气立管；2—挠性管；3—波纹管；4—法兰

(4) 横支管安装　将已预制好的横支管依次安放在已安装好的支架上，接口并调直，找准找正立支管甩头的朝向，然后紧固横水平管。对返身的水平管应在最低点设有丝堵，以便于管道排污，如图 4-42 所示。

(5) 立支管安装　从横水平管的甩头管件口中心，吊一线

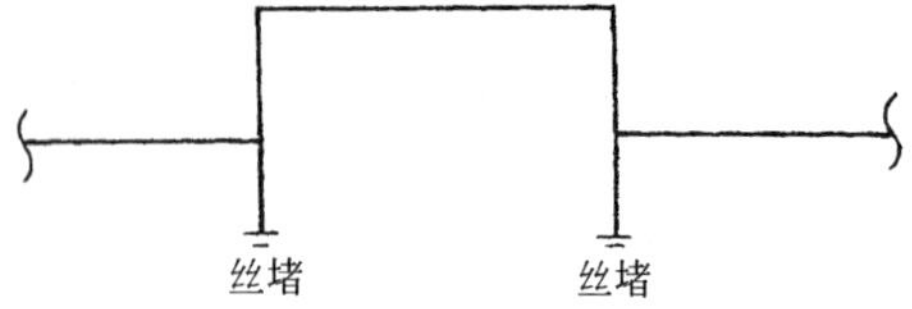

图4-42 返身燃气水平管的丝堵设置

坠，根据双叉气嘴距炉台的高度及离墙弯曲角度，量出支立管加工尺寸，然后根据尺寸下料接管到炉台上。安装时严格控制好标高，然后栽好卡子，安装双叉气嘴。

（6）封堵楼板眼 管道安装好后，对燃气管道穿越楼板的孔隙周围，可用水冲湿孔洞四周，吊模板、再用小于楼板混凝土强度等级的细石混凝土灌严，捣实，待卡具及堵眼混凝土达到强度后拆模。

7. 管道试压

管道安装完毕后，应按有关规范规定进行强度试验和严密性试验。合格后才能交付使用。对于暗敷管道，应在隐蔽前做强度试验，合格后才能隐蔽。

4.6 燃气管道附属设备安装

为了保证管网正常安全运行、检修和接管的需要，必须在管道适当的位置设置阀门、补偿器、排水器、放散管、检漏管等。在地下管网中安装阀门和补偿器，还需修建阀门井。

4.6.1 阀门安装

燃气管道中，阀门是重要控制设备，用以切断和接通管道，调节燃气的压力和流量。由于燃气管道输送的介质易燃、易爆且有毒性，故对它的质量和可靠性有严格要求。阀门必须有出厂合格证，阀壳应无砂眼、气孔等，严密性好；其次阀门除要承受与管道相同的试验压力外，还要承受安装条件下的温度、机械震动等复杂应力，强度必须可靠；最后燃气管道中阀门所用的金属材料和非金属材料应能长期耐腐蚀。

4.6.1.1 施工工艺流程

阀门试验→阀门井砌筑→阀门安装

4.6.1.2 施工工艺

1. 阀门试验

阀门安装前应作渗漏试验。方法是将阀门关严，闸板一侧擦干净，涂上大白，从另一侧灌入煤油，1h后，未发现煤油渗漏为合格，不合格者不得安装。

2. 阀门井砌筑

地下燃气管道上的阀门一般都设置在阀门井中(塑料管可不设)。阀门井应坚固耐久，有良好的防腐性能，并保证检修时的空间。考虑到人员的安全，井筒不宜过深。阀门井的构造如图4-43所示，采用砖砌或钢筋混凝土筑墙，底板为钢筋混凝土；顶板为预制钢筋混凝土板。

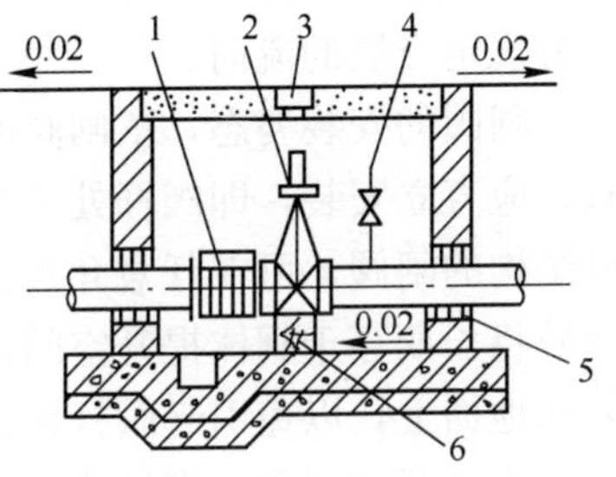

图4-43 阀门井安装图

1—补偿器；2—阀门；3—阀门井盖；4—放散阀；5—填料层；6—支墩

在施工中，有时先安装阀门，再砌筑阀门井，但必须先施工阀门井的底板，当混凝土达到强度后再安装阀门。当砖砌阀门井时，应妥善保护已安装好的阀件与管道，以免损伤和污染。若先砌筑阀门井后安装阀门时，为了便于施工，应在阀门安装后，再盖阀门井顶板。

阀门井的中心线应与管道平行，尺寸符合设计要求，底板坡向集水坑。防水层应合格，当场地限制无法在阀门井外壁作防水层时，应作内防水。人孔盖板应与地面一致，不可高于或低于地面，以免影响交通。

3. 阀门安装

阀门安装前应按核对阀门规格型号，鉴定有无损坏，消除通口封盖和阀内杂物。按介质流向确定阀门的安装方向，一般阀门阀体上有标志，不得装反，因为有多种阀门要求介质单向流通，如安全阀、减压阀、止回阀等。大型阀门起吊，绳子不能系在手轮或阀杆上。

法兰与螺纹连接的阀门应在关闭的状态下安装。对焊阀门与管件连接焊缝底层宜采用氩弧焊。焊接时阀门不宜关闭，防止受热变形。安装螺纹阀门，不要将用作填料的麻丝挤到阀门里面；安装旋塞时要注意清除阀门包装物及污物。安装法兰阀门时，法兰之间要端面平行，不得使用双垫，紧螺栓时要对称进行，用力均匀。

(1) 闸阀安装　闸阀可装在管道或设备的任何位置，且一般没有规定介质的流向。

闸阀的安装姿态，依闸阀的结构而定。对于双闸板结构的闸阀，应直立安装，即阀杆处于铅垂位置，手轮在上面；对于单闸板结构的闸阀，可在任意角度上安装，但不允许倒装，若倒装，介质将长期存于阀体提升空间，检修不方便；对明杆闸阀必须安装在地面上，以免引起阀杆锈蚀。

小直径的闸阀在螺纹连接中，若安装空间有限，需拆卸压盖和阀杆手轮时，应略微开启阀门，再加力拧动和拆卸压盖。如果闸板处于全闭状态时，加力拧动压盖，易将阀杆拧断。

(2) 截止阀安装　截止阀可安装在设备或管道的任意位置。安装时，应使其阀杆尽量铅垂，若阀杆水平安装，会使阀瓣与阀座不同轴线，形成位移，易发生泄漏。

截止阀的安装，有着严格的方向限制，其原则是“低进高出”，即首先看清两端阀孔的高低，使进入管接入低端，出口管接于高端。这种方式安装时，其流动阻力小，开启省力，关闭后，填料不与介质接触，易于检修。

(3) 旋塞阀安装　旋塞阀广泛应用于小直径的燃气管道。根据密封方式分为无填料旋塞和有填料旋塞。无填料旋塞利用阀芯尾部螺栓的作用，使阀芯与阀体紧密接触，不致漏气，只能用于低压管道上；填料旋塞是利用填料填塞阀体与阀芯之间的间隙而避免漏气；可用于中压管道上。安装时注意旋塞与管道的连接方式。如与燃气灶具相连的旋塞阀，进气接口与室内送气管相连，通常采用螺纹连接，在安装时应留有使用扳手的部位；出气接口与胶管相连，插上以后的胶管应该不易脱落。

(4) 防爆阀安装　防爆阀如图 4-44 所示，主要由阀体、阀盖、安全膜(由薄铝板制造)和重锤组成。当燃气管道压力突然升高时，安全膜首先破裂，气体向外冲出，并掀动阀盖，因而支撑杆自动脱落，泄压后阀盖在重锤的作用下封闭阀口，防止空气渗入管路系统。安全膜在安装前应进行破坏性试验，试验压力为工作压力的 1.25 倍。安装好后，应保证动作部分灵活，阀盖严密不漏。

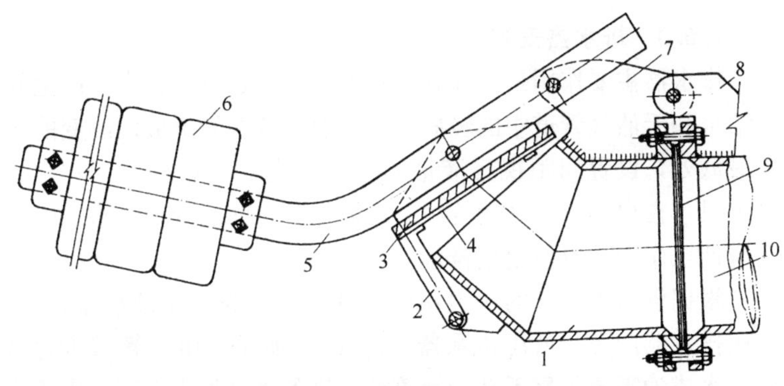

图 4-44　防爆安全阀

1—阀壳；2—支撑杆；3—阀盖；4—衬垫；5—杠杆；
6—重锤；7—支承板；8—拉板；9—安全膜；10—连接管

4.6.2　补偿器安装

为降低管道内输送的燃气温度发生变化所产生的热应力，应设置可调节管段胀缩量的补偿器。在燃气管道系统中，波纹补偿器应用最为广泛，其补偿量约为 10mm。为防止补偿器中积水锈蚀，可由套管的注入孔灌入石油沥青(见图 4-45)，安装时注入孔应在下方。补偿器安装详见 2.4.3。

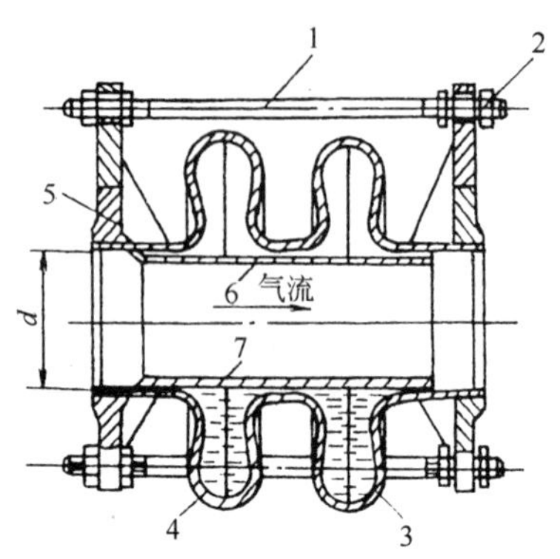

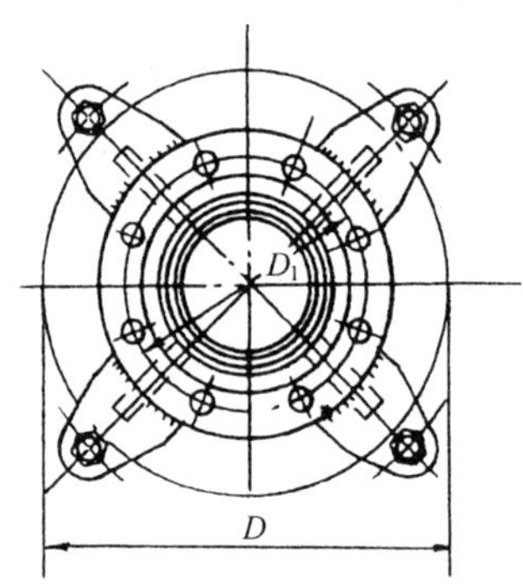

图 4-45 波纹补偿器防积水措施

1—螺栓；2—螺母；3—波节；4—石油沥青；5—法兰盘；6—套管；7—注入孔

4.6.3 排水器安装

排水器主要作用是排除燃气管道系统在运行过程中所产生的凝结水和天然气管道中的轻质油。一般设置在管道坡向改变的转折最低处，设置间距视排液量的多少而定，一般每 200～300m 设 1 只，在出厂、出站的管线上还需加密。河底管道排水器的井杆应伸至岸边，以便定期排水。

根据管道中燃气的压力不同，排水器分为低压排水器和高、中压排水器两类。低压排水器如图 4-46 所示，由于管道压力过低，水或油需要依靠手动唧筒等抽水设备将其抽出；高、中压排水器如图 4-47 所示，由于管道压力较高，冷凝物在排水管旋塞打开后就能自动喷出，为防止剩余在排水管中的水在冬季结冰，另设有循环管，利用燃气的压力将排水管中的水压回到下部的集水器中。为了避免燃气中焦油及萘等杂物的堵塞，排水管与循环管的直径应加大。

根据排水方式的连续与否，排水器分为连续排水器和定期排水器。对于凝结水较少的燃气管道可采用如图 4-48 所示的定期排水器。燃气管道投入运行后，其干管内产生的凝结水通过排水立管进入圆筒，积存于底，此时橡胶球浮起，凝结水通过泄水口

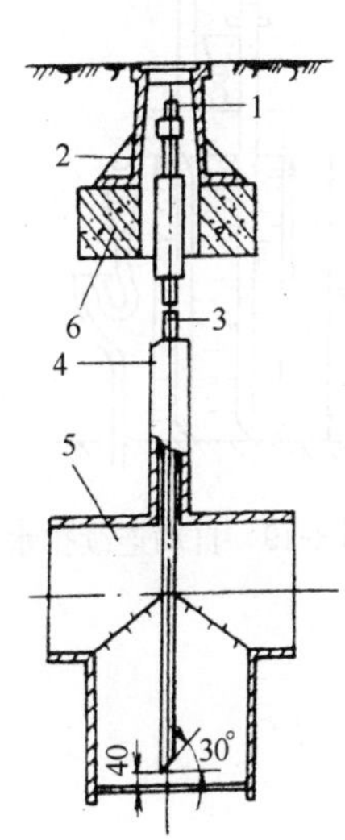

图 4-46 低压排水器

1—丝堵；2—防护罩；3—提水管；4—套管；5—集水器；6—底座

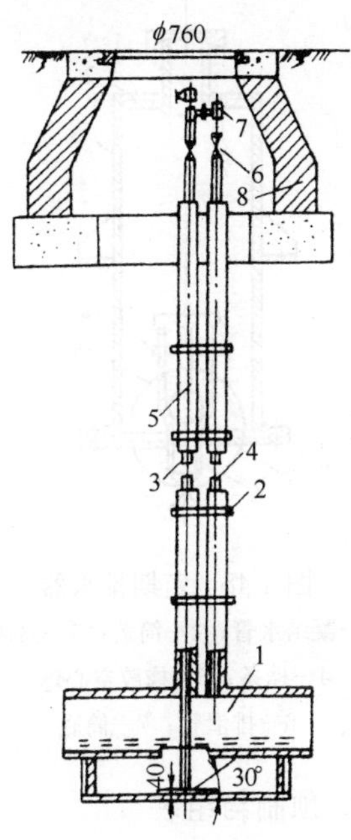

图 4-47 高、中压排水器

1—集水器；2—管卡；3—排水管；4—循环管；5—套管；6—旋塞；7—丝堵；8—井圈

排除。对于架空敷设的管道常用图 4-49 所示的水封式连续排水器。根据燃气压力的高低确定为双级水封或单级水封，水封由隔离式漏斗补水。

4.6.3.1 施工工艺流程

安装前检查 → 预制与组装 → 排水器安装

4.6.3.2 施工工艺

1. 安装前检查

排水器安装前，应将其内部清理干净，并保证芯管完好。

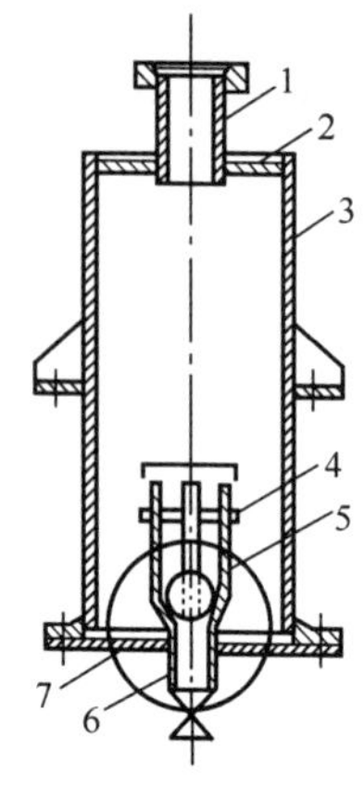

图4-48　定期排水器

1—凝结水管；2—筒盖；3—筒体；4—档条；5—橡胶空心球；6—排泄管；7—筒底

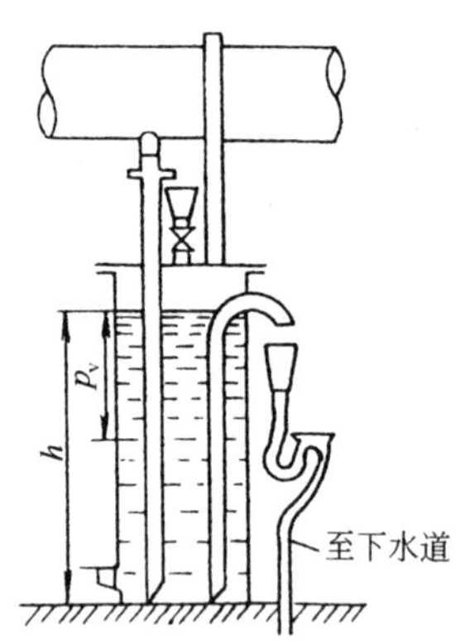

图4-49　自动连续排水器

2. 预制与组装

参照图4-46、图4-47、图4-48和图4-49进行组装。

3. 排水器安装

将排水器底平放于铲平的原土上，如土方开挖超深，应在排水器底部垫放水泥预制板，水泥预制板必须置于原土上。大口径排水器安装时，应预先浇筑混凝土基础，其面积大于排水器底部，厚度一般大于30mm以上。注意排水器应位于管道的最低点。在我国北方地区，还应对排水器的筒体及排凝结水的立管进行保温，以免冬季冻坏。

4.6.4　调压站(站)安装

4.6.4.1　施工工艺流程

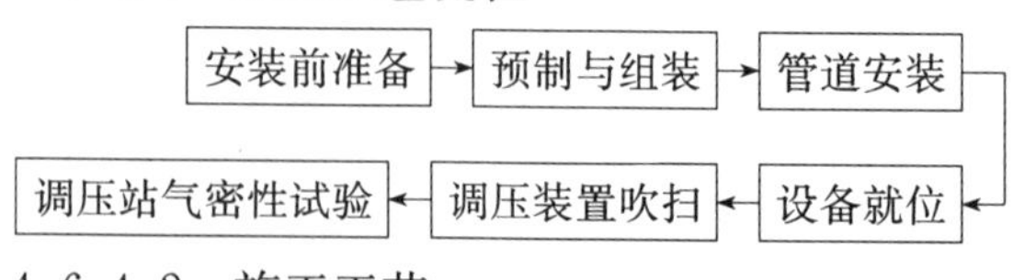

4.6.4.2　施工工艺

1. 安装前准备

(1) 检查调压器、过滤器、压力计、安全阀及仪表等附件的型号规格和性能，是否符合设计要求，检查外观。并按产品性能和有关规定进行强度试验，合格后方能安装。

(2) 核对甩头立管的管径、标高及其安装位置是否满足有关规定和安装的要求。

2. 预制与组装

(1) 对调压器、补偿器、过滤器及控制闸门进行预制试组装，量出组装后的尺寸，并绘制安装草图。根据相对标高量出各段的尺寸，在墙上标出安装位置的标高。然后将实测尺寸标记在草图上。

(2) 按草图所示的主立管、水平管、设备组装的支立管的顺序进行量尺、下料加工，并进行预组装。

(3) 将检验合格的调压器、波形补偿器、过滤器及控制闸门进行预制试组装。

3. 管道安装

(1) 根据施工图，砌好支墩和临时支墩，安装好管道支架。

(2) 按主立管、水平管、设备立支管的顺序逐一安装。安装时应认真找正，确保标高、坡度准确无误，注意进出口方向的正确性。调压站的管道均应采用焊接或法兰连接，管道的焊缝、法兰等接口不得嵌入墙壁或基础中。管道穿越墙壁或基础时，应设置套管，焊缝与套管的距离≥30mm。调压器在未单独吹扫以前，不得封闭、碰头，必须留出吹扫出口处，调压装置不得与管道同时进行吹扫。

4. 设备就位

将经过擦拭清洗干净并预制组装好的调压器、过滤器、安全阀和其他设备在砖墩和临时支墩架上就位，用水平尺、线坠吊正找平。安装时注意进出口方向性。

5. 调压装置吹扫

调压装置就位并经外观检查合格后，按设计要求用压缩空气进行单独吹扫。

6. 调压站气密性试验

调压器的气密性试验应在管道及其他设备的气密性合格后进行。

(1) 取下调压板出口处盲板，与进口管道相连。

(2) 用压缩空气升压至试验压力后稳压。

(3) 用肥皂水检查调压器各部分，不漏气为合格。

4.6.5　燃气管道接地装置安装

燃气在管道内流动时将与管壁发生摩擦，产生静电，若静电积聚过多，由于静电压(有时有雷电感应)产生火花将引起爆炸。因此燃气管道系统必须设有可靠的接地装置，以防发生爆炸事故。接地装置由跨接线、引下线和接地极三部分组成，如图4-50所示。

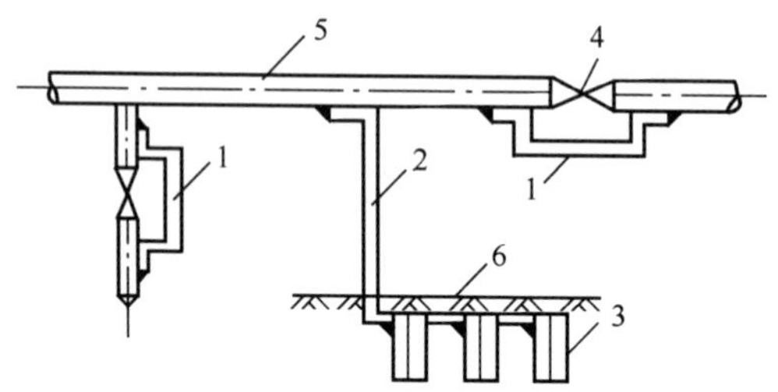

图 4-50　燃气管道系统接地装置

1—跨接线；2—引下线；3—接地极；4—阀门；5—管道；6—室外地面

4.6.5.1　施工工艺流程

跨接线施工 → 引下线施工 → 接地极施工

4.6.5.2　施工工艺

1. 跨接线施工

在燃气管道系统的法兰(含法兰式阀门)和丝扣(含丝扣阀门)连接处焊接扁钢(或圆钢)作为跨接线。

2. 引下线施工

在燃气管道进口装置处，焊接扁钢(或圆钢)作为引下线，引至室外接地极。

3. 接地极施工

接地极设在室外非岩层土质中，通常为三根角钢(或钢管)，每根长度为2.6m左右，埋入土中。室外燃气管道每隔100m设一个接地极；室内燃气管道每隔30m设一接地极，接地电阻应小于4Ω。接地极的顶端与引下线焊接。

4.7 燃气用具安装

4.7.1 燃气计量表安装

燃气计量表有皮膜表、罗茨表、气体腰轮流量计等，应根据燃气的工作压力、温度、最大流量和最小流量及房间温度等条件决定计量表的种类。居民住宅内一般安装皮膜表，除普通表外，还有IC卡式燃气表、智能燃气表等。IC卡式燃气表具有预付费功能；智能燃气表具有实时抄表、实时监控、实时报警等功能。

燃气计量表宜安装在室温不低于5℃的干燥、通风良好又便于查表和检修的地方。严禁将燃气计量表安装在卧室、浴室、锅炉房以及易燃易爆物品和危险品存放处。当燃气计量表装在灶具上方时，表与燃气灶的水平净距不得小于30cm。

在室内墙体砌筑及抹灰或装修完毕，燃气主立管已施工完毕，并且甩出了燃气计量表接口后，即可进行安装。

燃气计量表的安装高度应符合下列要求：

(1) 流量$\leqslant 3m^3/h$的居民用户，燃气表有高、中、低三种表位，其表底与地面的距离分别为≥1.8m、1.4～1.7m和不少于0.1m。安装时以高、中位为宜，一般只在表前安装 一个旋塞。多表挂在同一墙面时，表与表之间的净距大于15cm。

(2) $3m^3/h<$流量$<57m^3/h$时的干式皮膜表，可设置在地面上，也可设置在墙上。表字盘中心距地1.4m为宜。

(3) 流量$\geqslant 57m^3/h$时的干式皮膜燃气表，应设置在地面的砖墙台上，砖台高10～20cm。

安装过程中不得碰撞、倒置、敲击，不允许杂物、油污进入表内。

4.7.1.1 施工工艺流程

安装前检查 → 加工与预制 → 燃气表安装 → 运转试验

4.7.1.2　施工工艺

1. 安装前检查

检查燃气表的型号和所供燃气种类是否相符，距出厂检验或重新校验日期不得超过半年，外观完好无缺才可安装。

核对主立管预留计量表分支接头的口径、标高及计量表的实际环境，是否能满足施工安装尺寸要求。

2. 加工与预制

在安装计量表的墙上标出计量表的位置、内螺纹旋塞(或阀门)的位置，管件安装位置及计量表前后所需的直管长度。下料、加工、配管连接。

3. 燃气计量表安装

(1) 皮膜家用燃气计量表安装　如图4-51所示，燃气计量表的安装不得倾斜，只能水平放置在托架上。燃气表的进出口管道只能使用钢管，螺纹连接要严密。表前的水平支管坡向立管，

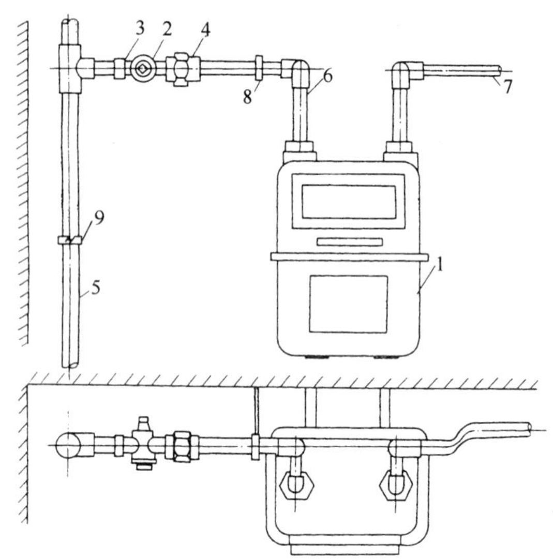

图4-51　家用燃气计量表安装

1—燃气表；2—旋塞；3—内接头；4—活接头；5—燃气立管；6—燃气进气管；7—燃气出气管；8—托钩；9—管卡

表后的水平支管坡向灶具。低表位水平支管的活接头不得设置在灶板内。燃气表进出口用单管连接时，接头侧端进气管，顶端连出气管。下端接表处需装橡胶密封圈，密封圈不得扭曲变形，防止漏气。燃气计量表在进出口的两侧时，应注意连接方向。安装时，应按产品说明书进行。

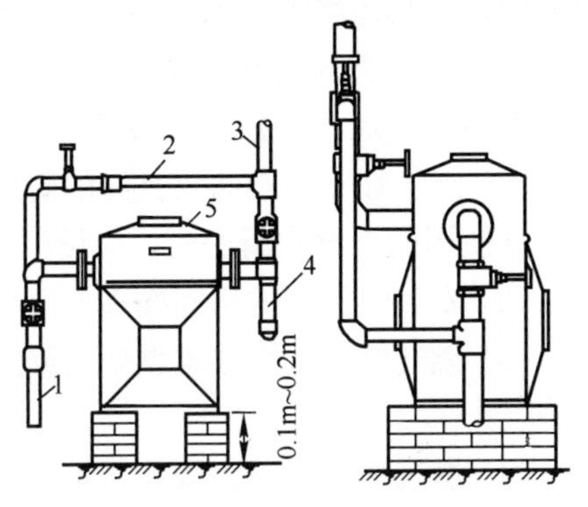

图 4-52 落地式皮膜燃气计量表安装
1—进气管；2—旁通管；3—用气管；
4—积水管；5—燃气计量表

（2）干式皮膜式燃气计量表安装 如图 4-52 所示，流量为 20m³/h、34m³/h 的燃气计量表可安装在墙上，用型钢支架固定；流量大于 57m³/h 可设置在地面的砖台上。燃气表前设阀门一个；燃气表并联安装时，表前后各装阀门一个，阀门类型由设计确定。用法兰连接燃气计量表时，表后与墙的净距不能小于 30mm，以便于施工工具的使用。

4. 运转试验

运转试验在通气检查管道、阀门及连接部位无渗漏现象后再进行。试验时，先缓慢开启阀门，观察表的指针是否均匀、平稳地运转，如无异常，合格后投入工作。

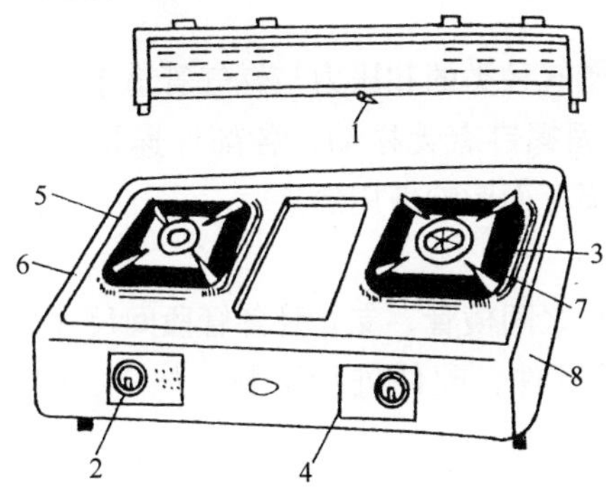

图 4-53 家用双眼灶结构示意图
1—进气管；2—旋钮；3—燃烧器；4—火焰调节器；
5—盛液盘；6—面板；7—炉架；8—侧板

4.7.2 家用燃气灶具安装

家用燃气灶具分为单眼灶、双眼灶和多眼灶，如图 4-53 所示为双眼灶的结构图。

为了提高燃气灶具的安全性，避免发生中毒，火灾和爆炸事故，有的家用灶具还增加了熄火装置，一旦燃气灶的火焰熄灭，立即发出信号切断燃气通道，避免发生燃气泄漏。

家用燃气灶具设置要求如下：

(1) 燃气灶安装在通风良好的厨房内，利用卧室的套间或用户单独使用的走廊作厨房时，应设门与卧室隔离。

(2) 安装燃气灶的房间净高不得低于2.3m。

(3) 燃气灶与可燃或难燃烧墙壁之间应采取有效的防火隔热措施。

(4) 燃气灶的灶面边缘和烤箱的侧壁距木质家具的净距不应小于20cm，灶具顶部应有100cm以上的净高空间；但如果安装抽油烟机，则按抽油烟机安装要求设置此空间。

(5) 燃气灶与对面墙之间应有不小于1m的通道。

在地下燃气管道、主立管、燃气表均已安装完毕并验收合格后即可进行灶具安装。

4.7.2.1　施工工艺流程

安装前检查 → 灶具配管 → 灶具就位 → 管道连接

4.7.2.2　施工工艺

1. 安装前检查

核对灶具铭牌所示的燃气种类的和压力与燃气管道系统是否相符。检查炉体上的各紧固螺钉有无松动，各部件连接是否正确，以免因运输过程中的损坏而影响使用效果。

2. 灶具配管

量出燃气表出口至灶具之间横管、支立管各管段间尺寸，再用已选好的管件、阀件、管件、配件进行下料、加工、组装、调直。

3. 燃气灶具就位

燃气灶具在灶板上的安装有台式和嵌入式两种。台式就位时只需将灶具直接放置于灶架或厨房操作台面上指定位置即可。对于嵌入式灶具，必须在选定的安装台面的位置开一长方形孔，尺寸参照灶具安装说明书；在所开长方形孔的正前方留通风口，通风口要确保灶具底部空气流通，并方便调节风门，切勿堵塞。燃气灶具底部须有400mm以上的自由空间，不得密封，不可放置气瓶。

4. 管道连接

从燃气表引出的管道与横管和支立管的安装多用螺纹连接方式。在用气管末端的弯头上，装灶前管旋塞，手柄朝上，用胶管与灶具连接。

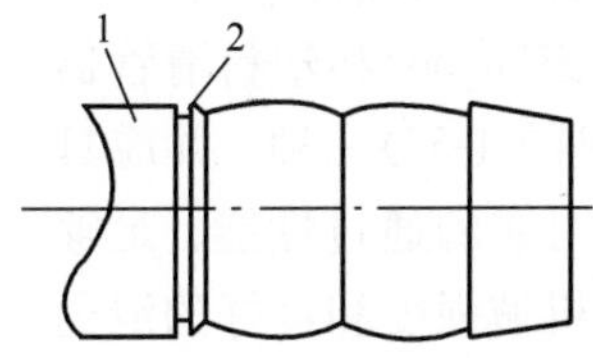

图 4-54 进气胶管的连接
1—接头；2—方槽

安装进气胶管时，先清理干净进气口，再将胶管套入接头至方槽处(见图 4-54)，并用管夹夹紧。注意胶管不得触及灶体，不得从灶具底下穿过，不得弯曲。

4.8 燃气管道清扫、试压与燃气投产置换

燃气管道在施工过程中，会带进泥土、石块、积水、焊渣、杂物等，还会有部分内壁腐蚀产物。因此，施工完毕后，必须进行清扫，以清除管道中的杂物，提高管道输送效率，保证燃气的纯度。燃气管道清扫方法有清管和吹扫等。

燃气管道安装完毕后，还应进行试压，以检验管道强度和管路系统的严密性。

新投产的燃气系统和引接分支燃气管路后，为保证用气安全，必须先用惰性气体对管道中的空气进行置换，再用燃气置换惰性气体。

4.8.1 燃气管道清管

清管时利用压缩空气将清管器从被清扫的管道的始端推向末端，由于清管器的外径比管道内径大4%～6%，在管内处于卡紧密封状态，清管器前进时便可将管道中的各种杂物清扫出来。不同口径的

管道选用相应规格的清管器作分级清通，按先大口径后小口径、先干管后支管的顺序进行。清管器的直径一般为管道内径的1.05倍，按结构特征分为清管球(见图4-55)、皮碗(见图4-56)和塑料清管器(见图4-57)三种，并应具有可靠的通过性能、足够的机械强度和良好的清通效果。

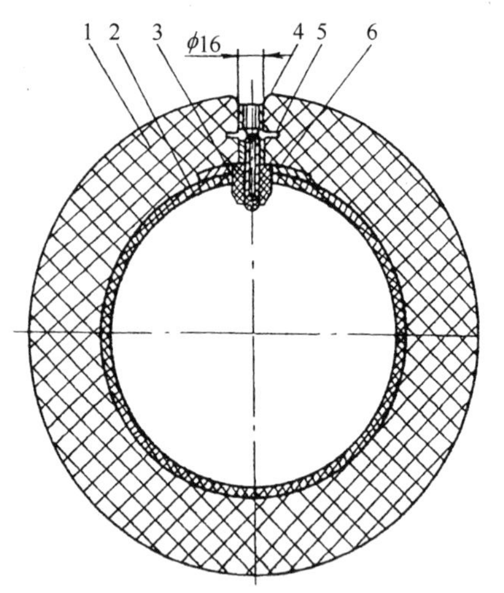

图4-55　清管球

1—球体；2—球胆；3—嘴头；4—嘴芯塞；5—嘴芯；6—胶芯

拟采用清管器进行清扫的管道，必须在管道设计前提出相应工艺要求，具体要求如下：

(1) 被清扫管道的口径必须相同，且管子的壁厚不得相差太大(一般应保持在2～3mm以内)。钢管焊接应做到内壁平齐，内壁错边量不大于2mm。

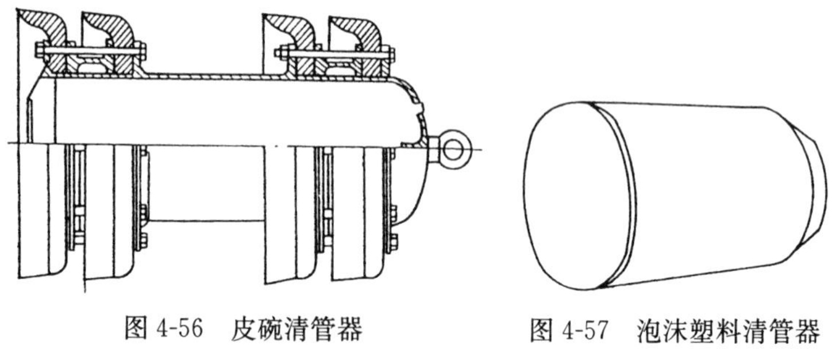

图4-56　皮碗清管器

图4-57　泡沫塑料清管器

(2) 管道支管焊接不能用“插入焊接”，必须采用“骑马口焊接”，以免消管球在运行中被卡住。

(3) 管道的弯头必须采用冲压弯头、煨弯的弯头，不得使用折皱弯头、焊接弯头及椭圆度较大的弯头。

(4) 管道上的阀门必须采用球阀，不能采用闸板阀、蝶阀与截止阀，否则清管器无法通过。球阀阀位指示必须准确，安装前应检查。当阀位指示全开时，阀门必须全开，以保证清管器顺利通过。

(5)凡影响清管球通过的管件、设施，在清管前应采取必要措施。

4.8.1.1　施工工艺流程

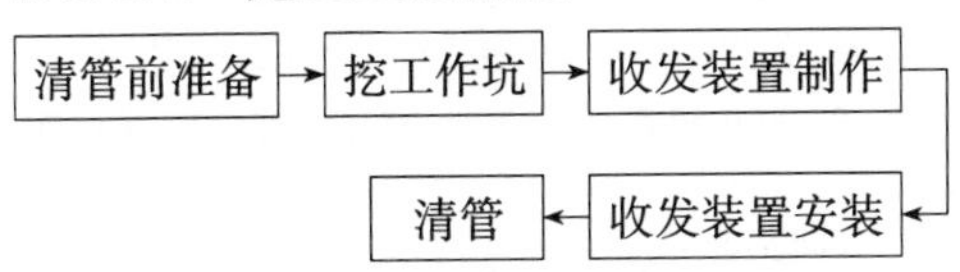

4.8.1.2　施工工艺

1. 清管前准备

查阅设计图纸与施工资料，勘察现场，了解地形、地貌，确定清管时如何分段及收发球地点，分析清管器可能受阻的地点。了解三通、弯头、波形伸缩器的位置，了解施工期间燃气管道是否进水以及集水部位。

2. 挖工作坑

按收发球装置的尺寸及清管操作要求开挖发球端工作坑和接球端工作坑。

3. 清管器收发装置制作

清管器收发装置多附设在压缩机站、门站和调压计量站等站场上，以便管理。但在施工中通球扫线时，永久性的收发装置尚未建成，需制作临时收发装置。如图 4-58、图 4-59 所示，包括发球筒、接收筒、工艺管线、阀门、装卸工具以及通过指示仪等辅助设备。发球筒上的压力表，用以观察推动清管器运行的压力，并以此分析清管球的运行情况。

为了使收发球装置能适用于多种管道的清管，需配制不同管径的连接短管，需要时按清扫管道的规格选用，但小规格连接短管的管径小于偏心大小头的小端，这时可将连接发球筒的法兰加

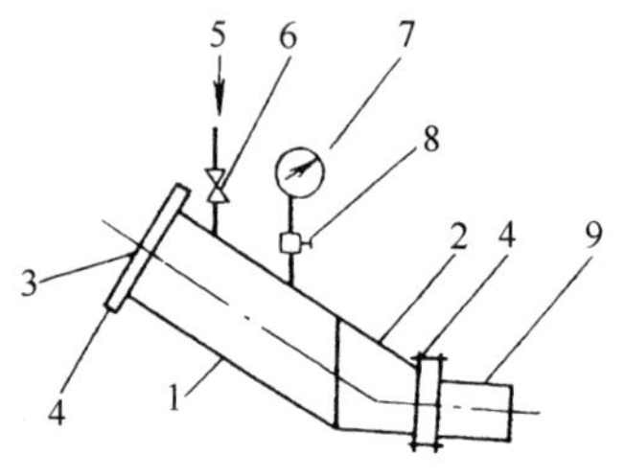

图 4-58 发球装置

1—发球筒；2—偏心大小头；3—法兰盖；4—法兰；5—压缩空气；6—阀门；7—弹簧压力表；8—针形阀；9—联接短管

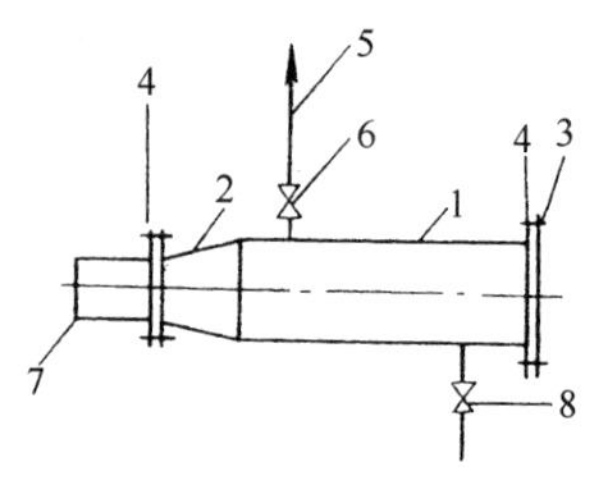

图 4-59 收球装置

1—接收筒；2—大小头；3—盲板；4—法兰；5—压缩空气；6—阀门；7—联接短管；8—排污管

工成如图 4-60 所示的偏心法兰，下沿与偏心大小头法兰下沿相齐，以便于清管球进入待清扫管道。

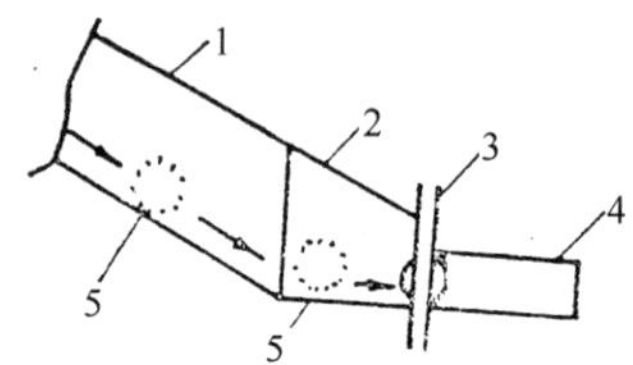

图 4-60 发球装置的偏心法兰

1—发球筒；2—偏心大小头；3—偏心法兰；4—联接短管；5—清管器

4. 收发球装置安装

将发球装置和收球装置的联接短管分别与被清扫管道的始、末端焊接起来，并连接发球装置的进气管和收球装置的排气管。

5. 清管

不同的清管器其清扫工艺不尽相同，本文以清管球为例，介绍清管的施工工艺。

沿管线的球阀全开，放散管的阀门全关。将清管球注满水，排净空气，打压至规定过盈量，注水口应严密可靠。卸开发球装置的盲板，将准备好的清管球放入发球筒内，依靠其自重和发球筒的倾斜作用，清管球自动滚入被清扫管道的始端卡紧，处于待发射状态。装好发球筒的盲板，从与空压机相连接的进气管向发球筒压入压缩空气，推动清管球和杂物前进；同时，清管球前方的空气被挤压，由收球装置的排出口排除。由于空气流速的作用，同时排除铁锈、泥土以及管内的积水。

当清管球和被清除杂物进入收球装置后，即可关闭空压机，打开收球盲板，掏出杂物，取出清管球，再重复发球一次，即可将管内清扫干净。清通后的管道应无杂质、污水等排出。清管过程中，管道沿途每隔一定距离设置监听人员，沿途设测压点，观察分析清管球运行状况，出现异常情况应及时处理。

清管结束后将发球装置和收球装置自连接短管外割掉，以待下次再用。

4.8.2 燃气管道吹扫

燃气管道吹扫应分段进行，每段吹扫长度，根据吹扫用的介质、压力和流量来确定，一般钢管不大于 3km，聚乙烯管不超过 1km。吹扫应反复数次，直至管内无撞击响声、流水声，放喷口无锈尘、焊渣、泥土等杂物吹出为止，并做好记录。调压设施不得与管道同时进行吹扫。

管道吹扫介质采用压缩空气，以先干管后支管的顺序进行，吹扫气流速度不低于 20m/s，压力不应大于工作压力。对人能进入的大管道，宜采用人工清扫。聚乙烯管道进行吹扫时，压缩空气温度不超过 40℃，吹扫压力不大于 0.4MPa。

4.8.2.1 施工工艺流程

吹扫前准备 → 吹扫

4.8.2.2 施工工艺

1. 吹扫前准备

准备好高压离心风机或空气压缩机等吹扫设备，拆卸待吹扫管道两端的阀门。确定吹扫口部位，一般情况下吹扫口应设在开阔地段并加固管段排气端。吹扫方向必须与气流方向一致，以免将泥土吹进波纹补偿器的波纹中。

2. 吹扫

(1) 风机吹扫

将高压离心风机固定在卡车上，通风机出口装帆布管，用法兰将帆布管和待吹扫的管道法兰连接，燃气管道的另一端敞口，但燃气管道排气口对面的管道必须堵严。吹扫口附近不要站人，防止安全事故。

启动风机进行吹扫，吹扫干净后，关闭风机。拆卸帆布管，清洗阀门与波纹伸缩节，再重新安装在管道上。

（2）爆破吹扫

在待吹扫管段进气端装法兰堵板，并与空气压缩机用管道连接，压缩机出口端宜安装油水分离器和过滤器、阀门和压力表。加固待吹扫管道排气端，装几层牛皮纸，层数由爆破压力而定，再用与管道相同内径的法兰将牛皮纸固定；堵好排出口对面的管口。

启动空气压缩机，当管内压力达到0.3～0.4MPa时，牛皮纸突然爆破，管内空气突然卸压，体积膨胀，形成高速气流，从排出口喷出并将泥土、铁锈与垃圾等带出。一般要连续进行3～4次，直至无尘土排除为止。

4.8.3　室外燃气管道试压

室外燃气管道安装清扫完毕进行强度试验和气密性试验，试验的压力要求见表4-14。压力试验一般采用移动式空气压缩机

室外燃气管道试压标准　　表4-14

<table>
<tr><th>名称</th><th>设计压力</th><th>强度试验压力</th><th>严密性试验压力</th><th>试验介质</th></tr>
<tr><td>煤气管道</td><td></td><td>1.5倍设计压力（钢管≥0.3MPa，铸铁管≥0.05MPa）</td><td>地下低压管道：0.02MPa
中压管道：1.15倍设计压力且≥0.14MPa</td><td>空气</td></tr>
<tr><td rowspan="3">天然气管道</td><td><5kPa</td><td rowspan="3">1.5倍设计压力</td><td>20kPa</td><td rowspan="2">空气</td></tr>
<tr><td>≤0.6MPa</td><td>1.15倍设计压力</td></tr>
<tr><td>>0.6MPa</td><td>1.15倍设计压力
并作0.6 MPa气密性试验</td><td>水
空气</td></tr>
<tr><td rowspan="2">聚乙烯燃气管道</td><td>≤5kPa</td><td>可不进行强度试验</td><td>20kPa</td><td>空气</td></tr>
<tr><td>>5kPa</td><td>1.5倍设计压力，对中压管道≥0.3MPa</td><td>1.15倍设计压力且≥0.14MPa</td><td>空气</td></tr>
</table>

供应压缩空气，压缩机的额定出口压力一般为最大强度试验压力的1.2倍，压缩机排气量的选择则与试验的充气时间相关。小型移动式空气压缩机一般为电力驱动，排气量0.6～0.9m³/min；大型空气压缩机有电动和柴油内燃机驱动两种，排气量为6～9m³/min。压力试验用的空气压缩机，其额定出口压力一般均选用0.7MPa即可满足城市燃气管道的施工要求。

强度试验的空气压力一般采用弹簧压力表测定，而气密性试验则采用U形玻璃管压力计，中高压管道采用水银作测压介质，低压管道用水作测压介质。

4.8.3.1　施工工艺流程

试验前准备 → 充气加压 → 强度试验 → 严密性试验 → 试压验收

4.8.3.2　施工工艺

1. 试验前准备

(1) 管道验收检查　检查管道基础、坐标、标高、坡高、管道安装、闸阀、排水器等施工质量是否合格，通过验收后才能进行试压。

(2) 试压管段准备　将待检测的燃气钢管管段两端用钢堵板焊住，在进气的一端堵板上留一个孔，焊上 $DN20$～25mm带丝头的短管，短管长度为100～200mm，连接压力表管，如图4-61所示。

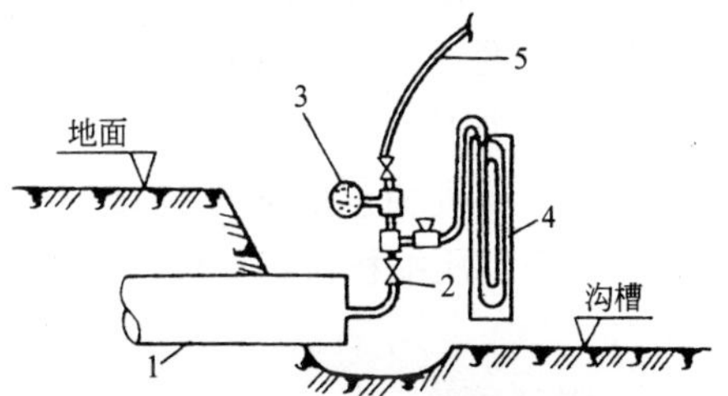

图4-61　燃气管道试验
1—燃气管道；2—压力表管；3—弹簧压力表；4—U形压力计；5—充气胶管

当待检验的管段为铸铁管时，管道两端应安装管盖封堵。管盖支撑应与管道保持平行方向，支撑点在两个以上，支撑方法如图4-62所示，几个支撑应用力均衡。进气端的管盖留一孔连接进气管，作法与钢管试压相同。

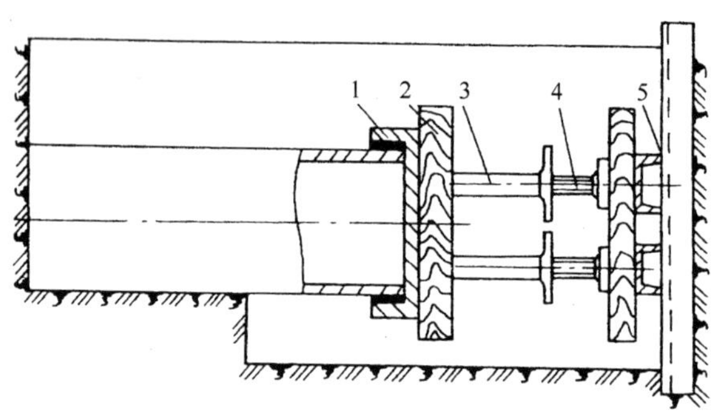

图4-62　管盖支撑示意图

1—管盖；2—垫木；3—外套管；4—丝杆；5—槽钢

室外埋地管道试压前，应在管道连接处挖工作坑，尺寸须满足接口全方位检验要求。如果不同压力间的管道已经连通，应用堵板将其隔断，以免工作压力较低的系统承受过高的压力。

(3) 检漏液配制　准备试压用的小毛刷，将肥皂切成薄片，并配制成浓度适中的肥皂液备用。

2. 充气加压

将与空压机相连的输气管接到被试验的燃气管上，开启阀门，启动空气压缩机进行充气，使试验压力均匀缓慢上升直到试验压力。

3. 强度试验

不同类型的管道充气加压后的稳压时间不同。煤气管道强度试验稳压时间为1h，以无渗漏、目测无变形为合格；天燃气管道气压强度试验时，当压力达到30%、60%时，分别稳压0.5h，以无渗漏、压力表无压降为合格；聚乙烯管道强度试验稳压时间1h，以不下降为合格。

对管道上的阀门、波纹伸缩器、排水器等仔细检查，着重检查阀门的盘根、法兰垫与螺栓、丝扣连接处有无渗漏的可能。检查时以涂抹皂液的方式进行，如有漏气，经修补后再试压，直至合格为止。

4. 严密性试验

严密性试验应在强度试验合格后进行，埋地燃气管道的严密性试验应在回填至管顶以上 0.5m 以后或全部回填后进行。

严密性试验一般紧接着强度试验进行。即当强度试验合格后，放掉试验管段的部分空气，使管道内空气压力降至严密性试验压力，保持一定时间，达到温度、压力稳定。燃气管道的试验时间一般为 24h，有的地区根据管径确定保留时间，详见表 4-15。达到停留时间后，实际压力降小于允许压力降为合格。若压力降超标，则应设法找出漏气处，并将其消除，然后进行复试，直至合格为止。

气密性试验管内气体保留时间 **表 4-15**

管径 DN(mm)	<200	200～400	>400
停留时间/h	12	18	24

注：管线较短或较长，停留时间可酌情减少或增加。

5. 试压验收

试压合格后，拆除试压管路，将管内的冷凝水和沉积物泄放干净，对埋地管道还需回填工作坑。有关方面人员必须亲临现场监督，检查后方可在记录上签字负责。

4.8.4 室内燃气管道试压

室内燃气管道安装完毕后，应进行强度试验和气密性实验。对设计未作规定进行强度试验、工作压力小于 0.1MPa 的煤气管道，或工作压力小于 0.4MPa 的天然气管道，可直接进行严密性实验。室内燃气管道试验分两部：先不带气表试验，再进行包括气表在内的总体实验，即从引入管总阀起至灶前气嘴为止。

燃气管道、设备竣工后不能及时通气，时间超过 3 个月，开栓之前仍需重新进行总体试验。试验介质为压缩空气，压力要求见表 4-16。

室内燃气管道试压标准　　表4-16

名称	设计压力	强度试验压力	严密性试验压力	试验介质
煤气管道		1.5倍设计压力（钢管≥0.3MPa）	低压管道：2倍工作压力且>6kPa；中压管道：当工作压力≤10kPa时为2倍的工作压力，>10kPa时为1.15倍设计压力	空气
大然气管道	低压	不做强度试验		
	中压*B*	1.5倍设计压力	1.15倍设计压力 设计压力（稳压试验）	

室内燃气管道强度试验稳压时间为1h；天然气管道强度试验在压力达到30%、60%时分别稳压0.5h、达到试验压力后稳压1h（中压管道稳压2h），以无渗漏、压力表无压降为合格。

居民用户燃气管道气密性试验要求10min内压力不下降；工业企业和公共建筑燃气管道气密性试验当管径≥100mm时，要求30min内压力不下降；管径<100mm时，要求10min由压力不下降。中压燃气管道工作压力≤10kPa时，要求2h内压力不下降；中压*B*天然气管道气密性试验达到压力后先稳压2h，再过24h试验，以不漏为合格。对于零散的燃气用户及用气设备的改装、新装或分表等情况，以3kPa的压缩空气试压，稳压10min，压力不降，不漏气为合格。

燃气管道试压操作参见4.8.3。

4.8.5　燃气管道投产置换

新建燃气管道的投入使用前，必须用燃气置换管内的空气。由于置换过程中，燃气管道内将出现混合气体，所以置换工作必须在严密可靠的安全技术措施保证的前提下进行。

燃气置换不宜选择在晚间和阴天进行。因阴雨天气压较低，置换过程中放散的燃气不宜扩散，故一般选择在天气晴朗的上午为好。风量大的天气虽然能加速气体扩散，但须注意下风向处的安全性。

置换方法有间接置换和直接置换两种。间接置换采用惰性气体(一般用氮气)先将管道内的空气置换，然后再输入燃气置换。此方式安全可靠，但费用较高、操作繁琐，较少应用。直接置换是用相连老管道的燃气输入新建管道直接置换管内空气。该工艺操作简便、迅速，在新建管道和老管道连通后，利用燃气压力排放管内空气，置换到管道燃气含量达到合格标准(取样合格)后便可正式投产使用。目前主要采用此法进行置换施工，本书以直接置换为例介绍置换施工工艺。

燃气置换时需确定换气压力。若压力过低会增加换气时间，压力过高则燃气在管道内流速增加，管壁产生静电，同时，残留在管内的碎石、铁渣等硬块会随着高速气流滚动、碰撞，产生火花带来危险。一般情况下，低压燃气管道可直接利用原有低压管道的工作压力进行置换；中压管道换气压力为 98～196kPa；最高换气压力不能超过 0.49MPa。

管道中置换出的混合气体通过放散管排放，放散管的数量是根据置换管道长度和现场条件而定。在管道末端必须设放散点，严防“盲肠”管道内空气无法排放。

放散管孔径视放散时间和放散管安装条件而定。若孔径太小，会增加换气时间；太大给安装放散管带来困难。一般 ϕ500mm 以上的管道采用 ϕ75～ϕ100mm 的放散孔，ϕ300mm 以下的管道其放散孔的孔径则不应大于三分之一管径。

放散管安装于远离居民住宅及有明火的位置，从地下管上接至离地坪 2.6m 以上的高度，其下端接装三通并安装取样阀门。

如果放散点无法避开居民住宅时，则可在放散管顶端装 90°可转动弯管，根据放散时的风向旋转至安全方向放散。并在放散前通知邻近住宅居民关闭门窗和杜绝火种。

4.8.5.1 施工工艺流程

置换前准备 → 置换放散 → 取样 → 试样分析 → 放散装置拆除

4.8.5.2 施工工艺

1. 置换前准备

(1) 施工部门应提供完整的管线测绘图，阀门、排水器和特殊施工的设备保养单及有关技术资料。

(2) 现场通讯器材准备　新建换气管道操作现场分散，阀门开启、放散点的控制及现场安全措施落实均需协调进行，各岗位操作有先后顺序和时间要求，因此换气现场应配备无线通讯设备。

(3) 现场安全措施落实　对邻近放散点的居民、工厂单位逐一宣传并现场检查，消除火种隐患。并张贴告示，在换气时间内杜绝火种，关闭门窗，建立放散点周围20m以上的安全区。放散点上空有架空电缆的部位，应预先将放散管延伸避让，组织消防队伍，确定消除器材现场设置点。

(4) 检查放散管接装情况和放散区的安全措施，阀门的启闭以及通讯、消防器材的配备等。

2. 置换放散

缓慢开启气源阀门，注意不能升压过快，避免在燃气管道中产生涡流，出现燃气抢先至放散(取样)孔排出，产生取样合格的假象。施工现场阀门启闭应由专人控制并听从指挥的命令。

在气源阀门开启的同时，各放散点同时开启放散管阀主门。注意现场安全。

3. 取样

放散点施工人员嗅到燃气臭味时可用橡皮袋取样。

4. 试样分析

所取样品采用点火法或气体含量检测法进行分析。

点火法是将所取试样移至远离现场安全距离外，点火燃烧袋内的燃气，如火焰呈扩散式燃烧(呈桔黄色)，则说明管道内已基本置换干净，达到合格标准。

对于较大管道工程的投产置换，也可用快速测氧仪测定试样的含氧量，若测得的读数小于规定的含氧量，则说明取样合格。

若试样分析结果表明置换尚未合格时，应继续放散，直至合格为止。

5. 放散装置拆除

各放散管“取样”全部合格后，即拆除放散管，安装拆下的压力表并检漏，防止压力表连接处漏气。并对通气管道全线仔细检查，是否有燃气泄漏的迹象，重点检查距离居民住宅较近的管道。发现问题及时处理不留隐患。

置换完成后，应做好记录及时办理交接手续。

第5章　常用设备安装

5.1　水池施工与试验

水池具有贮存水、调节水量和水泵吸水井的作用，其有效容积应根据生活(生产)调节水量、消防贮备水量和生产事故备用水量确定。

5.1.1　水池的分类

水池按外形分为圆形和矩形两种，水池容积小于 2500m^3 时，以圆形较为经济，大于 2500m^3 时以矩形为经济。

水池按材质分为钢筋混凝土、预应力钢筋混凝土和砖石砌体水池等多种形式。

钢筋混凝土水池应用最广，但易裂缝，即使采用防水层措施也很难避免，有现浇和装配两种形式。预应力钢筋混凝土水池的水密性好，不出现裂缝，经济耐用。大型预应力钢筋混凝土水池能比钢筋混凝土水池节约造价 1/3～1/4。我国目前已建成的预应力钢筋混凝土水池，容积最大的为 15000m^3，一般为 1500～7500m^3。砖石砌体水池可就地取材，施工简便，造价低。尤其适用于地质条件好，地下水位低的丘陵地带。但这种水池抗拉、抗渗、.抗冻性能较差，只宜修建容积不大于 500m^3 的小型水池，且不宜用在湿陷性的黄土地区、地下水位高的地区和严寒地区。

5.1.2　水池的设置要点

(1) 生活贮水池位置应远离化粪池、厕所、厨房等卫生条件不良处，防止生活饮用水被污染，其溢流口出水应间接排出，保持足够的空气隔断，保证在任何情况下污水不能通过人孔、溢流孔进入池内。

(2) 贮水池进水管和出水管宜布置在相对的位置，以便池内贮水能经常流动，防止滞流和死角，防止池水腐化变质。

(3) 贮水池一般应分为两格，并能独立工作或分别泄空，以便清洗与检修。水池容积大于 $500m^3$ 时应分成两个。

(4) 消防用水与生活或生产用水合用一个贮水池又无溢流墙时，其生活或生产水泵及水管在消防水位面应设小孔，如图 5-1 所示，以确保消防贮备水量不被动用。

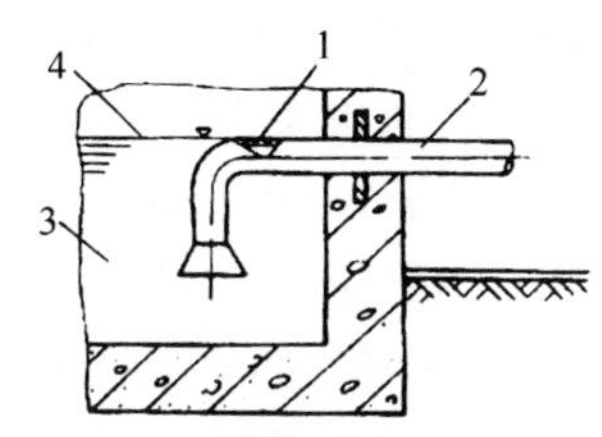

图 5-1 水泵吸水管上开孔

1—小孔；2—接至生活(生产)泵吸入管；3—消防贮备水量；4—消防水位

(5) 贮水池溢流管口应比进水管口大一号。

(6) 室内贮水池应设有水位控制的进水管、出水管、溢流管、排水管、通气管、水位显示器或水位报警装置和检测人孔等。通气管管口应用网罩盖住，其设置高度距离覆盖层不小于 0.5m，直径一般为 200mm。

(7) 室内贮水包括室外消防用水量时，应在室外设有供消防车取水用的吸水口。

(8) 贮水池单独布置在室外时，称为地下水池；布置在室内地下室时，称地面水池。

5.1.3 水池施工

水池施工应按《给水排水构筑物施工与验收规范》GBJ 141—90 的有关规定进行。不同形式的水池，其施工工艺不尽相同。本书以目前应用较广的装配式圆形水池为例，介绍水池的施工。

5.1.3.1 施工工艺流程

施工前准备 → 底杯及杯槽施工 → 构件预制 → 就位和临时固定 → 施工缝处理

5.1.3.2 施工工艺

1. 施工前准备

(1) 脚手架准备。按要求准备脚手架，钢管脚手架、木脚手架和竹脚手架均可，应具有足够的强度、刚度和稳定性。

(2) 砂浆准备。做好计量、机具和所使用的材料准备工作，按规定的配比上料、拌制，做到随拌随用。

2. 底板及杯槽施工

按设计要求的位置、尺寸和配比，浇筑底板。当混凝土强度达到1.2MPa后，核对水池中心位置，弹出十字线，校对集水坑、排污管、槽杯口的外弧线，控制杯口吊斗位置，并完成杯槽施工。

3. 构件预制

水池壁板可在预制场或现场平整场地浇筑，用平板式振捣器振捣，提高混凝土密实度。壁板的厚度不应小于120mm，两侧应做齿槽，外表面做成圆弧形。预制时，采用木模制作，使用无机脱模剂脱模。

4. 就位和临时固定

(1) 一般采用履带吊将壁板就位。当壁板吊至杯口上空后，应各自站好位置，稳住板脚并将其插入杯口。

(2) 当壁板脚接近杯底时(约离杯底3～5cm)，刹住车，插入8个楔子(每个柱面垫两个)。目测板的垂直度，并通过吊车操作，使板身大致垂直。

(3) 用橇杠橇动或用大锤敲打楔子，使板身中线对准杯底中线。

5. 施工缝处理

装配式水池的壁板与底板及壁板之间的连接主要采用接缝施工。

(1) 池壁与池底连接如图5-2所示，先灌外杯口混凝土，

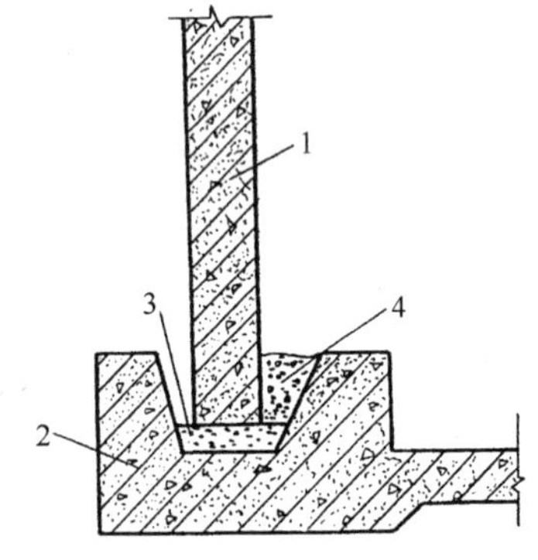

图5-2　池壁与池底连接
1—壁板；2—环槽；3—水泥砂浆找平；4—C30细石混凝土

后灌内杯口。在灌缝前应将壁板伸出的钢筋与底板预留出的钢筋焊牢，将槽杯清洗干净，用细石混凝土灌缝，并保持湿养护一周以上。

(2) 壁板间接缝型式如图 5-3 所示。接缝时应先焊接或绑扎壁板侧面的锚固盘，支模，内模宜一次安装到顶；外模应分段随浇随支，分段支模高度不宜超过 1.5m。内外模板用双头螺栓固定，螺栓中间焊钢板止水板。接缝混凝土强度应比壁板提高一级，宜采用微膨胀混凝土，水灰比应小于 0.5。混凝土如有离析现象，应进行二次拌和，其分层浇筑厚度不宜超过 250mm，并应采用机械振捣，配合人工捣固。接缝宜选择在气温较高、壁板缝稍有胀宽时进行。拆模后割去外露部分，并用水泥砂浆嵌补严密。

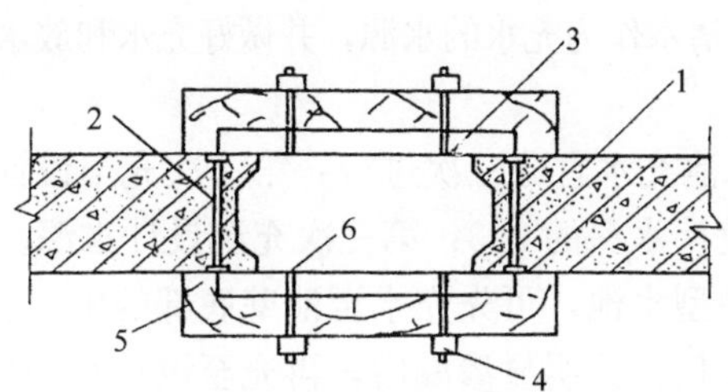

图 5-3 壁板间竖缝支模
1—壁板；2—预埋铁件；3—连接板；4—螺栓；
5—厚模；6—连接板上套丝孔

5.1.4 水池满水试验

无论何种形式的水池，施工完毕后，必须进行满水试验。试验中应进行外观检查，不得有漏水现象。

水池满水试验应在下列条件下进行：

(1) 池体的混凝土或砖石砌体水池的砂浆已达到设计强度。

(2) 现浇钢筋混凝土水池的防水层、防腐层施工以前。

(3) 装配式钢筋混凝土水池加预应力以后、保护涂层喷涂以前。

(4) 砖砌水池防水层施工以后，石砌水池勾缝以后。

(5) 一般应在基坑回填以前，若砖、石水池按有回填土条件设计时，应在填土完毕达到设计规定后进行。

水池渗水量按池壁和池底的浸湿总面积计算，钢筋混凝土水池不得超过 2L/(m^2·d)；砖石砌体水池不得超过 3L/(m^2·d)。

5.1.4.1 施工工艺流程

试验前准备→充水→水位观测→蒸发量确定→渗水量确定

5.1.4.2 施工工艺

1. 试验前准备

(1) 将池内清理干净，修补池内外缺陷，临时封堵预留孔洞、预埋管口及进、出水口等。并检查进水及排水阀门，不得渗漏。

(2) 设置水位标尺，标定水位计。

(3) 准备现场测定蒸发量的设备。

(4) 采用清水作为充水的水源，并做好充水和放水准备工作。

2. 充水

(1) 向水池充水宜分三次进行：第一次充至设计水深的 1/3；第二次充至设计水深的 2/3；第三次充至设计水深。

对大、中型水池，可先充水至池壁底部的施工缝以上，检查底板的抗渗质量，无明显渗漏后，再充至设计水深的 1/3 处。

(2) 充水水位上升速度不宜超过 2m/h。相邻两次充水间隔时间，不应小于 24h。

(3) 每次充水宜读 24h 水位下降值，以便于计算渗漏量。在充水过程中和充水后，应对水池作外观检查。发现渗水量过大时，应停止充水。处理后，方可继续充水。

3. 水位观测

(1) 充水时的水位可用水位标尺测定。

(2) 充水至设计水深进行渗水量测定时，应采用水位测计和千分表测定水位。水位测计的读数精度应达 0.1mm，千分表安装如图 5-4 所示。

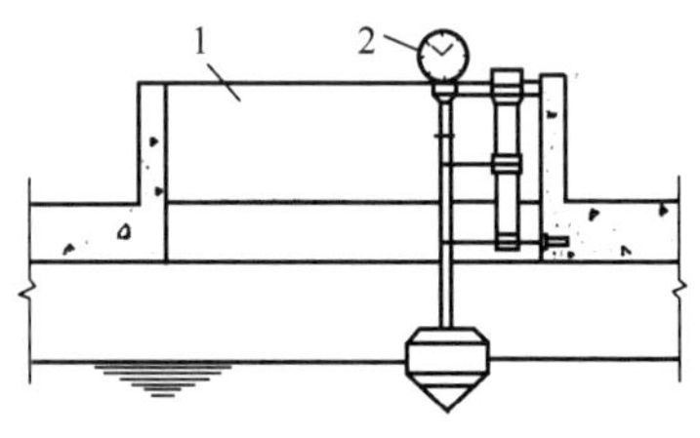

图 5-4 千分表安装方法

1—人孔；2—千分表

(3) 渗水量的测定，应在充水至设计水深 24h 后进行。

(4) 测读水位的初读数与末读数之间的间隔时间，应为 24h。

(5) 连续测定的时间间隔依实际情况而定，若第一天测定的渗水量符合标准，应再测定一天；如渗水量超过允许标准，而以后的渗水量逐渐减少，可延长观测时间。

4. 蒸发量测定

(1) 蒸发量测定时，采用直径约为 50cm、高约为 30cm 的敞口钢板水箱，并设有测定水位的千分表。水箱应经过检验，不得渗漏。

(2) 水箱应固定在水池上，水箱中充水深度可在 20cm 左右。

(3) 测定水池水位的同时，测定水箱中的水位，两次测量的水位差值即为水箱的蒸发量。

5. 渗水量确定

水池渗水量按以下公式计算：

$$q=\frac{A_1}{A_2}[(E_1-E_2)-(e_1-e_2)]$$

式中 q——渗水量[L/(m^2 · d)]；

A_1、A_2——水池的水面面积，浸湿总面积(m^2)；

E_1、E_2——水池中水位测针的初读数，初读后 24h 的末读数(mm)；

e_1、e_2——测读 E_1、E_2 时蒸发水箱中水位测针的读数(mm)。

若计算出的渗水量小于允许渗水量则水池满水试验合格；若超过规定标准，应经检查、处理后重新进行测定。

5.2 水箱安装与试验

水箱设在建筑物的最高处，常用于稳定水压或调节、贮存水量。

5.2.1 水箱的分类及构造

水箱按外形分为圆形、方形、矩形或球形。圆形水箱结构合理，节省材料、造价较低，但布置上占地面积较大。方形和矩形水箱布置方便，占地面积较小，但对大型水箱结构较为复杂，材料耗量大，造价较高。球形水箱造型美观大方，目前亦有生产。

水箱按材料分为金属水箱、钢筋混凝土水箱和其他材料水箱。

金属水箱应用较广，大小水箱均可采用，质量较轻，施工方便，但易锈蚀，维护管理工作量大。一般采用碳素钢板焊接而成，水箱内、外表面必须进行防腐处理。对于生活水箱，防腐材料必须符合卫生要求。为了解决钢板易腐蚀、维修工作量大的弊端，目前已有镀锌钢板水箱、搪瓷钢板水箱和不锈钢水箱等金属水箱。

钢筋混凝土水箱适用于大型水箱，经久耐用，维护简便，但重量大，与管道连接处理不好易漏水。

其他材料水箱，如塑料水箱、玻璃钢水箱等，具有耐腐蚀、质量轻等优点，但造价较高。

水箱的构造如图5-5所示。

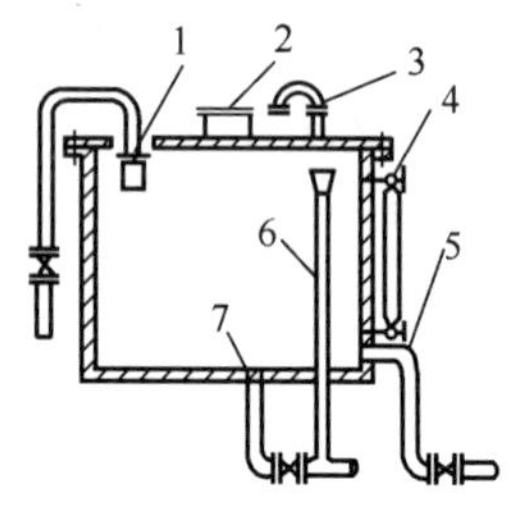

图5-5　水箱构造示意图
1—水位控制阀；2—人孔；3—通气管；4—液位计；5—出水管；6—溢流管；7—泄水管

5.2.2　水箱的设置要点

水箱间的净高不得低于2.3m，采光、通风良好，保证不结冻，如有冻结危险时，要采用保温措施。水箱的承重结构应为非燃烧材料。水箱应加盖，不得污染。

为便于操作安装和维修管理，水箱间及其与建筑结构之间的距离应符合表5-1的要求。

水箱间布置间距(m)　　**表5-1**

水箱形式	水箱壁至墙面的距离		水箱之间距离	水箱顶至建筑结构最低点距离
	有浮球阀一侧	无浮球阀一侧		
圆　形	0.8	0.5	0.7	0.6
矩　形	1.0	0.7	0.7	0.6

水箱应设人孔盖密封盖，并应采取防护措施，保护其不受污染。水箱的出水若为生活饮用水时，应采取二次消毒措施，如设

置臭氧消毒、次氯酸钠发生器消毒、二氧化氯发生器消毒或紫外线消毒等，并应在水箱间留有该设备放置和检修的位置。

5.2.3 水箱安装

5.2.3.1 施工工艺流程

水箱组装→水箱就位→附件安装

5.2.3.2 施工工艺

1. 水箱组装

对于钢板加工制作的水箱，通过焊接进行连接。

除普通水箱外，为满足不同用户的需要，市面上有各种拼装水箱。下面以SM装配式水箱为例，说明此类水箱的组装工艺。

SMC水箱的箱壁、箱顶、箱底均由SMC定型模压板块拼装而成，用槽钢托架支撑箱底，用镀锌圆钢在箱内将箱壁拉牢，模块之间由螺栓紧固，橡胶垫密封。水箱的长、宽、高尺寸均为板块尺寸的倍数，用户可以根据需要进行组装。此类水箱的外接管穿孔部位在板块中心为宜，若偏离则需与厂方洽商。管道穿越箱板的做法见图5-6。

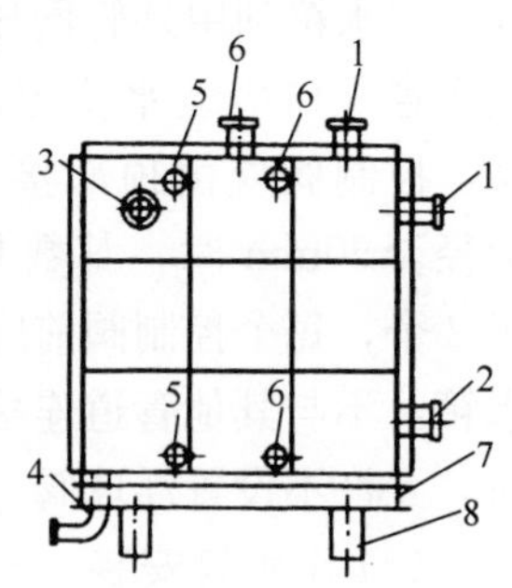

图5-6 装配式水箱
1—控制阀；2—活接头；3—截止阀；4—弯头；5—浮球阀；6—控制管；7—钢管；8—支座

2. 水箱就位

过去常将水箱安装在木托盘上，给维修造成困难。目前常略去木托盘，改用“工”字梁或钢筋混凝土支墩支承。水箱就位前应检查工字梁或支墩的安装情况，合格后将水箱吊运就位。

用钢板焊制的水箱，其内外表面均应进行防腐处理。箱外不保温时刷一道防锈漆、两道面漆；保温时刷两道防锈漆。生活饮用水箱可以考虑采用衬砌或涂刷涂料等措施，如喷涂瓷釉涂料、食品级玻璃钢面层、无毒的饮用水油漆和贴瓷砖等，并应取得当地卫生防疫站的批准。

水箱如有冻结和结露的可能时，必须设保温层(包括管道在内)，保温材料可采用高压聚苯乙烯板材、高压聚乙烯泡沫塑料板材。

3. 水箱附件安装

水箱一般应设有进水管、出水管、溢水管、泄水管、通气管、液位计和人孔等附件。当水箱利用外管网进水时，其安装要求如图5-7所示。

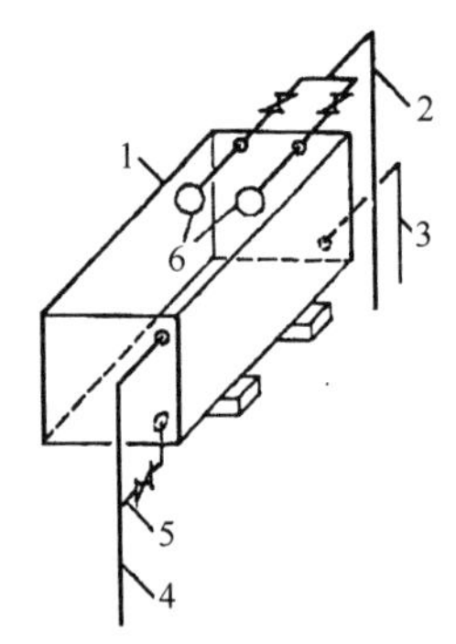

图5-7 水箱附件安装示意图
1—水箱；2—进水管；3—出水管；4—溢流管；5—排污管；6—浮球阀

(1) 进水管安装 进水管一般从侧壁接入，也可从底部或顶部接入。当水箱利用外管网压力进水时，进水管入口应装水位控制阀或浮球阀，控制阀应由顶部接入水箱，当管径≥50mm时，其数量一般不少于2个，每个控制阀前应装有检修阀门。当水泵压力管直接接入水箱，不与其他管道连接，且水泵的启闭由水箱的水位自动控制时，允许不设置浮球阀。

(2) 出水管安装 出水管一般从侧壁或底部接出。出水管内底(侧壁接出)或管口顶面(底部接出)应高出水箱内底不少于50mm。出水管上应设置螺纹(小口径)或法兰(大口径)闸阀，不允许安装阻力较大的截止阀。

生活与消防合用一个水箱时，除确保消防贮备水量不作它用的技术措施外，可采用在生活出水管上的虹吸管顶部钻眼(孔径为管径的0.1倍)等措施，如图5-8所示，尽量避免产生死水区。

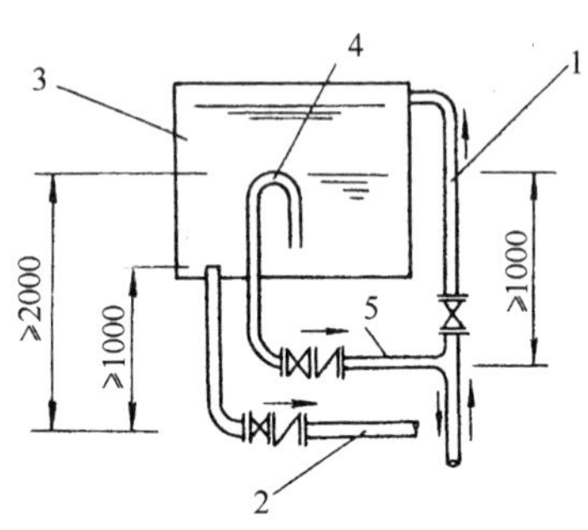

图5-8 生活和消防合用水箱
1—进水管；2—消防出水管；3—水箱；4—虹吸管顶钻眼；5—生活出水管

水箱进水管和出水管在同一条管道上时，应按图5-9所示，在出水管上设止回阀，配水管上设阀门。

水箱进水管和出水管分别与水箱连接时，应按图 5-10 所示，在出水管上设阀门。

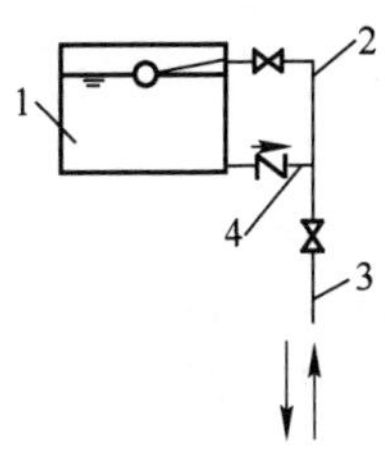

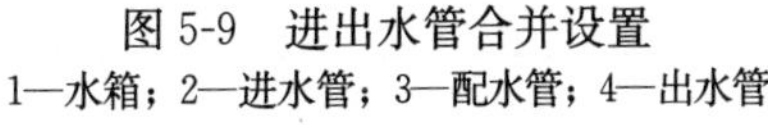
图 5-9 进出水管合并设置
1—水箱；2—进水管；3—配水管；4—出水管

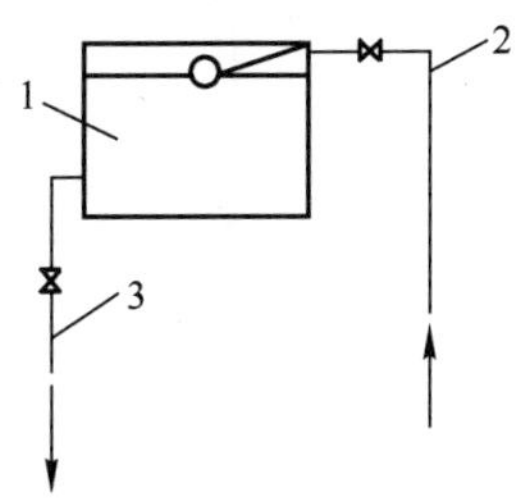

图 5-10 进出水管单独设置
1—水箱；2—进水管；3—出水管

(3) 溢流管安装 溢流管可从侧壁或底部接出。其管径一般应比进水管大 1～2 号，与泄水管合并后可用与进水管相同的管径。由底部接入的溢流管管口应做成喇叭口，喇叭口的上口应高出最高水位 20mm。溢流管上不得设任何阀门，与排水系统相接处，应安装如图 5-11 所示的空气隔断和水封装置。

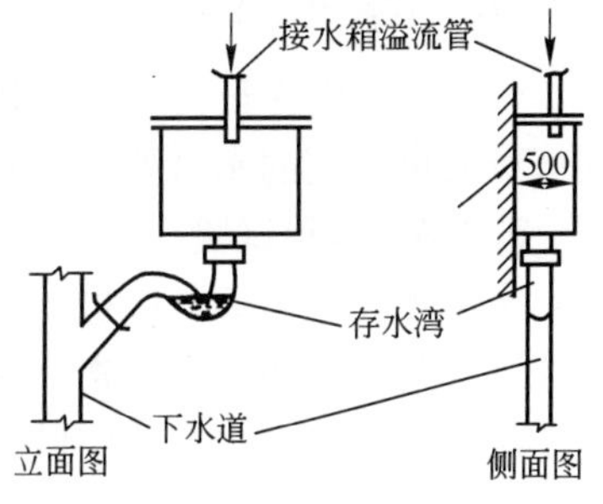

图 5-11 溢流管空气隔断及水封装置

(4) 泄水管安装 泄水管应从底部最低处接出，其管径一般不小于 50mm，可与溢流管相接，但不得与排水系统直接连接，应留有空气隔断，防止污染水质。

(5) 通气管安装 供生活饮用水的水箱应设有密封箱盖，箱盖上设有检修人孔和通气管。通气管可伸至室内或室外，但不得伸到有害气体的地方。管口应有防止灰尘、昆虫和蚊蝇进入的滤网，管口一般朝下设置。

(6) 液位计与液位控制阀安装 液位计一般安装在水箱侧壁，以玻璃液位计居多，可就地指示液位。一个液位计长度不够时，可上下安装两个或多个，其安装如图 5-12 所示。钢板水箱设置有液位控制阀时，其安装时可参照图 5-13 进行。

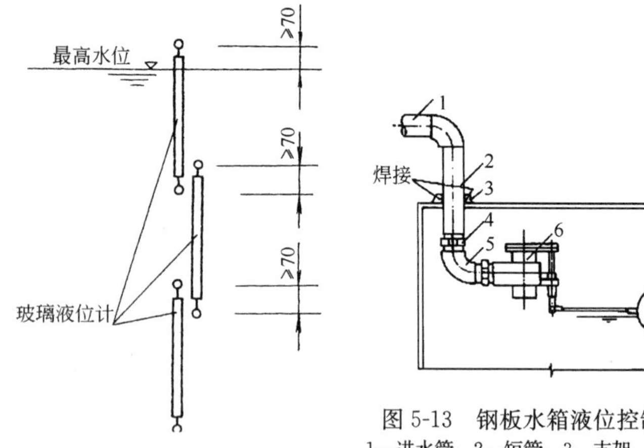

图 5-12　液位计安装

图 5-13　钢板水箱液位控制阀安装
1—进水管；2—短管；3—支架；4—活接头；5—弯头；6—液位阀；7—浮球

(7) 信号装置安装　用管道连接时，从最高水位线引出，接到值班人员房间的水盘处，信号管上不准装阀门。

5.2.4　水箱试验

水箱组装完毕后，应进行满水试验。关闭出水管和泄水管，打开进水管，边放水边检查，放满为止，经 2～3h，不渗水为合格。对钢板焊制的水箱还应做煤油试验，检查焊缝。

5.3　水泵安装与试运转

水泵是将电动机的机械能传递给液体的一种动力机械，是提升和输送水的重要工具。

5.3.1　水泵的分类及构造

水泵的种类很多，有离心泵、轴流泵、混流泵、活塞泵、真空泵等，其中以离心泵应用最为广泛。

离心泵利用泵体内高速叶轮，带动液体一起高速旋转产生离心力，来吸入并压出液体。其构造如图 5-14 所示，管路及附件如图 5-15 所示。

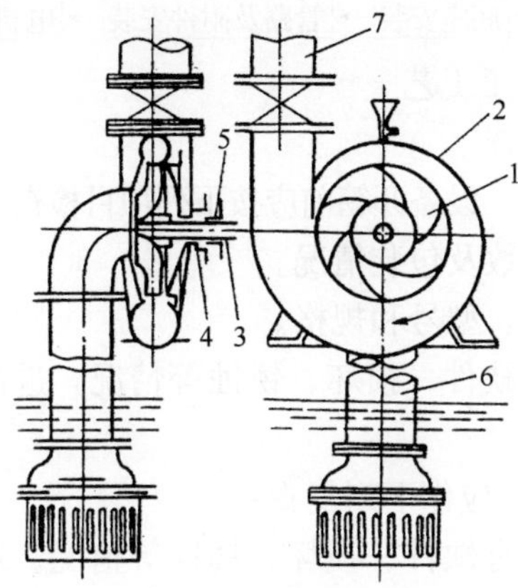

图 5-14 离心泵构造图

1—叶轮；2—泵壳；3—泵轴；4—轴承；
5—填料函；6—吸水管；7—压水管

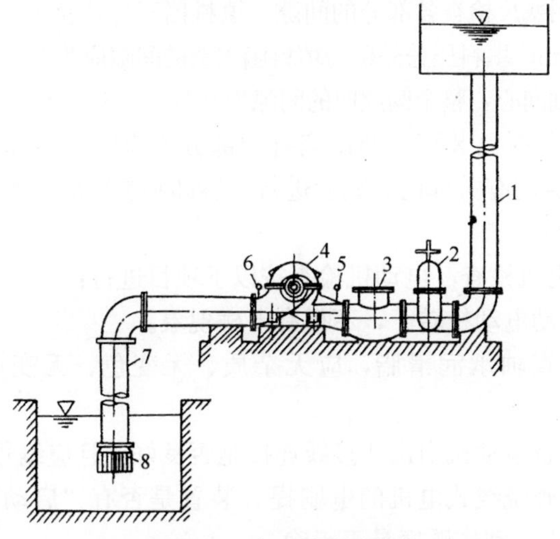

图 5-15 水泵管路及附件

1—压力管；2—闸阀；3—止回阀；4—水泵；
5—压力表；6—真空表；7—吸水管；8—底阀

5.3.2 水泵安装

5.3.2.1 施工工艺流程

安装前检查→底座安装→管路及附件安装→电机安装→水泵安装

5.3.2.2　施工工艺

1. 安装前检查

(1) 水泵检查　设备开箱前应按下列项目检查，并做好记录。

1）箱号、箱数及包装情况。

2）设备名称、型号和规格。

3）设备有无缺件、损坏、锈蚀等情况，进出管口的封盖应完好。

水泵就位前，应作下列复查：

1）设备不应有缺件、损坏、锈蚀等情况。进出口管口保护物和封盖如失去保护作用，水泵应解体检查。

2）盘车应灵活、无阻滞及卡阻现象，无异常声音。

3）卸开填料函压盖螺丝，取出压盖和填料。用柴油清洗填料函，然后用塞尺检查各部分的间隙。填料挡套与轴套之间的间隙为0.3～0.5mm；填料压盖外壁与填料函内壁的间隙应为0.5mm；水封环应与泵轴同心，整个圆周向的间隙为0.25～0.35mm。

4）出厂时已装配、调试完善的部分不应随意拆卸。确需拆卸时，应会同有关部门研究后进行，拆卸和复装应按水泵技术文件规定进行。

(2) 电机检查　电动机检查按以下项目进行：

1）盘动电动机转子，不得有卡碰现象。

2）检查轴承润滑脂，应无杂质、无变色、无变质及硬化现象。

3）检查电动机引出线接线连接是否良好，且应编号齐全。

4）检查绕线式电机的电刷提升装置是否有“启动”和“运行”等标志，动作顺序是否正确。

(3) 基础检查　水泵基础是用来固定水泵和电动机，并承受水泵机组的重量以及运转时的振动力。要求尺寸正确，且具有足够的强度和刚度，施工时，可采用图5-16所示的一次浇筑法或图5-17所示的二次浇筑法进行。

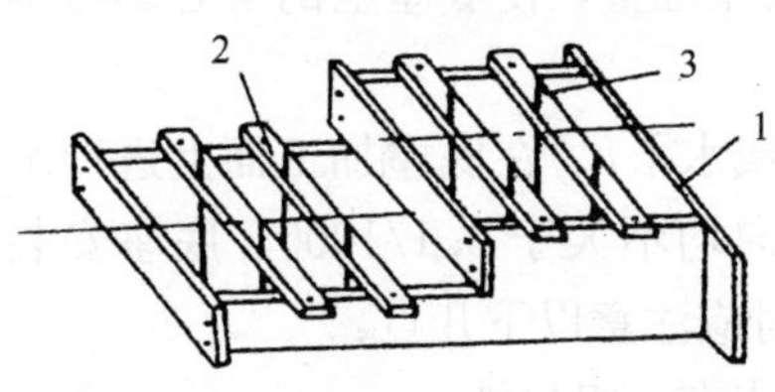

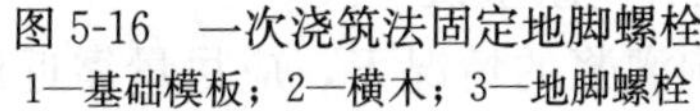
图 5-16 一次浇筑法固定地脚螺栓
1—基础模板；2—横木；3—地脚螺栓

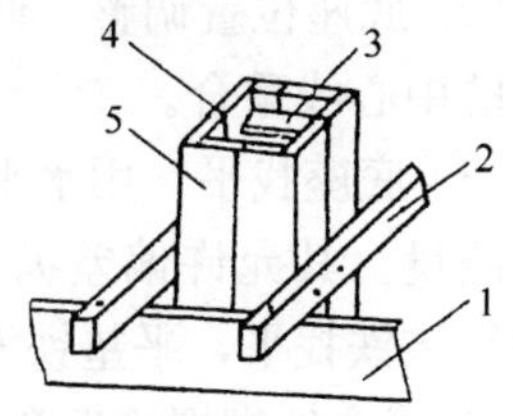

图 5-17 二次浇筑法固定地脚螺栓
1—基础模板；2—横木；3—木板；
4—预留孔；5—内横木

混凝土浇筑时，水泥：砂：石子的配合比为 1：2：5(重量比)，水灰比为 0.4，一台水泵的基础须连续浇筑完毕。常温下养护 48h 即可拆模，继续养护至混凝土强度达到规定强度的 70%以后，进行机组安装。

参照表 5-2 核实基础尺寸，并注意其位置、标高是否符合设计要求。

水泵基础参考尺寸 **表 5-2**

<table>
<tr><td colspan="3">基础尺寸(m)</td><td colspan="3">预留螺孔尺寸(mm)</td></tr>
<tr><td>长度</td><td>L+(0.2～0.3)</td><td>l+(0.4～0.6)</td><td colspan="2">螺孔中心距基础边缘最小距离</td><td rowspan="2">孔 径</td></tr>
<tr><td>宽度</td><td>B+0.3</td><td>b+(0.4～0.6)</td><td>螺栓直径
>40</td><td>螺栓直径
<40</td></tr>
<tr><td>高度</td><td>H+(0.1～0.15)</td><td>h+(0.1～0.15)</td><td rowspan="2">>300</td><td rowspan="2">>150～200</td><td rowspan="2">80～200</td></tr>
<tr><td>注</td><td>L、B、H 分别代表水泵底座的长、宽、高</td><td>l、b、h 分别代表水泵的长、宽、高</td></tr>
</table>

基础检查合格后，将基础表面凿成麻面，凿去被油沾污的混凝土。最后除去预留孔中的杂物，并在基础表面弹出水泵纵横中心线。

2. 底座安装

(1) 底座就位　当基础尺寸、位置、标高符合设计要求后，除去底座底面油污、泥土等脏物，将底座置于基础上，套上地脚螺栓，检查地脚螺栓垂直度，其垂直度偏差不大于 1%，否则剪力过大，螺栓易折断。

(2) 底座位置调整　调整底座位置，使底座上的中心线与基础上的中心线重合。

(3) 底座找平　用水平仪(或水平尺)在底座加工面上进行水平度测量。其允许偏差纵、横向均不大于 0.1/1000。底座安装时用平垫铁找平，平垫铁安装时应注意以下几点：

1) 每个地脚螺栓近旁至少应有一组垫铁。

2) 垫铁组在能放稳和不影响灌浆的情况下，应尽量靠近地脚螺栓。

3) 每个垫铁组应尽量减少垫铁块数，一般不超过 3 块，并少用薄垫铁。放置平垫铁时，最厚的放在下面，最薄的放在中间，并将各垫铁相互焊接(铸铁垫铁不可焊)。

4) 每一组垫铁应放置平稳，接触良好。设备找平后，垫铁组应被压紧，并可用 0.5kg 手锤听音检查；垫铁应露出设备底座底面外缘，平垫铁应露出 10～30mm。垫铁组伸入设备底座底面的长度应超过设备地脚螺栓孔。

3. 水泵安装

(1) 水泵和电动机的吊装　吊装工具可用三角架和倒链滑车。起吊时，绳索应系在泵或电动机的吊环上，且绳索应垂直于吊环，如图 5-18 所示。注意不能将绳索系在轴承座或轴上，以免损伤轴承座或使轴弯曲。

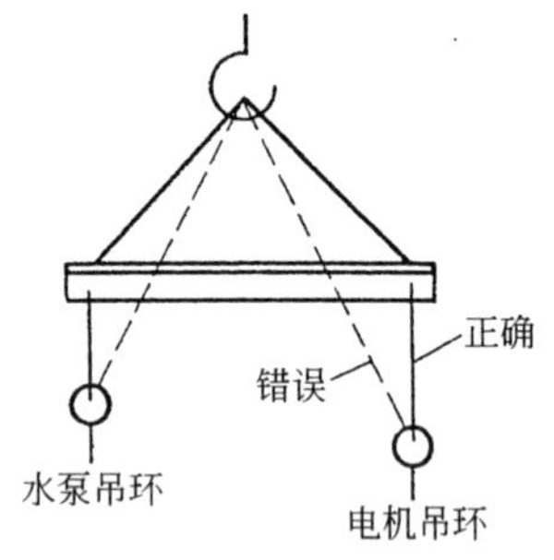

图 5-18　水泵吊装

(2) 水泵的找正　在水泵外缘以纵横中心线位置立桩，并在空中拉相互交角 90°的中心线，在两根线上各挂垂线，使水泵的轴心和横向中心线的垂线相重合，使其进出口中心与纵向中心线相重合。

(3) 水泵的找平　将水平尺放在水泵轴上测量轴向水平；或将水平尺放在水泵底座加工面上或出口法兰面上测量纵向、横向水平；或用吊垂线的方法，测量水泵进口的法兰垂直平面与垂线是否平行，若不平行，可调整泵底座下的垫铁。

4. 电动机安装

(1) 电动机就位　将电动机搬运到底座上，使其联轴器(靠背轮)与水泵的联轴器相对。

(2) 电动机找平找正　应以水泵为基准进行。泵轴的中心线应与电动机的中心线在同一轴线上。电动机与水泵是通过联轴器联接的，如图 5-19 所示。若两个联轴器既同心又相互平行，则符合安装要求，反之，若出现图 5-20 所示的偏移则需要调整。

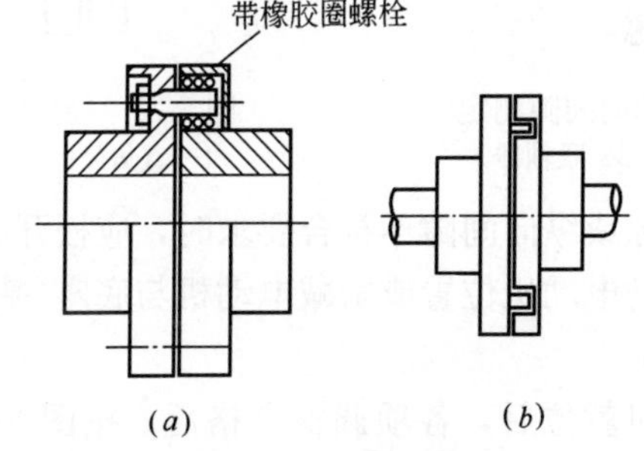

图 5-19　水泵联轴器
(a)弹性联轴器；(b)滑块联轴器

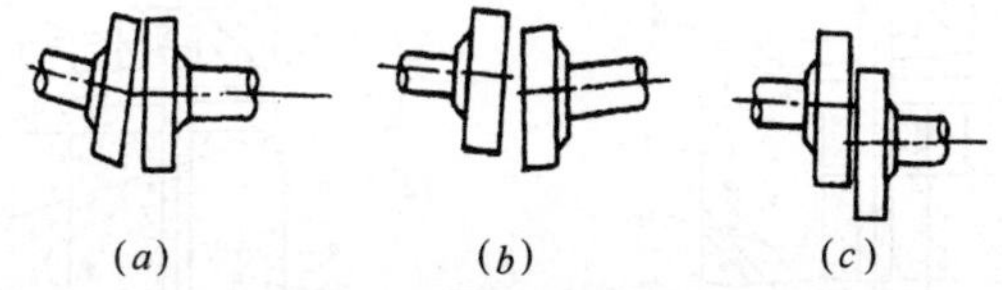

图 5-20　联轴器偏移类型
(a)角位移；(b)径向和角位移同时存在；(c)径向位移

电机轴与泵轴的对中情况，可通过测量两轴间的轴向和径向间隙的方法检查。

轴向间隙的测定方法如图 5-21 所示。测量时，用塞尺在联轴器间的上下左右对称四点测量，若四处间隙相等，则表示两轴同心。图中 bb' 的误差值保持在(5/100)mm 以下，且不超过 2～4mm。轴向间隙不能过大或过小，过大传动效率低，过小则容易窜轴，造成轴功率增加，轴承发热，影响使用寿命。

径向间隙的测定方法如图 5-22 所示。测量时，用手轻轻地转动联轴器，把直角尺一直角边靠在联轴器上，并沿轮缘做圆周移动。如直角尺各点都和两个轮缘的表面靠紧，则表示联轴器同心。图中 aa' 的误差值保持在(3/100)mm 以内，且不超过 0.08mm。

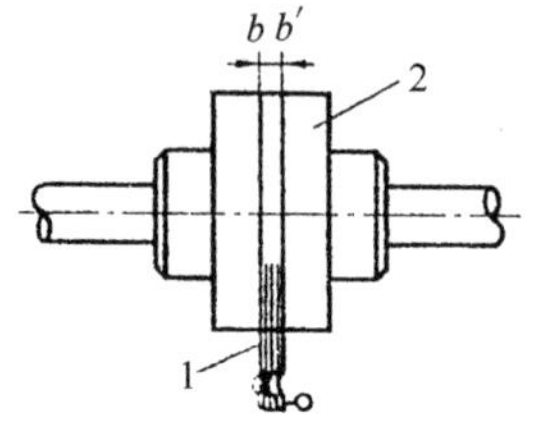

图 5-21　轴向间隙测定

1—塞尺；2—联轴器

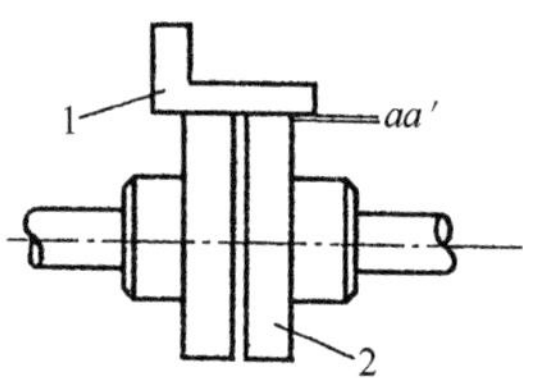

图 5-22　径向间隙测定

1—直角尺；2—联轴器

如轴向间隙或纵向间隙不符合要求时，应松开底座与电机的固定螺栓，移动电动机位置或增减电动机与底座(基础)间垫片厚度来调整。

水泵、电机就位后，各项调整合格后，按图 5-23 紧固地脚

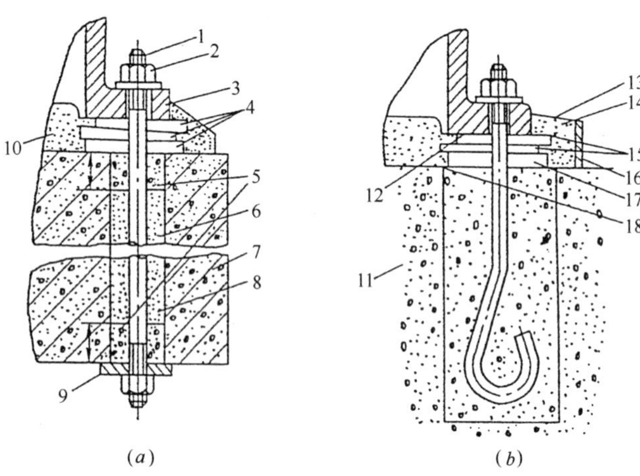

图 5-23　水泵地脚螺栓图

(a)带锚板地脚螺栓孔浇灌；(b)地脚螺栓垫铁和灌浆部分示意图

1—地脚螺栓；2—螺母、垫圈；3—底座；4—垫铁组；5—砂浆层；6—预留孔；7—基础；8—干砂层；9—锚板；10—二次灌浆层；11—地坪层；12—底座底面；13—灌浆层斜面；14—灌浆层；15—成对斜垫铁；16—外模板；17—平垫铁；18—麻面

螺栓，用水泥砂浆将底座与基础间的缝隙嵌填充实，再用混凝土将底座下的空间填满充实，水泵机组安装完毕。

5. 水泵管路及附件安装

水泵管路由吸入管和压出管两部分组成。为减少水泵运转时对周围环境的影响，有时需对水泵进行隔振处理。

(1) 水泵吸水管路及附件安装　如图 5-24 所示，水泵吸水管路安装时，必须保证不漏气、不积气、不吸气，否则会影响水泵的吸水性能。吸水管安装好后，应做防腐处理。常见的方法是底层刷红丹漆二遍，表层刷磁漆，也可涂沥青清漆。

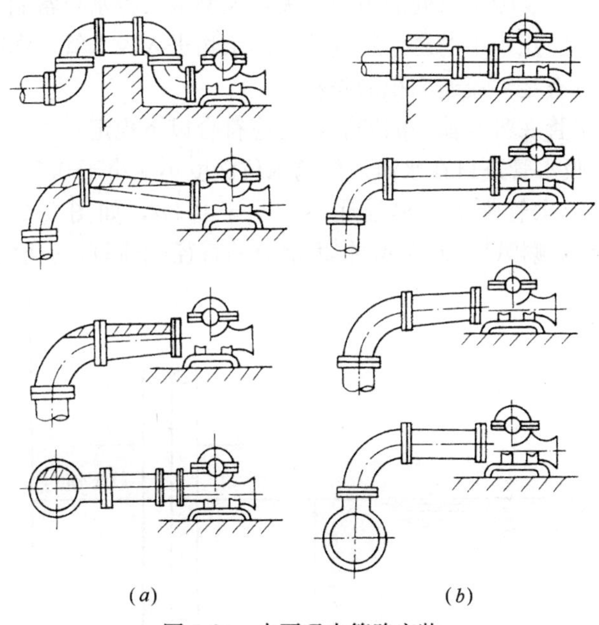

图 5-24　水泵吸水管路安装

(a)不正确；(b)正确

管道安装时，不要让吸水管的重量加在水泵上，应设置支架或管墩承受管道重量，以防止损坏水泵，同时也方便检修。

大型泵吸水管上的闸阀应向上或水平安装，如图 5-25 所示，避免在闸阀上部积存空气。当这样安装有困难时，可在闸阀上部设置排气阀，水泵灌水时，将此排气阀打开，排除闸阀内的空气。

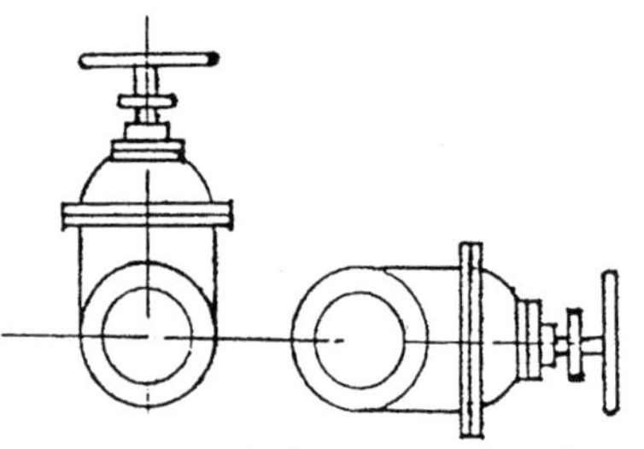

图 5-25 吸水管路中闸阀的安装

采用引水启动的水泵，吸水管末端应安装底阀。其作用是停泵时阀瓣因本身重量而自行关闭，使吸入的水不会漏掉；水泵启动时，因吸水管内的真空状态而自动开启。

为了减少吸水口处的阻力损失，大型水泵吸水口常制成喇叭形。为了防止水中的悬浮物或较大的杂物进入吸水管，喇叭口处需设置具有足够流通面积的隔栅。

吸水管在吸水池中的安装，还应符合以下规定：

1）吸水管进口在水池最低的水位深度不应小于 0.5～1m。

2）吸水管喇叭口离池底不应小于 0.8d，如图 5-26 所示。d 为吸水管喇叭口(或底阀)扩大部分的直径(下同)，一般取 d 为

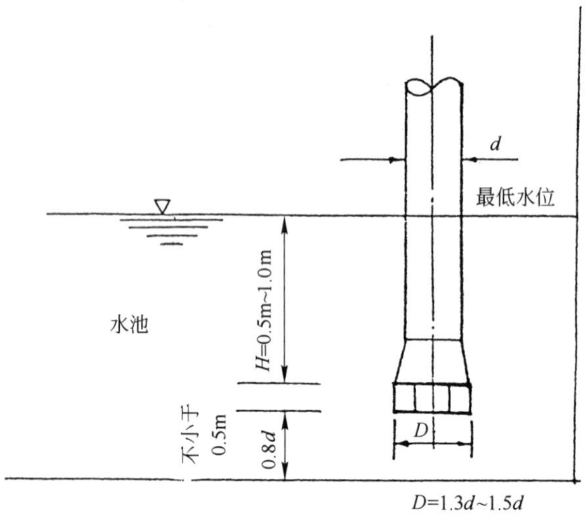

图 5-26 吸水管在吸水池中的布置

吸水管管径的1.3～1.5倍。

3）吸水管喇叭口边缘距池壁不应小于0.75～1.0d，同一水池设有几根吸水管时，各吸水喇叭口之间的距离不应小于1.5～2.0d，以免相互干扰。

（2）水泵压水管路及附件安装　因压水管路经常承受高压，通常采用无缝钢管，且多用焊接接口，以求坚固而不漏水。为便于拆装和检修，在适当的位置可设法兰接口。

为了减少压水管路上的水头损失，节约能源，泵站内的压水管路要求尽可能短些，弯头、附件也应尽量减少，避免太多的拐弯。

水泵压水管安装时，变径管采用同心变径管，在阀门前安装一长约150～200mm的短管，具体做法如图5-27所示。短管上安装压力表，压水管路上设置止回阀和闸阀（截止阀），止回阀的作用是防止停泵后，压水管的水回流水泵，冲击叶轮。

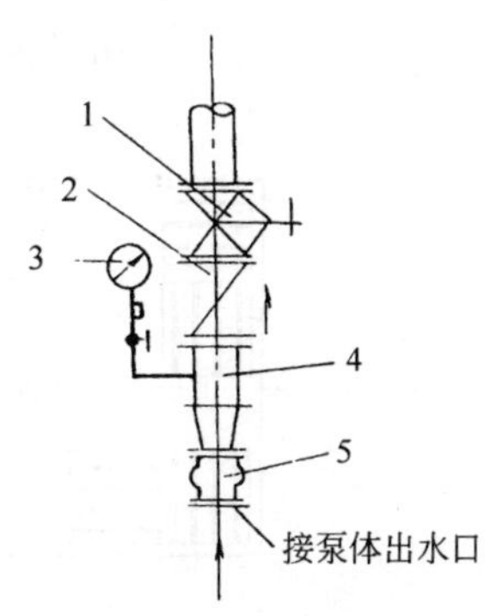

图5-27　水泵压水管做法
1—闸阀（或蝶阀）；2—止回阀；3—压力表；4—出口短管；5—可曲挠橡胶接头

若压水管的管径在150mm以内，一般都架空敷设，其管底距地面不应小于1.8m，且不允许架设在水泵、电动机及电气设备上方，以免管道漏水或结露时，影响电气设备的安全运行。

（3）水泵隔振装置安装　水泵的隔振主要包括水泵机组隔振、管道隔振及管道支架隔振三类。

1）水泵机组常用橡胶隔振垫、隔振器作为隔振元件。常见的SD隔振垫的形状如图5-28所示，平面布置见图5-29，安装如图5-30所示。

隔振器有橡胶隔振器和阻尼弹簧隔振器等。橡胶隔振器是由金属框架和外包橡胶复合而成，能耐油、海水、盐雾和日照等。

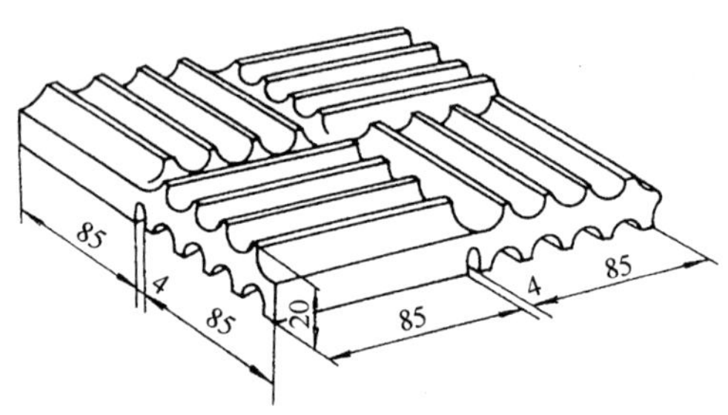

图 5-28 SD 型橡胶隔振垫

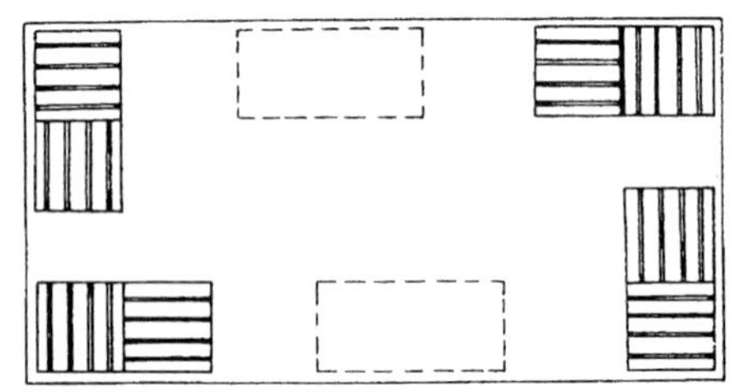

图 5-29 橡胶隔振垫平面布置

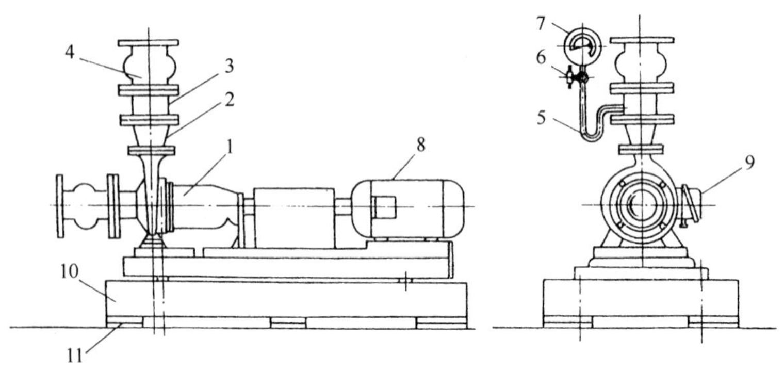

图 5-30 水泵隔振基座安装图

1—水泵；2—吐出锥管；3—短管；4—可曲挠接头；5—表弯管；6—表旋塞；7—压力表；8—电机；9—接线盒；10—钢筋混凝土基座；11—减振垫

阻尼弹簧隔器由金属弹簧隔振器外包橡胶复合而成，有钢弹簧隔振器的低频率和橡胶隔振器的大阻尼的双重优点，其隔振性能较优。水泵阻尼弹簧隔振器基础安装如图 5-31 所示。

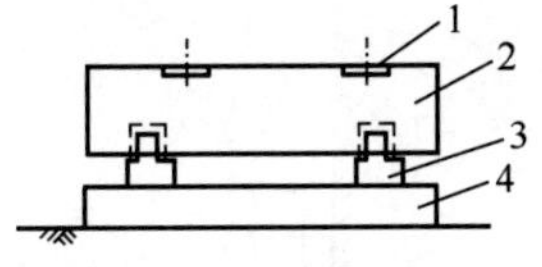

图 5-31 水泵隔振器基础图

1—预埋钢板；2—隔振平衡板；3—弹簧隔振器；4—水泵基础

卧式水泵、立式水泵的隔振方法分别见图 5-32 和图 5-33。

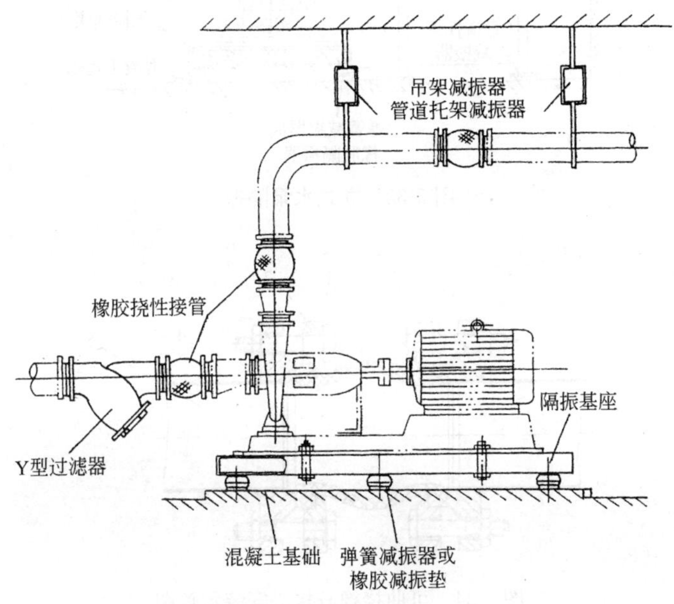

图 5-32 卧式水泵隔振

2）水泵吸水管和压水管上应加设隔振措施。常用可曲挠橡胶接头做管道隔振元件。可曲挠橡胶接头的安装如图5-34所示。安装后，应处于自然状态，管道重量不能由接头承担，而应由支、吊架支撑。且可曲挠接头外壁严禁油漆和保温。

3）水泵机组和管道采用隔振装置时，管道支架应采用具有

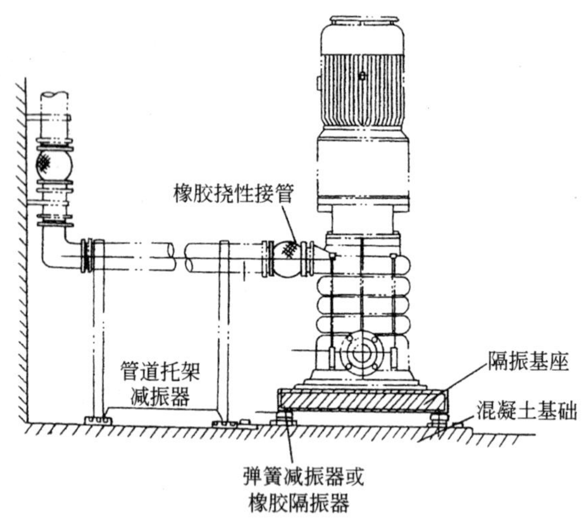

图 5-33 立式水泵隔振

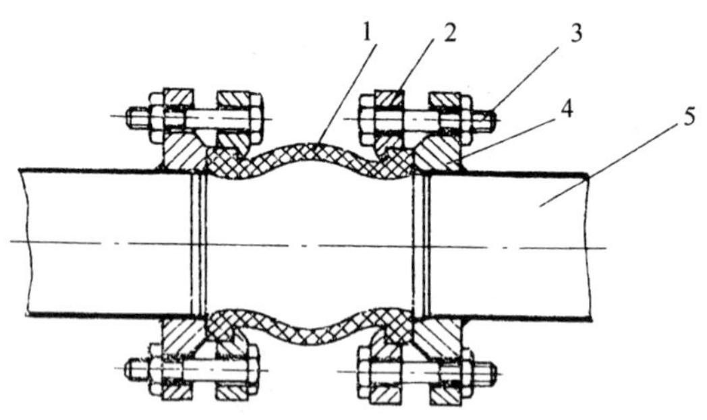

图 5-34 可曲挠橡胶接头安装示意图

1—可曲挠橡胶接头；2—特制法兰；

3—螺杆；4—普通法兰；5—管道

固定架设管道与隔振双重功能的弹性支架作为隔振元件。

常见的弹性支架隔振装置有框架式、弹簧式和橡胶垫式等。弹簧式弹性吊架的安装如图 5-35 所示，橡胶垫式弹性吊架的安装如图 5-36 所示。

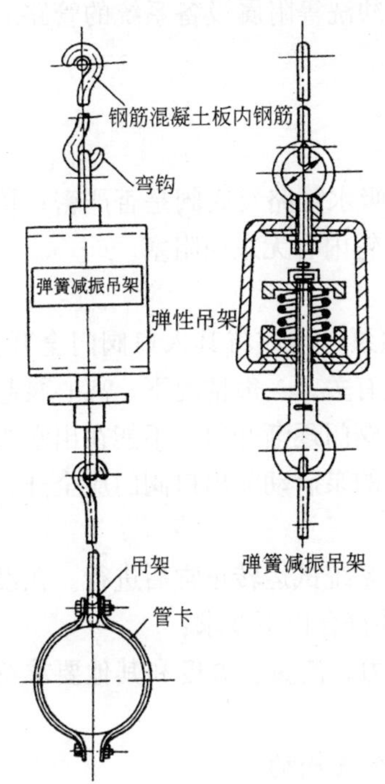

图 5-35 弹簧式弹性吊架安装图

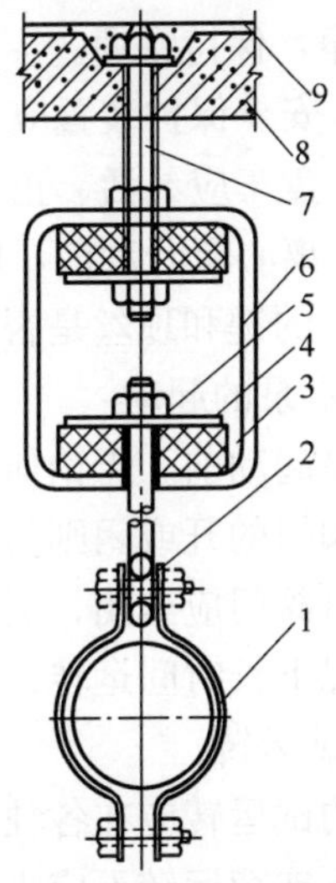

图 5-36 橡胶垫式弹性吊架安装图

1—管卡；2—吊架；3—橡胶隔振器；4—钢垫片；5—螺母；6—框架；7—螺栓；8—钢筋混凝土板；9—预留洞填水泥砂浆

5.3.3 水泵试运转

水泵安装完后，必须进行试车。其目的是检查和消除在安装中未发现的毛病，使水泵的各部分运转协调。

5.3.3.1 施工工艺流程

试运转前检查→水泵启动→水泵试运转→验收

5.3.3.2 施工工艺

1. 试运转前检查

(1) 原动机的转向应符合泵的转向要求。

(2) 各紧固件连接部位不应松动。

(3) 润滑油脂的规格、质量、数量应符合设计技术文件的规定；有预润要求的部位应按设备技术文件的规定进行预润。

(4) 润滑、水封、轴封、密封冲洗等附属设备系统的管路应冲洗干净，保持畅通。

(5) 安全保护装置应灵活可靠。

(6) 盘车应灵活、正常。

(7) 离心泵开动前，应先检查吸水管路及底阀是否严密；传动皮带轮的键和顶丝是否牢固；叶轮内有无东西阻塞。

2. 水泵的起动

水泵起动前，无论何种类型的泵，均应将其入口阀门全开。但出口阀门的开或闭则与泵的种类有关。一般情况下，离心泵起动前出口阀门应全闭，起动后再将阀门逐渐开启，不能在出水阀关闭情况下长时间运转；其他类型的泵启动前出口阀门应全开。

3. 试运转

泵的试运转应在各独立的附属系统试运转正常后进行。在设计负荷下连续运转不应小于2h，并符合以下要求：

(1) 设备运转正常，系统的压力、流量、温度和其他要求符合设计文件的规定。

(2) 泵运转无杂声，各紧固部分无松动。

(3) 泵体无泄漏。轴封填料温度正常，软填料宜有少量泄漏，每分钟不超过10～20滴，机械密封泄漏量不宜超过每分钟3滴；电动机的电流不超过额定值。

(4) 滚动轴承温升不超过75℃；滑动轴承温升不超过70℃；特殊轴承的温度应符合设备技术文件的规定。

(5) 安全保护装置灵敏可靠。

4. 验收

试运转合格，应关闭泵的出入口阀门和附属系统的阀门，放尽泵壳和管内的积水，防止生锈和冻裂，并根据运行记录签字验收。

5.4　气压给水设备安装与调试

气压给水设备又称气压给水装置，无塔供水设备，储能器等。它兼有升压、调节、贮水、供水、蓄能和控制水泵启停的功能。工作时，水泵将水压入密闭气压罐内，然后利用空气的压缩性贮存、调节和压送水，其作用相当于高位水箱或水塔。适用于城镇、工矿、公共建筑、居住小区等给水系统和建筑工地或旅游场所等临时给水系统，尤其适用于地震区给水系统。

气压给水设备和高位水箱相比有以下优点：

(1) 气压水罐可设在建筑物的任何部位，无安装高度的限制，给水压力在一定范围内可调。

(2) 施工安装简便，便于扩建、改建和拆迁；投资省，占地面积小。

(3) 设备密封性能好，水质不易受污染。

(4) 便于实现自动控制，不需专人值班管理。

(5) 气压罐可设在水泵房内，设备紧凑，便于集中管理。

气压给水设备具有以下缺点：

(1) 变压式供水压力变动较大，可能影响给水配件的使用，难以满足对压力要求稳定的用户。

(2) 费用较高。由于气压水罐的调节容积一般较小，水泵启动频繁，除恒压式外，水泵在变压下工作，平均效率较低，对于恒压式空气压缩机也需频繁启动，能量消耗较大，设备寿命较短，所需费用较高。

(3) 耗用钢材较多。气压水罐的有效容积一般只占总容积的1/6～1/3，所以耗用钢材较多。

(4) 供水安全性较低。由于有效容积较小，一旦发生失电或自控失灵，则断水概率较大。补气装置若在出水罐上未设止气阀，失灵时罐中的空气可能串入给水管网，降低计量的准确性或造成其他事故。

5.4.1 气压给水设备的组成

气压给水设备按用户对水压稳定性情况分为变压式和定压式两类；按补气方式分为补气式和隔膜式两类。由气压水罐、给水设备、补气装置、管道系统及控制设备等组成。

图 5-37 所示为变压式气压给水设备，其给水压力在最高工作压力和最低工作压力间变化，是气压给水设备中最为常见的一种形式。

图 5-38 所示为定压式气压给水设备，其给水压力是恒定的，有特殊要求时使用。其定压方式有阀门控制、空压机加压等方式。

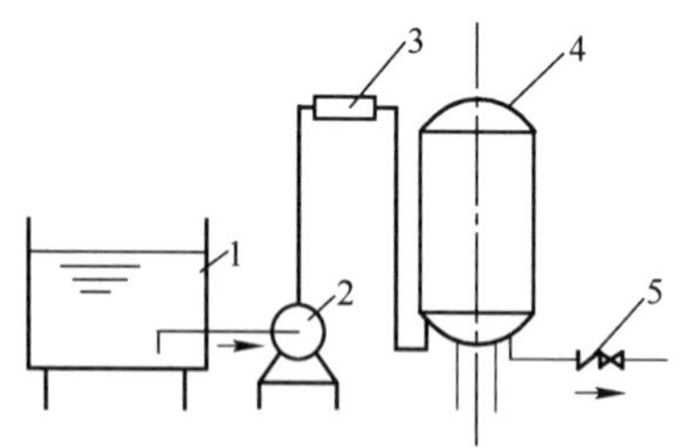

图 5-37　变压式气压给水设备
1—贮水箱；2—水泵；3—补气罐；4—气压水罐；5—止回阀

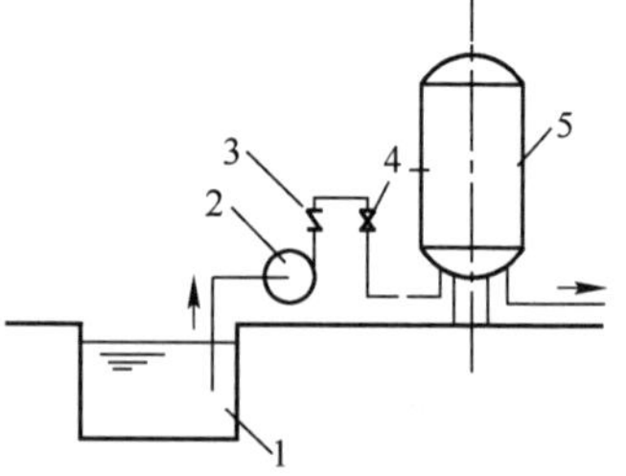

图 5-38　定压式气压给水设备
1—贮水箱；2—水泵；3—止回阀；4—调压阀；5—气压水罐

图 5-39 所示为补气式气压给水设备。其气压水罐内气室和水室直接接触，被压缩气体直接作用于水面，气体可以溶解渗入水体，并随水流逸出罐体，为补充气流的损失，需要经常补气。这类设备结构简单、造价低，在给水工程中应用广泛。

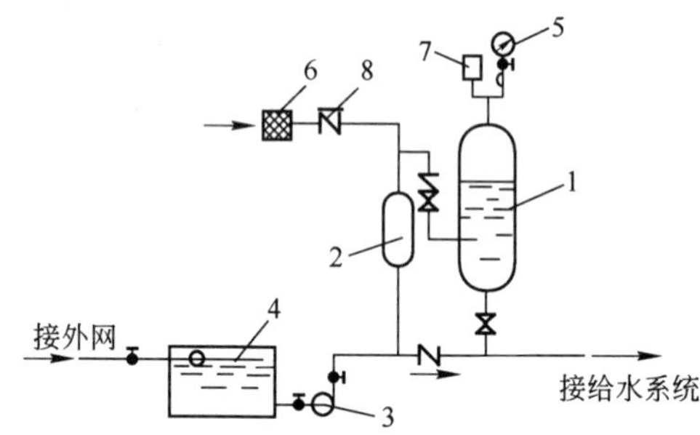

图 5-39　补气式气压给水设备
1—气压水罐；2—补气罐；3—补水稳压水泵；4—贮水池；5—压力表；6—空气过滤器；7—压力控制器；8—止回阀

图 5-40 所示为隔膜式气压给水设备，隔膜将罐体分为独立的气室和水室两部分，气和水不接触，一次充气可长期使用，不必设置空气压缩机，使系统简化，扩大了气压给水设备的使用范围。

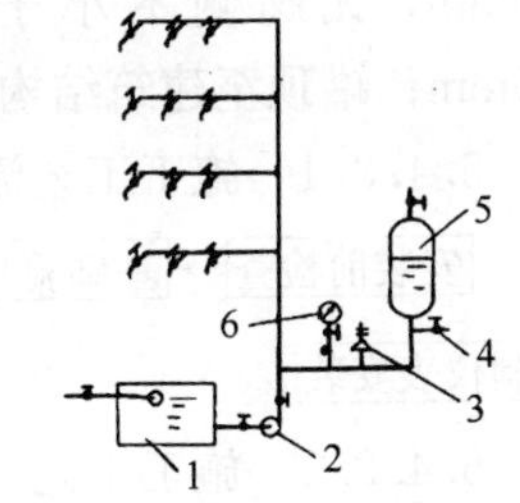

图 5-40 隔膜式气压给水设备
1—水池；2—水泵；3—安全阀；4—泄水阀；5—隔膜式气压罐；6—压力表

5.4.2 气压给水设备工作原理

以变压式气压给水设备为例说明其工作原理。

如图 5-37 所示，水泵工作时，水送到给水管网的同时，多余的进入气压水罐，水室扩大并将罐内的空气压缩，气室缩小罐压力随之升高。压力升至最高工作压力时，水泵停转，并利用罐内被压缩气体的压力将罐内贮存的水送入给水管网，水室缩小，气室扩大，罐内压力也随之下降，当压力降至最低工作压力时，水泵重新启动，如此循环往复，即可保证正常供水。

5.4.3 气压给水设备安装

气压给水设备宜设置在泵房或设备间内，避免冰冻、日晒、风雨侵蚀及人类活动的干扰，环境温度宜在 5～40℃，空气相对湿度≤85％。

气压给水设备的安装包括水泵机组安装、气压水罐安装、管路及附件安装、控制仪表安装等工作内容。

水泵机组、管路及附件的安装参见 5.3.2；电控系统的安装应根据电气设计要求和有关安装规程进行。本节主要介绍气压水罐的安装。

气压水罐是气压设备的主体，属于压力容器。安装现场和环境，必须符合《压力容器安全技术监督管理规程》的规定。对于隔膜式气压水罐，出厂前已进行水压和气密性试验，现场安装时，不得随意拆卸罐体，以防气密性不好。注意罐体架设高度一般应高于基础平面 400mm；罐体有阀侧距墙面不应小于

800mm，无阀侧不小于500mm；罐与罐之间净距不小于700mm；罐顶至建筑结构最低点距离不小于1000mm。

5.4.3.1　施工工艺流程

安装前检查→基础验收→气压罐就位→管路及附件安装→控制仪表安装

5.4.3.2　施工工艺

1. 安装前检查

(1) 检查气压给水设备的包装情况、箱号、箱数是否相符。

(2) 拆箱，按照设计图样和定货合同检查产品名称、型号、规格是否一致。

(3) 检查各种部件、设备是否齐全，表面有无损坏和锈蚀等。

(4) 完成检查登记和记录后，进行设备搬运、起吊、运输、完成设备就位工作。

2. 基础验收

检查基础强度、坐标、标高、尺寸和地脚螺栓孔位，必须符合设计要求。基础合格后，将设备底座底面的油污、污泥等脏物和地脚螺栓预留孔中的杂物除去。灌浆处的基础或地坪表面应凿成麻面，被油沾污的混凝土应凿除，以保证灌浆质量。

3. 气压罐就位

气压罐在基础强度达到设计要求后，采用起重设备吊装就位。找正和找平的测点，应选择在设备的水平或垂直的主轮廓面上(容器外壁)。坐标和标高用水平仪、直尺量、拉线检查，坐标允许偏差10mm，标高允许偏差±5mm；罐体的中心线垂直高度用吊线和直尺检查，允许偏差4mm。

地震区罐体必须用地脚螺栓加以固定，进行二次灌浆，待3～5天水泥砂浆干固后，重新进行找正、找平复校，待水泥砂浆完全干固，拧紧地脚螺栓螺母确保设备牢固。

4. 管路及附件安装

按厂家安装说明完成气压给水设备管路及配附件的安装。

5. 控制仪表安装

按仪表安装规定及厂家安装说明进行。

5.4.4 气压给水设备调试与试运转

安装完毕后，对气压给水设备及管路附件进行清洗和检查，合格后方可进行调试。

5.4.4.1 施工工艺流程

零部件调试 → 机组调试 → 试运转 → 验收

5.4.4.2 施工工艺

1. 零部件调试

确保每个部件和零件在安装方面达到标准。

2. 机组调试

在部件和零件调试完成的基础上进行机组调试工作。

调试是对每个部件性能参数的检查、调整，同时也是对每种部件安装质量的检查，检查和调试要填写记录材料。

3. 试运转

气压给水设备试运转是在调试的基础上进行，试运转分为：

(1) 空运转试验　目的是考核设备的精度保证性、设备稳固性和传动、操纵、润滑、控制系统是否正常和灵敏可靠。

(2) 负荷试运转　目的是检验设备功能和性能参数、设备工作是否达到设计能力。

上述运转应进行 3 次。每次起动不得有卡、滞、异常噪声等现象，无论是空转还是负荷试运转，都应做好运行记录。

4. 验收

(1) 气压给水设备安装完毕后，安装部门和使用部门办理设备验收手续，填写验收移交单，经共同验收，双方签字、盖章。

(2) 气压给水设备属于压力容器，使用单位在使用前应到当地劳动部门办理新压力容器使用登记，当地劳动部门检查合格后，发给压力容器使用证书。

(3) 用于消防的气压给水设备，属于消防专管产品，气压给水设备制造厂必须持有省(市)劳动部门颁发的压力容器制造许可证并通过消防产品鉴定，产品安装后，申报消防产品质量报告，并得到批准后才能完成安装验收和正式投入使用。

消防气压给水设备安装完毕，由使用单位向所在地公安消防部门提出现场验收申请报告；公安消防部门根据申请签发产品质量检验委托书；申请单位持委托书到消防产品质量检测站报送有关资料。

经过所在地消防产品质量检测站现场质量检验和验收，为使用部门签发气压给水设备检验报告，完成消防气压给水设备安装验收工作。

5.5　变频给水设备安装与调试

变频给水设备是一种自动节能型给水设备，它是采用最先进的交流电机变频调速技术，根据供水管网的压力、流量进行最优闭环控制，自动调整水泵机组的工作状态，满足用户需要的机电一体化成套设备。具有以下特点：

(1) 高效节能。自动变频给水设备在压力恒定、用水量变化的情况下，能自动控制水泵转速，按需要设定供水压，变频调速变流量供水，使水泵始终在高效率工况下运行，比一般供水设备节电10％～50％。

(2) 压力调节精度高，流量连续可调。在启停泵时，压力波动小，调节精度高，且可随用水变化情况，采用自动改变转速及工作泵台数来调整水量。

(3) 操作简单，设备运行可靠。可在水池低水位时自动停泵，保护设备安全；当水池恢复正常水位时，水泵自动启动，重新运行。

(4) 电路系统具有过流、过压、欠压、过载、短路、过热等多种自我保护功能，自动化程度高；设备电机是软启动，故无冲击电流负荷，设备寿命长。

(5) 设备体积小，占地面积少。

总之，变频给水设备技术先进，自动化程度高，节能显著，具有多种保护功能，对水量变化适应强，不设高位水箱，水质不受污染等特点，是目前生产、生活、消防最理想的现代化给水设备。

5.5.1 变频给水设备组成

变频给水设备由主工作泵、辅助工作泵、气压罐（自动补气式和隔膜式）、压力开关安全阀、控制柜和管道配件等组成。如图 5-41、图 5-42 所示，分别为自动补气式变频调速供水设备和隔膜式变频给水设备。

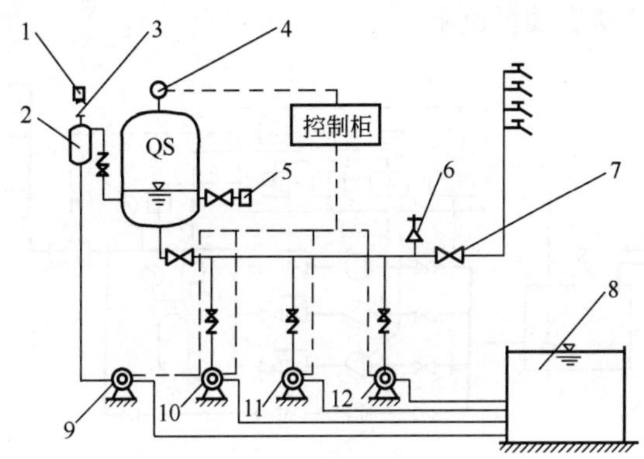

图 5-41 自动补气式变频给水设备

1—吸气阀；2—补气罐；3—止回阀；4—压力开关；5—自动排气阀；6—安全阀；7—闸阀；8—贮水池；9—辅助水泵；10～12—主水泵

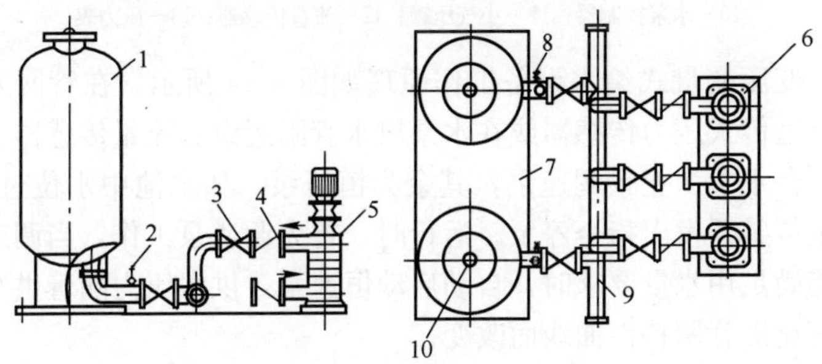

图 5-42 隔膜式变频给水设备

1—隔膜式气压罐；2—安全阀；3—阀门；4—止回阀；5—水泵；6—泵基座；7—气压罐基座；8—放水阀；9、10—压力开关

5.5.2　变频给水设备工作原理

变频给水设备有变压变量供水和恒压变量供水两种方式。

恒压变量式给水设备工作原理如图5-43所示。在水泵出水管附近安装压力传感器控制水泵按设计给定的压力工作，其中一台水泵为变频泵，其余为恒速泵。如水池中水位过低，水位传感器发出指令停泵。当用水量较小时，由小气压罐系统(也可用小泵)供水。当小气压罐系统供水量不能满足用水量时，变频调速泵投入运行，小气压罐系统停止工作。当调速泵还不能满足用水要求时，自动启动恒速泵。

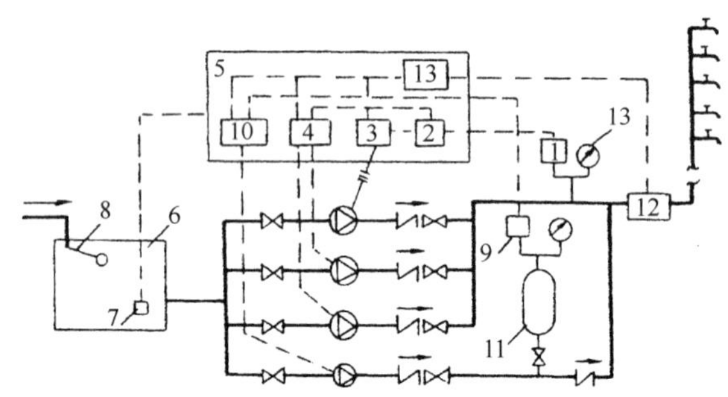

图5-43　恒压变量给水原理图

1—压力传感器；2—数字式PID调节器；3—变频调速器；4—恒速泵控制器；5—电控柜；6—水池；7—水位传感器；8—液位自动控制阀；9—压力开关；10—水泵控制器；11—小气压罐；12—流量传感器；13—压力表

变压变量式给水设备工作原理如图5-44所示。在管网末端设有远传式压力传感器或在水泵出水管附近设有流量传感器。其中一台水泵为变频调速泵，其余为恒压泵。如水池中水位过低，水位传感器发出指令停泵。运行时，首先调速泵工作，当调速泵不能满足用水量要求时，自动启动恒速泵。供水压力随着供水量的变化沿管网特性曲线而改变。

5.5.3　变频给水设备安装

变频给水设备的安装主要包括电气控制柜的安装和水泵机组及管路系统的安装。注意设备不应安装在多粉尘、有腐蚀性气体

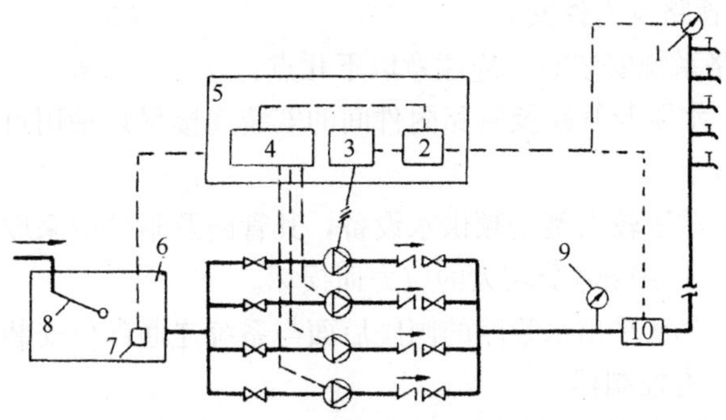

图 5-44　变压变量给水原理图

1—压力传感器；2—数字式 PID 调节器；3—变频调速器；
4—恒速泵控制器；5—电控柜；6—水池；7—水位传感器；
8—液位自动控制阀；9—压力表；10—流量传感器

的场合；泵房应干燥，采光通风良好，环境温度 5～40℃，相对湿度为 90%以下，且不能露天安装。

5.5.3.1　施工工艺流程

安装前检查 → 基础验收 → 设备就位 → 管路及附件安装 → 电控柜安装

5.5.3.2　施工工艺

1. 安装前检查

设备开箱检查，核对设备规格、型号等内容。

2. 基础验收

检查设备基础是否达到规定的混凝土强度，基础外形尺寸及标高、坐标是否符合设计要求。

3. 设备就位

(1) 气压罐安装　参照气压给水设备安装。

(2) 水泵安装　水泵机组安装时，水泵的同心度和盘根填料间隙必须符合技术要求，否则水泵起动时会因扭矩过大，导致水泵切换的启动电流过大而超出微机设定值，微机自我保护系统拒绝切换，造成供水中断。

4. 管路及附件安装

管路系统安装时，应注意以下几点：

(1) 水泵与管路及管路附件间的安装连接尽量采用可曲挠性橡胶接头。

(2) 对于较大型变频供水设备，其管路及附件应采取措施支撑，以防水泵壳体受较大的应力而损坏。

(3) 在水平出水管路的闸阀后面与系统连通部位安装压力传感器或压力控制器。

(4) 吸水管严禁漏气，吸水管向水池方向必须有一定的坡度。

5. 电控柜安装

电气控制柜后净距大于800mm，柜顶上方净距大于1000mm，柜底高出地面300mm。

电气控制柜的安装必须认真检查各接线是否正确，变频调速器电源的输入端与输出端不可接反，否则将严重损坏设备。

5.5.4　变频供水设备调试与试运转

5.5.4.1　施工工艺流程

零部件调试 → 机组调试 → 试运转 → 验收

5.5.4.2　施工工艺

1. 零部件调试

(1) 对压力控制器、安全阀等设备零部件进行调整。

(2) 压力控制器一般有两个触点，可根据具体压力进行调整。对于恒压变量机组给水压力误差宜在±0.02MPa左右。

(3) 安全阀按设计工作压力加上0.5～0.8MPa来调定其释放压力，其泄水应排至机房排水沟。

2. 机组调试

变频给水设备主要由水泵及电控柜构成。水泵调试参照本节相关内容，电控柜调试按电气调试方法和步骤进行。若配有小型气压罐，其调试请参照本章相关内容。

3. 试运转

试运转分空载试运转和负荷试运转。试运转时，注意观察调整每台电机的旋转方向，不能反转。

4. 验收

变频给水设备安装、调试和试运转合格后，安装部门和使用部门办理设备验收手续，填写验收移交单，经共同验收，双方签字、盖章。

对于用于消防的变频供水设备，必须经消防部门检查验收后才能投入使用。

第 6 章　管道与设备的防腐与保温

6.1　管道与设备的防腐

在管道工程中，所用管子和设备，大都是用金属材料制成的，它们长期敷设于空气和土壤中，常常由于化学作用、生物作用和电化学作用等因素，使管道和设备的内外表面不断被腐蚀损坏，致使管壁逐渐变薄，设备外表面锈蚀，严重的会发生穿孔泄漏。为延长管道的使用寿命，应因地制宜地根据所处环境和腐蚀程度，采取相应的防腐措施。

6.1.1　防腐涂料的种类及性能

6.1.1.1　防腐涂料的种类

涂料又称油漆，品种繁多，按其组成大体上可分为三大部分，即主要成膜物质、辅助成膜物质和次要成膜物质。

涂料的分类是以主要成膜物质为基础，分为 18 类，并以汉语拼音字母表示，详见表 6-1。

涂料类别代号　　**表 6-1**

序号	代号	涂料类别	序号	代号	涂料类别
1	Y	油脂漆类	10	X	烯树脂漆类
2	T	天然树脂漆类	11	B	丙烯酸漆类
3	F	酚醛树脂漆类	12	Z	聚酯漆类
4	L	沥青漆类	13	H	环氧树脂漆类
5	C	醇酸树脂漆类	14	S	聚氨酯漆类
6	A	氨基树脂漆类	15	W	元素有机漆类
7	Q	硝基漆类	16	J	橡胶漆类
8	M	纤维素漆类	17	E	其他漆类
9	G	过氯乙烯漆类	18		辅助漆类

6.1.1.2 涂料的性能

按油漆的作用划分，可分为底漆和面漆，底漆直接涂在金属表面作打底用，要求具有附着力强，防水和防锈蚀性能良好的特点；面漆是涂在底漆上的涂层，要求具有耐光性，耐温性和覆盖性等特点，从而延长管道寿命。常用底漆的性能和用途，见表6-2。常用面漆的性能和用途，见表6-3。

常用底漆的性能和用途 **表6-2**

名　称	型　号	性　能	主要用途
红丹油性防锈漆	Y53-1	与钢铁表面附着力强，防潮防水、防锈力强。干燥较慢、漆膜较软，适用温度<150℃	钢铁表面打底，须用适当面漆覆盖，该底漆不宜暴露在大气中
红丹酚醛防锈漆	F53-1	性能与Y53-1相同，但耐水性好，适用温度<150℃	与Y53-1相同
铁红醇酸底漆	C06-1	附着力强、防锈性和耐气候性较好，但防潮性稍差，适用温度<200℃	高温条件下黑色金属打底
磷化底漆	X06-1	对金属表面附着力极强，具有防锈性能及能延长有机涂层的寿命，适用温度<60℃	有色及黑色金属的底漆层防锈漆，可省去磷化和钝化处理
硼钡酚醛防锈漆	F53-9	附着力和防锈性良好，干燥快，无毒	各种钢铁表面打底用

常用面漆的性能和用途 **表6-3**

名　称	型　号	性　能	主要用途
各色厚漆（铅油）	Y02-1	漆膜较软，干燥慢在炎热而潮湿的天气有发粘现象，适用温度<60℃	用清油稀释后，用于室内钢铁，木材表面打底或盖面
各色油性调和漆	Y03-1	附着力强，耐候性较好，不易粉化、龟裂，在室外使用优于磁性调和漆，适用温度<60℃	作室内外金属、木材、建筑物表面防护和装饰用
银粉漆	C01-2	银白色，对钢铁与铝表面具有较强的附着力，漆膜受热后不易起泡，适用温度<150℃	供采暖管道及散热器作面漆
各色酚醛调和漆	F03-1	附着力强，光泽好，耐水，漆膜坚硬，但耐候性稍差，适用温度<60℃	作室内外金属和木材的一般防护面漆

续表

名　　称	型　号	性　　能	主要用途
各色醇酸调和漆	C03-1	附着力强，漆膜坚硬光亮，耐候性，耐久性和耐油性都比油性调和漆好，适用温度<60℃	作室外金属防护面漆
生　漆	—	附着力好，漆膜坚硬，耐多种酸，耐水，但毒性大，适用温度<200℃	作钢铁，木材表面的防潮、防腐
过氯乙烯防腐漆	G52-1	有良好的防腐性，能耐酸、碱和化工介质腐蚀，并能防霉防潮，适用温度<60℃	用于钢铁和木材表面，以喷涂为佳
漆酚树脂漆	—	与钢铁附着力强，漆膜坚韧，耐酸、耐水，是生漆脱水、聚缩、稀释而成，改变了生漆毒性大、干燥性等缺点，适用温度<200℃	由于它保持了生漆耐腐蚀的优点，适宜于金属表面作耐腐蚀剂

6.1.2　涂料的选择及防腐要求

6.1.2.1　涂料的选择

防腐施工时应根据涂覆对象的技术要求，选用适当的涂料，充分发挥涂料的优点，克服或改善它们的缺点，并应遵守以下规定：

(1) 具有良好的耐腐蚀性能，对于有温度要求的管道系统，还应具有良好的耐热性能。

(2) 涂层应有良好的附着力，且密实无孔，并具有良好的机械强度。

(3) 涂料的性能要与被涂物体相适应，即不同材质选用不同的涂料。

(4) 涂料应具有一定的色泽，并能在常温下固化。

(5) 选用取材方便，施工简便。

6.1.2.2　涂料防腐的要求

管道涂料防腐涂覆要求，根据其所处的环境和所起的作用不同，要求也不同，防腐的一般规定如下：

(1) 明装黑铁管及其支架刷红丹底漆一道，银粉漆两道。

(2) 明装镀锌钢管刷银粉漆一道或不刷漆。

(3) 暗装黑铁管刷红丹底漆两道。

(4) 潮湿房间内明装黑铁管及其支架均刷红丹底漆两道，银粉面漆两道。

(5) 明装各种水箱及设备刷红丹底漆两道，面漆两道。

对于室外管道的防腐要求是：明装室外管道，刷底漆或防锈漆一道，再刷两道面漆；装在通行或半通行底沟里的管道，刷防锈漆两道，再刷两道面漆。

6.1.3 涂料的施工

涂料的施工主要包括对金属表面的处理和喷涂两道工序。每道工序都应按质量要求进行施工，否则，涂料不能与金属表面很好地结合而自行脱落。

6.1.3.1 管道的表面处理

1. 表面清理

管道安装完毕，刷油前首先要将管道与管件连接处露在外面的麻丝、生料带用锯条将其锯断清除，再用破布将管道表面的氧化物、油污、灰尘等杂质清理干净。油污较多时，可用汽油或5%的苛性钠溶液清洗，待干燥后再作除锈。

2. 除锈

常用的除锈方法有手工、机械和酸洗三种。

手工除锈：一般先用手锤敲击或用钢丝刷、废砂轮片除去严重的厚锈和焊渣，再用刮刀、钢丝布、粗破布除去氧化皮、铁锈、浮锈及其他污垢。最后用干净的布块或棉纱擦净。对于管道内表面除锈，可用圆形钢丝刷，两头绑上绳子来回拉擦，至露出金属光泽为合格。

机械除锈：机械除锈的方法主要有电动机械除锈和喷砂除锈。电动除锈机械有电动砂轮、风动刷、电动旋转钢丝刷、电动除锈机等除锈机械。旋转钢丝刷管子除锈机如图 6-1 所示，钢管外壁除锈设备如图 6-2 所示。当电动机转动时通过软轴带动钢丝刷旋转除锈，用来消除管道内表面锈垢。

喷砂除锈是用压缩空气将 1～2mm 的石英砂喷射在除锈的

物体上，靠砂子的冲击力撞击金属表面达到除锈的目的，如图 6-3所示。

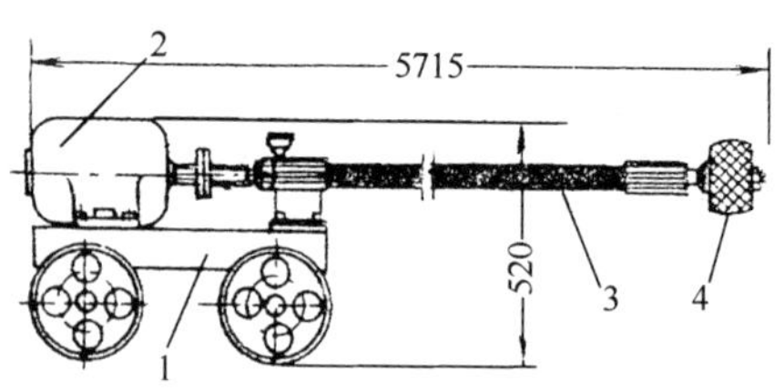

图 6-1　管子除锈机

1—小车；2—电动机；3—软轴；4—钢丝刷

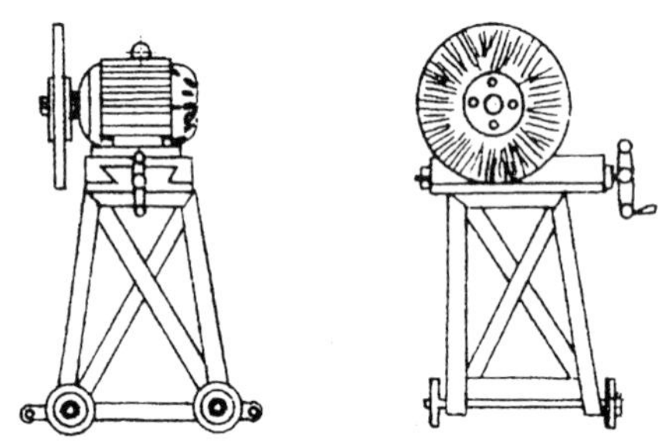

图 6-2　钢管外壁除锈设备

其喷砂操作方法：喷砂前，将砂装满砂斗，启动压缩机，使压力表指示压力达 0.3～0.5MPa；开启压缩空气管道阀门，将喷嘴与金属表面成 70°～80°夹角、相距 100～150mm 进行喷砂，待管道表面达到均匀的灰白色时，用压缩空气清扫干净。再用汽油等溶剂洗净，干燥后可进行油漆刷涂。

酸洗除锈：是把金属表面的锈层及氧化物用酸溶液浸蚀除掉。钢管一般可用硫酸或盐酸，铜或铜合金及其他一些有色金属常用硝酸进行酸洗。

酸洗的方法一般有槽式浸泡法和系统循环法两种。槽式浸泡法是将管子放入酸洗槽中浸泡，适当掌握浸泡时间，酸洗后的管子内外壁呈金属光泽为合格，并立即将管子放入中和槽中用氨水或碳酸钠溶液中和。然后再将管子放入热水槽中用热水冲洗，清洗后及时吹干。

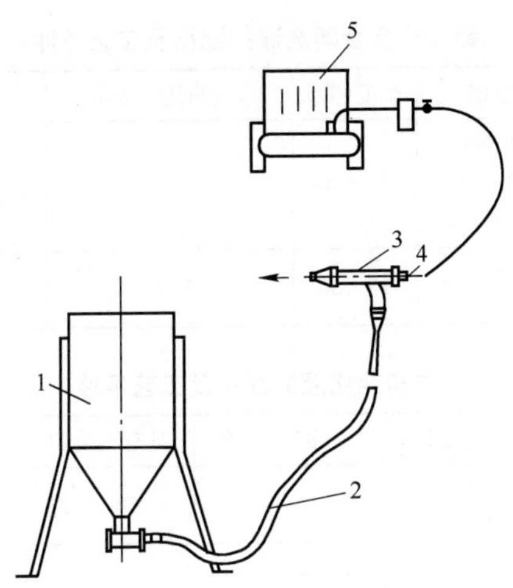

图 6-3 喷砂除锈示意图
1—储砂罐；2—橡胶管；3—喷枪；
4—压缩空气接管；5—分离器；

钢材酸洗液的配比及工艺条件见表 6-4。铜及铜合金酸洗液的配比及工艺条件见表 6-5。铝及铝合金酸洗液的配比及工艺条件见表 6-6。中和纯化液的配比及工艺条件见表 6-7。

钢材酸洗液的配比及工艺条件 **表 6-4**

酸液种类	浓度(%)	温度(℃)	处理时间(min)	备注
硫酸	10～20	50～70	10～40	适用于钢铁及铸铁表面除锈
盐酸	10～15	34～40	10～50	
磷酸	10～20	60～65	10～50	

铜及铜合金酸洗液的配比及工艺条件 **表 6-5**

配方	溶液组成(%)	温度(℃)	处理时间(min)	备注
Ⅰ	硫酸 10 水 90	15～30	3～5	适用于铜及铜合金表面除锈
Ⅱ	磷酸 4 硅酸钠 1 水 95	15～30	10～15	

铝及铝合金酸洗液的配比及工艺条件　　表 6-6

配方	溶液组成	温度(℃)	处理时间(min)	备　注
Ⅰ	铬酸酐 80g 磷酸 200mL 水 1L	15～30	5～10	适用于铝及铝合金表面除锈
Ⅱ	硝酸 5% 水 95%	15～30	3～5	

中和纯化液的配比及工艺条件　　表 6-7

名　称	溶液组成(%)	溶　液	处理温度(℃)	处理时间(min)
亚硝酸钠 水	0.5～5 99.5～95	9～10	室　温	5

6.1.3.2　涂料的涂刷

涂料喷刷前，应先将涂料搅拌均匀，表面起皮的涂料应用铜纱布过滤，除去小块漆皮。然后根据喷刷方法，选择相应的稀释剂稀释。涂刷方法有手工涂刷、浸涂和喷涂法三种。

1. 手工涂刷

手工涂刷是用 70mm 或 100mm 油漆刷子，在干燥的金属表面上涂刷。涂刷时，涂料要均匀地涂抹在管子外表面上，涂刷时，应自上而下，从左到右，先里后外，先斜后直，先难后易，纵横交错地进行，使油漆全部覆盖金属表面上。这种方法工效低，涂抹均匀程度较差，所以只适用于要求不太高、工程量不大的零散工程。给排水、管道支架等工程中常被采用。

2. 浸涂

把调好的漆倒入容器里，然后将被涂物件浸渍在涂料液中，浸涂均匀后抬出涂件，搁置在干燥、干净的排架上，待第一遍干后，再浸涂第二遍。这种方法厚度不宜控制，一般仅用于形状复杂的物件防腐。

3. 喷涂

常用的有压缩空气喷涂、静电喷涂和高压喷涂。

(1) 压缩空气喷涂　利用压缩空气为动力，用喷枪将涂料喷成雾状，均匀地喷涂在工件表面上。如图 6-4、图 6-5 和表 6-8 所示。

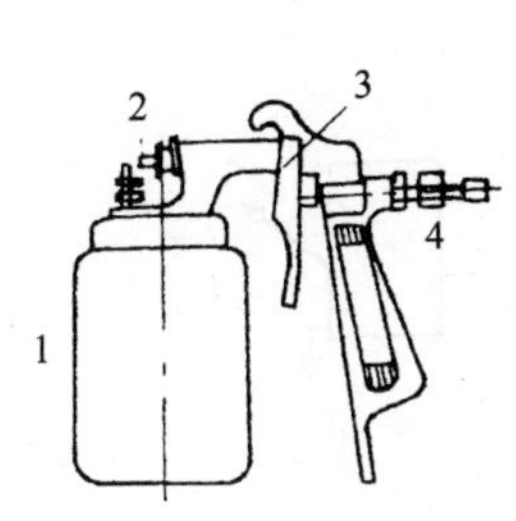

图 6-4 PQ-1 型喷枪
1—漆罐；2—空气喷嘴；3—扳机；4—空气接头

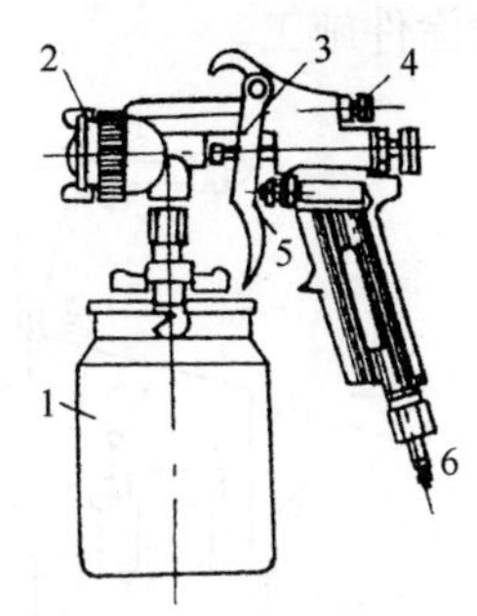

图 6-5 PQ-2 型喷枪
1—漆罐；2—空气喷嘴旋钮；3—扳机；4—控制阀；5—空气阀杆；6—空气接头

常用的喷枪技术性能 **表 6-8**

序号	项目	PQ-1 型	PQ-2 型
1	工作压力(kPa)	275～343	392～491
2	喷枪喷嘴距喷涂面 250mm 时喷涂面积(cm^2)	3～8	13～1.4
3	喷嘴直径(mm)	0.2～4.5	1.8

采用压缩空气喷涂时，喷嘴与喷涂面要保持 250～350mm 的距离；当喷涂面为弧形面时，喷嘴与喷涂面的距离约为 400mm。喷嘴喷射出的漆流，应与喷涂面保持垂直，移动喷嘴时，移动速度保持在 10～18m/min。压缩空气压力，一般为 0.2～0.4MPa。

无论是喷漆还是刷漆，操作环境应保持洁净，无风沙、灰尘，温度在 15～30℃，涂料层厚度以 0.3～0.4mm 为宜。涂层质量应使漆膜附着牢固均匀，颜色一致，无剥落、皱纹、气泡、针孔等缺陷；涂层应完整，无损坏、无漏涂现象。

(2) 静电喷涂 运用静电喷涂设备，如图 6-6 所示，使被涂件带一种电荷，从喷漆器喷出的涂料带有另一种电荷，由于两种异性电荷相互吸引，使雾状涂料均匀地涂在物件上。一般喷涂方法如刷、浸、淋涂等均会损失较多涂料，而静电喷涂几乎全吸附到物件上。还较容易控制涂膜厚度，且均匀、平整、光滑，适用大批量涂件施工。

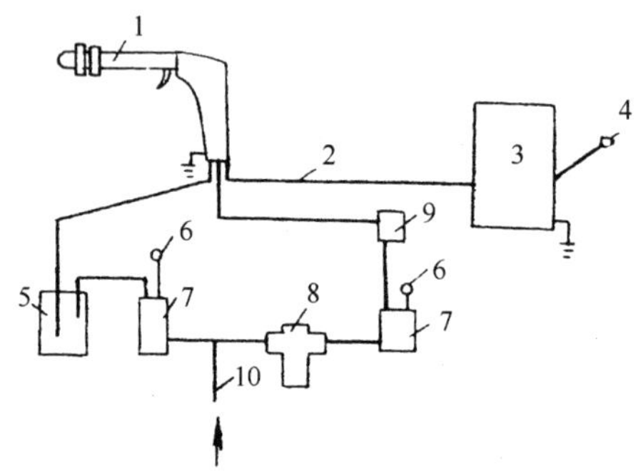

图 6-6　静电喷涂

1—静电喷枪；2—高压电缆；3—静电发生器；4—电源；5—压力供漆器；6—压力表；7—减压器；8—过滤器；9—气动开关；10—压缩空气进口

(3) 高压喷涂　一种新型喷漆方法。将调和好的涂料通过加压后的高压泵压缩，从专用喷枪喷出。根据涂料粘度的大小，使用压力可以从 0.5～5MPa 左右。喷料喷出后剧烈膨胀，雾化成极细漆粒喷涂在物件上，其构造如图 6-7 所示。由于没有空气混

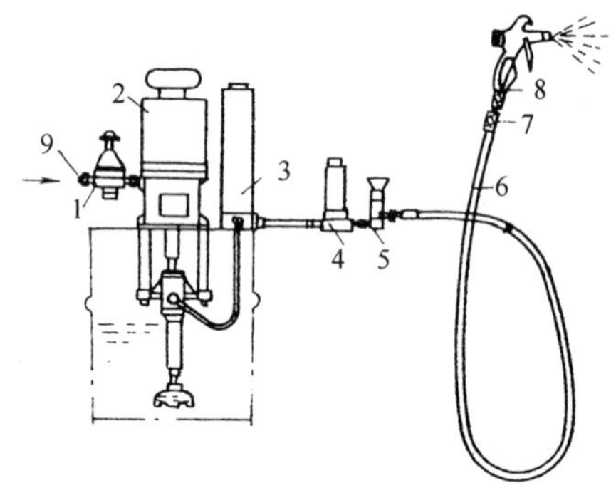

图 6-7　高压喷涂

1—减压阀；2—高压泵；3—蓄压器；4—过滤器；5—截止阀；6—高压软管；7—接头；8—喷枪；9—压缩空气进口

入而带进水分和杂质，因此既减少了漆雾，节省涂料，又提高了涂层质量。

6.1.4 地下管道防腐

敷设在地下的金属管道主要有铸铁管和碳钢管两种。由于铸铁管耐腐蚀性强，因此埋地前只需涂 1～2 道沥青漆即可。埋地钢管除了受土壤中的酸碱盐腐蚀外，还要受电化学和杂散电流的腐蚀。因此必须在钢管外壁采用相应的防腐措施。

埋地钢管的防腐措施，一般采用沥青绝缘防腐，防腐等级根据土的特性分为普通、加强和特强三种。一般土壤可用普通防腐等级；对于穿越河流、铁路、公路、盐碱沼泽地等地段可用加强防腐等级；对于穿越有轨电车、电气铁路的管道可采用特加强防腐等级。

埋地钢管和防腐层主要由冷底子油、沥青玛琋脂、防水圈材和保护层等组成。

6.1.4.1 冷底子油的配制

冷底子油，一般用 30 号甲建筑石油沥青和无铅汽油组成，沥青和汽油的配比，见表 6-9。

冷底子油的配制方法：将沥青敲碎成小块，投进干净的沥青锅里，将石油沥青加热到 180～200℃进行脱水，连续熬制 2～2.6h，直到不产生气泡为止。再将石油沥青冷却到 100～120℃，按配合比将石油沥青缓缓倒入无铅汽油中，并用木棒不停地搅拌，搅到完全均匀混合为止。

冷底子油的配合比 **表 6-9**

使用条件	沥青∶汽油(重量比)	沥青∶汽油(体积比)
气温在 5℃以上	1∶(2.35～2.6)	1∶3
气温在 5℃以下	1∶2	1∶2.6

6.1.4.2 沥青玛琋脂的配制

沥青玛琋脂是由 30 号甲建筑石油沥青或 30 号甲与 10 号建筑石油沥青各 50%的混合物与无机填料(高岭土、石灰粉、石棉粉、滑石粉、废橡胶粉等)组成。沥青玛𤥕脂的重量配合比是：沥青∶高岭土=3∶1或沥青∶废橡胶粉=95∶5。

沥青玛𤥕脂的配制方法：将石油沥青打碎放入沥青锅内，将沥青锅加热，除去水分，将溶化的沥青加热到160～180℃，(加热温度不得超过220℃)将其温度保持在160～180℃，连续熬制1h，然后逐渐加入干燥的并预热到120～140℃的填充料，并不断搅拌，使其均匀混合。混合后再测定沥青玛𤥕脂的软化点、延伸度、针入度等三大指标，达到表6-10所列指标时即为合格。

沥青玛𤥕脂的技术指标　　**表6-10**

施工气温(℃)	输送介质温度(℃)	软化点(℃)	延伸度(cm)	针入度(0.1mm)
−25～+5	−25～+25	+56～+75	3～4	—
	+25～+56	+80～+90	2～3	25～35
	+56～+70	+85～+90	2～3	20～25
+5～+30	−25～+25	+70～+80	2.6～3.5	10～25
	+25～+56	+80～+90	2～3	10～20
	+56～+70	+90～+95	1.5～2.6	10～20
+30以上	−25～+25	+80～+90	2～3	—
	+25～+56	+90～+95	1.5～2.6	10～20
	+56～+70	+90～+95	1.5～2.6	10～20

6.1.4.3　防腐层施工

防腐层施工时，先清除管子表面的污垢、灰尘和铁锈等杂物，并使表面干燥，再将配制好的冷底子油均匀地涂刷在管子表面，冷底子油厚度一般为0.1～0.2mm。待冷底子油干后，均匀涂抹热沥青胶结材料(温度应保持在160～180℃)。加强包扎层可采用玻璃丝布或矿棉纸、油毡等，以螺旋形缠于热沥青胶结材料上，接头搭接宽度为30～50mm，并用热熔沥青胶结材料粘合。外包保护层用牛皮纸时，必须趁热包扎于沥青胶结材料上；用聚氯乙烯塑料布时，应在沥青胶结材料的温度为40～60℃时包扎上去，包扎时注意使塑料布各处受力均匀，圈与圈之间有

10～20mm 搭边，前后两卷的搭接长度不得小于 100mm。沥青防腐层施工，应在环境温度高于 5℃的常温下进行，不准在雨雪和大风中进行作业。测定防腐层厚度时，至少每 100m 检查一处；检查防腐层粘着力好坏时，至少每 500m 一查。

6.2 管道与设备的保温

6.2.1 管道和设备保温的一般要求

(1) 管道保温应在防腐、压力试验合格后进行，如需先保温或预先做保温层，应将管道连接处和环形焊缝留出，待压力试验合格后再将连接处保温好。保温层的材质、规格应符合设计要求，粘贴应牢固，铺设平整，厚度均匀，绑扎紧密，无滑动、松弛、断裂现象。

(2) 垂直管道做保温层，当层高小于或等于 5m 时，每层应设 1 个支撑托板，层高大于 5m 时，每层支撑托板应不少于 2 个。

(3) 管道附件保温，除寒冷地区的室外架空管道的法兰、阀门等附件应按设计要求保温外，一般法兰、阀门、套管伸缩器等可不保温，但其两侧应留 70～80mm 间隙，在有保温层端部抹 60°～70°的斜坡。

(4) 保温管道的支架处应留膨胀伸缩缝，并用石棉绳或玻璃棉填塞。

(5) 设备和容器保温时，应采用钩钉固定保温层，其间距一般为 250mm，高度等于保温层厚度，钩钉直径一般为6～10mm。

(6) 采用预制块保温时，预制块拼缝应错开，缝隙不应大于 5mm，拼缝用石棉硅藻土胶泥填满。当保温层外径小于 200mm 时，预制块用直径 1～2mm 的镀锌铁丝绑扎，每块至少扎两圈；当保温层外径大于 200mm 时，宜在预制块外面用网孔为 30mm×30mm～50mm×50mm 的镀锌铁丝网捆扎。

(7) 缠包式保温用矿渣棉、岩棉毡、玻璃棉毡等作保温材料，在缠包时应将棉毡压紧，缠裹好后用直径为 1～1.4mm 的镀锌铁丝扎牢。

(8) 用保温瓦做管道保温层时，应在直线管段上每隔 5～7m 留一条膨胀缝，间隙为 5mm，在弯管处，管径小于或等于 300mm 时应留 1 条间隙为 20～30mm 的膨胀缝。

(9) 保温层外应做保护层，采用铁皮做保护层时，纵缝搭口应朝下，铁皮的搭接长度环形为 30mm。采用石棉水泥或麻刀石灰做保护层时，其厚度为管道不小于 10mm，设备、容器不小于 15mm。

(10) 保温管道最外层缠玻璃丝布时，应以螺旋状绕紧，前后搭接 40mm，垂直管道应自下而上绕紧，每隔 3m 及布带的两端均应用直径为 1mm 的镀锌铁丝绑扎一圈。管道采用玻璃布油毡，其横向搭接缝用稀释沥青粘合，纵向搭接缝口应向下，缝口搭接 50mm，外面用镀锌铁丝或钢带扎紧。

6.2.2 常用保温材料的技术性能及选择

6.2.2.1 常用保温材料的技术性能

常用的保温材料有：石棉、矿渣棉、泡沫混凝土、硅藻土、玻璃棉纤维、膨胀珍珠岩、膨胀蛭石、秫秸板等。其性能见表 6-11。

常用保温材料的性能 表 6-11

名 称	密 度 (kg/m³)	热导率 (W/m·K)	适用温度 (℃)	特点及规格
1～3 级膨胀珍珠岩	81～300	0.025～0.053	－196～＋1200	粉状，密度轻，适用范围广
沥青玻璃棉毡	120～140	0.035～0.04	－20～＋250	适用于油罐及设备保温
沥青矿渣棉毡	120～150	0.03～0.045	＋250	适用温度较高，强度较低
膨胀蛭石	80～280	0.045～0.06	－20～＋1000	填充性保温材料
聚苯乙烯泡沫塑料	16～220	0.013～0.038	－80～＋70	适用于 *DN*15～400 管道保温
聚氯乙烯泡沫塑料	33～220	0.037～0.04	－60～＋80	适用于 *DN*50～400 管道保温

续表

名　称	密　度 (kg/m³)	热导率 (W/m·K)	适用温度 (℃)	特点及规格
软木管壳	150～300	0.039～0.07	－40～＋60	适用于 DN15～200 管道保温
酚醛玻璃棉板	120～140	0.03～0.04	－20～＋250	适用于 DN15～600 管道保温

6.2.2.2　保温材料的选择

保温材料的选择，通常应按下列原则选择：

(1) 材料的导热率值要低，一般应不超过 0.23W/(m·K)。

(2) 具有较高的耐热性。

(3) 不腐蚀金属，吸水率低。

(4) 应具有一定的机械强度和孔隙率。

(5) 易于成形和施工，成本低，采购方便。

6.2.3　管道保温

6.2.3.1　保温结构形式

管道保温层一般有三部分组成，即绝热层、防潮层和保护层。常见的施工方法有涂抹法、预制块法、包扎法和填充法四种。其结构形式如图 6-8、图 6-9、图 6-10、图 6-11 所示。

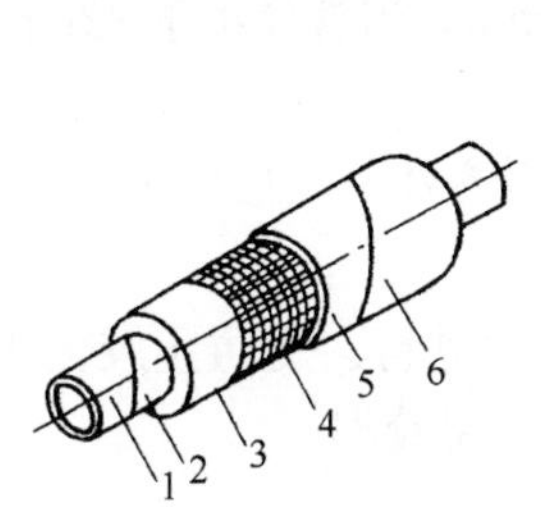

图 6-8　涂抹式保温结构
1—管道；2—防锈漆；3—保温层；4—铁丝网；5—保护层；6—防腐体

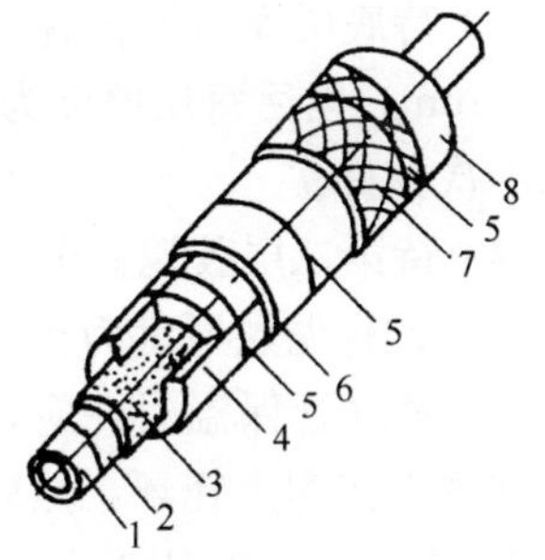

图 6-9　预制块式保温结构
1—管道；2—防锈漆；3—胶泥；4—保温材料；5—镀锌铁丝；6—沥青油毡；7—玻璃丝布；8—保护层

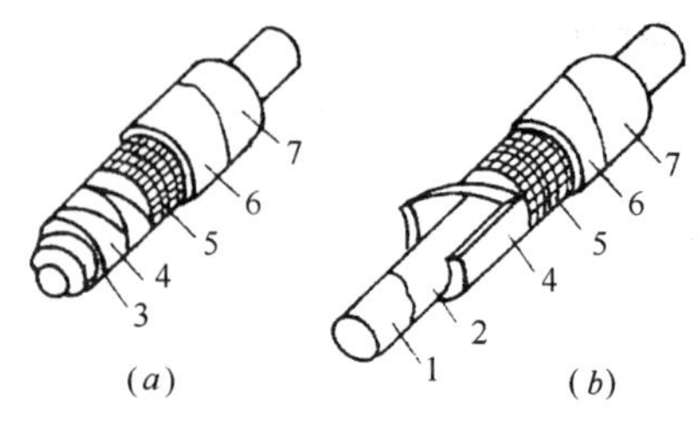

图 6-10　包扎式保温结构

1—管道；2—防锈漆；3—镀锌铁丝；4—保温毡；5—铁丝网；6—保护层；7—防腐漆

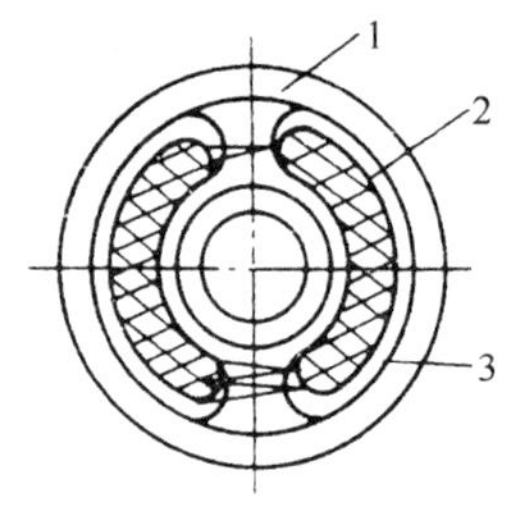

图 6-11　填充式保温结构

1—保护壳；2—保温材料；3—支撑环

6.2.3.2　保温层的施工方法

1. 涂抹法

涂抹法保温，是将粉状的保温材料(如石棉硅藻土或碳酸镁石棉粉等)和水调成胶泥状，将这种胶泥抹在已作试压和防腐处理的管道上，或缠好的草绳外面。

具体操作方法如下：

(1) 用水将石棉硅藻土或碳酸镁石棉粉调成胶泥，使其具有粘结力。

(2) 将胶泥散敷在已试压合格并作好防腐处理的管道上，厚度为 3～5mm，作为底层。

(3) 待底层完全干燥后，用保温抹子涂抹第二层胶泥，厚度 10～15mm，以后每层厚度为 15～25mm。当管径小于 32mm 时，可以一次抹好。

(4) 待第二层胶泥完全干燥后，再涂抹下一层胶泥，至达到设计要求的保温层厚度为止。

(5) 做立管保温时，应自上而下地进行。为防止胶泥下坠，应在立管上先焊上托环，然后再涂抹保温胶泥。

2. 预制瓦片装配法

预制瓦片装配法保温，是将预制瓦片围抱在管子周围，并用镀锌铁丝捆扎。

具体操作方法如下：

(1) 调制胶泥。用水将石棉硅藻土或碳酸镁石棉粉或其他与保温瓦片相同的保温材料，调合成胶泥。

(2) 涂抹胶泥。在试压合格并作完防腐处理的管道上，用保温抹子涂抹一层厚度为 3～5mm 的胶泥。

(3) 装配瓦片。将保温瓦片扣在已涂抹胶泥的管子上，另一瓦片以同样方法交错地扣在管子另一对面上。瓦片横向接缝和双层保温瓦的纵向接缝应相互错开，扇形保温瓦片的拼装方法和要求与半圆形瓦片装配相似。瓦片接缝间隙：保温管不大于 5mm，保冷管不大于 2mm。

(4) 捆扎瓦片。管径不大于 100mm 时，用 18 号镀锌铁丝捆扎瓦片；管径为 125～600mm 时，用 16 号镀锌铁丝捆扎；管径大于 600mm 时用 14 号镀锌铁丝捆扎，或外面包扎网格为 30mm×30mm～50mm×50mm 镀锌铁丝网。每节保温瓦片至少捆扎两圈铁丝，铁丝距瓦片边缘 50mm，铁丝的接头要安排在管子的里侧，且应扳倒，以便抹保温层时扎手。

(5) 当保温层厚度超过预制保温瓦片厚度时，可采用多层结构。

(6) 立管装配保温瓦片时，为防止瓦片下坠，应在管子上先焊接托环，托环间距 2～3m，装配时应自上而下地进行。托环下面应留出膨胀缝隙，缝宽 20～30mm，并填充石棉绳。

(7) 弯管保温时，首先将保温瓦片按弯管样板形状锯割成若干节，并以相同的方法进行拼装。拼装时，管径小于 350mm 的弯管，留 1 条膨胀缝隙；管径大于 350mm 的弯管，留 2 条膨胀缝隙，间隙均为 20～30mm。

(8) 保温瓦片之间的缝隙用胶泥勾缝，使瓦片间的纵横拼缝都不再有空隙。

3. 包扎法

包扎法保温，是用一种制成一定厚度的棉毡，从下向上将管子包扎起来，再用镀锌铁丝网捆牢。

具体操作方法如下：

(1) 裁剪毡块。按管子保温层外圆周长度加上搭接宽度，将矿渣棉毡或玻璃棉毡剪成适用的条状。

(2) 包扎毡块。将剪成条块状的矿渣棉毡或玻璃棉毡，由下向上包扎在试压合格并作了防腐处理的管子上。包扎时，应按设计要求的容重(矿渣棉密度不小于 150～200kg/m³，玻璃棉密度不小于 130～160kg/m³)压缩到所需的厚度。

(3) 当一层棉毡的厚度达不到设计要求的保温厚度时，可以包扎多层，但要分层捆扎。

(4) 棉毡的横向和纵向接缝，要相互紧密结合，不允许有间隙，横向搭接若有间隙时，可用矿渣棉或玻璃棉填塞。单层棉毡的纵向接缝要放在管顶，每段接缝要错开不小于 100mm。毡棉的搭接宽度，可根据保温层外径大小确定，具体搭接宽度可参考表 6-12。

包扎法保温纵向搭接宽度(mm)　**表 6-12**

保温层外径	≤200	200～300	300～400	400～500	500～600
搭接宽度	50	100	150	200	250

(5) 捆扎毡块。棉毡包扎后要用镀锌铁丝或箍带捆扎，使其达到设计厚度。采用镀锌铁丝规格，与捆扎保温瓦片时所用相同。两圈铁丝或箍带间距为 150～200mm。

(6) 当保温层外径大于 500mm 时，除用镀锌铁丝外，还应再包一道网孔为 20mm×20mm～30mm×30mm 镀锌铁丝网。

4. 填充法

填充法保温，是将纤维状或散状保温材料，如矿渣棉、玻璃棉或泡沫混凝土等，填充在管子周围特制的套子或铁丝网中。

具体操作方法如下：

(1) 支撑环制作与安装。先制做支撑环，支撑环间距应根据保温材料的容重及保温层厚度来定，一般为 300～500mm。

(2) 填充外层安装。将支撑环对扣在管子两侧，然后用 14～16 号镀锌铁丝将支撑环紧紧地捆在一起，再用网孔为 20mm×

20mm～30mm×30mm 的镀锌铁丝网(或铁皮、铝皮)由下向上包拢在支撑环上，铁丝网接口要朝下。

(3) 填充保温材料。将矿渣棉或玻璃棉或泡沫混凝土等保温材料填入网内并压实，使其达到设计要求。

(4) 作保护层，填塞保温材料后，用 21 号镀锌铁丝将铁丝网接口缝合，外面再做一层保护层即可。

6.2.4 设备保温

6.2.4.1 保温的结构形式

设备保温与管道保温基本相同，也是有三部分组成，即绝热层、防潮层和保护层。常见的施工方法有涂抹法、包扎法和自锁垫圈保温等。其结构形式如图 6-12、图 6-13、图 6-14 所示。

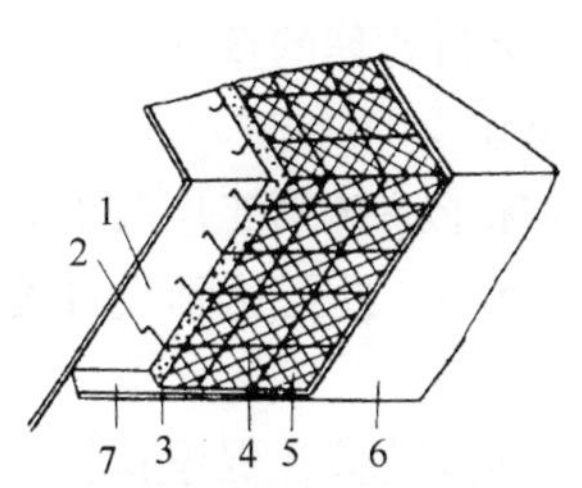

图 6-12 涂抹式保温结构

1—热力设备；2—保温钩钉；3—保温层；4—镀锌铁丝；5—镀锌铁丝网；6—保温层；7—支承板

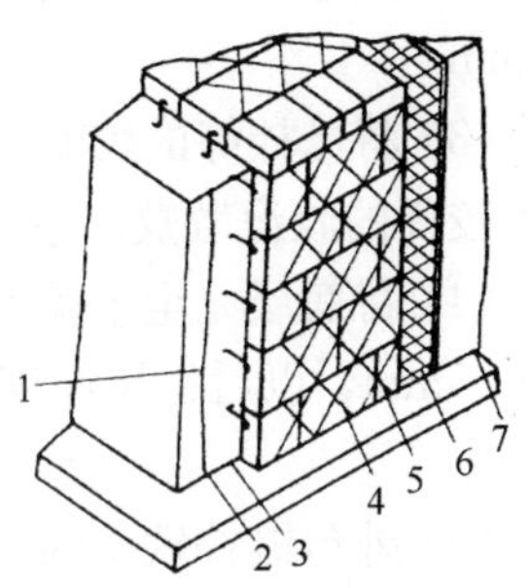

图 6-13 包扎式保温结构

1—平壁设备；2—防锈漆；3—保温钩钉；4—预制保温板；5—镀锌铁丝；6—镀锌铁丝网；7—保护层

6.2.4.2 保温层的施工方法

1. 涂抹法

设备的涂抹式保温结构的做法及所用的保温材料与管道保温基本相同。

具体操作方法如下：

(1) 用 ϕ5mm～ϕ6mm 的圆钢制作保温钩钉，制作详图如图 6-15 所示。

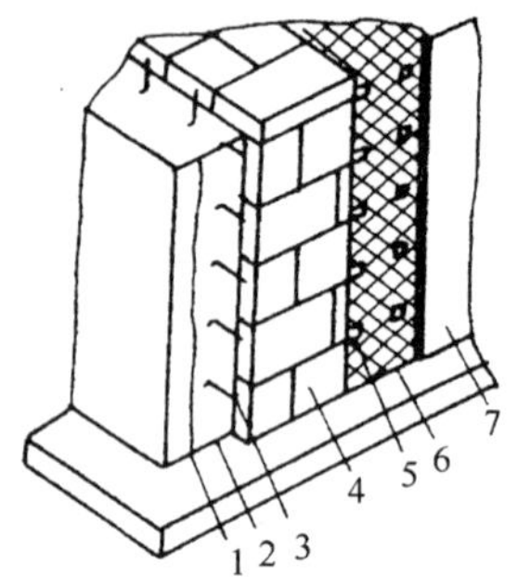

图 6-14 自锁垫圈式保温结构

1—平壁设备；2—防锈漆；3—保温钩钉；4—预制保温板；5—自锁垫圈；6—镀锌铁丝网；7—保护层

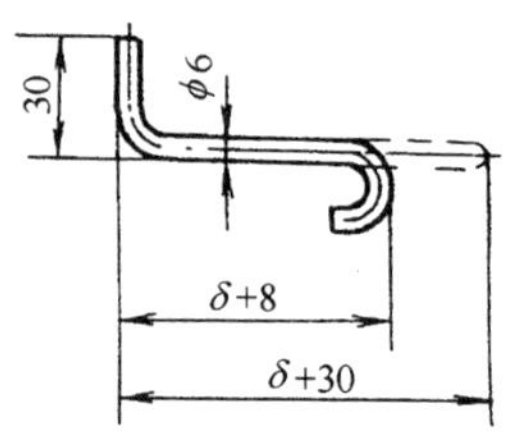

图 6-15 保温钩钉

（δ 为保温层厚度）

（2）将设备壁清扫干净，焊接保温钩钉，间距一般为250～300mm。

（3）将已拌好的胶泥散敷在作好防腐处理的壁面上，第一层可用较稀的胶泥散敷，厚度为 3～5mm。

（4）待底层完全干燥后，用保温抹子涂抹第二层胶泥，厚度 10～15mm，以后每层厚度为 15～25mm，直至达到设计要求厚度为止。

（5）外包镀锌铁丝网一层，用镀锌铁丝绑在保温钩钉上。当保温厚度在 100mm 以上或形状特殊时，可用两层镀锌铁丝网，外面再作 15～20mm 的保护层即可。

2. 包扎法

包扎法保温，是将预制瓦片或保温板围抱在设备平壁的周围，并用镀锌铁丝捆扎。

具体操作方法如下：

（1）先将设备表面清扫干净，焊接保温钩钉，涂刷防锈漆，保温钩钉的间距，一般在 350mm 左右。但每块保温板不少于两个保温钩钉，同时要以绑扎方便为准。

（2）敷上预制保温板（瓦片）再用镀锌铁丝借助保温钩钉交叉绑牢。

(3) 保温预制板的纵横接缝要错开。如果保温板的厚度满足不了设计要求的厚度，可采用两层或多层结构。但每层要分别固定，而且内外层纵横接缝要错开，板与板之间的接缝必须用相同的保温材料填充。

(4) 当保温板材有缺陷时，应当用相同的保温材料修补好，避免增加热损失。在外面再包上镀锌铁丝网，平整地绑在保温钩钉上。

(5) 做石棉水泥或其他保护层，涂抹时必须有一部分透过镀锌铁丝网与保护层要接触。外表面一定要抹得平整、光滑、棱角整齐，而且不允许有铁丝或铁丝网露出保护层外表面。

3. 自锁垫圈保温

该方法与设备包扎结构基本相同，不同的是包扎设备结构用的是带钩的保温钉，是用镀锌铁丝绑扎。而自锁垫圈结构中用的保温钉是直的，如图 6-16 所示，是利用自锁垫圈直接卡上从而固定住保温材料。

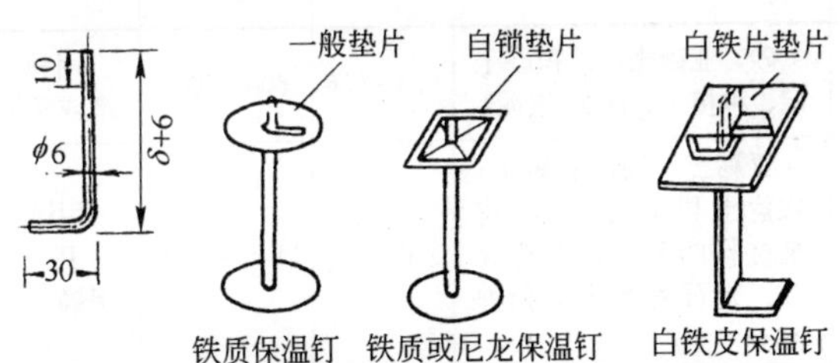

图 6-16 自锁垫圈用保温钉（δ 为保温层厚度）

具体操作方法如下：

(1) 先将设备表面除锈，清扫干净，焊接保温钉，涂刷防锈漆，保温钉的间距一般为 250mm 左右，但每块保温板不少于两个保温钉。

(2) 敷设保温板，卡在保温钉上，使保温钉露出头，再将镀锌铁丝敷上，用自锁垫圈嵌入保温钉上，压住压紧铁丝网，嵌入后保温钉至少应露出 5～6mm。

(3) 将镀锌铁丝网平整地紧贴在保温材料上，外面作保护层即可。

第 7 章　土方工程与顶管施工

7.1　土的工程性质及现场鉴定方法

7.1.1　土的工程分类

土的工程分类，见表 7-1。

土的工程分类　　表 7-1

土的分类	土的名称	坚实系数	密　度 (kg/m³)	开挖方法及工具
一类土（松软土）	砂，亚砂土，冲积砂土层、种植土、泥炭(淤泥)	0.5～0.6	600～1000	用锹，少许用脚蹬或条锄挖掘
二类土（普通土）	亚黏土，潮湿的黄土；软盐土和碱土；含有建筑材料的碎屑，夹有碎石、卵石的堆积土和种植土	0.6～0.8	1100～1600	用锹、条锄挖掘，需用脚蹬，少许用镐
三类土（坚土）	中等密实的黏性土或黄土；含有碎石、卵石或建筑材料碎屑的潮湿黏性土或黄土	0.8～1.0	1800～1900	主要用镐、条锄挖掘，少许用锹
四类土（砂砾坚土）	坚硬密实的黏性土或黄土；含有碎石、卵石的黏土，粗卵石，密实的黄土，天然级配砂石，软泥灰岩及蛋白石	1.0～1.5	1900	用镐、撬棍，然后用锹挖掘，部分用楔子及大锤
五类土（软石）	硬石炭纪黏土，中等密实的页岩、泥灰岩白垩土，胶结紧的砾岩，软石灰岩	1.5～4.0	1200～2700	用镐或撬棍、大锤挖掘，部分使用爆破方法

续表

土的分类	土 的 名 称	坚实系数	密 度 (kg/m³)	开挖方法及工具
六类土（次坚石）	泥岩，砂岩，砾岩，坚硬的页岩，泥灰岩，密实的石灰岩，风化花岗岩、片麻岩	4.0～10	2200～2900	用爆破方法开挖，部分用风镐
七类土（坚石）	大理岩，辉绿岩，玢岩，粗、中粒花岗岩，坚实的白云岩、砂岩、砾岩、片麻岩、石灰岩，风化痕迹的安山岩、玄武岩	10～18	2500～2900	用爆破方法开挖
八类土（特坚石）	安山岩，玄武岩，花岗片麻岩，坚实的细粒花岗岩、闪长岩、石英岩、辉长岩、辉绿岩、玢岩	18～25 以上	2700～3300	用爆破方法开挖

7.1.2 土的工程性质

与土方工程施工密切相关的是土的工程性质，如土的压缩性和土的可松性等。

7.1.2.1 土的压缩性

土的压缩性用土的压缩率表征。压缩率随土的工程类别的增加呈下降趋势。表 7-2 列出了一至三类土的压缩率。

土 的 压 缩 率 **表 7-2**

土 的 分 类		土的压缩率	每立方米松散土压实后的体积(m³)
一～二类土	种植土	20%	0.80
	一般土	10%	0.90
	砂 土	5%	0.95
三 类 土	天然湿度黄土	12%～17%	0.85
	一般土	5%	0.95
	干燥坚实黄土	5%～7%	0.94

7.1.2.2 土的可松性

土的可松性用土的可松系数表征，该系数有最初可松系数和最终可松系数之分。

最初可松系数用 K_p 表示，是计算挖方装运车辆及挖土机械的重要参数。土方挖掘后堆土体积的计算式为：

$$\nu_2 = K_p \nu_1$$

式中　ν_1——开挖土方量(m^3)；

ν_2——堆土体积(m^3)；

K_p——最初可松系数。

最终可松系数用 K_p' 表示，是计算回填土时所需土方量的重要参数。

回填土的体积计算式如下：

$$\nu_3 = (\nu_1 - \nu_4) K_p'$$

式中　K_p'——最终可松系数；

ν_1——开挖土方量(m^3)；

ν_3——回填土的体积(m^3)；

ν_4——敷设管道的体积(m^3)。

需运走的余土的体积计算式为：

$$\nu_5 = \nu_2 - \nu_3$$

式中　ν_5——余土土方量(m^3)。

不同类型土的可松性参数见表7-3。

土的可松性参数值　　**表7-3**

土的分类		最初可松系数 K_p	最终可松系数 K_p'
一类土	砂、亚砂土、冲积性砂土层	1.08～1.17	1.01～1.03
	植物性土、泥炭	1.20～1.30	1.03～1.04
二类土		1.14～1.28	1.02～1.05
三类土		1.24～1.30	1.04～1.07
四类土	坚硬密实的黏性土或黄土；含有碎石、卵石的黏土，粗卵石，密实的黄土，天然级配砂石	1.26～1.32	1.06～1.09
	泥灰岩、蛋白石	1.33～1.37	1.11～1.15
五～七类土		1.30～1.45	1.10～1.20
八类土		1.45～1.50	1.20～1.30

7.1.3　土的野外鉴别法

土分为黏性土、人工填土、淤泥、黄土、泥炭等。碎石土、砂土野外鉴别法见表7-4，碎石类土密实度的野外鉴别法见表7-5，黏土的野外鉴别法见表7-6，人工填土、淤泥、黄土、泥炭的野外鉴别法见表7-7。

碎石土、砂土野外鉴别法　　表7-4

类别	土的名称	颗粒粗细	干燥时状态及强度	湿润时用手拍击状态	黏着程度
碎石土	卵(碎)石	半数以上的颗粒超过20mm	颗粒完全分散	表面无变化	无黏着感
	圆(角)砾	半数以上的颗粒超过2mm(小高梁粒大小)	颗粒完全分散	表面无变化	无黏着感
砂土	砾　砂	约有1/4以上的颗粒超过2mm(小高梁粒大小)	颗粒完全分散	表面无变化	无黏着感
	粗　砂	约有一半以上的颗粒超过0.5mm(细小米粒大小)	颗粒完全分散，但有个别胶结在一起	表面无变化	无黏着感
	中　砂	约有一半以上的颗粒超过0.25mm(白菜籽粒大小)	颗粒基本分散，局部胶结但一碰即散	表面偶有水印	无黏着感
	细　砂	大部分颗粒与粗豆米粉(>0.074mm)近似	颗粒大部分分散，少量胶结部分稍加碰撞即散	表面有水印(翻浆)	偶有轻微黏着感
	粉　砂	大部分颗粒与小米粉近似	颗粒少部分分散，大部分胶结，稍加压力即可分散	表面有显著翻浆现象	有轻微黏着感

注：在观察颗粒粗细进行分类时，应将鉴别的土样从表中颗粒最细类别逐级查对，当符合某一类土的条件时，即按该类土命名。

碎石类土密实度的野外鉴别法 表 7-5

密实度	骨架和充填物	开挖情况	钻探情况
密　实	骨架颗粒含量大于总重70%，呈交错排列，连续接触，充填物密实	锹镐挖掘困难，用撬棍方能松动，井壁较稳定	钻进极困难，冲击钻探时，钻杆、吊锤跳动不剧烈，孔壁较稳定
中　密	骨架颗粒含量等于总重60%～70%，呈交错排列，大部分连续接触	锹镐可挖掘，井壁掉块，从井壁取出大颗粒处，能保持凹面形状	钻进较困难；冲击钻探时，钻杆、吊锤跳动不剧烈；孔壁有坍塌
稍　密	骨架颗粒含量小于总重60%，排列混乱，大部分不接触	锹可挖掘，井壁易坍塌，从井壁取出大颗粒后，砂性土立即塌落	钻进较容易；冲击钻探时，钻杆稍有跳动，孔壁易坍塌

黏土的野外鉴别法 表 7-6

土的名称	湿润时用刀切	湿土用手捻摸时的感觉	土的状态		湿土搓条情况
			干土	湿土	
黏土	切面非常光滑规则，刀刃有黏刀阻力	有滑腻感，感觉不到有砂粒，水分较大时很粘手	土块坚硬，用锤才能打碎	易黏着物体，干燥后不易剥去	塑性大，能搓成直径小于0.5mm土条（长度不短于手掌），手持一端不易断裂
粉质黏土	稍有光滑面，切面平整	稍有滑腻感，有黏滞感，感觉到有少量砂粒	土块用力可压碎	能黏着物体，干燥后较易剥去	有塑性能搓成直径0.5～3mm短条，手持一端不断裂
粉土	无光滑面，切面稍粗糙	有轻微粘滞感或无黏滞感，感觉到砂粒较多、粗糙	土块用手捏或抛扔时易碎	不易黏着物体，干燥后一碰就掉	无塑性，不能搓成土条
砂土	无光滑面，切面粗糙	无黏滞感，感觉到全是砂粒、粗糙	松散	不黏着物体	无塑性，不能搓成土条

人工填土、淤泥、黄土、泥炭的野外鉴别法 表 7-7

土的名称	观察颜色	夹杂物质	形状(构造)	浸入水中的现象	湿土搓条情况
人工填土	无固定颜色	砖瓦碎块、垃圾、炉灰等	夹杂物显露于外，构造无规律	大部分为稀软淤泥，碎瓦、炉渣在水中单独出现	一般能搓成 3mm 的土条，但易断，遇有杂质甚多时不能搓条
淤泥	灰黑色有臭味	池沼中半腐败的细小动物植物遗体，如草根、小螺壳等	夹杂物轻，仔细观察可以发觉构造常呈层状，但有时不明显	外观无显著变化，在水面出现气泡	一般淤泥质土接近轻亚黏土，能搓成 3mm 土条（长至少 3cm），容易断裂
黄土	黄褐二色的混合色	有白色粉末出现在纹理中	夹杂物常清晰显见，构造上有垂直大孔（肉眼可见）	即行崩散形成分散的颗粒集团，在水面上出现很多白色液体	搓条情况与正常的亚黏土相似
泥炭	深灰或黑色	有半腐朽的动植物遗体，其含量超过 60%	夹杂物有时可见，构造无规律	极易崩碎，变成稀软淤泥，其余部分为植物根动物残体等渣滓悬浮于水中	一般能搓成的 1～3mm 土条，但残渣甚多时，仅能搓成 3mm 以上的土条

7.2 沟槽施工

7.2.1 开工准备

沟槽开工前，应做好以下准备工作：

（1）搞清设计意图，备齐图纸、资料，做好征地拆迁工作。

（2）摸清并排除各种施工障碍，特别是地下障碍。

(3) 各主管部门(如规划、公安、交通、环保、市政等机关)批准施工的文件和有关部门的协议(如供水供电)要齐全。

(4) 弄清工程地质资料、测量资料。

(5) 有经主管部门批准的完备的施工组织设计。

(6) 施工所需的资金、物资、机工具、劳动力要落实，人员分工要明确。

(7) 可能遇到的技术难题要有解决方案。

7.2.2　管道放线

7.2.2.1　管道放线的要求

管道放线时，应按主干线、支干线、用户线的顺序进行。管线临时水准点一般设置在管线的起、终点及重要构件附近，且水准点间的间距不超过300m。

施工时，采用直角坐标法或极坐标法按导线确定管道中心线的位置。直角坐标法是利用施工现场已有的施工管线，平行或垂直的道路中心线放出欲施工管道中心线位置。极坐标法如图7-1所示，利用地面上已知两控制点A、B，AB连线的坐标方位角α_{AB}即为已知，然后用极坐标法放出坐标为X_M、Y_M的M点的位置。

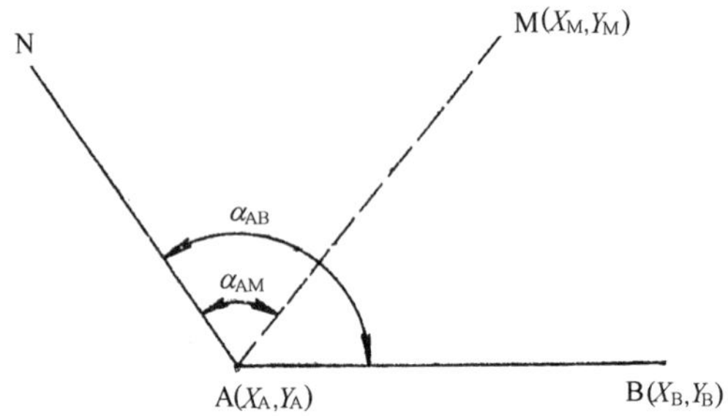

图7-1　极坐标法确定管道中心线

确定中心线位置后，以中线桩标出管线位置(中线桩间距小于≤50m，也可根据地形条件适当加桩)，沿中线桩撒白灰线即管沟中心线。

7.2.2.2 管道放线操作

按设计和施工规范要求根据沟槽上口宽度及中心线桩定出的管沟中心位置，量出开挖边线，在地面上撒白灰线标明。

施工中，中心桩会被挖去。为继续控制开挖的坡度和深度，可将管线中心位置移到横跨管沟的坡度板上。坡度板每隔 10m 或 20m 设一个，直接埋在地上，如图 7-2 所示。在测管线中心线时，可沿视线方向将中心线设在各坡度板上，并钉小钉标定位置。为标明管沟开挖的深度，可根据附近的水准点，用水准仪测出各中心线上各坡度板的板顶高程。板顶高程与管底设计高程之差，为开挖深度。将计算值标在坡度板上，以控制开挖的深度和坡度。坡度板应不影响施工并妥善保护。

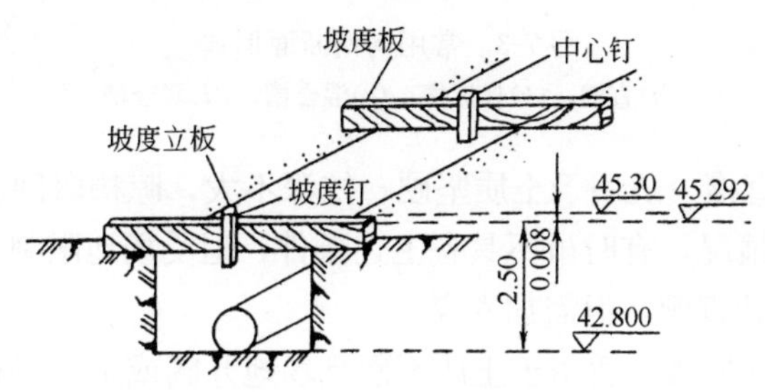

图 7-2 坡度板定线

7.2.2.3 管道放线注意事项

管道放线时，应注意以下几点：

(1) 为了便于管线施工，管道中线桩和水准点均应用平移法设置在施工范围之外、便于观察和使用的部位。

(2) 用坐标法表现管线位置时，应按给定的坐标值测定管线上点位。

(3) 用图解法表示管线位置时，应先确定控制点、线位置，再按给定值测定管线上的点位。即标出管线各点与永久工程可控制工程点、线相对关系尺寸。

(4) 管线定线完成后，应对主要的中线桩进行加固或安放标石。

7.2.3　沟槽断面的确定

7.2.3.1　常用沟槽断面形式

常用沟槽断面形式有直槽、梯形槽、混合槽及联合槽等，如图7-3所示。沟槽断面形式的选择，需综合考虑土壤的性质、地下水位、管径大小、管道数量、深度、沟槽的开挖方法、施工排水方法及施工环境等各种因素。具体要求如下：

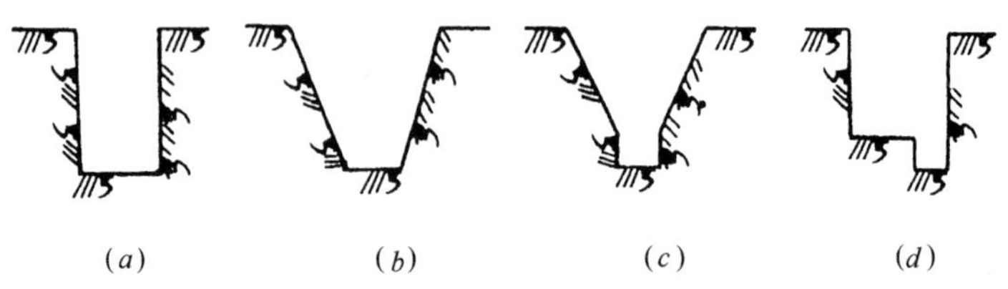

图7-3　常用沟槽断面形式
(a)直槽；(b)梯形槽；(c)混合槽；(d)联合槽

(1) 直槽　适用于土质坚硬、挖深不大，晾槽时间不长、无地下水的情况，有时虽不具备上述条件，但受场地限制无法开梯形槽时可开直槽，但需加支撑。

(2) 梯形槽　适用于土质不硬且场地开阔或采取机械开挖的情况。

(3) 混合槽　当土层不均匀(如上软下硬)或挖深很大，全部用梯形槽不允许时，可开混合槽。如上部梯形下部直形或上部边坡较缓下部较陡或下部直槽加支撑等样式。

(4) 联合槽　当最大埋深小于3.5m或数条管道位置很近而埋深不同时，可开联合槽，将数条管道埋在同一管沟内。管间距B应满足：$B=\frac{1}{2}$(两管径之和)＋两槽底高差＋800mm。

7.2.3.2　沟槽断面尺寸

1. 沟槽底部宽度

沟槽底部断面尺寸的确定如图7-4所示，底部开挖宽度按下式计算。

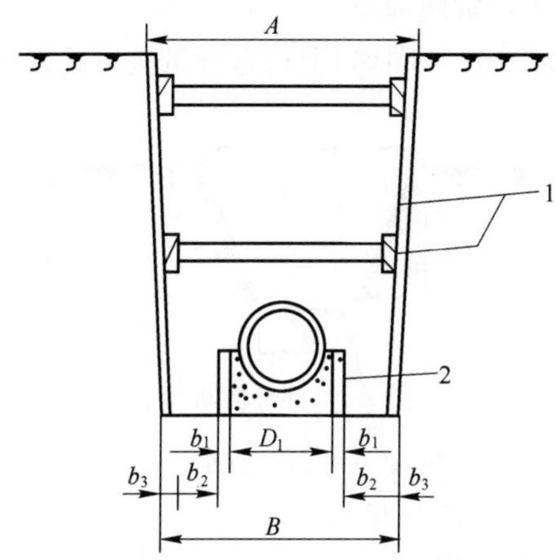

图 7-4 沟槽底部开挖宽度

1—支撑；2—模板

$$B=D_1+2(b_1+b_2+b_3)$$

式中 B——沟槽底宽(m)；

D_1——管道结构的外缘宽(m)；

b_1——现浇混凝土管道一侧模板厚度(m)；

b_2——管道一侧的工作面宽度(m)；

b_3——沟槽支撑厚度，一般取 0.15～0.2m。

工作面宽度 b_2 应根据管道结构及施工方法而定，具体要求见表 7-8。

管道一侧工作面的宽度 **表 7-8**

管道结构外缘宽度 D_1 (mm)	管道一侧工作台面的宽度 b_2(m)	
	非金属管道	金属管道
$D_1<500$	0.4	0.3
$500<D_1<1000$	0.5	0.3
$1000<D_1<1500$	0.6	0.6
$1500<D_1<3000$	0.8	0.8

2. 梯形槽上口宽度

梯形沟槽如图7-5所示，上口宽度可按下式确定。

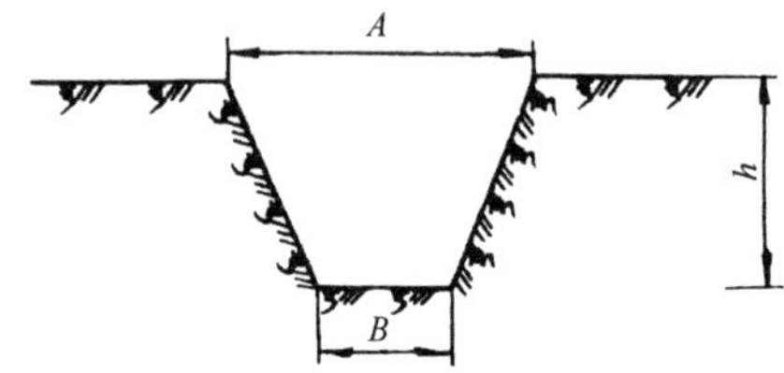

图7-5　梯形槽断面

$$A=B+2nh$$

式中　A——沟槽上口宽度(mm)；

B——沟槽底宽度(mm)；

n——沟槽边坡度(°)；

h——槽深(mm)。

3. 边坡坡度

在无地下水的天然湿度土中开挖沟槽时，如沟深不超过表7-9的规定，沟壁可不设边坡。

不设边坡的条件　　**表7-9**

序　号	土的性质	沟深(m)
1	填实的砂土和砾石土	≤1
2	亚黏土	≤1.25
3	黏土	≤1.5
4	特别密实的土	≤2

沟槽的深度小于5m时，其边坡坡度应符合表7-10的规定。

深度在5m以内的沟槽边坡的最陡坡度　　**表7-10**

土的类别	边坡坡度		
	坡顶无荷载	坡顶有静载	坡顶有动载
中密的砂土	1∶1.00	1∶1.25	1∶1.50
中密的碎石类土（充填物为砂土）	1∶0.75	1∶1.00	1∶1.25

续表

土的类别	边坡坡度		
	坡顶无荷载	坡顶有静载	坡顶有动载
硬塑的粉土	1∶0.67	1∶0.75	1∶1.00
中密的碎石类土（充填物为黏性土）	1∶0.50	1∶0.67	1∶0.75
硬塑的粉质黏土、黏土	1∶0.33	1∶0.50	1∶0.67
老黄土	1∶0.10	1∶0.25	1∶0.33
软土(经井点降水后)	1∶1.00	—	—

注：1. 静载指堆土或材料等，动载指机械挖土或汽车运输作业等。

2. 在软土沟槽坡顶不宜设置静载或动载；需要设置时，应对土的承载力和边坡的稳定性进行验算。

3. 当有成熟施工经验时，可以不受本表限制。

7.2.4 沟槽开挖

沟槽开挖可采用人工开挖、机械开挖或二者配合的施工方法。土方量不大时宜采用人工开挖，其他凡有条件的应尽量采用机械开挖。

开挖时应满足以下几点质量要求：

(1) 不扰动天然地基或地基处理符合设计规定。

(2) 槽壁平整，坡度符合施工设计的规定。

(3) 沟槽中心线每侧的净宽不小于管道沟槽底部开挖宽度的一半。

(4) 槽底高程允许偏差：开挖土方时为±20mm，开挖石方时为20～200mm。

7.2.4.1 路面破除

城市街道下埋设管道，路面破除是项艰难的作业，可采用人工或机械两种破路方法。

人工破路时，首先沿沟槽边线凿槽。混凝土采用钢钎，沥青或碎石路面用十字镐。然后沿凿出的槽先将路面层以下的垫层或土层掏空，然后用大锤或十字镐等将路面逐块击碎。

机械破路时，所用机械有内燃凿岩机、风镐、混凝土路面切割机、路面破碎机等。

小面积混凝土路面可使用内燃凿岩机，这是一种自带汽油发动机的手提冲击镐，镐自重较大，灵活机动，无需空压机等配套设备。也可用风镐作业，风镐操作较轻便，但需移动式空压机配套使用。

混凝土路面切割机如图 7-6 所示。工作时，采用超硬质圆形刀片的高速旋转来切割路面。沟槽施工中，一般先用切割机切割好沟槽边缘路面，再用破碎设备将沟槽中间部分混凝土破碎、清除。由于沟边整齐，可减少开挖量，并易于恢复路面，节省人力、物力。

图 7-6 混凝土路面切割机

路面破碎机如图 7-7 所示，主要用冲击锤的冲击力将路面击碎，动力部分可用柴油机或电动机。柴油路面破碎机可以自行行驶，机动性能好。电动路面破碎机结构简单，制造维修费用低，缺点是需要电源，不能自行行驶。

7.2.4.2 沟槽机械开挖

沟槽开挖机械有单斗挖掘机(包括正铲、反铲、拉铲、抓铲等)、多斗挖沟机、挖掘装载机、铲运机、推土机等。

1. 单斗挖掘机

单斗挖掘机是开挖沟槽土方的常用机械，具有挖土量大，操作灵活、方便的特点，对该机械稍加改装，还可用于破路面、拔板桩、压板桩、搬运工具材料等。由工作、传动、动力和行走四

图 7-7 路面破碎机

种装置组成。工作装置有正向铲、拉铲和抓铲(合瓣铲)等；传动装置有液压装置传动和绳索传动两种，其中液压装置操作灵活，切土力较大；动力装置一般为内燃机；行走装置有履带式和轮胎式两种。如图 7-8 所示为履带式和轮胎式单斗挖掘机。履带式用于野外松软土壤地带施工，轮胎式便于在城镇市区道路行走。

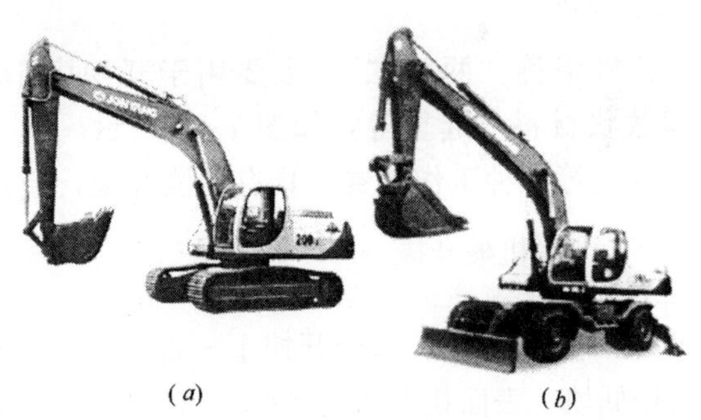

(*a*) (*b*)

图 7-8 单斗挖掘机

(*a*)履带式；(*b*)轮胎式

2. 多斗挖掘机

多斗挖掘机又称挖沟机，工作装置有链斗式和轮斗式两种；传动装置多为皮带运输器；动力装置一般为内燃机；行走装置有履带式和轮胎式两种。具有挖沟深度易控制，开挖沟槽整齐，效率高，可连续开挖的特点，一般用于郊野沟槽的开挖。在挖土过程中，挖掘机不间断地向前开动，连续挖土，其前进速度根据土壤性质和挖掘深度调节。但挖沟机不宜开挖坚硬的土和含水量较大的土，宜于开挖亚粘土，亚砂土和黄土等。如图7-9所示，为链斗式多斗挖沟机。

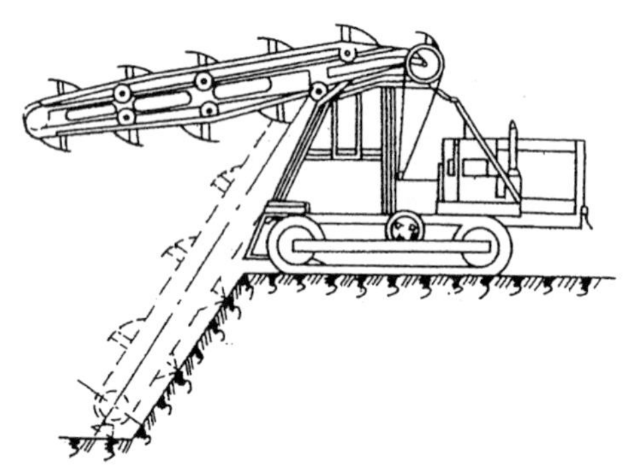

图7-9　链斗式多斗挖掘机

3. 挖掘装载机

挖掘装载机俗称“两头忙”，主要用于开挖中小型沟槽、基坑和装卸散状材料与起重等，如图7-10所示，机上装有反铲、起重、推土等各种工作装置，具有功能齐全，使用方便的特点。

4. 推土机

推土机如图7-11所示，适合开挖Ⅰ～Ⅲ级土，主要用于平面开挖、高挖低填、表面找平和大型基坑(槽)管沟等的开挖以及基坑和沟槽的回填。具有操作灵活，运行方便，所需工作面小的特点。

7.2.4.3　沟槽开挖注意事项

图 7-10 挖掘装载机

图 7-11 推土机

沟槽开工前应掌握沟槽断面形式、堆土位置、地下障碍分布情况及施工技术要求等。开挖时应注意以下几点：

(1) 确定合理的沟槽断面形式及开挖顺序和分层开挖深度，了解核实断面的土质及地下水位，当地气候条件等施工环境情况，选择合理的开挖方法，制定必要的安全措施，保质保量地完成施工任务。

(2) 沟槽开挖应确保槽底土层不被扰动，防止基层土的承载能力下降。采用机械开挖时，挖至设计标高以上 20cm，由人工清理槽底；人工开挖时，挖至设计标高以上15cm，待下管前由人工清理槽底。若个别地方超挖时，应使用与基底土相同土质的土填补，并分层夯实到要求的密实度。

(3) 沟槽内积水应采取措施及时排走，严禁在水中作业。

(4) 湿陷性黄土地区、软土地区开挖沟槽，应按有关施工验收规范的有关规定执行。

(5) 开挖出的土方，根据施工环境等因素妥善安排，尽量在沟槽一侧堆土，距槽边不少于0.8m的距离，堆土高<1.5m，防止沟槽塌方，并不得影响消防龙头、测量标志等设施的安全及正常使用。影响工程质量的软弱土层、腐殖土、大卵石、垃圾等应及时运走。

7.2.4.4　验槽

开挖沟槽至设计管底标高、清槽后，要复测坡度桩，然后在坡度桩上拉线。丈量线与沟底的距离是否一致，要求每隔1m测一个点，不合格处要修整。管底需夯实时，夯实后再测一次。最后请有关单位验收沟槽。

7.2.5　施工排水

沟槽开挖后，饱和土壤中的水从沟壁和沟底流入沟槽，使槽内施工条件恶化。在砂性土、粉土和粘性土中开挖沟槽时，由于地下水渗出面产生流沙，流沙导致虚方开挖量，附近地层中空，槽底深度扰动。可能出现塌方、滑坡、槽底隆起冒水、土体变松等现象，导致地基承载力下降。施工人员和施工机具对含水土层的扰动也会使地基承载力下降。上述现象不仅严重影响施工，还可能导致新建构筑物或附近已建构筑物遭到破坏，因此，必须做好施工排水工作。

常用的排水方法有地面截水、明沟排水和井点排水等。不管采用哪种方法，施工排水的目的是降低水位到槽底以下的一定深度，改善槽底的施工条件；稳定边坡，防止塌方或滑坡；稳定槽底，防止地基承载力下降。

7.2.5.1　地面截水

一般情况下，开挖沟槽时利用开挖的素土筑堤截水。如沟槽旁有工厂排水沟、农田灌溉渠时，可将挖出的土堆在沟槽与排水沟或灌溉渠间。沟槽地势较低时，可两侧堆土。下大雨时，派专人堵截，防止雨水流入沟内。大量雨水、污水与灌溉水流入沟内会影响施工，在湿陷性黄土地区还会造成塌方、不均匀沉陷、管道下沉或上浮等，出现这种现象，必须返工。

7.2.5.2 明沟排水

将流入沟槽的地下水或地表水(包括雨水)汇集到集水井，然后用水泵排出槽外，这种排水方式称为明沟排水，是施工现场普遍应用的一种排水方法，具有施工方便，设备简单的特点，适用于除细砂以外的各种土质情况。

采用明沟排水时，首先开挖沟槽到接近地下水位时，修建集水井并安装潜水泵或离心泵排水，然后继续开挖沟槽到地下水位，在槽底中线处挖排水沟，使水流向集水井。当挖深接近槽底时，将排水沟改设在槽底两侧。排水沟的断面尺寸根据排水量而定，一般为 300mm×300mm，沟底坡度坡向集水井。施工时应经常清理排水沟，并清掏集水坑底部，以防积泥过多。

集水井通常设在地下水方向的沟槽一侧。在集水井与沟槽之间设进水口，为防止地下水对槽底和进水井的冲刷，进水口两侧用密撑或板撑加固。

集水井施工时，可根据槽底土质情况确定集水井样式。

槽底土质为黏土或亚黏土时，可开挖集水井，再加设木框支撑，也可设置不小于 600mm 的混凝土管集水井。井底一般在槽底以下 1m。

槽底土质为粉土、砂土、亚砂土和不稳定的亚黏土时，一般采用混凝土管集水井。混凝土管的直径通常为 1500mm，并且用沉井方法修建，也可用水射震动法下管，井深位于槽底以下 1.5～2.0m处。

7.2.5.3 井点法排水

在地下水位高的位置开挖沟槽时，常发生地下水涌入或严重流砂现象。若设支撑、水泵排水等不能阻止时，可采用井点法降低地下水位。它具有设备简单、施工容易、见效快的优点。

井点是沿沟槽一侧或两侧沉入深于槽底的多个针滤井点管，地上以总管连接抽水，井点管处附近的地下水就会降落，水位下降形成漏斗形水位线。如果沟槽位于漏斗范围内，即基本消除了地下水对施工的影响。

1. 井点系统主要设备

井点系统如图7-12所示，主要由井点管、连接管、集水总管及抽水设备等组成。

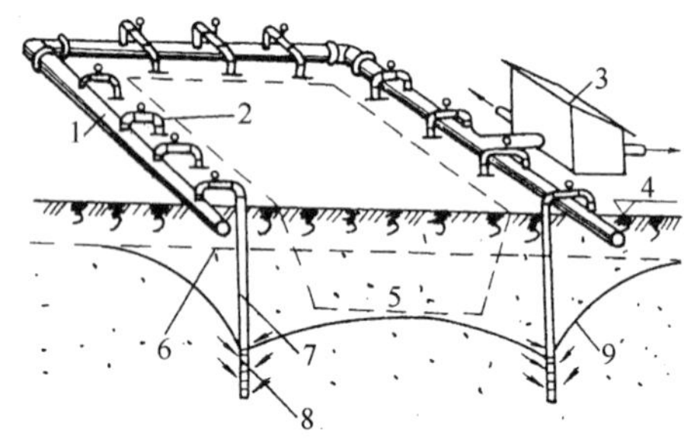

图7-12　井点降水法

1—总管；2—弯联管；3—水泵房；4—地面；5—基坑；
6—原有地下水位线；7—井点管；8—滤管；9—降低后地下水位线

(1) 井点管是直径为50mm的镀锌钢管，长度一般为5～7m，其下端连接滤管，滤管长度一般为1.0～1.7m。管壁上钻孔呈梅花形布置，孔径12～18mm。管壁外包两层滤网，内网为细滤网，采用黄铜丝布或生丝布；外层为粗滤网，采用铁丝布或尼龙丝布。为避免滤孔淤塞，在管壁与滤网间用铁丝绕成螺旋型隔开，滤网外再围一层粗铁丝保护网。滤网下端接一个锥形铸铁头。

(2) 连接管用橡胶管、塑料管或钢管制成，直径与井点管相同，每根连接管上可根据需要安装阀门，以便于检修井点管。

(3) 集水总管一般用 $DN150$ 的钢管分节连接，每节长4～

6m，一般每隔 0.8～1.6m 设一个连接井点管的接头。

(4) 采用真空式或射流式抽水设备。降水深度较小时也可采用自吸式抽水设备。

2. 井点布置

布置井点系统时，应将所需降低水位的范围都包括在围圈内。沟槽降水应根据沟槽宽度和地下水量，采用单排或双排布置。

单排布置适用于宽度小于 2.6m，降深不大于 4.0m 的沟槽。在地下水流向上游一侧距沟边线 1～1.5m 处埋下深于沟底的井点管，与总管连接抽水，使地下水位下降低于沟底，以便在无水状态下挖土，防止流砂涌入。

双排布置适用于沟槽宽度超过 6m，或土质不好、渗透系数很小时的情况，其布置如图 7-13 所示。

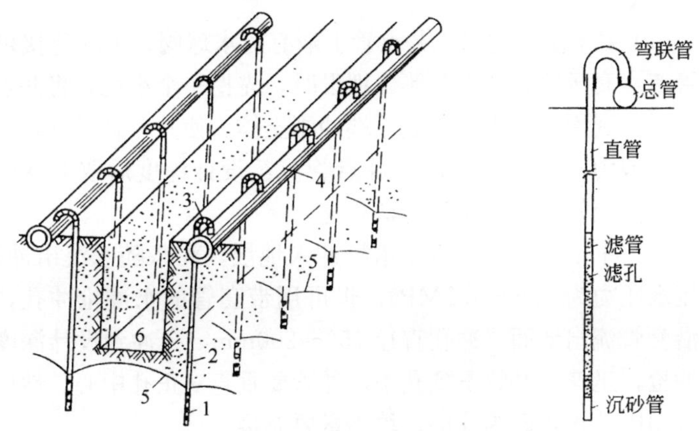

图 7-13 双排式井点降水系统

1—滤管；2—直管；3—橡胶弯联管；4—总管；
5—地下水降落曲线；6—沟槽

井点管应布置在距沟槽上口边缘 1.0～1.5m 处，若距沟边过近，不但施工和运输不便，而且可能使井点与大气连通，破坏井点真空系统工作。井点管间距一般为 0.8～1.6m，入土深度应根据降水深度及地下水层所在位置等因素决定。但必须将滤管埋在地下水层内，并且比所挖沟槽底深0.9～1.2m。

为了提高降水深度，总管埋设高度应该尽量接近地下水位。一般情况下，总管位于原地下水位以上0.2～0.3m。为此，总管和井点管通常是开挖小沟进行埋设，或敷设在基坑分层开挖的平台上。总管以0.1%～0.2%的坡度坡向水泵，当环围井点采用数台抽水设备时，应在每台抽水设备的抽水半径分界处将总管断开，或设阀门，以便分组抽汲。

抽水设备常设置在总管中部，水泵进水管轴线尽量与地下水位接近，轴线一般高于总管0.5m，但需高出原地下水位0.5～0.8m。

3. 井管埋设

井管埋设时，可采用射水法、冲孔法、钻孔法或套管法进行施工。

(1) 射水法　射水式井点管下端有射水球阀，上端连接可旋动管节，高压胶管和水泵等。埋设时，先挖一个小坑，将井点管插入后，利用高压水在井底下端冲刷土体。使井点管下沉，射水压力一般为0.4～0.6MPa。井点管沉至设计深度后取下高压软管，另换胶管与集中总管接口相连。

(2) 冲孔法　利用高压水枪冲入地层，泥浆随水流出冲孔，高压水压力为0.6～1.2MPa，也可用带套管的水冲枪冲孔，泥浆沿套管流出地面。冲孔直径150～200mm，孔冲到设计深度拔出冲枪，迅速将井管下到孔中，井管要垂直对正孔中心。然后向井管周围填入粗砂为滤层，填砂量要充足。

(3) 钻孔法　利用钻孔机钻孔后将井点管插入，周围填好粗砂滤层，钻孔法用于坚硬地层更显优越性。

(4) 套管法　将*DN*150～200mm的钢套管，用水冲振动法沉至设计深度后，在孔底填一层级配砂石，将井点管居中垂直插入，套管与井点管之间分层填入粗滤砂层，逐步将套管拔出。

7.2.6 沟槽支撑

沟槽支撑是防止沟壁土坍塌，保证安全施工的临时挡土措施。当沟槽开挖较深、土质不好而受场地限制必须开挖直槽时应设置支撑。支撑材料可选用钢材、木材或钢材木材混用。

7.2.6.1 沟槽支撑种类及适用范围

沟槽支撑形式根据土质、地下水、沟深等条件确定，一般有断续式水平支撑、连续式水平支撑、连续式垂直支撑、井字撑、板桩撑等形式。

1. 断续式水平支撑

断续式水平支撑如图 7-14 所示，适用于挖掘湿度小的粘性土及挖掘深度小于 3m 的沟槽。

2. 连续式水平支撑

连续式水平支撑如图 7-15 所示，适用于土质较差，有轻度流砂现象，挖深在 3～5m 间的沟槽。

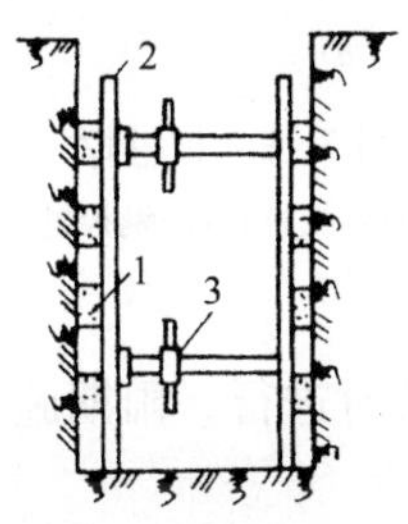

图 7-14 断续式水平支撑
1—水平撑板；2—纵梁；
3—工具式横撑

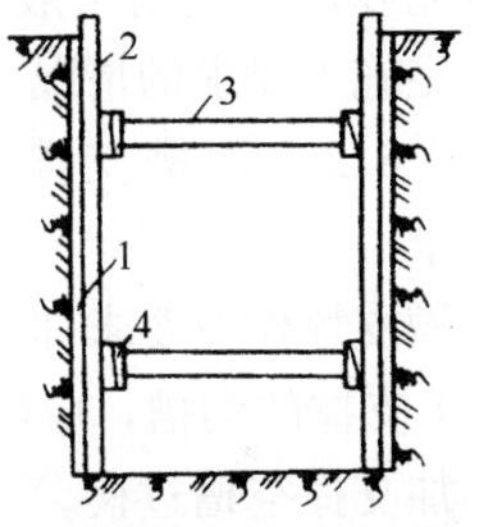

图 7-15 连续式水平支撑
1—水平撑板；2—纵梁；
3—横撑；4—木楔

3. 连续式垂直支撑

连续式垂直支撑如图 7-16 所示，适用于挖掘土质较差、有地下水或流砂、挖深较大的沟槽。

4. 井字撑

井字撑如图 7-17 所示，适用于土质较好的沟槽局部加固。

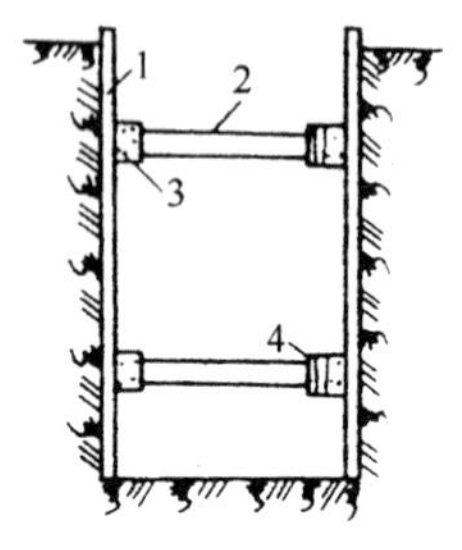

图 7-16　连续式垂直支撑

1—垂直撑板；2—横撑；
3—横梁；4—木楔

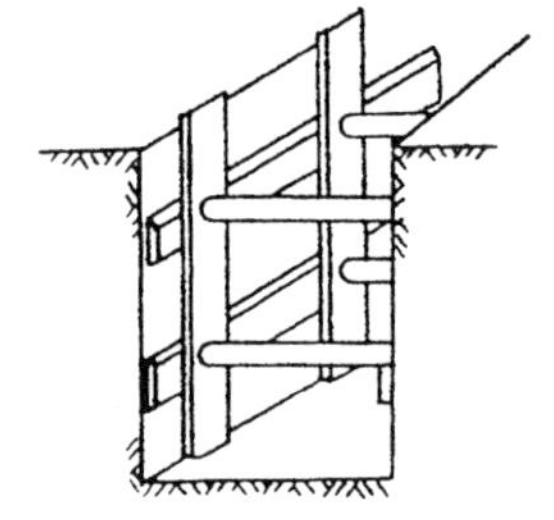

图 7-17　井字撑

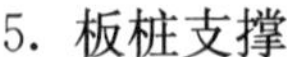

5. 板桩支撑

板桩支撑如图 7-18 所示，常用形式有木板桩和钢板桩两种。适用于挖深大、地下水丰富、有流砂现象或用一般支撑不能满足施工要求的情况。

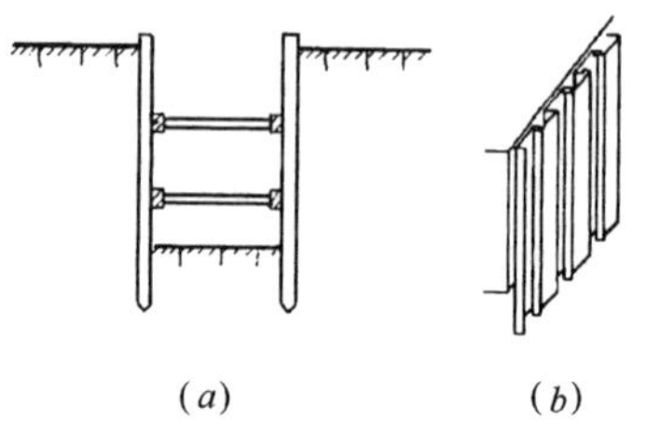

图 7-18　板桩撑

(a)木板桩；(b)钢板桩

7.2.6.2　沟槽支撑施工作业要求

沟槽支撑作业要求如下：

(1) 支撑的沟槽，应随沟槽的开挖及时进行。雨期施工时不允许不加支撑空槽过夜。

(2) 撑板与沟壁必须贴紧，立木垂直，撑杠要平直。立木要排列整齐，便于拆撑。

(3) 木撑杠端部要用扒钉钉牢，金属撑杠下部要钉托木，金属撑杠要两端同时旋紧，上下杠松紧应一致。

(4) 雨后及流砂地带要经常检查是否有松杠、倾斜等情况，及时修整。

(5) 横撑应尽量使用支撑调节器，以减少木材的消耗。若用方、圆木作横撑时，撑木长度应比未撑紧之间的空间长 2～5cm 为宜；如果横撑稍短，可在端头加木楔。

(6) 采用水平支撑时，若一次挖至沟底再支撑有危险，可挖至一半时先行初步支撑，见底后，再行倒撑。

(7) 撑板厚度一般为4～5cm，支撑应稳固可靠，支撑材料要结实。撑木不得有劈裂或腐烂情况。

(8) 禁止攀登沟槽支撑的横撑上下。

7.2.6.3 支撑的拆除

沟槽内的各项施工作业完成后，需将支撑拆除。拆除时应注意以下几点：

(1) 拆撑前要仔细检查沟槽两侧的建筑物、电杆及其他管道是否安全，必要时先加固再拆撑。

(2) 土质良好的沟槽，其支撑一般可随填随拆；若发现有塌方的危险时，可先回填，再用吊链将支撑拉出。

(3) 多层撑拆除应自下而上进行，待下层拆完填好土后，再拆上层。

(4) 采用排水井排水的沟槽，可从两井间逐步向两端延伸拆除，保证排水畅通。

(5) 对密撑和板桩，一般先填土至下层横撑底面，再拆下面横撑，然后填土至半槽，拆除上层横撑，再将木板或桩拔出。

(6) 拆除后的撑板、横撑、横梁、纵梁等支撑材料，应清理回收，以待下次再用。

7.2.7 沟槽地基处理

7.2.7.1 沟槽地基处理的必要性

由于管道本身加给底层土壤的压力很小，天然土基的承载能力通常能满足要求。因此，管道只要敷设在未被扰动的土层上，一般不必进行特殊的加固处理。

当管道通过旧河床、旧池塘和洼地等松软土层或管底位于地下水位以下，施工中排水不慎而发生流砂现象时，土层被扰动，此种情况下必须进行加固处理，否则会使管道产生不均匀沉降而倒坡，严重时会导致管道接口破裂。

在施工过程中判别沟底土层是否扰动的简易方法是用直径为

12～16mm的钢钎用力插入沟底土中，若插入深度仅100～200mm，则说明沟底土层良好，未被扰动，不必加固。而当沟底土层扰动时，从地下水上涌的泉眼内可插入深度达1.0m以上，严重时可在任何部位插入较大深度，这时沟底土层应进行相应的加固处理。

7.2.7.2　沟槽地基处理方法

沟底土层加固处理方法必须根据实际土层情况，土壤扰动程度，施工排水方法，以及管道结构形式等因素综合考虑。通常采用砂垫层，天然级配砂石垫层，灰土垫层，混凝土或钢筋混凝土地基，以及打桩等方法。

1. 砂垫层和砂石垫层加固法

当在坚硬的岩石或卵(碎)石上铺设管道时，应在地基表面垫0.10～0.15m厚的砂垫层，防止管道防腐绝缘层受重压而损伤。对承载力较弱的地基，例如杂填土或淤泥表层等，可将地基下一定厚度的软弱土层挖除，再用砂垫层或砂石垫层来进行加固。其作用可使管道荷载通过垫层将基底压力分散，以降低对地基的压应力，减少管道下沉和挠曲。垫层厚度一般为0.15～0.20m，垫层宽度一般与管径相同，对于湿陷性黄土地基和饱和度较大的粘土地基，因其透水性差，管道沉降不能很快稳定，所以垫层应加厚。

2. 灰土垫层加固法

位于地下水位以上的软弱土质可采用灰土垫层加固地基。

3. 混凝土或钢筋混凝土加固法

在流砂或涌土现象严重的地段可采用混凝土或钢筋混凝土地基。

4. 打桩处理法

有长桩、短桩及砂桩等处理方式，采用此法加固地基时，一般应在管底作相应的混凝土或钢筋混凝土垫层，也可构筑管座。

(1) 长桩的作用是将管道的荷载传至未扰动的深层土中。用于扰动土层深度达2.0m以上的情况，一般采用直径0.2～0.3m

的钢筋混凝土桩，桩长4.0m以上。每米管道上布置2～4根，采用打桩机施工。

(2) 短桩的作用是使扰动土层挤密，恢复其承载力。适用于扰动深度0.8～2.0m之间，可用木桩或砂桩。桩的直径约0.15m，桩长为1.5～3.0m，要求桩长度比土层的扰动深度大1.0m，桩距0.5～1.0m，若土质松软可挤入石块将桩卡严。采用打桩机或人工重锤击打均可。

(3) 砂桩的主要作用是挤密周围的软弱或松散土层，使土层与桩共同组成持力层。施工时可采用震动式打桩机把底端加木桩塞的钢管打入土中，然后将中、粗砂灌入钢管，并捣实，灌砂时逐步拔出钢管，木桩塞留在砂桩底端。

7.2.8 沟槽回填

沟槽土方回填是管道工程最后一道工序，一般在管道工程验收合格后进行，包括填土、摊平、夯实、检查等工序，根据不同的条件，采用机械或人工的方法。

7.2.8.1 常用机械

回填机械有推土机、装载机、内燃夯土机、蛙式夯土机、光碾压路机等。使用场合如下：

(1) 内燃机、装载机　用于郊野等空旷地区沟槽回填。

(2) 内燃夯土机　内燃夯土机起动后可连续工作，操作方便，劳动强度低，夯实能量大，效率高，是广泛使用的小型土壤夯实机具。常用于夯实管道两侧的回填土。

(3) 蛙式夯土机　轻便、构造简单。夯土时，根据土壤密实度要求及土壤的含水量，由试验确定夯土次数。功率2.8kW的蛙式夯土机，在最佳含水量的条件下，土层厚度20cm，夯击3～4遍，即可达到回填土密实度95%的要求。

(4) 光辗压路机　光辗压路机以平滑圆筒滚子作为车轮，有单滚轮式、双滚轮式和三滚轮式压路机之分，常用于空旷地区大型管沟压实。

7.2.8.2 填土与压实

沟槽回填前先将沟内积水排除，以免形成水覆土，造成以后路面沉陷。回填所用土壤应无腐蚀性、无砖瓦、石块等硬物，若原土不符合要求时，可过筛再用或换合格的土壤。

金属管材、预应力混凝土管等压力管道水压试验前，除接口外管道两侧及管顶以上回填高度不应小于 0.5m；水压试验合格后，及时回填其余部分。管径大于 900mm 钢管道，应控制管顶的竖向变形。无压管道的沟槽应在闭水试验合格后及时回填。

沟槽回填土横断面如图 7-19 所示，采用分层回填、分层夯实的方法施工。每层铺土厚度应根据不同的夯实机具、土质、密实度要求通过试验确定。一般情况下，人工木夯铺土 20～25cm，蛙式夯 25～30cm，压路机 25～40cm。

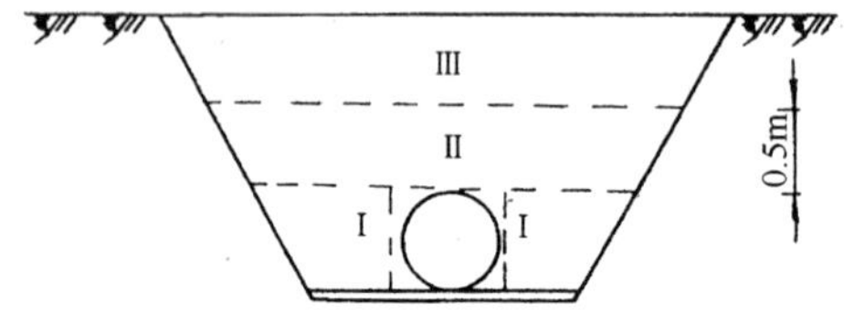

图 7-19 回填土横断面

分段分层回填土夯实后，用环刀法和贯入法测定密实度。不同部位、不同位置，密度要求不同，具体要求如下：

(1) 胸腔部分(见图 7-19Ⅰ)填土密实度应达 95%。

(2) 管顶以上 0.5m 以内(见图 7-19Ⅱ)应达 85%。

(3) 管顶以上 0.5m 至地面(见图 7-19Ⅲ)填土，若在城区范围内则密实度为 95%，若为耕地则密实度应达 90%。

为保证达到要求的密实度，回填土应具有最佳的含水率，太低应洒水，太高则应晾土或加白灰拌和。沟内有水时，应先排除。填土时应随填随夯，防止松土淋雨。

7.2.8.3 沟槽回填注意事项

(1) 管底以下部分回填时，用脚踏实再用小铁锤轻轻夯实。

(2) 胸腔部分回填时，应注意管道两侧回填的均匀性，以免管线水平位移。采用人工夯实。

(3) 管顶以上 50cm 以内用小夯轻打夯实，超过管顶以上 80cm 后，才可用蛙夯夯实。

(4) 非同时进行的两个回填段的搭接处，不得形成陡坎，应留成阶梯状。

(5) 冬季回填时，道路以下的沟槽不得用冻土回填。

土方回填完成后，沟槽上部应略呈拱形，其拱高为槽上口宽度的 1/20。

7.3 顶管法施工

顶管法是一种非开挖敷设地下管道的施工方法。与管道的开槽法施工相比具有土方工程量小，不影响地面交通，管道不设基础和管座的优点，并且能够穿越公路、铁道、河道、地面建筑物、地下构筑物以及各种地下管线等。近年来，在给排水管道及燃气管道的敷设中应用广泛。

7.3.1 开工准备

7.3.1.1 制订施工方案

顶管的施工方案设计应包括以下主要内容：

(1) 施工现场平面布置图。

(2) 顶进方法的选用和顶管段单元长度的确定。

(3) 工作坑位置的选择及其结构类型的设计。

(4) 顶管机头选型及各类设备的规格、型号及数量。

(5) 顶力计算和后背设计。

(6) 洞口的封门设计。

(7) 测量、纠偏的方法。

(8) 垂直运输和水平运输布置；下管、挖土、运土或泥水排除的方法。

(9) 减阻措施。

(10) 控制地面隆起、沉降的措施。

(11) 地下水排除方法。

(12) 注浆加固措施。

(13) 安全技术措施。

7.3.1.2 顶管施工方法的选择

顶管施工方法的选择，应根据管道所处土层性质、管材、管径、地下水位、附近地上与地下建筑物、构筑物、顶距长短、机械设备条件及工人操作水平等多种因素，经过技术经济比较后确定，可参照表7-11进行。

顶管施工方法的确定 **表7-11**

序号	施工方法	适用条件	特　点
1	人工掘进顶管法	适用于黏性土或砂性土层； 管径不低于600mm	顶管中心和高程容易控制；顶进情况易于观察，易于纠偏；设备简单易操作。但劳动强度大、工作环境差、生产效率低
2	出土挤压顶管法	适用于松散土、软弱土层； 适用于较大口径顶管	顶进设备较简单，有纠偏设备，易于控制高程和位置，生产效率高。但需要出土，增加了水平和垂直运输设备，在使用上有局限性
3	直接顶进法	适用于孔隙率、含水量较大的土层； 适用于管径不大于200mm钢管、顶距较短场合	无须掘土，劳动强度低，顶进设备简单。但对管材有限制，且顶进偏差不易纠正
4	网格式水冲法	适用于弱土层、流砂层； 适用于穿越河底	顶进设备简单不易磨损，机械化程度高。但顶进偏差较大，且耗水量大
5	泥水平衡机械顶进法	适用于流砂层、软土层、硬土层、强风化岩层	结构紧凑、机械化程度高、顶进过程无需降水、方向易控且稳定。但输出的泥浆需要采用泥水分离设备处理
6	水平钻孔机械顶进法	适用于黏土、粉质黏土和砂土； 适用于大、中型管径，一次顶距60～70m	由机械代替人工挖运土操作，降低了劳动强度，提高了生产效率。但顶进过程中遇到障碍只能开槽取出，且挖土、运土不易协调，产生偏差不易纠正

7.3.1.3 顶力计算

顶管施工必须产生足够的顶力，才能克服管子顶进过程中土对管子产生的阻力。顶管施工的油泵、油缸或千斤顶是根据管道的最大顶力来选择的。顶管设备所承受的阻力由管道在土中承受的管端阻力 P_1 和管外壁与土的摩擦阻力 P_2 合成。最大阻力计算公式如下：

$$P=P_1+P_2=\frac{\pi}{4}D^2q+\pi kDL$$

式中 D——管道外径(m)；

q——土的单位面积的抗力，其值取 0.7～1.5MPa；

k——管道外壁在土中单位面积的摩擦力，其值取18～36kPa；

L——管道的顶进长度(m)。

取最大阻力的 1.1～1.2 倍即为管道的最大顶力，由此选择顶管设备。

7.3.2 工作坑

7.3.2.1 工作坑尺寸

工作坑按其形状分为矩形、圆形、腰圆形、多边形等，其中矩形的最为常见。工作坑的底宽和底长及深度应确保顶管时有足够的操作空间，如图 7-20 所示，并按以下公式计算。

工作坑底部宽度计算公式为：

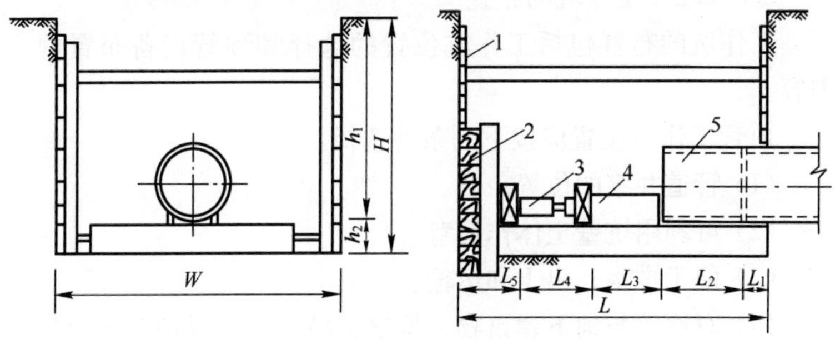

图 7-20 工作坑尺寸

1—支撑；2—后背；3—千斤顶；4—顶铁；5—混凝土管

$$W=D+(2.4\sim3.2)$$

式中　W——工作坑宽度(m)；

D——被顶进管道外径(m)。

工作坑底部长度计算公式为：

$$L=L_1+L_2+L_3+L_4+L_5$$

式中　L——工作坑长度(m)；

L_1——管子顶进后，尾端压在导轨上的最小长度，混凝土管一般取0.3m；

L_2——管节长度(m)；

L_3——管尾出土所需工作长度，根据出土工具而定。如用手推车为1.2m，小铁车为0.6m；

L_4——千斤顶加横顶铁长度(m)；

L_5——后背所占厚度(m)。

工作坑深度计算公式为：

$$H=h_1+h_2$$

式中　H——工作坑深度(m)；

h_1——地面至管道底部外缘的深度(m)；

h_2——管道底部外缘至导轨底面的高度与基础及其垫层厚度之和(m)。

7.3.2.2　工作坑的布置

工作坑的布置包括工作坑位置的选择和顶管设备布置两大内容。

顶管工作坑位置应按下列条件选择：

(1) 管道井室的位置。

(2) 可利用坑壁土体作后背。

(3) 便于排水、出土和运输。

(4) 对地上与地下建筑物、构筑物易于采取保护和安全施工的措施。

(5) 距电源和水源较近，交通方便。

(6) 单向顶进时宜设在下游一侧。

顶管工作坑的设备布置包括地面布置和坑内布置两项。地面设备布置可分为起吊设备的布置，供电、供水、供浆、供油等设备的布置，监控点以及地面轴线的布置等。坑内设备布置包括导轨、洞口止水、后座、主顶油缸等顶进设备的布置等。

7.3.3 顶管配套设备安装

7.3.3.1 后背

后背是千斤顶的支撑结构，通常采用原土作后背墙。为减少顶力对后座墙单位面积的压力，常采用方木、型钢、钢板等组成装配式后背，如图 7-21 所示。

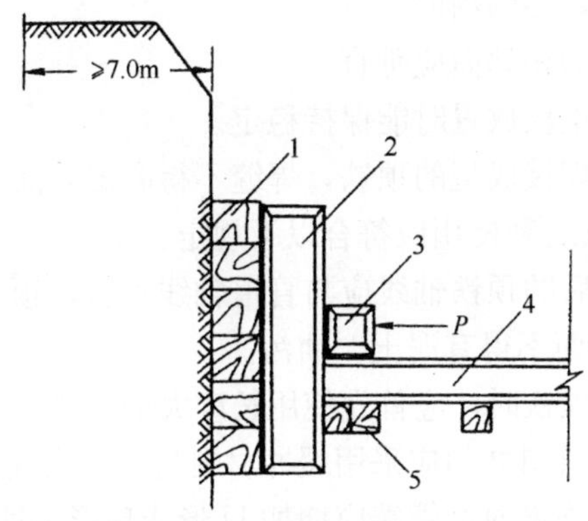

图 7-21 装配式后背

1—方木；2—立铁；3—横铁；4—导轨；5—导轨方木

1. 采用装配式后背墙时应符合以下规定：

(1) 组装好的后背墙有足够的强度和刚度。

(2) 后背土体壁面应平整，并与管道顶进方向垂直。

(3) 后背墙的底端宜在工作坑以下，不宜小于 50cm。

(4) 后背土体壁面应与后背墙贴紧，有孔隙时应采用砂石料填塞密实。

(5) 施工过程中后背墙不得发生倾斜变形或不均匀变形。否则容易顶偏或使垫块外弹造成事故。

2. 顶进施工中，常利用已顶进完毕的管道作后背。此时，必须满足下列规定：

(1) 待顶管道的顶力应小于已顶管道的顶力。

(2) 后背钢板与管口之间应衬垫缓冲材料。

(3) 采取措施保护已顶入管道的接口不受损伤。

7.3.3.2 顶铁

顶铁是传递千斤顶顶力的设备，应配备成套，一般由钢板和型钢焊制而成。根据顶铁的位置不同，分为横向顶铁、顺向顶铁、U形顶铁等。

1. 顶铁的质量应满足下列要求：

(1) 应有足够的刚度。

(2) 顶铁的相邻面应垂直。

(3) 顶铁单块放置时能保持稳定。

(4) 采用焊接成型的顶铁，焊缝不得高出表面，不得脱焊。

2. 顶铁安装和使用应符合以下规定：

(1) 安装后的顶铁轴线应与管道轴线平行，顶铁与导轨和顶铁之间的接触面不得有泥土、油污。

(2) 更换顶铁时，应首先使用长度大的顶铁，顶铁拼装后应锁定。顶铁与管口之间应采用缓冲材料衬垫，当顶力接近管节材料的允许抗压强度时，管端应增加U形或环形顶铁。

(3) 顶铁的允许联接长度应根据顶铁的截面尺寸确定。例如采用截面为20cm×30cm顶铁时，单向顺行的使用长度不得大于1.5m；双行使用的长度不得大于2.6m，且应在中间加横向顶铁相联。

(4) 顶进时工作人员不得在顶铁上方及侧面停留，并应随时观察顶铁有无异常迹象。

7.3.3.3 导轨

导轨的作用是引导被顶进管节按设计的中心和坡度顶入土中。

1. 导轨基可采用原土方木基、卵石方木基或混凝土基等。

其中：

(1) 原土方木基导轨　当坑底无地下水时，可将工作坑的底层平整夯实。敷设方木，在方木上直接铺设铁轨。

(2) 卵石方木基导轨　当工作坑地下水位高于坑底 20cm 左右时采用，工作坑底为细粉砂或粘土。

(3) 混凝土基导轨　当工作坑地下水位高于坑底较高，土质不好时采用。先在平基下面作一定深度和宽度的卵石盲沟，通往集水水井，再作混凝土方木平基，如图 7-22 所示。

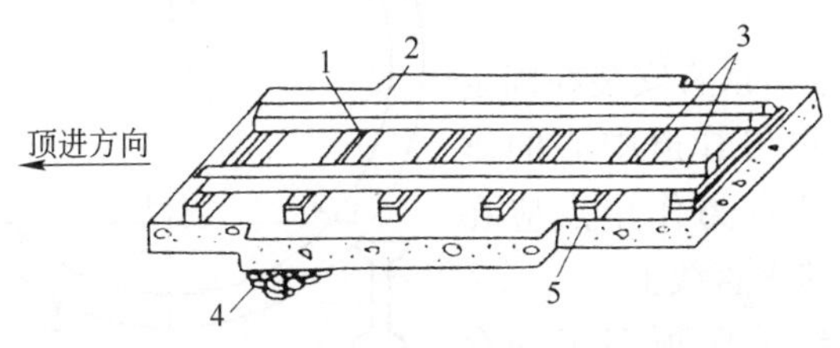

图 7-22　混凝土基导轨

1—道钉；2—混凝土基础；3—导轨；4—卵石；5—方木

2. 导轨一般用 18kg 轻便铁轨，大管径时应用 32kg 重轨，因为大管径时轻便铁轨容易产生较大的挠度，致使两节管对口困难。导轨安装必须符合以下要求：

(1) 两导轨应顺直、平行、等高，其纵坡与管道设计坡度一致。

(2) 导轨安装的轴线位置偏差为 3mm，顶面高程偏差为 0～+3mm，两轨内距偏差为±2mm。

(3) 导轨安装后，要进行六点(轨前、轨中、轨尾的左右各一点)的验收，并在稳第一节管子后测量负载后的变化，并加以校正。导轨应牢固，不得在使用中产生位移。

如图 7-23 所示，导轨内距(上部的净距)计算公式如下：

$$A=2\sqrt{(D_1+2t)(h-c)-(h-c)^2}$$

式中　A——导轨内距(m)；

D_1——管节内径(m)；

t——管壁厚度(m)；

h——钢质导轨高度(m)；

c——管外壁与基础面垂直净距(m)。

7.3.3.4　千斤顶

千斤顶又名顶镐，是掘进的主要设备，多采用液压千斤顶。安装时应符合以下规定：

(1) 千斤顶宜安装在固定支架上，并与管道中心的垂线对称，其合力作用点应在管道中心的垂直线上。

(2) 当千斤顶多于一台时，宜取偶数，且规格宜相同；当规格不同时，其行程应同步，并应将同规格的千斤顶对称布置。

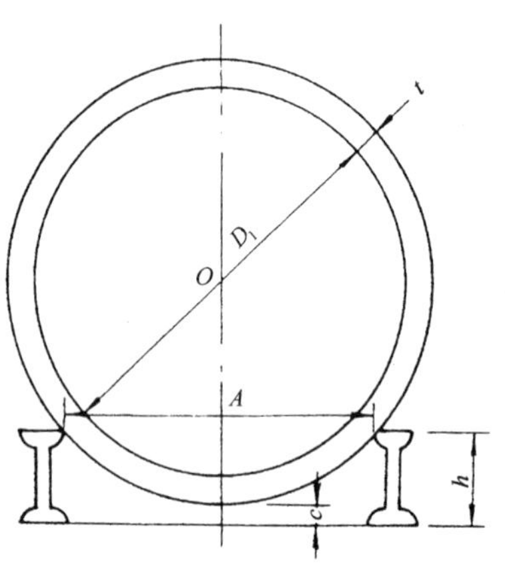

图 7-23　导轨内距

(3) 千斤顶的油路应并联，每台千斤顶应有进油、退油的控制系统。

7.3.3.5　高压油泵

一般选用柱塞泵，顶进时其工作压力维持在 20MPa 左右。油泵的安装与运转应符合以下规定：

(1) 油泵应设置在千斤顶附近，油管应顺直、转角少。

(2) 油泵应与千斤顶匹配，并应有备用油泵；油泵安装完毕后，应进行试运转。

(3) 顶进过程中，若发现油压突然增高，应立即停止顶进，检查原因并经处理后方可继续顶进。

(4) 千斤顶活塞退回时，油压不得过大，速度不得过快。

7.3.3.6　止水圈

洞口止水圈如图 7-24 所示，安装在顶进工作坑的出洞洞口

图 7-24 洞口止水圈

和接收工作坑的进洞洞口，用于防止地下水和泥砂流入坑内。常用洞口止水圈安装如图 7-25 所示，它由混凝土前止水墙、预埋螺栓、钢压环及橡胶圈组成。其中，预埋螺栓可以用膨胀螺栓代替。

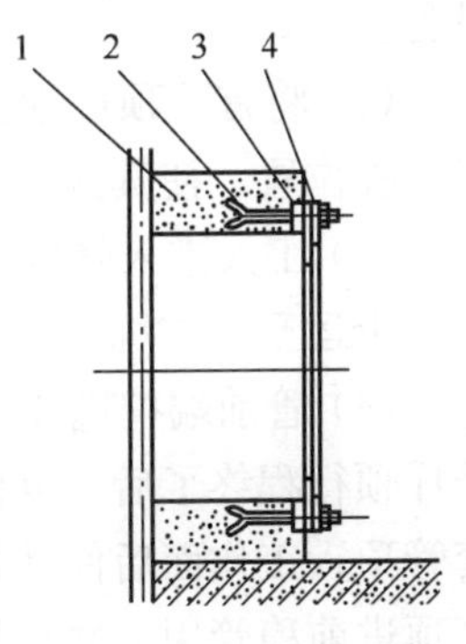

图 7-25 止水圈安装

1—前止水圈；2—预埋螺栓；3—橡胶止水圈；4—压板

7.3.4 顶管施工工艺

7.3.4.1 人工掘进顶管法

人工掘进顶管法如图 7-26 所示，是最早发展起来的一种顶管施工方式。它在特定的土质条件下和采用一定的辅助施工措施后便可实施，具有施工操作简便、设备少、施工成本低、施工进度快等一些优点，至今仍被许多施工单位采用。具体操作时，遵守先挖后顶、随挖随顶的原则，连续作业，避免中途停止。操作要点如下：

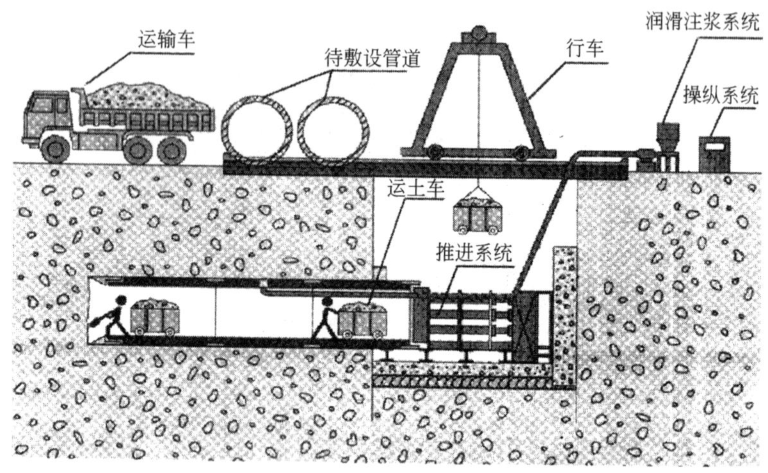

图 7-26　人工掘进顶管法示意图

(1) 开挖工作坑，处理基础，支设后背，安装导轨与顶进设备。

(2) 将首节顶进管置于导轨上，用经纬仪、水准仪校正平面与高程位置，使其达到设计要求。

(3) 工人进入管内，自上而下分层开挖，并及时用小车将掘出的土运至工作坑，用行车等起重设备将土运往地面。

(4) 管前端挖进 300～500mm，启动千斤顶，顶进管子。当千斤顶行程终了后，复位千斤顶，插入顶铁，再次顶管。第一节套管顶入工作面后使其预留 300mm 左右在导轨上，供下一节套管顶进前稳管用，并在接口处填一圈油麻绳。为防止管节错位，加设内胀圈，待全部顶进后，拆除内胀圈，安装内套管，并打塞填料予以接口。

(5) 一般情况下，每顶进 1m 长度，进行 1 次标高及中线测量。在对顶施工中，当两管端接近时，可在两端中心先掏小洞通视调整偏差量。

7.3.4.2　出土挤压顶管法

出土挤压顶管法如图 7-27 所示。此法在顶进套管顶端加装特殊顶头，顶头外径略大于管径，内壁成锥体，借助千斤顶的推力，将进入管内泥土压缩成小于管内径的圆柱体，使泥土与管底脱离。降低管道摩擦力，并防止管内的积土堵塞。其操作要点如下：

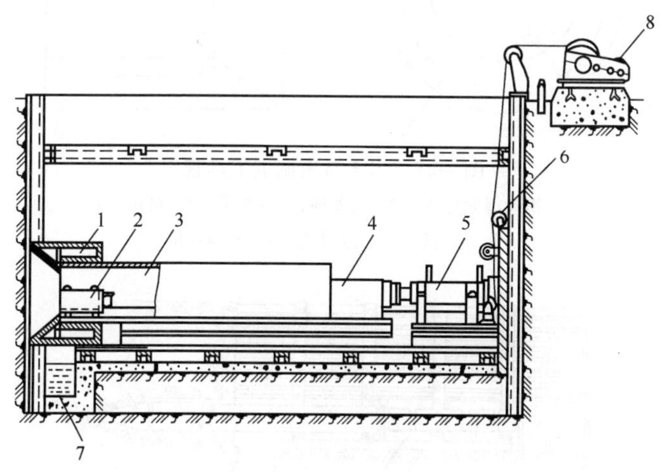

图 7-27 出土挤压顶管法示意图

1—顶管头；2—出土车坑；3—顶进钢管；4—钢制出土坑；5—油缸；6—出土钢索滑轮组；7—集水井；8—卷扬机

(1) 装配好顶管装置，启动油泵，按额定长度要求顶进。额定长度根据车斗的容积、起吊能力和地面运输条件综合确定。

(2) 工具管开始顶进和接近顶完时，应采用手工挖土缓慢顶进，顶进时，应防止工具管转动。临时停止顶进时，应将顶头喇叭口部分全部切入土层。

(3) 挤压土柱达到一定长度后，按图 7-28 所示，系紧割口钢丝绳，割下土柱，落入运土斗车，运至工作坑吊运至地面。

7.3.4.3 直接顶入法

直接顶入法如图 7-29 所示。顶进前在钢套管端部加装管尖或管帽。采用管尖时，中心角为：砂性土层，不宜大于 60°；粉

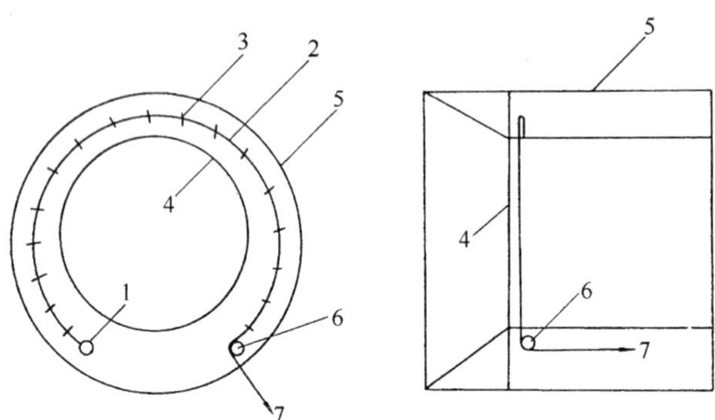

图 7-28 出土挤压掘进工具管

1—钢丝绳固定点；2—钢丝绳；3—卡子；4—挤压口；
5—工具管；6—定滑轮；7—至卷扬机

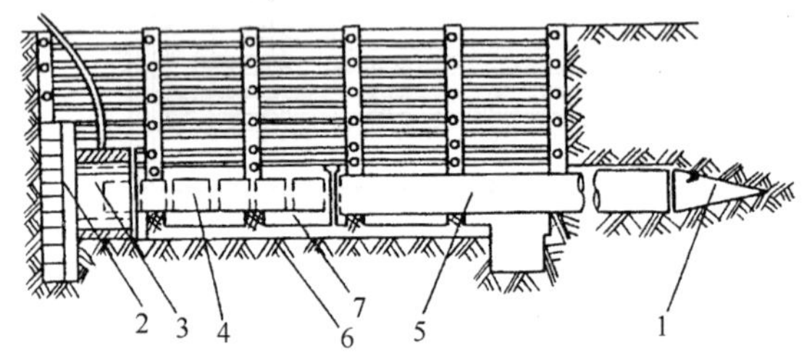

图 7-29 直接顶入法示意图

1—顶尖；2—后背；3—顶管千斤顶；4—垫铁；
5—待顶管；6—基础；7—导轨

质黏土，不宜大于 50°；黏土不宜大于 40°。同时，为防止相邻管道损坏及地面隆起，应根据施工设计控制与相邻管道的净距及距地面的深度确定中心角。该法的基本原理是根据土的可压缩性，借助顶力将四周土壤压缩而不需要管内出土。常用于小口径短距离顶入钢管或铸铁管。其操作要点如下：

(1) 开挖工作坑，处理基础，支设后背，安装导轨与顶进设备。

(2) 启动千斤顶将管子徐徐顶进。

(3) 千斤顶行程终了，将千斤顶复位，加顶铁。此操作循环往复进行，直至将管子顶过铁路和公路，进入对面工作坑。

7.3.4.4 网格式水冲法

网格式水冲法如图 7-30 所示，一般局限于穿越河流或野外顶管施工，在土质疏松、水源充足的条件下使用。主要采用向心冲刷的水枪技术，在端面装 3 支水枪，相隔 120°。每支水枪各自摆动 120°，形成扇形冲刷面，完成土层冲刷。掘进时，用高压水泵为水枪加压，依靠高压水枪射流将管道前端土冲散，形成泥浆经网格进入真空吸泥室，由吸泥泵通过管道将泥浆输送至地面贮泥场。为防止泥水涌入管内，冲泥舱为密封的。

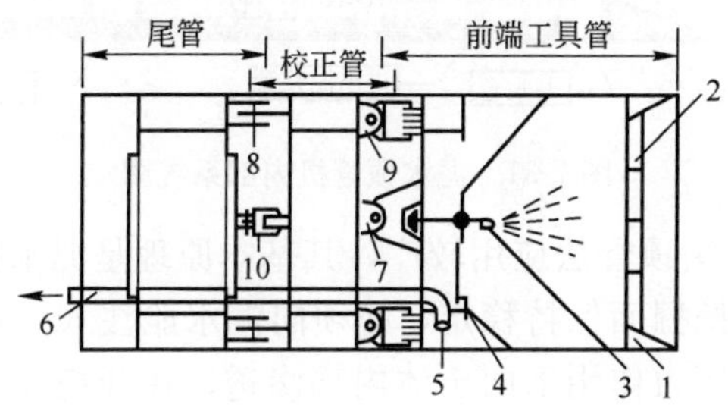

图 7-30 网格式水冲法施工示意图

1—刀刃；2—格栅；3—水枪；4—格网；5—泥浆吸入口；6—泥浆排出管；7—水平铰；8—垂直铰；9—上下纠偏千斤顶；10—左右纠偏千斤顶

施工要求如下：

(1) 网格全部切入土层后方可冲碎土块。

(2) 进水应采用清水。

(3) 在地下水位以下的粉砂层中的进水压力宜为 0.4～0.6MPa；在黏性土层中，进水压力宜为 0.7～0.9MPa。

(4) 工具管内的泥浆通过筛网排出管外。

7.3.4.5 泥水平衡顶管法

泥水平衡顶管是通过刀盘以及顶速平衡正面土压力，用泥水压力平衡地下水压力，又以泥水作为输送弃土介质的一种顶进方式。适用于流砂层、软土层、硬土层、强风化岩层的顶管施工。具有顶进过程不间断，施工速度快，无需地盘改良或降水处理，施工后地表沉降小等特点。泥水平衡顶管机内部系统结构如图7-31所示。

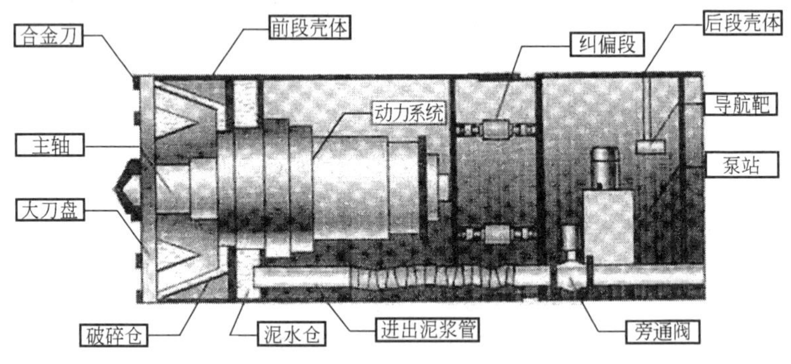

图 7-31 泥水顶管机内部系统图

泥水平衡顶管法应用较广，其基本原理是泥水护壁。在施工中，要使挖掘面保持稳定，必须向泥水舱注入一定压力的泥水。泥水在压力作用下向土体内部渗透，在开挖面形成一层泥膜。泥膜的作用，一方面阻止泥水继续向土体内部渗漏，另一方面，泥水的压力通过泥膜作用于开挖面，防止坍塌。

泥水平衡顶管施工如图 7-32 所示。其操作要点如下：

(1) 启动顶管机，刀盘不断转动。

(2) 启动进浆泵，进泥管提供泥水。

(3) 排泥泵将混有弃土的泥水排出泥水舱，进入泥水分离器进行处理。

(4) 当顶管机停止工作时，一定要防止泥水从土层中或洞口及其他地方流失。不然，挖掘面就会失稳，尤其是在出洞这一段时间内更应防止洞口止水圈漏水。

(5) 在掘进过程中，应注意观察地下水压力的变化，并及时采取相应的措施和对策，保持挖掘面的稳定。

(6) 在顶进过程中，观察挖掘面是否稳定，检查泥水的浓度

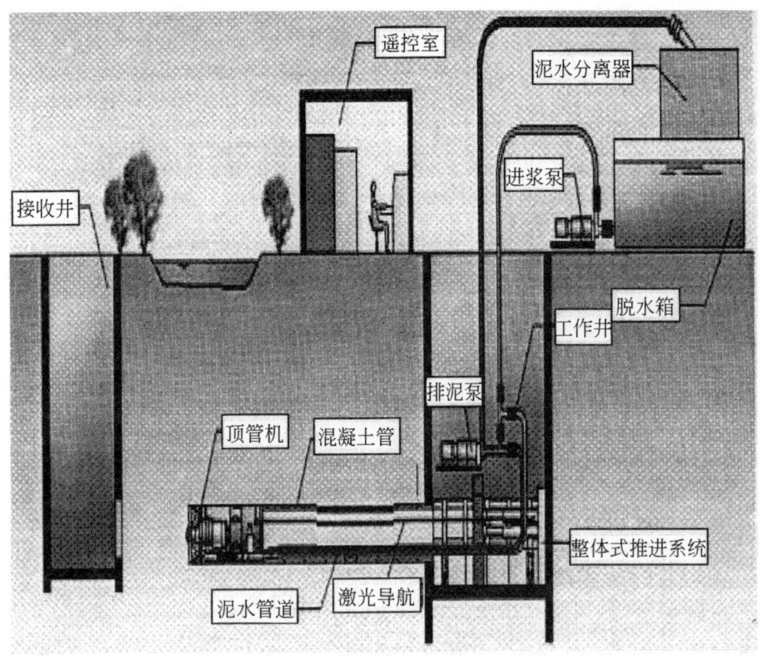

图 7-32 泥水平衡顶管法示意图

和相对密度是否正常，注意进排泥泵的流量及压力是否正常。应防止排泥泵的排量过小而造成排泥管的淤积和堵塞现象。

7.3.4.6 水平钻孔机械顶进法

水平钻孔机械分径向切削钻机和纵向切削钻机两种。图7-33为一整体式水平径向钻机。钻机前端安装刀齿架 1 和刀齿 2，刀齿架由减速电动机 5 带动旋转，对土层进行切削，由刮泥板 4 将切土掉入链条输送带 8，再经皮带输送机运出管外。在机壳 6 与顶进管子间，布置偏差校正千斤顶 7。

图 7-34 为一纵向切削挖掘钻机。掘进机械为球形框架刀架，刀架上安装刀臂及刀齿，刀架纵向掘进，切削面呈半球形。这种设备简单，拆装维修方便，便于调向。

水平钻孔机械顶进法如图 7-35 所示，与人工掘进施工法主

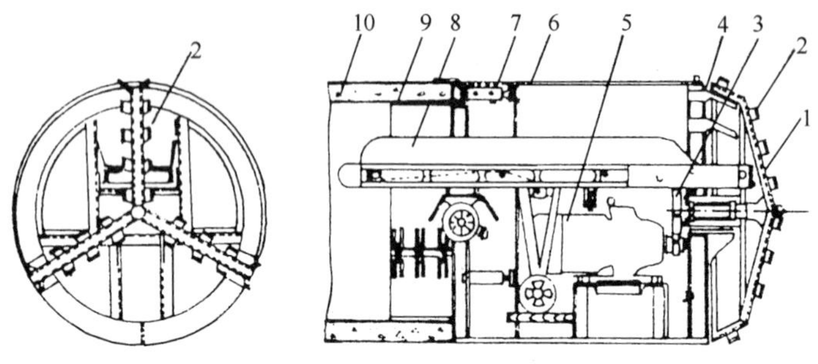

图 7-33 整体式水平径向钻机

1—刀齿架；2—刀齿；3—减速齿轮；4—刮泥板；5—减速电动机；6—机壳；7—校正千斤顶；8—链带输送带；9—内涨圈；10—管子

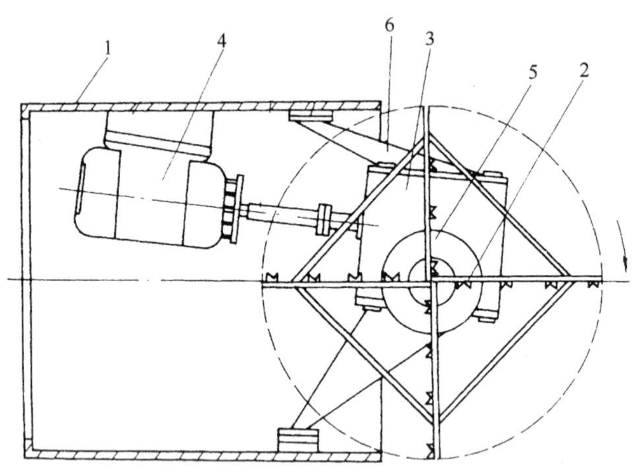

图 7-34 水平纵向钻机

1—工具管；2—刀臂；3—减速箱；4—电动机；5—锥形筒架；6—支撑

要区别在于管前掘土和管内水平运土方式不同，其余部分大致相同。该方法在管前端安装水平钻机作为挖土设备，用运输带管内出土，代替人工操作，减轻劳动强度，提高工作效率。其操作要点如下：

(1) 采用顶进装置于顶进管端部做机械切土钻孔，再用电动

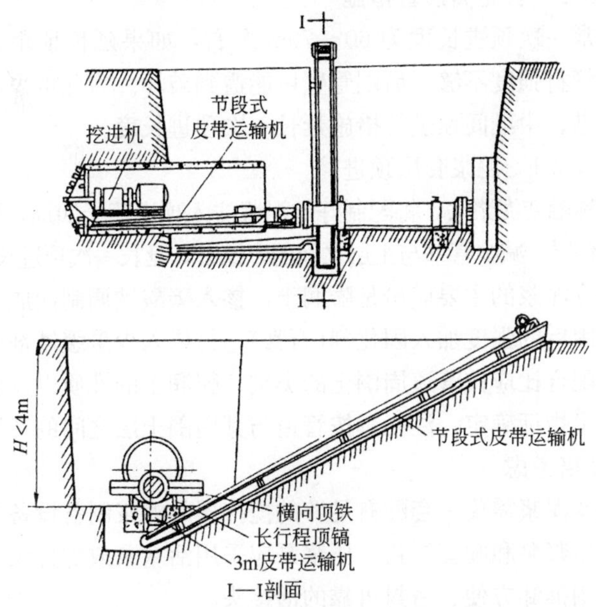

图 7-35 水平钻孔机械顶进法示意图

机械将挖出的土运至地面。

(2) 将工作面切削成土洞后，启动千斤顶将连接在钻孔机械后面的管子徐徐顶入土中。

7.3.4.7 顶管紧急情况处置

管道顶进应连续作业。管道顶进过程中，遇下列情况时，应暂停顶进，并应及时处理。

(1) 工具管前方遇到障碍。

(2) 后背墙变形严重。

(3) 顶铁发生扭曲现象。

(4) 管位偏差过大且校正无效。

(5) 顶力超过管端的允许顶力。

(6) 油泵、油路发生异常现象。

(7) 接缝中漏泥浆。

7.3.5　长距离顶管措施

通常一次顶进长度为60～70m左右，如果延长顶距，顶力增大，管材强度不够，后端管壁可能遭到破坏。为此可采取泥浆套层顶进、中继间顶进等措施延长一次顶进长度。

7.3.5.1　泥浆套层顶进

又称触变泥浆法，将配制好的泥浆注入顶进管子四周，形成一个泥浆套层，减少管壁与土层之间的摩擦力，延长一次顶进长度。

触变泥浆的主要成份是膨润土，掺入碳酸钠调制而成，为了增加凝固后的强度加入固化剂(石膏)，另掺入少量缓蚀剂和塑化剂。其配合比应按管道周围土的类别、膨润土的性质以及触变泥浆的技术指标确定。注浆量按管道与其周围土层之间的环形间隙的1～2倍考虑。

触变泥浆需要一套配有足够的搅拌器的泥浆制备设备及输送泥浆的压浆泵和配套管路。压浆泵应采用活塞泵或螺杆泵，管路接头选用拆卸方便、密封可靠的活接头。

触变泥浆施工中应注意注浆孔的设置、泥浆配制、泥浆灌注、触变泥浆置换等环节。操作要点如下：

(1) 按管道直径的大小确定注浆孔，每个断面可设置3～5个，并具备排气功能。如图7-36所示，为布置在钢套环内的注浆孔。相邻断面上注浆孔可平行布置或交错布置。每个注浆孔应安装阀门，注浆时遇有机械故障、管路堵塞、接头渗漏等情况时，经处理后方可继续顶进。

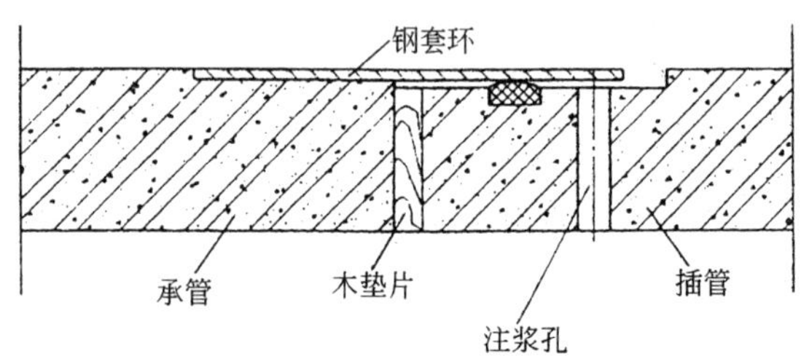

图7-36　注浆孔的设置

(2) 按配方加入膨润土等组分，利用泥浆处理设备将其搅拌均匀，静置一定时间待用。

(3) 通过注水检查注浆设备，确定正常后方可灌注。按灌浆孔断面位置的前后顺序依次进行，并与管道顶进同步。注浆压力可按不大于 0.1MPa 开始加压，在注浆过程中的泥浆流量、压力等施工参数，在灌浆过程中按减阻及控制地面变形的要求调整。

(4) 顶进完成后，应采用水泥砂浆或粉煤灰水泥砂浆置换触变泥浆，拆除注浆管路，将管道上的注浆孔封闭严密，并将全部注浆设备清洗干净。

7.3.5.2 中继间顶进

中继间，又称中继站或中继环，其结构如图 7-37 所示。中继间千斤顶的数量应根据单元长度顶力确定，并应有安全贮备。

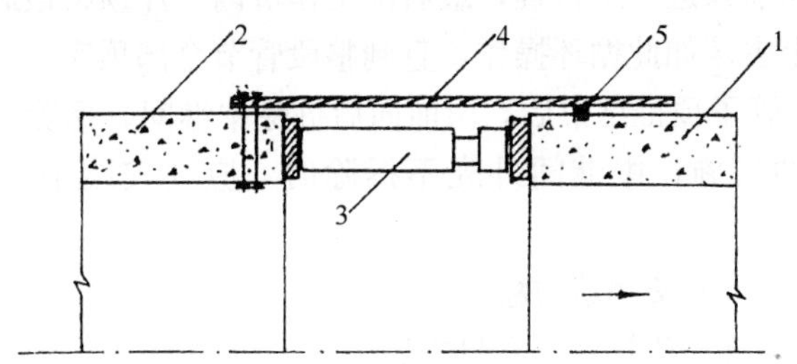

图 7-37 中继间构造

1—前方管段；2—后方管段；3—千斤顶；4—钢护套管；5—密封装置

中继间顶进是一种常用的长距离顶管方法，施工方法如图7-38所示。操作要点如下：

(1) 采用正常顶进方法顶进一定长度。

(2) 检查各部件，确认正常后方可进行中继设备安装；检查一切正常后开始向前顶进，当工作坑内的千斤顶超过设计允许顶力后，可以使用中继间。

(3) 按由前向后顺序逐个启动中继间。首先启动最前面的中继间，以中继间后面的管节为后背，向前顶进一个行程。排放该

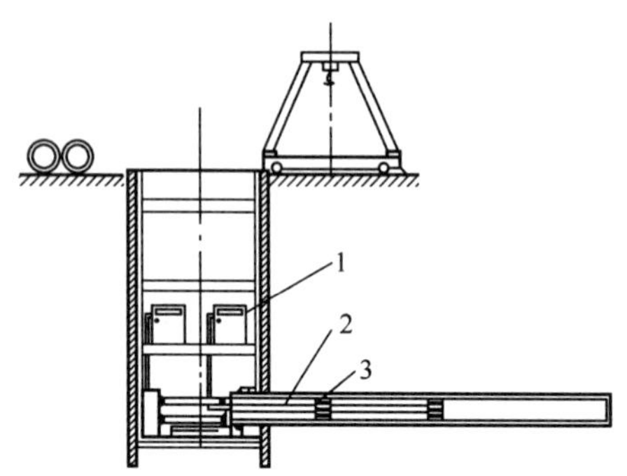

图 7-38　中继间顶进示意图

1—液压动力源；2—液压总管；3—中继间油缸

中继间的油压，将液压系统转换为自由回程状态，再启动后面的中继间向前顶进一个行程，最后由工作坑内千斤顶将最后一段管路推顶上去。如此循环操作，直到整段管节全部顶完。

（4）管子顶推结束后，由前向后拆除中继间。拆除时应有对接接头的措施；中继间外壳不拆除时，应在安装前进行防腐处理。

7.3.6　顶管测量与校正

7.3.6.1　顶管施工测量方法

顶端施工测量方法有：水准仪法、水柱连通器法、小线垂球法、直接观察法、激光定位法等。

（1）水准仪法　测量水平偏移时，如图 7-39(*a*)所示。在待顶管首端固定十字架，工作坑内设水准仪，使水准仪十字线对准十字架，顶进时，若管端十字架与水准仪的十字线出现偏差时，表明管道中心线出现偏差。测量垂直偏移时，如图 7-39(*b*)所示，在管端设水准器和高程尺，工作坑内的水准仪测出偏离的垂直距离，即可读出顶进过程偏差。

（2）水柱连通器法　如图 7-40 所示，利用该法可测量垂直方向偏差。在顶进管道内壁确定 1 条与管线相平行的直线为基准线，将水柱连通器液面线与该基准线的顶端和末端重合。若顶进管道发生垂直方向偏移，连通器两端玻璃管内的水平面，将会高出或低于基准线。

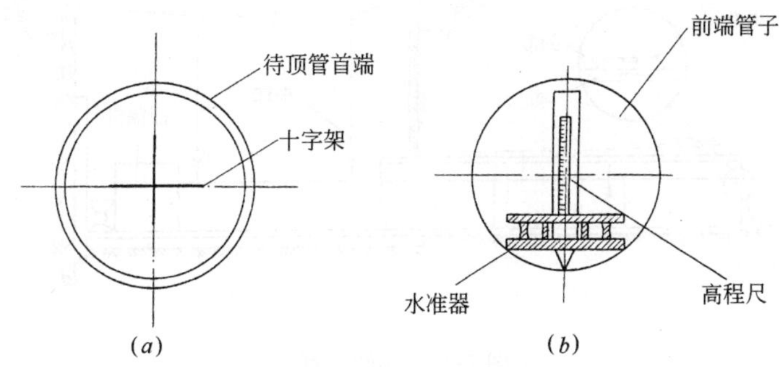

图 7-39 水准仪法

(a)测水平偏移；(b)测垂直偏移

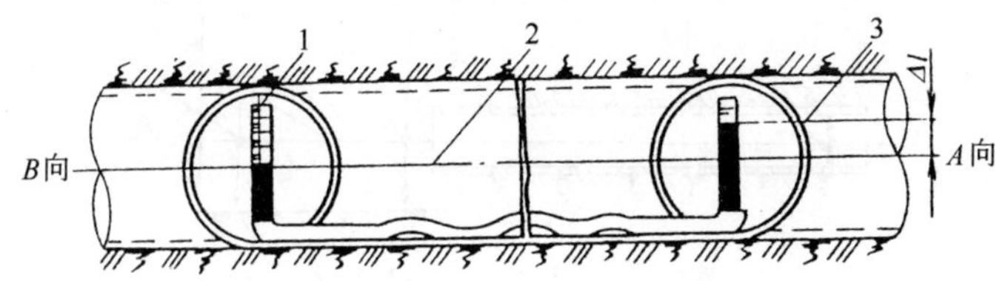

图 7-40 水柱连通器法

1—玻璃管；2—与轴线平行基准线；3—连通器内水平面

(3) 小线垂球法 如图 7-41 所示，管前端设水准器，在中心线桩连线上设垂球表明管子方位，若发生偏离，则垂球与小线必然偏离，读出偏离尺寸即可。

(4) 直接观察法 如图 7-42 所示，该法常用于短距离顶管。在工作坑上定出顶管轴线，从该轴线引 2 根铅垂线至工作坑。在顶进管的顶端管断面装 1 个小灯泡，监测者站在工作坑末端，用肉眼观察。两根铅垂线和小灯泡应三点成一直线。如果发生位置偏移，观察视线中小灯泡将会发生位移。

(5) 激光定向法 该法应用激光的特性，用激光准直仪发射出来的光束，通过光电转换和有关电子线路来控制液压传动机

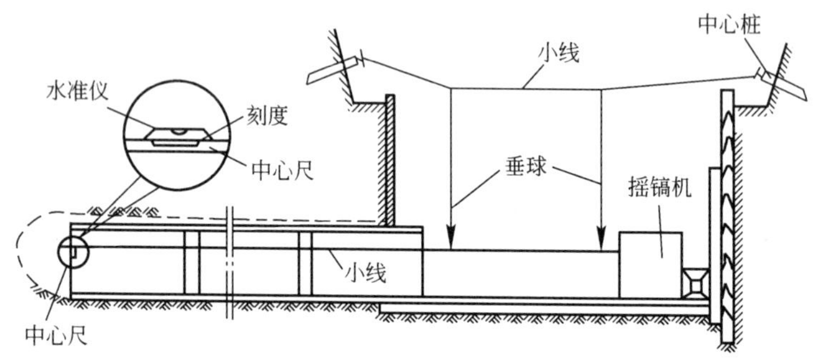

图7-41　小线垂球法

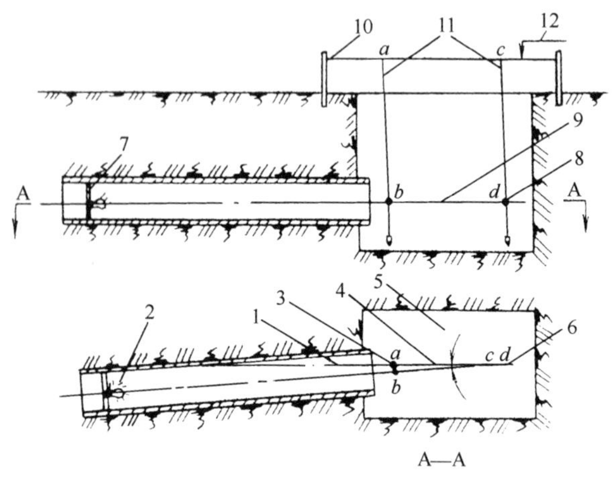

图7-42　直接观察法

1—监测视线；2—中心光源；3—顶进轴心样线投影；4—铅垂线；5—偏移角；6—铅垂线；7—光源中心定位架；8—观察起点；9—监视视线；10—顶进轴心样线；11—铅垂线；12—水准

构，使机械顶管的方向测量与偏差校正实现自动化，从而节省人力，提高顶管质量并加快施工进度。

7.3.6.2　顶管允许偏差

顶进的管道应管内清洁，管节无破损。其允许偏差应符合表7-12的规定。

顶进管道允许偏差(mm) **表 7-12**

项目		允许偏差	检验频率	
			范围	点数
轴线位置		50	每节管	1
管道内底高程	$D<1500$	+30，−40	每节管	1
	$D\leqslant1500$	+40，−50	每节管	1
相邻管间错口	钢管	≤2	每个接口	
	钢筋混凝土管	15%壁厚且不大于20	每个接口	
对顶时两端错口		50	对顶接口	

注：D 为管道内径。

7.3.6.3 顶管纠偏方法

顶进施工中，若管前开挖形状不正确、每次超挖量过大、工作面土质不均、千斤顶出程速度不一致、两侧顶铁长度不等、后背倾斜等，均会导致产生偏差。出现偏差后，要及时校正，否则偏差将随着顶进长度的增长而增大。

顶管偏差校正的方法较多，应根据土质、偏差种类和大小，采用相应校正方法。表 7-13 列举了几种常见校正方法。

顶管偏差校正法 **表 7-13**

校正方法	具体做法	适用条件
挖土校正法	在管子偏向设计中心的一侧适当超挖，使迎面阻力减小，而在相对一侧不超挖或留坎，使迎面阻力增大，从而形成力偶，让首节管子调向，逐渐回到设计位置	当偏差为 10～30mm 时
顶土校正法	用圆木或方木一根，一端顶在管子偏向设计一侧内管壁上，另一端支在垫有木板的管前土壤上，支架稳固后，开动千斤顶，利用顶进时顶木斜支管所产生的分力，使管子得以校正	当偏差大于 30mm 或采用挖土校正法无效时

续表

校正方法	具体做法	适用条件
小千斤顶校正法	此法基本与顶木校正法相同，并配合挖土校正法在超挖的一侧管端壁支上一个5～15t的小千斤顶，千斤顶底座上接一短顶木，利用小千斤顶的顶力使首节管子调向，然后在继续顶进中，逐渐回到设计位置	当偏差大于30mm或采用挖土校正法无效时
加垫钢板校正法	在顶管的终端与顶铁之间的适当位置垫置一块相应厚度的楔形钢板，使顶管与顶铁之间形成一个角度，顶进时即可使顶管逐渐回到设计位置	采用挖土校正法无效时
校正环全断面千斤顶校正法	在首节工具管之后安装校正环。校正环上下左右安装4个校正千斤顶。发现首节位置偏差时，开动相应千斤顶即可校正	适用任何条件

主要参考文献

1 李公藩．燃气工程便携手册．北京：机械工业出版社，2003

2 詹淑惠．燃气供应．北京：中国建筑工业出版社，2004

3 李德英，吴俊奇．简明实用水暖工手册．北京：机械工业出版社，2003

4 奕勇．建筑给排水及采暖工程施工与质量验收实用手册．北京：中国建材工业出版社，2003

5 辽宁省建设厅．暖、卫、燃气、通风空调建筑设备分项工艺标准．北京：中国建筑工业出版社，2002

6 赵培森，赵柄文．建筑给水排水．暖通空调设备安装手册．北京：中国建筑工业出版社，2002

7 杜伟国．管道施工技术．北京：上海科学技术出版社，2001

8 吴耀伟．供热通风与建筑给排水工程施工技术．哈尔滨：哈尔滨工业大学出版社，2001

9 陈建立，张京峰．管道工基本技术．北京：金盾出版社，2002

10 贾宝，赵智．管道施工技术．北京：化学工业出版社，2003

11 于培旺．水暖工操作技巧．北京：中国建筑工业出版社，2003

12 陈御平．住宅设备安装与质量通病防治手册．北京：中国建筑工业出版社，2001